新形态教材

U0590156

海洋生态学

（第3版）

主　编　范振刚　唐学玺

副主编　王　影　赵　妍　张鑫鑫

参　编　迟　潇　管　晨　侯承宗　李丹蕊

　　　　李　竣　吕梦晨　孙　燕　王　菁

　　　　杨莹莹　杨智博　张　鑫　钟　怡

中国教育出版传媒集团

高等教育出版社·北京

内容提要

　　本书系统地介绍了海洋环境（物理、化学、地质、生物诸因子），海洋
生物（浮游、游泳、底栖生物各生态类群），以及各种环境因子与生物生产、
数量、分布的相互关系，重点论述了海洋生物种群、群落和生态系统等基础
海洋生态学的内容，并详细阐述了常见的典型海洋生态系统的结构、功能和
特征。本书共分8章：绪论，海洋环境，海洋生物，海洋种群、群落与生态
系统，海洋生物生产，海洋生物资源，人类活动对海洋生态系统的影响，海
洋生态学与可持续发展。本书内容全面丰富，并编入了作者多年积累的研究
成果，并尽可能地体现国内外学者的研究成果。这些研究成果进一步揭示了
海洋生态学规律，反映了人类活动和环境变迁对海洋生态系统的影响，这是
极其难得的。

　　本书适合高等院校环境科学、生态学、生物科学类专业的学生作为教材，
也可供海洋生态学科学工作者和公众参考。

图书在版编目（CIP）数据

　　海洋生态学 / 范振刚，唐学玺主编 . -- 3 版 . -- 北
京：高等教育出版社，2023.6
　　ISBN 978-7-04-059932-9

　　Ⅰ. ①海… Ⅱ. ①范… ②唐… Ⅲ. ①海洋生态学
Ⅳ. ① Q178.53

　　中国国家版本馆 CIP 数据核字（2023）第 024565 号

HAIYANG SHENGTAIXUE

策划编辑	高新景	责任编辑	陈亦君	封面供图	沈海滨	封面设计　李小璐
责任印制	耿　轩					

出版发行	高等教育出版社	网　　址	http://www.hep.edu.cn	
社　　址	北京市西城区德外大街4号		http://www.hep.com.cn	
邮政编码	100120	网上订购	http://www.hepmall.com.cn	
印　　刷	河北信瑞彩印刷有限公司		http://www.hepmall.com	
开　　本	787mm×1092mm　1/16		http://www.hepmall.cn	
印　　张	23	版　　次	2004 年 1 月第 1 版	
字　　数	500 千字		2023 年 6 月第 3 版	
购书热线	010-58581118	印　　次	2023 年 6 月第 1 次印刷	
咨询电话	400-810-0598	定　　价	59.90元	

数字课程（基础版）

海洋生态学

（第3版）

主编　范振刚　唐学玺

海洋生态学（第3版）

　　本数字课程与纸质教材一体化设计，紧密配合。数字课程包括拓展阅读、彩图等教学资源，可供师生根据需求选择，也可供相关科学工作者参考。

| 用户名： | 密码： | 验证码： | 5360 | 忘记密码？ | 登录 | 注册 |

http://abook.hep.com.cn/59932

扫描二维码，下载Abook应用

　　海洋约占地球表面积的 71%，是地球生物最大的栖息生存空间，同时也是全球生命支持系统的基本组成部分和实现人类社会可持续发展的重要基础。

　　近年来，随着海洋调查设备和技术手段的不断完善，海洋科学得到了快速的发展，人们对海洋的认识从近浅海拓展到深远海，对海洋生态学的研究也随之延伸至深海、远海和两极生态系统。伴随着一些新发现的海洋生态学现象，人们对海洋生态学的认识不断更新，海洋生态学的理论技术体系日益完善，同时在解决当前全球性问题，如全球环境变化、社会经济可持续发展等重大问题上越来越显示出不可或缺的作用与重要意义。

　　《海洋生态学》的第 1 版和第 2 版倾注了范振刚老先生大半生的心血，自出版以来得到了有关高等院校的老师、科研单位和管理部门同仁和专家的认可和肯定。他们以此书作为教学、科研和应用实践的重要资料。据范振刚先生的儿子——范伟先生介绍，范振刚先生生前一直在为第 3 版的编写和出版努力着，直到生命的最后一刻，仍一边与病魔抗争，一边孜孜不倦地撰写。临终前没有完稿成了他和家人最大的遗憾。当接到范伟先生发出的编写《海洋生态学（第 3 版）》的邀请时，内心是诚惶诚恐的，一方面是面对完成老先生的夙愿，感到责任重大；二是面对比较成熟的第 2 版，担心难以超越。

　　为此，本人组织了中国海洋大学长期从事海洋生态学教学与科研工作的几位教师，坚持第 2 版以海洋为空间，以生命为主体，从不同层次（种群、群落、系统）系统全面地介绍其生存、竞争、繁殖、进化过程以及与不同环境因子（物理、化学和生物），尤其是与人类活动之间的相互关系的编写思路，在充分尊重原有的知识体系结构的基础上，增加了一些海洋生态学前沿内容；在保留某些章节基本内容（如第五章、第六章和第八章）的同时，对其他章节做出了调整、补充和更新。

　　本书的第一章由赵妍修订，第二章和第三章由王影修订，第四章由赵妍和张鑫鑫共同修订，第七章由唐学玺修订，全书统稿由唐学玺完成。

　　感谢中国海洋大学海洋生态学实验室的迟潇、管晨、侯承宗、李丹蕊、李竣、吕梦晨、孙燕、王菁、杨莹莹、杨智博、张鑫、钟怡等博士在资料收集整理、文字图表处理等方面的帮助，特别感谢范伟先生在整个编写和出版过程中给予的大力支持和帮助。

由于编者水平有限，书中难免存在疏漏和不妥之处，敬请读者批评指正。

唐学玺

2020 年 12 月于中国海洋大学

《海洋生态学》自2004年出书以来得到了有关高等院校的老师、科研单位和管理部门同仁和专家的认可和肯定。他们以此书作为教学和参考的重要资料，并将此书推荐给了海洋生态学、海洋环境科学等专业在读的同学们。期间，我与这些未来的海洋生态学家和海洋环境科学家有了更多的接触与交流。交流是必要的，结果是双赢的。

2005年台湾艺轩图书出版社董事长、总经理董水重先生决定用繁体汉字将《海洋生态学》在台湾印刷发行，以加强和增进海峡两岸科学文化的交流。

台湾海洋大学海洋生物研究所教授兼所长程一骏先生为此书在台湾发行撰写了审校序，对其予以介绍。

在此，对《海洋生态学》出书以来给予支持和鼓励的同仁和专家们、台湾艺轩图书出版社董水重先生、台湾海洋大学程一骏教授和高等教育出版社的朋友们致以我真诚的谢意。

《海洋生态学》（第1版）已经告罄，海洋生态学领域发展日新月异，原想将书充实修正后尽快提供给读者，但由于种种原因，时至今日《海洋生态学》（第2版）才得以完成。本人深感不安和歉意。期间，高等教育出版社生命科学分社吴雪梅社长、台湾艺轩图书出版社董水重先生曾多次表示支持和期盼，这更使我心感不安。

近年来，随着观测手段和实验分析方法的完善与发展，尤其是海洋微型生物及其在海洋生态系统物质循环、能量转换以及在维持与保护生态系统平衡和健康过程中的重要作用被进一步深入了解以后，海洋生态学越来越显示出其在解决当前全球性问题，如全球变暖、社会经济可持续发展等重大问题上不可或缺的作用与重要意义。本人尽可能更广泛地了解当前海洋生态学的发展并做了分析研究。面对第2版的编写，仍坚持以海洋为空间，以生命（海洋动、植物、微生物等）为主体，从不同层次（种群、群落、系统）深入了解与研究其生存、竞争、繁殖、延续、进化过程中不同环境因子（物理的、化学的、生物的、沉积物等），尤其是与人类活动之间的，相互关系。

撰写中认真地分析研究调查材料，客观地认识自然现象，争取确切地阐述与解读某些生态学机制与原则。遵重业务导师刘瑞玉院士的指导意见和其他专家们的建议，本人就已了解和掌握的材料对《海洋生态学》（第 2 版）作以下主要充实与修改。

第 3 章，增加了发光生物、微型生物的内容。

第 4 章，深海海底热液口生物群落部分予以充实。

第 5 章，海洋生物生产力部分予以较多的充实。

第 6 章，药用生物资源部分予以充实。

第 7 章，增加化学污染物对海洋生物的影响，涉及近年来在世界范围内出现的"死亡海域"。

第 8 章，增加了生态足迹动态分析在实现社会经济可持续发展中的作用与重要意义。限于学术水平，书中难免出现疏漏与错误，恳请读者予以批评指正。

范振刚

2010 年 4 月 6 日于青岛山花园

海洋约占地球表面积的 71%，是地球生物最大的栖息生存空间，同时也是全球生命支持系统的基本组成部分和实现人类社会可持续发展的重要自然条件和资源基础。

已知海洋中的大型生物多达 20 余万种。陆地上比较大的动物门类几乎都有代表动物生活在海洋中。还有一些种类是海洋环境中特有的种类。据自 2000 年 5 月开始，历时 10 年的《首次全球海洋生物普查》阶段性报告称，海洋生物种数一直在不断地增加。海洋生物资源丰富，其中鱼类是主要组成部分，是人类可以直接利用的动物性蛋白质主要来源之一。今天，人类食用的动物性蛋白质有 22% 左右是来自海洋。就日本来说，全国 44% 的粮食来自海洋。据估计，世界海洋鱼类的潜在资源量约为 2 亿 t，与人类目前对海洋生物资源利用的现状相比还只是沧海一粟。

研究表明，海洋生物还是海洋药用资源的重要来源。不少海洋生物体内所含活性物质具有明显的医疗效果并对人类健康具有保健作用。

海洋中石油的蕴藏量约有 1 000 亿 t，约占地球石油总量的 1/3，是人类当前和未来开发利用海洋资源的主要目标之一。其化工、矿产等资源也是人类广泛利用的资源。

海洋由于面积辽阔，吸收了来自太阳辐射的大部分能量并储存起来，而这些热量又是气候系统的主要动力来源。因此，海洋是风、雪、降水等自然现象的形成条件和控制因素，并为大气提供了 1/2 以上的水汽量。研究表明，海洋尤其是在热带水域对地球系统的大气和气候变化具有非常重要的作用，并在全球环境变化过程中起着主导性的调节和控制作用。

与此同时，海洋还吸收了人类活动所产生的 CO_2 的 1/2 以上，这一现象与海洋真光层浮游植物的大量繁殖密切相关，而浮游植物的生产既与海洋中物理的和化学的过程有关，又直接影响着人类赖以获取的海洋生物生产。

事实证明，随着科学技术的进步和社会经济的迅速发展。人类在开发利用海洋的同时，对海洋环境和海洋生物资源也造成了极其严重的危害，在某些特定海域甚至破坏了整个生态系统。目前，每年在全球范围内出现的干旱、洪涝、火山爆发、地震等均与海洋有关。据报道，2004年我国海域共发生风暴潮、赤潮、海浪等灾害155次，造成直接经济损失达54亿元，死亡、失踪人数140人。

自20世纪70年代以来，我国沿岸近浅海水域有记载的赤潮就多达3 000多起。至今，赤潮发生的次数和影响范围呈现出不断增多和扩大的趋势，尤其是在渤海和黄海。由赤潮造成的直接经济损失每年都超过10亿元人民币。

历史的最初，人类之所以选择和定居在沿海，就是因为这里的环境条件优越，同时又可以得到各种生活资源和能源。另外，鱼类所含的不饱和脂肪酸是促进大脑发育的非常重要的物质，这也是古人类（早期人类）居住在沿海环境的一个额外收获。

人类以海洋作为从事生产活动和科学试验的广阔天地，不断地认识与了解海洋中的各种现象和自然规律并加以利用和改造。海洋也无私地满足了人类生存与发展的各种需求。

纵观人类对海洋的认识与联系，让我们深深地感受到人类自滩涂采集、近海捕捞、驾舟迁徙、航海以及通过大规模的海洋贸易将全球各地的人类文明密切地联系在一起的海洋之路是漫长和艰辛的。但至今也只能说是刚刚开始，要真正认识海洋的禀性和丰富深邃的内蕴还有漫长的路要继续走下去。但可以肯定，随着科学技术的进步，人类对海洋的认识和了解也将会出现新的飞跃！

海洋是地球上最后的前沿领域，谁能最早、最好地开发利用和保护它，谁就能获得最大的利益。

海洋生态学是从生物与其生存环境联系中，研究它们的生活方式的一门科学。特别是研究这些生存环境条件对生物的繁殖、存活、数量和分布等的意义。

本书最早是由中国科学院李博院士倡议牵头并委托中国生态学学会组织的"现代生态学系列丛书"中的一卷。该书是我们几十年来从事海洋生态学教学的经验体会与科学研究成果的总结。

该书全面系统地论述了海洋环境、海洋生物生态类群、海洋生物生产、数量分布变化与海洋环境各种因子的相互关系，并重点论述了种群生态学、群落生态学和生态系统生态学。而将海洋生态学当前研究的热点融合在有关章节中引例证予以论述。

在本书编写过程中，我们得到了许多生态学家的热情支持与帮助，他们对编写提纲和内容均提出了不少中肯的建议。如中国科学院李文华院士、林鹏院士、沈韫芬院士，中国农业大学梅汝鸿教授，北京大学蔡晓明教授，厦门大学沈国英教授，中国海洋大学张志南教授，国家海洋局第二海洋研究所宁修仁研究员，中国科学院南海研究所邹仁林研究员等都寄给我有关材料和专著。

笔者在西班牙海洋研究所进行国际合作研究时的伙伴 Dr. Pere Abellò 提供了不少有关材料，并与 Prof. Jacopo Aguzzi 共同承担了种群生态学中有关集合种群的编写。

阿根廷极地生态学家 Dr. Vergani 及其夫人 Dr. Stanganelli 为本书提供并撰写了部

分极地生态学内容。

北京大学蔡晓明教授、国家海洋局第二海洋研究所宁修仁研究员审阅了该书的部分内容（第4章和第5章），并提出了宝贵的修改意见。

笔者的业务导师、中国科学院资深院士、著名海洋生物学家刘瑞玉教授审阅了全书，并欣然为该书作序。

对以上各位专家的热情支持与帮助，我们表示衷心的感谢！

我们还要特别感谢高等教育出版社生命科学分社社长林金安先生的热情支持，正是他的帮助才使该书得以及时顺利地出版。

由于学术水平有限，书中难免会出现疏漏和错误，恳请广大读者予以批评指正。

范振刚

2003 年 5 月 6 日于青岛中国科学院海洋研究所

目　　录

绪论

1.1　生态学的定义

生态学这一名词最早出现于 1869 年，是由德国生物学家厄内斯特·海克尔（Ernst Haeckel）首先提出并予以定义的。生态学的英文为"ecology"，由希腊文"oikos"和"logos"两词演化而来，前者表示"住所"或"栖息地"，后者表示"研究"。从字义上理解，生态学是"研究生物有机体与其栖息环境之间的相互关系的科学"。这一标准定义已收录在韦氏词典中。任何一门科学的确立，其严格的理论与实践基础，确切的研究对象、内容和切实可行的方法是应该首先予以明确的。

关于生态学的定义，生物学家和生态学家在不同时期都曾论述过各自的观点，其表达方式或研究范围虽不尽相同，但是在内涵上却从未离开过生态学定义的经典解释，即生态学"是研究生物与其生存环境间相互关系的科学"。这一基本定义随着科学技术的进步和社会经济的发展，随着人们不断地扩大与深入对自然界中包括人在内的生物、环境、资源以及与经济发展之间关系的认识与了解，进而对生态学定义的观点逐渐一致、完善和客观；与此同时，这一过程亦反映出生态学研究是从生物形态、生理和行为对环境的适应性（生理生态学）和种群—群落—生态系统以及从微观和宏观两个方面不断深入发展的过程。早期，生态学研究曾被认为是"复杂系统的研究"，但其含义过于宽泛，因为所有的生物学研究都是如此。苏联生态学家克什卡洛夫（Kashkarov，1945）由于受海克尔生态学定义概念的影响，他强调了生物形态、生理和行为对环境的适应性，提出生态学的定义应是：

"研究生物对环境的适应性的科学。"从今天生态学发展的过程来看，它既反映了当时人们对生态学认识的局限性和必然性，而实际上，它又是生态学发展的基础。至今，它仍然是生态学研究的一个重要分支学科。

20 世纪 50 年代后，生态学被强调是研究种群动态的科学。澳大利亚生态学家安德列澳斯（Andrewartha，1954）认为，生态学是"研究生物分布和丰度的科学"，强调了动物种群的动态。著名的美国生态学家奥德姆（Odum，1971）认为，生态学是"研究生物或生物群体及其与环境的关系，或是研究生活着的生物及其与环境之间相互联系的科学"，其中特别强调了生物群体的生物学以及在陆地、淡水和海洋环境中的功能过程的科学。这样就更具有现代的特点。著名生态学家马世骏认为，生态学是"研究生物与环境之间相互关系及其作用机制的科学"。他提出自然界的生物都有其特定的生活环境，都有各自要求的适宜的环境条件。环境条件包括非生物的和生物的，前者指热、光、空气、水分以及各种无机元素等，后者就是动物、植物，微生物和其他一切有生命的物质。一方面环境因素对人类和生物体（群）起作用，另一方面人类和生物体（群）的活动（包括一切生命活动变化及社会、生产等活动）反过来又影响其所在的环境。所以生态学就是研究生物（包括人类）与环境之间这种复杂关系的科学。我们认为生态学是"从生物与其生存环境条件的联系中研究它们的生活方式的一门科学，特别是研究这些生存环境条件对生物的繁殖、存活、数量和分布等的意义"。我们将生物"生活方式"理解为主要包括：生物对环境条件的要求和适应，食物（营养）的种类和来源，繁殖习性、存活能力、昼夜和季节的生活周期现象，种内联系和种间关系（捕食、竞争、寄生、共生）以及生物种群数量变动规律和分布。从上述的定义和简要说明，可进一步认识到生态学强调了生物与环境之间的关系。生物学不仅研究生物的自身的生理学、解剖学、分类学，而且还要研究生物形成、进化等以及影响或改变这些特征和过程的外部环境，从而使生物学成为真正意义的生物学，更能揭示生命现象的本质。同时，我们还可以清楚以下几点：

（1）生态学研究的主要对象是生物的种群（即同种生物的自然集合），因为种群是生物在自然界中存在的具体形式。物种与其生存环境（非生物的和生物的）的相互关系只有通过种群才能具体的表现出来。

（2）生态学、形态学和生理学共同组成了整个生物学的基础；形态学研究有机体的构造及其发生，生理学研究各个器官和整个有机体的功能；而生态学研究生物的生活方式，在有机体与环境统一性这一唯物主义概念的基础上，三者之间有着不可分割的联系。生态学的研究要依据形态学和生理学的资料，而形态学和生理学的研究反过来也要涉及生物的生活方式。

（3）海洋生态学是研究海洋生物的生活方式的科学。海洋环境与陆地、淡水环境有着很大的不同，海洋生物的生活方式既表现有与一般生物共同的规律，同时也表现出它们所特有的特点。因此，将海洋生态学从生态学中独立出来是有一定意义的。

（4）海洋生态学有明确的研究内容和任务，主要是研究海洋生物的繁殖、存活、数量和分布，其目的在于对海洋生物资源的开发与可持续利用以及控制与管理提供科学依据。

（5）海洋生态学的研究程序：①各种生存条件对生物的作用。②生物对生存条件的适应。③两者相互作用所产生的结果，也就是生物种群的组成数量变动和分布。

1.2　生态学的分支学科

从生态学的创立开始及其以后的发展来看，除了本身分为许多分支学科以外，由于在发展过程中与人口、资源、环境以及社会经济发展间的关系日趋密切，生态学已与其他学科，尤其是社会科学的相互渗透与交叉，再加上物理学、化学、数学等学科新理论、新方法的引进，今天，生态学已形成了一系列新的分支学科和边缘学科。

（1）按照研究生物类别可以划分为动物生态学（animal ecology）、植物生态学（plant ecology）和微生物生态学（microbial ecology）。每一个大的类别又可以再划分为许多较小的类别，如动物生态学可以再分为昆虫生态学（ecology of insects）、鸟类生态学（avian ecology）、鱼类生态学（ecology of fishes）和哺乳动物生态学（mammalian ecology）等。

（2）按生物栖息的空间可以划分为陆地生态学（terrestrial ecology）和水生生态学（aquatic ecology）。陆地生态学又可分为森林生态学（forest ecology）、沙漠生态学（desert ecology）、草地生态学（grassland ecology、range ecology）等；水生生态学可再分为淡水生态学（freshwater ecology）和海洋生态学（maline ecology）。淡水空间虽然在地球表面占据很小的部分（不足2%），约为地球表面总水体 $13.9 \times 10^8 \text{ km}^3$ 的3%，而且其中的85%是冰川，但是它与人类生存和社会经济的关系却十分密切，并具有重要意义。海洋生态学在生态学中占有极为重要的地位，不仅是因为海洋面积约为地球表面的71%，更重要的是生命起源于海洋，人类的生存和社会经济的发展开始于海洋，而且海洋又是当今人类为了可持续发展、拓展空间和索取更多能源的重要场所。海洋生态学可以划分为潮间带生态学（intertidal ecology）、浅海生态学（shallow-sea ecology）、上升流生态学（upwelling ecology）和深海生态学（deep-sea ecology）等。

（3）按研究范围及其复杂程度可以划分为个体生态学或生理生态学（ecology of individuals）、种群生态学（ecology of population）、群落生态学（community ecology）和生态系统生态学（ecosystem ecology）。

随着人类面临着自身生存物质的需求和社会经济可持续发展战略的要求，现代生态学基础研究除了在微观和宏观两个方面深入发展并日趋结合外，已从生物与其生存环境间的一般相互关系延伸向以探索生物与环境之间的实质联系及作用机制研究的方向发展，并与社会经济间的关系更趋密切结合，从而形成了许多边缘学科，如资源生态学（resource ecology）、污染生态学（pollution ecology）、农业生态学（agri-ecology）、渔业生态学（fishery ecology）、数学生态学（mathematical ecology）、城市生态学（city ecology）、经济生态学（economical ecology）、地理生态学（geography ecology）、物理生态学（physical ecology）、化学生态学（chemical ecology）、系统生态学（systems ecology）和人类生态学（human ecology）。学科之间的相互渗透和交叉有力地推动了生态学研究向更广和更深的方向发展，从而使其能更客观、准确和及时地揭示当前在全球出现的许多重大、严重威胁人类生存和社会经济可持续发展急需解决的资源和环境问题的实质，并对解决这些问题提出具有科学依据的途径与方法。如经济生态学，即生态学与经济学的结合，这是自然科学与社会科学间的相互交叉形成的交叉科学。生态学和经济学在理论方面具有许多可比拟的共同问题和相互通用的原理。譬如两门科学都有：①平衡问题：表现在经济上有收支平衡，生态学则有系统的输入与输出和环境成分之间相互协调的生态平衡。②个体和种群间的交换关系：生态学有种群结构、物质循环与能量转换等生态效率问题，经济学则有人口累积生长，同种货物大数量的资本类型积累和再生产等问题。所以生态学与经济的这种结合所形成的经济生态学，就可以为人口问题、资源开发和持续利用、生态环境保护以及社会经济的可持续发展提出有科学依据的战略方向、途径和方法。

1.3　海洋生态学的理论基础

生态学的英文是"ecology"，而经济学的英文"economy"也来源于希腊文，两者同是由一个词根"eco"组成，从字义上理解是"管理家庭的科学"，即管理家庭的经济。由此可见，生态学从创立的开始即与经济有着密切的联系。同样，生态学近200年的发展史也充分说明，生态学从初期就一直与人类的生活，尤其是与人类的生存发展和利用改造自然的生产实践关系非常密切。任何一门科学的创立和发展过程，事实上都是与人类的活动和社会经济发展是同步的。因此，人类活动和社会经济的发展就是生态学创立的理论基础，而生态学又反过来指导和促进人类活动和社会经济发展。这一关系是建立在辩证唯物主义概念基础上的，体现了有机体与自然环境的统一性。

关于生态学理论基础的几个重要问题的叙述与讨论如下：

（1）有机体与环境的统一性在生物种群和生物群落形成历史与发展过程中的表现。从地球上生命物质的起源和发展来看，正是地球上最初理化条件的变化创造了产生原始生命物质的条件。原始生命物质通过与其周围环境进行物质交换，一方面增加了环境的复杂性，同时又提供了创造新的生命物质发展的条件，正是在这样的辩证统一的循环过程中，才逐步地形成了今天的复杂的生命界。今天，无论是在季节性的周期中，或是在生物群落的长期演变中，无处不表现出有机体与环境统一这一辩证关系。

（2）有机体与环境因素的关系是相对的，环境因素的意义和作用是由有机体与该环境因素的特殊关系决定的。例如，对不同的生物来说，蟹可能是不同的环境因素，对于某些动物，它是凶猛的捕食者；对某些动物，它又是食物；对另外一些动物（藤壶等），它又提供了一个既安全又活动的产卵或固着的实体，但是对于大多数大洋性动物，它一般不是它们的环境因素。

（3）在有机体与环境因素的相互关系中，其中有一种是主要的，起决定作用的，而其他的则处于次要的地位。例如，对于海洋植物来说，太阳辐射（日光）和营养物质的供应以及保证光合作用进行的一些其他理化环境因素是主要的和起决定作用的（一般只有太阳辐射和营养物质是主要的），而水流的搬运等环境因素往往是比较次要的；对于动物来说，一般以食物或与代谢作用直接有关的环境因素（温度）是主要的，种内关系和与其他种的种间关系（捕食，寄生）往往是比较次要的。

（4）主导环境因素的变化。各种环境因素的重要性与作用在不同的条件和不同的时间是会有变化的。例如，海洋生物的地理分布和季节变化，温度要比食物因素（或营养因素）更为重要些。另外，在影响生物发育的不同阶段，主导因素也是有一定的改变。如一般来说对于幼鱼，主要矛盾是敌害的关系；而对于成鱼，主要矛盾则往往转为食物关系了。

（5）生物与环境因素矛盾的主要方面的转化。例如，动物在摄取食物并不断生长发育的同时，也就孕育着食物不足的危险。到了一定程度，食物的数量就转而成为指导捕食者发展方向的因素了，捕食者就转而摄食其他食物，出现迁移或数量趋于下降。

（6）任何适应都是相对的，也就是说任何适应都有局限性和不适应性。例如，适应捕食小的浮游生物的鱼类，就不适应捕食较大的动物。适应范围的狭窄与否往往与环境中生活条件的稳定与否有着密切的关系。

以上所述各点并没有包括这一问题的全部内容，随着生态学的发展，将可以进行更深入的探索与讨论。在生态学研究中，常需要对各个因素分别地进行分析，但是牢记它们之间的普遍联系是非常重要的。

1.4 海洋生态学的研究内容与方法

前面已提到，生态学的研究是以种群为单位，但并不意味着对种群的研究就是生态学研究的全部内容。我们说种群是指生物在自然中存在的具体形式，是因为一个物种在自然界中并不是以个体为单位生存着，而是在具有相同环境特性的一定区域内，由同一种的很多个体集合形成的一个种群而存在，并以全部种群为一个整体来适应它们所生存的环境。一个物种的种群在自然界往往不是、也不可能是单独存在的，而必须与其他物种的种群生活在一起，它们之间有着一定的食物联系和空间联系，正是这些联系保障着自然界中的物质循环和各个物种的存在。我们称这样的种群的自然集合为一个生物群落。生物群落的形成、发展和稳定（相对的）的主要基础是群落中各种群之间的相互关系（特别是营养联系），以及它们与无机环境之间的相互作用。因此，生物群落不仅表现有一定的组织结构，并且有一定的物质（或能量）的转换关系。这一物质（或能量）的转换关系将生物群落中的各个种群和它们的环境联系成为一个整体，即所谓"生态系统"。关于种群、生物群落和生态系统，我们将在之后的章节中予以专门的介绍和讨论。这里，我们只想说明：在自然界中有个体集合形成的种群，种群集合形成的生物群落和生物群落与环境联系在一起所形成的生态系统。一种生物的种群与另一种生物的种群并不是完全独立无关的，生物群落之间的界限也不是绝对分明的，小的生态系统往往同属于一个更大的生态系统。在这些组织形式中，种群具有特殊的意义，因此它是生态学研究的单位和主要对象。在研究生物种群时，必须具有一定的关于组成种群的个体的形态分类和行为的基础知识，这些知识的获得主要是依赖于形态分类学和生理学等学科的工作，特别是比较形态学、生态形态学、比较生理学和生态学方面的工作。种群内个体的组织和联系，以及种群与环境相互关系的研究，才真正构成了生态学研究的主要内容，而对生物群落和生态系统的研究是这一研究的自然推移（延伸），也是生态学研究的主要课题；而且，只有在进行了这样的一些研究以后，才能使生态学成为一个精确的、量化的科学，并能充分地表现出生态学研究在解决当前人类所面临的人口、资源和环境问题的重要性和重要意义。在进行海洋生态学研究时，我们还必须首先注意到海洋环境与陆地（或淡水）环境有很大的差异，其中的生物组成也各不一样。因此，各个主要的理化环境因素在海洋中的分布和作用，以及各个类群生物在海洋中的发展和地位都应有具体的和不同的认识和评价。当然，海洋环境和陆地（或淡水）环境也有许多共同的生态学一般规律。

就整个生物圈来说，它包括了地球上所有的生态系统（地球上全部环境和所有生物体）。生物圈相隔遥远的部分是通过气流、水流和生物体的运动带动的能量和营养物质流动相互联系起来。

鉴于上述，本书将依次介绍和讨论以下几方面的问题：海洋环境概述，海洋生物概述，海洋生态系统，海洋初级生产和次级生产过程，海洋生物资源及其开发利用现状与管理对策，人类活动对海洋环境和海洋生物的影响以及海洋生态学与海洋产业可持续发展。

1.5　世界海洋生态学的发展

地球上的生命史实际上就是所有生物与其生存环境相互作用的历史。即使在今天，人类本身的发展和社会经济的变革与发展的过程也是如此。中华民族早在原始氏族时期，其内部血缘宗法关系就有着"人和"的传统。这一传统即表现出人类和自然流动变化的节律和社会生活秩序和睦相处的良好风尚。这一传统实际上就已孕育了古朴而又深刻的生态观。在当时，人类为了生存的需要，与其他高等动物一样完全依靠从大自然中获取生活资料。经过漫长的生存发展实践，人类逐渐懂得并掌握了人与自然并存的和睦关系。如早在 2 000 多年前的战国时期，就有了《孟子·梁惠王下》："数罟不入污池，鱼鳖不可胜食也；斧斤以时入山林，林木不可胜用也。"《荀子·王制篇》："斩伐养长不失其时，故山林不童而百姓有余材也。"《逸周书·大聚解》："春三月，山林不登斧斤，以成草木之长；夏三月，川泽不入网罟，以成鱼鳖之长。"《吕氏春秋》："竭泽而渔，岂不得鱼，而明年无鱼；焚薮而田，岂不得兽，而明年无兽。"这些都充分说明，我们的先祖在长期生产实践中已获得了丰富的如何利用资源、保护生态环境的知识。尽管当时他们并没有明确地提出生态学这一概念，而实际上已经孕育了可贵的生态学思想萌芽，所以应该说，他们既是生产劳动者，又是早期生态学的先驱。在西方，也曾出现过一些早期的生态学思想萌芽。如古希腊的埃姆比多格尔斯（Empedooles）就曾提出过高等植物通过茎和叶片吸取营养的假想。任何一门学科的产生与发展都是与人类的生产实践需要，科学技术的进步与分工有着密切的联系，前者是更为重要的推动力。

生态学诞生至今已有逾 150 多年的历史，它经过了既短暂又漫长的历史发展过程，今天已成为全世界都在关注的一门科学。它之所以受到如此重视，其主要原因是它的诞生与发展一直与人类的生存和经济发展密切相关。

生态学发展可以概括地划分为：

1. 生态学创立和发展阶段（19 世纪中后叶）

尽管在中国和早期古希腊哲学家的一些著作中曾出现过有关生态学思想的萌芽，但一直到 1869 年才由德国生物学家厄尔斯特·赫克尔首先提出了"生态学"一词。当科学家们开始越来越多地关注生态学研究时，大约从 1900 年开始生态学才成为一门独立的学科。生态学一词才被普遍地使用。英国科学家 Murray 于 1912 年发表的《大洋深处》一书被认为是海洋生态学的第一部经典著作。20 世纪初，第一个致力于生态学研究的学会和刊物开始出现。

生态学概念的提出，不仅创立了一门新的学科，更重要的是把环境因素纳入了生物学研究范畴，开创了生物科学的新时代。传统生物学研究是从分类学、生理学、形态学、解剖学角度就生物去研究生物，对生命现象的认识仅限于生物有机体本身，不包括环境因子，不去揭示生物与其生存环境之间的关系；而生态学却强调生物与其生存环境之间的相互关系，使揭示生命本质成为可能。生态学的创立是生物学领域中的一场革命，是建立在不同学科科学家研究基础上的。

2. 从传统生态学向现代生态学发展的阶段（20 世纪上半叶）

20 世纪 40 年代，F. E. Clements 和 V. E. Shelford 提出了生物群落概念，R. Lindeman 和 G. E. Hutchinson（1942）提出了食物链和金字塔营养结构，从而确立了物质循环概念和能量流动理论并创立营养动态模型，E. A. C. Juday 关于湖泊研究首先具有了初级生产的思想并提出了营养动力学概念，标志着现代生态学的开始。1935 年英国生态学家 A.G.Tansley 第一个提出了生态系统概念，从此生态学研究多集中于生态系统领域。

这一时期，E. P. Odum 和 Hutchinson 关于生态学系统能流及能量收支的论述、Gales 关于生物圈能量交换的研究、Monk 从生态学视角对能量的研究、Ovington 对营养物质循环的研究以及 E. P. Odum 和 Margalef 对生态系统中结构与功能之间的调节和相互作用的研究等，大大丰富了生态系统的研究内容并使生态系统研究趋向成熟。

与传统生态学比较，系统生态学具有明显的优越性，它是将自然界作为一个整体和一个系统，然后再分成若干系统；是从生态系统中的物质循环、能量流动中揭示各个因素间的相互作用、相互制约并协调发展的关系。

3. 走向生态哲学发展阶段（20 世纪下半叶至今）

宇航员从太空中发回了第一张地球照片，让人类第一次能够完整地观测到地球并认识到太空中的地球是如此孤独和脆弱。20 世纪 70 年代，随着地球生态环境的日益恶化，国际社会开始对地球生态环境给予了广泛的关注。与此同时，几乎每个人也都开始关心污染、资源、人口和生物多样性问题。1970 年 4 月 22 日被定为第一个地球日（earth day），因此，20 世纪 70 年代被称为"环境年代"（decade of the environment）。

人类广泛的关注对理论生态学的发展产生了深远影响，这一时期生态学研究的一个显著特点是将人类作为研究的主体。如"人与自然环境""人类对自然资源开发利用与保护之间的关系""人类活动对自然界的影响和环境对人类社会和人类文明发展的作用"以及"人文环境与社会环境之间的关系"等，已经将人类、社会、自然联结在一起，作为一个生态系统探讨之间的相互关系。

当生态学发展已进入到人类和自然相互作用的研究层次时，即已影响和改变了人类认识世界的理论视野和思维方式，并逐渐形成了一种新的思维方式。这时生态学发展又进入了一个新阶段，即由工业文明走向生态文明，由工业经济转向生态经济，人类社会由工业社会走向生态社会，并由传统经济发展模式转向循环经济可持续发展的生态发展模式。

这一时期，随着科学技术的不断发展和进步，海洋调查的仪器设备更先进，比如配置更加完善的海洋综合考察船、遥感技术、深潜器、地层剖面仪、高清摄像机等的应用，以及大规模海洋国际合作调查研究的开展。上述研究活动使得海洋生态学进入了快速发展的时期，理论与学术成果繁多，比如热液口、新生命形式和新物种的发现；海洋食物网以微微型和微型浮游自养生物和异养生物为基础的观点等，均是 20 世纪后期海洋生态学的重要成就。目前，海洋生态学研究的热点和重点问题主要包括：①全球变化背景下的海洋环境问题研究，主要包括海洋酸化，暖化和缺氧区等；②随着海洋科学考察技术和手段的不断进步，南北极生态系统，热液口，冷渗口等极端生态系统的研究得到开展和深入，同时人们对微微型生物的调查和研究也得到了有效的开展；③各国间的合作和往来不断增加，大海洋生态系统的概念被提出，许多综合性的海洋计划也得到开展。

就海洋渔业方面的问题来看，很长一段时期以来，人们认为海洋中的渔业资源是取之不竭，用之不尽的。正是因此，就曾经不加限制地过度捕捞和滥捕幼鱼，因而，至 20 世纪中期就开始在很多水域中出现了经济鱼类数量急剧减少乃至渔业生产危机，迫使人们不得不开始注意渔业资源的合理利用、稳定地提高渔业产量，以及开拓新渔场和扩大捕捞对象等问题。要解决这些问题就必须对鱼类本身的数量分布、变动规律以及与它们有直接或间接关系的生物性和非生物环境因素间的关系有足够的了解，这就大大地促进了海洋生态学的发展，并且使海洋生态学研究从定性研究阶段跨入了定量研究的阶段，揭开了动力生态学研究的序幕，向着海洋生物生产力研究方向发展。一段时间以来，世界各国的近海渔业资源普遍存在过度利用的问题，渔业资源结构发生重大变化。针对这些问题，1984 年，美国科学家提出了大海洋生态系（large marine ecosystem，LME）的概念。通过研究海洋中较大海域的生态系统特征及变化机制和资源保护管理，将海洋生物资源开发利用的研究从单个种类的研究向多种资源和系统水平的研究和管理方向发展。自大海洋生态系提出以来，其已被广泛认可为管理海洋渔业和其他海洋生物资源的重要手段。目前全球已确定 64 个大海洋生态系，我国有东海、黄海两个大海洋生态系。然而，大海洋生态系研究还存在着诸如如何进行国家间的合作与协调，已经受到干扰的大海洋生态系能否恢复到良性状态、怎样恢复、需要多长时间等问题需要解决和研究。

生态学经过自身的不断充实发展，已与人类生活和社会经济发展的密切结合，再加上科学技术进步以及与其他学科的相互交叉渗透，它已经成为受全球人们关注和当代最活跃的前沿学科之一。

1.6 中国海洋生态学的发展

相较于世界海洋生态学研究，我国海洋生态学研究起步较晚，进入 20 世纪之后才陆续成立相关海洋研究机构，开始宣传海洋科学知识和开展一些基础海洋研究。我国海洋生态学的发展大致分为四个阶段。

（1）1912—1949 年：我国海洋生态学发展的萌芽阶段。这一时期的主要特点是初步认识海洋与人类的关系，没有明确海洋学科分类，积极学习西方国家的海洋调查方法和成果；有早期的采样工具，设立早期的海洋生物研究室。先后有 1927 年中山大学费鸿年组织完成的海南岛沿海生物调查，1934 年中国科学社生物研究所进行的海南生物科学采集，1935 年"国立中央动植物研究所"伍献文等组织实施的渤海和山东半岛沿海海洋学和生物学调查。这些海洋调查虽然调查区域小且分散，但是对推动我国以后大规模海洋生态学调查研究奠定了基础。

（2）1949—1978 年：新中国成立后到改革开放是我国海洋生态学的探索发展阶段。这一时期研究范围已从分类学扩大到密切联系实际的资源与生态学，主要包括近海的生物分类、区系研究和经济种类的资源调查。1950 年，中国科学院海洋研究所开展了全国沿海海洋生物区系分类的调查研究。1953 年中国科学院海洋研究所与中国水产科学研究院黄海水产研究所联合进行了烟台鲐鱼场综合调查，这是新中国成立后第一次海洋生态调查。1958—1960 年，我国首次进行了"全国海洋综合调查"，这是新中国进行的第一次海洋调查工作，从此翻开了我国近海海洋调查发展史上新的一页；经过 3 年的努力，首次比较完整地获取了我国近海大量水文、气象、化学、生物和地质等方面的观测数据，推动了我国海洋科学研究的发展。这些研究为海洋生物资源的进一步开发利用积累了基本资料。同一时期，新中国的第一批海洋科研机构逐步设立。1950 年在青岛设立了中国科学院海洋生物研究室，1959 年扩建为海洋研究所。1952 年厦门大学海洋系理化部北迁青岛，与山东大学海洋研究所合并成立了山东大学海洋系。

（3）1978—2012 年：我国海洋生态学的快速发展阶段。1978 年，国家全面对科技工作进行了新的部署，在此背景下海洋科技政策逐渐启动。这个时期我国海洋生态学的发展与国家当时的"经济建设要依靠科学技术，科学技术要面向经济建设"为导向的经济发展模式是一致的。这一时期我国海洋生态调查具备了从太空、高空、海面、海水层、海底到地壳的多学科综合观测能力，开始走出中国近海，面向深海大洋和极地。研究对象深入到分子水平，分支学科的发展已从海洋个体生态学、海洋种群生态学进入到海洋群落生态学，并且开始探索海洋生态系统的结构和功能，在应用研究方面进入世界先进行列。在 20 世纪 80 年代，我国开展了全国海岸带和海涂资源调查（1980—1986），查清了我国海岸带和滩涂资源数量和质量。1998 年，我国基本完成了《第二次海洋污染基线调查》，为我国近海海洋环境质量的状况提供了重要的科学依据。进入 21 世纪，我国又开展了 908 专项"我国近海海洋综合调查与评价（2004—2009）"。908 专项包括近海海洋综合调查、综合评价和"数字海洋"信息基础框架构建三大任务，是新中国成立以来规模最大、学科最全的一次海洋综合调查工作。2005 年 4 月 2 日，"大洋一号"科学考察船从青岛港启航，开始执行我国首次横跨三大洋的科学考察任务，这是我国第一次现代意义上的大洋环球科学考察，在我国大洋科学考察史上具有里程碑的意义。2008 年出版的《中国海洋生物名录》（刘瑞玉主编）记录了 22 629 个现生种，仅次于澳大利亚和日本，提供了翔实可靠的物种鉴定、编目和分布数据。与此同时，在国家高技术研究发展计划（863 计划）、国家重点基础研究发展计划（973 计划）和国家科技支撑计划的资助下，我国开展了多项海洋生态学及其相关领域的研究。在极地调查方面，1984 年 11 月 20 日我国海洋科学调查船"向阳红 10"号和海军"J121"号从上海起航，拉开了我国南极和南大洋科学考察的序幕，随后相继建立了永久科学考察站——中国南极长城站（1985 年 2 月 20 日）、中山站（1989 年 2 月 26 日）、昆仑站（2009 年 1 月 27 日）、泰山站（2014 年 2 月 8 日，图 5）以及罗斯海新站（2018 年 2 月 7 日奠基，预计 2022 年建成），进一步扩大了中国开展南极科学考察活动的覆盖范围。我国于 1999 年 7 月和 2003 年 7 月先后两次开展北极科学考察，目的是评估北极变化对我国气候和环境的影响，并对这种影响进行可预测性研究，随后于 2004 年 7 月建立了我国第一个北极科学考察站"黄河站"，这标志着我国北极科学考察进入了一个新的阶段。2005 年 1 月 18 日，在中国第 21 次南极考察中，内陆冰盖科考队登上南极内陆冰穹 A 最高点——南纬 80°22′00″，东经 77°21′11″，海拔 4 093 米。这是人类首次从地面到达该区域。

（4）2012—至今：我国海洋生态学进入了发展的黄金时期。这一时期，我国海洋生态学的发展从广义的国家层面向泛区域性范畴拓展，以研究相关区域综合生态风险，研究迫切地关注于生态学分支中日益增长的人类影响，去了解海洋生物群落对开发和干扰的应对。这一时期主要研究内容包括：在全球气候不断变化的大背景下海洋暖化和海洋酸化造成的海洋生化过程变化；全球化背景下的外来物种入侵频发以及高强度的商业捕捞导致的海洋生物多样性下降；全球海洋中日益复杂混合污染物的生态效应；大洋、极地海洋生态系统对全球气候变化的相应研究；海洋资源开发与生态修复。海洋生态学集合了海洋学、生物地球化学、沉积学等相关学科，学科交叉是这一时期海洋生态学发展的大趋势。2018 年 5 月 15 日，"向阳红 01 号"圆满完成中国首次环球海洋综合科学考察，顺利返回山东青岛。本航次历时 263 天，行程 38 600 海里，完成了大洋、极地多项科考任务，实现了资源、环境、气候三位一体的高度融合。

海洋环境

2.1　导论

海洋，很久以来就以其浩瀚无垠、汹涌澎湃和神秘莫测吸引着人类的关注。尽管早在几千年以前，人类就已开始了对海洋的探索，但是由于我们的祖先对陆地的了解远比对海洋更早、更多，所以还是将人类居住的星球称之为地球。实际上，如果今天你乘上宇宙飞船遨游太空时，就会惊奇地发现，原来覆盖着地球表面的大部分是辽阔的海洋，而人类居住生活的陆地，其面积仅为 $1.48 \times 10^8 \ km^2$，约占地球表面积的 29%，其中 65% 又分布在北半球。陆地与海洋相比，简直就成了这浩瀚海洋中的几个"孤岛"。

根据科学调查，目前已知地球的表面积约为 $5.1 \times 10^8 \ km^2$。覆盖地球表面的海洋面积为 $3.62 \times 10^8 \ km^2$，约占地球表面积的 71%。海洋为地球上 99.5% 的生物提供了生存空间，它是陆地和淡水水域所能提供空间的 30 余倍。海洋最深处为 11 034 m，位于菲律宾东部的马里亚纳海沟（Mariana Trench）。海洋的平均深度是 3 800 m。海洋的体积约为 $13.7 \times 10^8 \ km^3$。

以平均海平面为零标准，陆地海拔平均为 875 m，海洋为 –3 729 m。陆地最高峰珠穆朗玛峰为 8 848.43 m，最低处是死海，为 –415 m。地球上最大、最长的山系不在陆地，而是海底横贯全球的大洋中脊体系。

在日常生活中，人们通常将地球表面上连续的咸水水体统称为海洋。实际上，从海洋学观点来讲，海和洋的概念和含义是完全不同的。洋是这一连续的咸水水体的主体部分，面积辽阔，远离大陆，深度在 2 000 m 以上，约占海洋总面积的 89%，平均盐度

35‰，水色清，透明度大，具有独立的潮波系统和强势的海流系统，温度、盐度和透明度等水文状况不受或很少受大陆的影响，所以相对比较稳定；沉积物多为钙质软泥、硅质软泥和红黏土等海相沉积物。

海离大陆近，深度较浅，一般是在 2 000 m 以内，面积较小，约占海洋总面积的 11%，水文状况由于受大陆的影响，各种环境因子变化急剧，并有明显的季节变化；沉积物多为陆相沉积物。最大的海是位于太平洋的珊瑚海（Coral Sea），面积为 479×10^4 km²；而最小的海是马尔马拉海（Marmara Sea），面积只有 1.1×10^4 km²。实际上，海是洋的边缘部分，隶属各大洋，并以海峡或岛屿与洋相通或相隔。在海洋学上，根据各个海所处位置的不同，又将海分为边缘海、陆间海、内陆海、海湾和海峡等不同类型。而实际上又可以将其归为两大类：边缘海和陆间海，因为海湾是边缘海的特例，而内陆海又是陆间海的特例。

边缘海是指靠近大陆边缘的海，它以岛屿、群岛或半岛与大洋相隔。例如，太平洋有黄海（Yellow Sea）、东海（East China Sea）、南海（South China Sea）、珊瑚海、白令海（Bering Sea）、日本海（Sea of Japan）、阿拉斯加湾（Gulf of Alaska）等，大西洋有几内亚湾（Gulf of Guinea）、北海（North Sea）、墨西哥湾（Gulf of Mexico）等，印度洋有阿拉伯海（Arabian Sea）、孟加拉湾（Bay of Bengal）等，北冰洋有格陵兰海（Greenland Sea）、巴伦支海（Barents Sea）等。

前述已提到，深入大陆的海被称为内陆海，它是陆间海的特例。如中国的渤海（Bohai Sea），西亚的波斯湾（Persian Gulf）、红海（Red Sea），欧洲的黑海（Black Sea）、波罗的海（Baltic Sea），美洲的哈得孙湾（Hudson Bay）等均属这一类型。

另外，由于陆地和海洋之间的边界形状复杂，海洋某些部分虽然面积非常窄小，但却具有其重要意义。如直布罗陀海峡（Gibraltar Strait）、马六甲海峡（Malacca Strait）和多佛海峡（Dover Strait）等都是连通各个国家或地区经贸和文化航路的狭窄海域、海峡和航道，是海洋中非常重要的水域。

应予以指出的是，整个海洋是连续的和不可分的。整个海洋紧紧地环抱着陆地，从而形成了统一的全球。

尽管海洋学家为了研究上的方便将这样一个浩瀚的水体划分出了许多亚单位，但是由于使用上的混乱，已使其在地文学上的含义混淆不清。因为在给其一个准确的定义时，往往存在着几种区分方法，如洋（ocean）、海（sea）、湾（bay）和海湾（gulf）等就是如此。另外，对性质不同的地理区域，通常是依据众所周知的海洋学现象或纬度和经度来确定的。如波罗的海被陆地包围，只有一个将丹麦与瑞典分开的十分复杂的浅而窄的海峡与大海沟通。与此不同的是没有明确的陆地或狭小的海峡可以将洋与海分开。

2.2　海洋环境概述

2.2.1　世界海洋分布

一个多世纪以来，有关世界大洋的划分存在着多种意见。曾有五大洋、四大洋、三大洋和六大洋之说，并且不断地变更。直至 1967 年，联合国教科文组织在其颁布的国际海洋学资料交换手册中公布了四大洋的方案，而取消了南大洋。但是，随着对南大洋调查的发展与深入，人们再次提出了南大洋之说。目前，我们将按照大多数人的意见和习惯，使用四大洋这一划分方案。

纵观世界大洋，总的布局是环绕南极洲形成的一个连续带，有几个北伸的"大湾"，即太平洋、大西洋、印度洋和北冰洋。严格地说，北冰洋应属于大西洋。

在向北延伸的各大洋中，以太平洋（Pacific Ocean）最大，它横贯南北两半球，位于亚洲、大洋洲、美洲和南极洲之间，形状近似于圆形。太平洋南北方向是从南极洲的罗斯冰架到白令海峡，长约 15 800 km；东西最宽处是从巴拿马到中南半岛的克拉地峡，宽约 19 500 km；总面积为 17 900×10^4 km^2，约占整个世界大洋总面积的 1/2，几乎等于大西洋、印度洋和北冰洋面积之和，比地球表面所有陆地面积之和还要大。太平洋的平均深度为 3 957 m，体积为 71 400 km^3，世界大洋的最大深度（11 034 m）就位于太平洋的马里亚纳海沟挑战者海渊中。太平洋是世界大洋中面积和体积最大，深度最深，地震、火山、海沟和岛屿最多的大洋。

大西洋的英文为"Atlantic"，来源于希腊语"Atlas"，其含义是希腊神话中的擎天巨神阿特拉斯。拉丁语有时也称大西洋为"Oceanus Occidentalis"，意即西方大洋。大西洋横贯南北两半球，位于美洲、欧洲、非洲和南极洲之间，大致呈"S"形；南北向延伸长约 16 000 km，东西较狭窄，最窄处只有 2 400 km；面积约为 9 565×10^4 km^2，约占世界大洋总面积的 1/3，为世界第二大洋；最大深度为 9 218 m，位于波多黎各海沟（Puerto Rico Trench）内；平均深度为 3 597 m，体积为 33 700×10^4 km^3。大西洋是流入世界大洋的河流流域面积最大的一个大洋。

印度洋（Indian Ocean）位于非洲、亚洲、大洋洲和南极洲之间，略呈三角形。印度洋大部分水域是在南半球，向北延伸不超过北纬26°；面积为 7 617.4×10^4 km^2，约占世界大洋总面积的 1/4；平均深度为 3 840 m，体积为 28 300×10^4 km^3，最大深度为 7 209 m，位于爪哇海沟（Java Trench）内。印度洋是一个半封闭的大洋，其北部封闭、南部开放。大洋中的岛屿和流入的河流都较少。

北冰洋（Arctic Ocean）位于亚洲、欧洲和北美洲之间，在北极圈内，近似圆形，面积为 1 478.8×10^4 km^2，最大深度为 5 499 m，平均水深为 1 097 m。北冰洋是世界大洋中面积最小、水深最浅的大洋，但是其海岸线曲折，有浅而宽的边缘海；大陆架非常广阔，最宽处可达 1 200～1 300 km。

这里介绍一下南大洋的环境状况，南大洋通常是指环绕南极洲大陆，北无陆界，但以副热带辐合带为边界的海域。由于南极洲大陆有平均厚度为 2 000～2 500 km 的冰盖所覆盖，致使陆架深而窄，陆坡陡峭、洋底很深。由于自然环境特殊，南大洋的水文特征、环流以及冰架融化对世界各大洋环境具有重要影响。

关于世界各大洋的分界线：太平洋与大西洋的分界线是通过南美洲合恩角的经线；大西洋与北冰洋的分界线为冰岛–法罗群岛海丘和威维尔–汤姆森海岭一线；大西洋与印度洋的分界线是通过非洲南端厄加勒斯角至南极大陆的经线（即本初子午线，20°E）；印度洋与太平洋分界线是横越马六甲海峡，再沿巽他群岛西部和南部边界和伊利安岛横越托雷斯海峡，以及通过塔斯马尼亚岛东南岛至南极大陆的经线（东经146°15′）；太平洋和北冰洋的分界线为白令海峡。

2.2.2 中国海洋分布

中国既是一个幅员辽阔的大陆国家，又是海域宽广、岸线曲折、岛屿众多和海洋资源丰富的国家。中国海域濒临西太平洋，北以中国大陆为界，南至努沙登加拉群岛（Nusa Tenggara Island），南北纵越44个纬度；西起中国大陆、中南半岛（Mid-Indian Peninsula）、琉球群岛（Ryukyu Islands）、中国台湾和菲律宾群岛（Philippine Island），东西横跨32个经度。中国海自北向南跨越温带（temperate zone）、亚热带（subtropics）和热带（tropics）3个气候带，海岸类型多样化，海岸线长达18 000 km，海域面积为472.7×10^4 km^2。

中国海域内拥有岛屿6 500多个，其中包括舟山群岛、万山群岛、台湾岛和海南岛等著名岛屿，总面积为8×10^4 km^2，岛屿岸线为14 000 km；流入海域内的河流约有1 500条，其中包括黄河、长江、珠江等著名河流；年总径流量为1.8×10^{12} m^3；海底地形复杂，由于受大陆的影响沉积物多为陆相沉积；潮汐类型主要全日潮、半日潮和不规则半日潮等类型。

中国海域可划分为渤海、黄海、东海和南海4个海区。

（1）渤海：位于37°07′N ~ 41°00′N，117°35′~ 121°10′E，形似一个侧放着的葫芦，北至辽河口，南到弥河口，南北长为550 km，东西宽为346 km。实际上，渤海三面被陆地环抱，是以渤海海峡与黄海连通的水体交换能力差，自净能力弱的半封闭性浅海。在4个海区中，渤海的面积最小，只有7.7×10^4 km^2，最大深度为80 m，位于渤海海峡老铁山水道，平均深度为18 m；流入渤海内的河流较多，其中有黄河、海河和滦河等主要河流，黄河年平均径流量为4.82×10^{10} m^3；渤海盐度较低，年平均为3%，近岸河口区为2.2% ~ 2.6%；水温变化较大，夏季为24 ~ 28℃，冬季在0℃左右，3个海湾附近沿岸均有结冰现象，其冰冻范围为1km左右，最大范围可达20 ~ 40 km。

渤海以辽东半岛南端的老铁山角到山东半岛北端蓬莱角的连线为渤海和黄海的分界线，过了渤海海峡的庙岛群岛便进入了黄海。

（2）黄海：位于32°N ~ 42°N，120°E ~ 126°E，位于中国大陆与朝鲜半岛之间，北接中国辽宁省和朝鲜平安南、北两道，东以朝鲜半岛并经其西南的珍岛至济州岛西北角为界，西北经渤海海峡与渤海相通，西至中国山东半岛和江苏北部，南以中国长江口北岸启东嘴与济州岛西南角连线为界，与东海相连。

黄海南北长870 km，东西宽为550 km，最窄处仅180 km；面积为42×10^4 km^2，

最大深度 140 m，位于济州岛以北，平均深度为 44 m。从山东半岛成山角至朝鲜半岛长山一线又将黄海划分为两部分，连线以北为北黄海，以南称南黄海。北黄海的面积为 7.1×10^4 km^2，南黄海的面积为 30.9×10^4 km^2，其地势特点为水深较浅，海底坡度十分平缓，这是由于苏北沿岸平原是古黄河下游的三角洲。

流入黄海的河流在中国一侧主要有鸭绿江、淮河、灌河等，在朝鲜、韩国一侧有大同江、汉江等。

（3）东海：东海给予人们的第一印象是海面突变宽阔，似乎进入了一无边际的大海。实际上，东海是一个比较开阔的边缘海，其西北角接黄海；东北以韩国济州岛东端至日本九州长崎野母崎角一线，与朝鲜海峡为界；东临日本九州、琉球群岛及中国台湾；西濒中国上海、浙江、福建等省（市）；南至中国广东省南澳岛与台湾南端的猫鼻头的连线。黄海面积为 77×10^4 km^2，最大深度为 2 719 m，位于八重山群岛以北，平均深度为 349 m。东海海域内海峡较多，东北有朝鲜海峡，其将东海与邻近海域及太平洋沟通。东有大隅海峡、吐噶喇海峡、冲绳海峡等海峡等与太平洋沟通，南有台湾海峡与南海沟通。流入海域内的河流主要有长江、钱塘江、瓯江和闽江等。

世界著名的舟山渔场就位于东海，这里是中国近海海域黄鱼、带鱼的主要作业渔场。

（4）南海：越过台湾海峡就进入了碧波万顷的南海，它北起中国台湾、广东、海南和广西，东至中国台湾以及菲律宾的吕宋岛、民都洛岛及巴拉望岛，西至中南半岛和马来半岛，南至印度尼西亚的苏门答腊岛与加里曼丹岛之间的隆起地带；面积为 350×10^4 km^2，是渤、黄和东海面积之和的 3 倍，海域内有著名的北部湾和暹罗湾；最大深度为 5 559 m，位于菲律宾附近，平均深度为 1 212 m。流入南海的河流有中国沿岸的珠江、赣江以及中南半岛的红河、湄公河和湄南河等。

浩瀚的南海海域拥有 1 200 多个大大小小的岛、礁、滩，并组成了著名的四大群岛，即东沙群岛、西沙群岛、中沙群岛和南沙群岛，亦称中国南海诸岛。南海诸岛环峙在中国南海的边域，是远洋航行的重要标志，在交通和国防上具有重要意义；同时也是我国重要渔场和有待开发利用的油气和其他资源的重要基地之一。

2.2.3 海洋环境划分

靠近陆地的部分一般都有大陆架（continental shelf），其坡度仅为 1°~2°，最大深度为 200 m 左右；来自陆源的泥沙大抵至此为止，为近岸浅海渔业生产的主要区域。从大陆架向外倾斜度突然加大，一般为 4°~5°，在较深处可达 20°~30°，此处被称为大陆坡或大陆边缘。大陆坡以外即为大洋底部（大陆隆与深海平原），深度为 2 000~3 000 m 以上。有些区域紧接大陆架边缘即为深度可达 10 000 m 以上的深海海沟。图 2-1 为海底剖面示意图。

海洋学家和海洋生态学家为了研究工作的需要与统一，将海洋环境进行了划分。但是，应该指出的是目前的划分仍然存在着并非十分清楚的界限，这有待于人类对海洋的进一步了解认识和深入研究之后，才能更准确和更客观地划分。

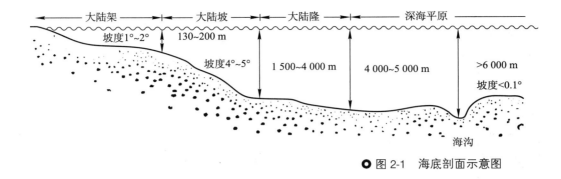

○ 图 2-1　海底剖面示意图

海洋环境最基本的划分方法是从水层和水底两个方面进行。水层环境是指从海水的表层到大洋的最大深度，即覆盖于海底之上的全部海域。而水底环境是包括所有海底以及高潮时海浪所能冲击到的全部区域。

根据海水的不同深度和地貌或底部的变化，水层和水底环境还可以进一步划分为若干不同的生态带。

2.2.3.1　水层的环境划分

从水平方向，水层环境可以分为近海带（neritic region）和大洋带（oceanic region）（图 2-2）。近海带又称沿岸区或近岸区。近海带的水平距离是以海底倾斜缓急程度的不同而具有明显差异。如渤海、黄海和东海海域的大部分近海带一般都在 200 m 等深线以内，所以面积相当广阔。有些海域，如日本的东海岸和南美洲西海岸离岸不远水深就超过 200 m，甚至达到数千米。这种情况近海带的范围就相当小。而美国的东北部海域，海底坡度就很小，大陆架很宽，因此近海带的范围则比较大。

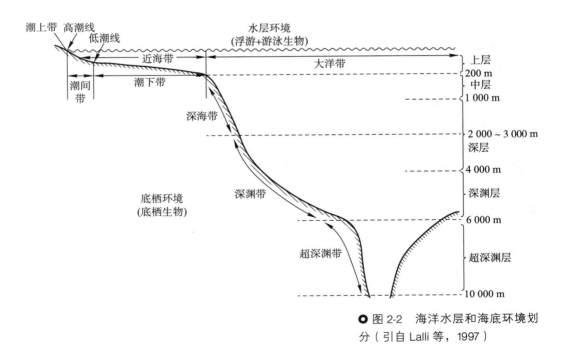

○ 图 2-2　海洋水层和海底环境划分（引自 Lalli 等，1997）

近海带与大洋区在水层垂直方向的界限通常是在 200 m 等深线处。实际上，这一界限的深度一般是大陆架（continental shelf）的外缘。同时大体上相当于水层环境中真光层和无光层的界限。

近海带海水的盐度变化幅度较大，一般低于大洋，有时可能很低（如波罗的海和亚速海）。环境的理化因素具有季节性和突然性的变化。由于受大陆径流的影响，海水中的营养元素和有机物质很丰富。这些环境特点使得近海带的生物种类十分丰富，浮游植物（主要是硅藻）的生产量很大。生活在近海带的生物有许多是属于温性和广盐性的种类。与大洋带比较，近海带是底层鱼类的主要栖息索饵场所和一些经济鱼类的重要产卵场，所以不少浅海海域是许多重要经济鱼类的渔场。

大洋区又称远洋区，占了世界海洋大部分，它的主要环境特点是空间广阔，垂直幅度很大。大洋区海水所含的大陆性的碎屑很少或完全没有，因而透明度大，并呈现深蓝色；海水的化学成分比较稳定，盐度普遍较高，营养成分较沿岸浅海为低，因此生物种类较贫乏，种群密度较低。大洋的理化性质在空间和时间上的变化不大，在深海水层的下部环境条件终年相对比较稳定，只有少量深海动物生活其中。

大洋区可以分为上层（epipelagic zone）、中层（mesopelagic zone）、深层（bathypelagic zone）、深渊层（abyssopelagic zone）和超深渊层（hadalpelagic zone）。上层的上限是水表面，下限是在 200 m 左右的深度。上层亦称真光带（lighted portion），即太阳辐射透入该水层的光能量可以满足浮游植物进行光合作用的需求。由于各种环境因子的干扰，大洋区上层的下限，即有光带下限的深度在不同海域是不尽一致的。中层的下限是在 1 000 m 左右的深度，中层水域仍有光线透入，但数量相对较少，满足不了浮游植物进行光合作用的需求。深层的下限是在 4 000 m 左右，再往下为深渊层，其下限为 6 000 m。深渊层以下为超深渊层。深层和深渊层统称无光带（aphotic zone），或称黑暗带。

2.2.3.2 水底的环境划分

这一范围包括所有海底以及高潮时海浪所能冲击到的全部区域。栖息在这一区域的生物对海底的形成及其性质起着很大的作用。关于水底环境划分的界限，各学者的意见并不一致，而且界线有时也并非固定在某一绝对深度。但大多数学者采取以下的划分办法：

（1）潮上带（supratidal zone）：处于高潮线以上，一般不受海水的浸没，只有在暴风出现的情况下才能被海水淹没。在陡峻的海岸，平时也只有破碎的浪花才能溅到此处，所以，潮上带又被称为激浪带（splash zone）。如果岸边比较平坦，潮上带则经常堆积着被海浪冲击上来的海藻。在这个海洋与陆地过渡的边缘区域，生物种类很少。通常仅可以见到中间拟滨螺（*Littorinopsis intermedia*）、茗荷（*Lepas anatifera*）等少数种类。

（2）潮间带（intertidal zone）：是指有潮汐现象和受潮汐影响的区域。其上限是大潮高潮最高潮线，下限是大潮低潮最低潮线。但也有学者认为，潮间带应包括从高潮线至水深 30~40 m 整个沿岸水域底部。潮间带以上为潮上带。

潮间带有以下环境特点：光线充足；潮汐和波浪的作用强烈；周年温度变化较

大，并且有日变化；底质性状复杂，可分为岩底、砾石底、沙底和泥底及其过渡类型；生物种类多样化，食物丰富；每天有一定时间交替浸没在水中和暴露在空气中；受大陆影响大。

（3）潮下带（subtidal zone）：是指从潮间带下限至水深200 m处这一区域，也有生态学家根据动物区系的分布特点认为潮下带的下限应位于200～400 m。在潮下带，光照强度和温度是决定该带下限深度的重要环境因子。所以，在高纬度区域，该带下限的深度要比低纬度浅一些。由于光照条件的限制，使营固着生活的植物种类趋向于大潮低潮最低潮线附近，即潮下带的上部，并以颇大数量成片生长。动物的种类和数量丰富，这一区域是海洋鱼类的主要栖息索饵场所，同时也是某些经济鱼类的产卵场，所以许多海区的这一带是重要的渔场。

（4）深海带（bathyal zone）从大陆架的外缘到大陆坡，是从200 m到2 000～3 000 m（下限不很确切）。这一生态带约占浸没海底的16%。

（5）深渊带（abyssal zone）是从2 000～3 000 m到水深6 000 m，这是底栖环境中最大的一个生态带，约占浸没海底的75%。该区的温度≤4℃。

（6）超深渊带（hadal zone）是从6 000 m到11 000 m，某些区域超过11 000 m，最深的地方是海沟。

整个深海海底（包括超深渊带在内）的环境特点为：光线极微弱或完全无光；部分海底温度终年很低（-1～5℃），无季节变化，但在有热液喷口的海底水温变化急剧；海水很少垂直循环，仅有微弱的水平流动；没有任何光合作用植物生长，但栖息有能依赖氧化硫化氢或甲烷以取得能量并进行碳固定的化学合成细菌，它们是最基础的生产者，因此深海海底栖息生活着不少种类的底栖生物。

2.3　海洋环境与海洋生物

生活在海洋特定环境条件中的所有生物都与其生存环境密切相关并相互影响。环境是指生物周围由许多因素共同组成并相互作用的系统。环境中对生物生存和生命活动没有影响的因素是不存在的，只是不同的环境因素对生物影响的重要性具有明显的差异，而且环境因素之间又是相互影响和相互制约的。尽管我们逐一讨论了不同环境因素对生物的影响，但是，由众多环境因子构成的环境复合体对栖息生物的综合影响更应在生态学分析与研究中予以重视。

除了海水本身所具有的特性以及太阳辐射、温度、盐度和各种溶解盐类等理化环境因子对栖息生物具有重要影响以外，由于海水表面与大气之间的相互作用导致气体交换，从而引起了一系列环境因子的急剧变化。这一变化在海表面或近表面表现得尤为明显，形成了一个独特的生态微环境，其对生物的生存和生命活动同样具有重要作用。本书将对生物生存和生命活动具有重要影响的各个环境因素特性及其与海洋生物间的相互关系予以讨论。

　　此处介绍限制因子的概念及其实践意义。尽管生物生存与生命活动等依靠其栖息环境中的各个环境因子及其综合作用，但是其中必然有一种或少数几种环境因子是对生物生存和繁殖具有限制作用的关键因子，也就是说，任何一种因子只要接近或超过生物的忍受范围，就会成为该物种的限制因子（limiting factors）。不同物种，甚至同一物种的不同生态型的限制因子也是不相同的。对物种来说，环境因子的限制作用在不同水平上也会表现出明显的不同。如某环境因子可能会限制生物的生长速率，同时也可能阻止其生长抑或威胁其生存；而另一环境因子则可能仅对生物的有性繁殖具有限制作用，而不限制其生长和无性繁殖。

　　必须指出的是，任何一种限制因子常常是随着另外一种或几种环境因子的变化而改变。例如，对浮游植物来说，在一定的生态系统中，一种浮游植物若能够进行正常的生存与繁殖，除了能从其环境中不断地得到其所需要的基本物质条件以外，还必须能在它和为其生存和繁殖所需要与可获得的环境（生物和非生物）资源之间进行变通和妥协适应。因此，限制因子的概念在稳态条件下最为适用（Odum，1971）。

　　限制因子的概念最初是由李比希（J.Liebig）提出来的，当时仅用于化学营养物质。李比希提出，当一种植物对某一营养物质所能利用的量已接近其所需量的最小值时，该营养物质就必然会对该植物的生长和繁殖起限制作用并成为限制因子。这就是李比希最小因子定律（Liebig's Law of Minimum）。以后才将这一概念扩大至环境中物理因子，如光照、温度等。

　　另外，由于环境因子性质的不同，对生物的影响显然不同。任何一种环境因子（理化的和生物性的）过量（如高温、高 NH_4^+ 浓度）时，也如同缺乏一样都会对植物的生长产生限制作用。耐受上限和下限被定义为某一生物对任何环境因子的耐受极限（tolerance limit）或生态幅（ecological valence），亦称谢福德耐受定律（Shelford's Law of Tolerance）（图 2-3）。

　　耐受限度是某一生物对环境改变的适应能力，与生物代谢特点、生物生活环境特点有关，也是生物进化过程中对环境因子适应的结果。如生活在环境因子变化剧烈的潮间带生物，其对环境因子变化的忍受极限（或生态幅）往往就大些。

　　某些生物种类本身具有调节和迁移其生存活动空间的能力，可避开限制因子对其的不利影响。某些体质强壮的个体甚至可以在不利的环境条件下生存，但对种群

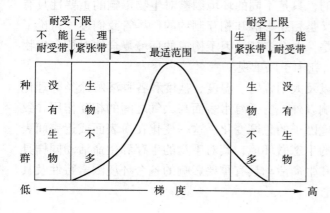

● 图 2-3　谢福德耐受定律与生物分布的关系（引自 Shelford，1911）

数量会产生不同程度的影响。

2.3.1 理化环境与海洋生物

2.3.1.1 太阳辐射

太阳辐射（solar radiation），即光照，被认为是海洋环境中最重要的生态因素之一。光是植物进行光合作用的能源，因此它直接影响着海洋中有机物质的生产。由于光在海洋中的分布特点和各种周期性的变化，它又直接或间接地影响着海洋生物的分布、体色和行为等。此外，太阳辐射是海洋中热量的主要来源，不仅对海洋生物生活具有重要影响，而且由于它与其他环境因子的相互影响，对整个地球上的生命活动都具有直接或间接的重要意义。

1. 太阳辐射在海气界面的吸收与散射

来自太阳的辐射，对地球大气层外来说是连续的和相当稳定的（图2-4），大约有27%和7%的能量分别被反射和散射回宇宙空间，18%被大气吸收，只有48%

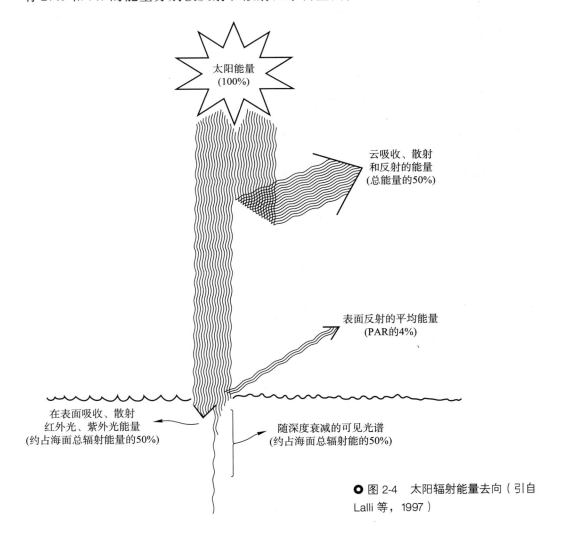

太阳能量
(100%)

云吸收、散射
和反射的能量
(总能量的50%)

表面反射的平均能量
(PAR的4%)

在表面吸收、散射
红外光、紫外光能量
（约占海面总辐射能量的50%）

随深度衰减的可见光谱
（约占海面总辐射能的50%）

○ 图 2-4　太阳辐射能量去向（引自 Lalli 等，1997）

的能量能够到达陆地和海洋表面。大约 5% 的到达地球表面的能量被陆地和海洋反射回大气，这部分能量中的 40% 又再次被吸收，60% 返回宇宙太空。所以，大气吸收能量为 20%，剩下 43% 的太阳辐射能量绝大部分被陆地和海洋吸收变为热量，极少的部分被陆地和海洋中的植物所吸收。辐射能量从海表面被反射回大气层，其反射量同太阳高度角、波长、海洋表面的起伏（波浪）和接近海洋表面的空气泡有关。也就是说，随着太阳趋向地平线，被反射的日光逐渐增加。

在一天中，到海水表层任何一点的实际辐射量都与太阳高度角、白天时间的长短和气候条件（云量等）和海况有关。太阳高度角又是由一年中的不同季节、时间和纬度来确定。如在赤道，太阳光垂直入射，反射光很少（在平静的海面只有 2%），所以在一年中几乎是连续不变的。因此，太阳辐射的温度效应在赤道地区最大。但是，在北纬 50° 处，辐射量在 1 月是 1 000 $\mu E \cdot m^{-2} \cdot s^{-1}$，6 月为 4 000 $\mu E \cdot m^{-2} \cdot s^{-1}$（图 2–5），因为近极地 / 极地白色冰雪的镜面效应非常明显，将会极大程度地影响到达地球表面的太阳辐射。

2. 海洋中太阳辐射

水与其他液体比较是相对透明的，但是其透明度却远小于大气。因此，光在水中的传播速度远比在空气中小，在透过水面的光辐射中大约有 50% 是由波长大于 780 nm 的不可见光所组成的。

波长大于 700 nm 的红外线辐射（infrared radiation）在水表层几米处就很快地被吸收并转换成热。紫外辐射（<380 nm）仅是总辐射量的一小部分，并且除了在非常清澈的海洋水体中，通常也是很快地被散射和吸收的。其余 50% 的光辐射，包括可见光和长度在 400～700 nm 波长的光能透过较深层水体。这些光及其传播的快速性使其在动物对环境变化的感觉上具有意义，所以对动物来说是非常重要的。另外，因为植物进行光合作用所需光照的波长也是这一波长。这些波长通常作为光合

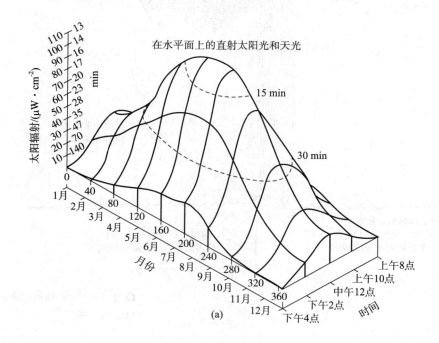

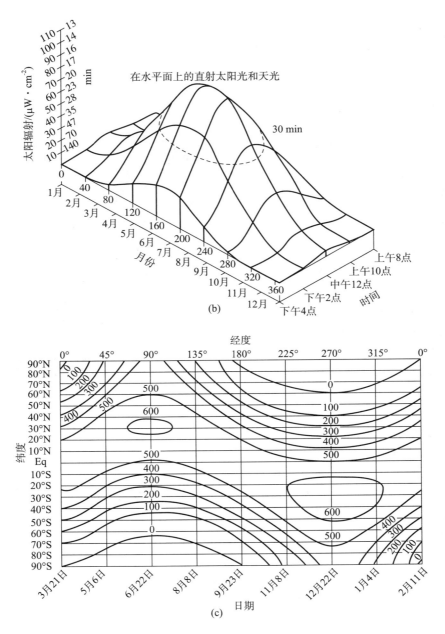

● 图 2-5　海表层接受的平均太阳辐射能随纬度的变化（引自 Haurwifz，1941；Damel，1962）：（a）在北纬 30° 太阳辐射的昼夜和季节变化；（b）在北纬 45° 太阳辐射的昼夜和季节变化；（c）当大气透射系数为 0.7 时地球表面的太阳辐射，单位为 cal/（cm²·d）

有效辐射（photosynthetically active radiation，PAR）被参考。最大的光合有效的辐射应当是直接来自上方的太阳辐射，大约是 2 000 μE·m⁻²·s⁻¹。很明显，当太阳接近地平线时，这个值将降至零。光透入水中以后，一是被散射，一是被吸收。并且，不同波长的可见光将透过不同的深度，红光（波长约 650 nm）很难透入水中，在海面很快地被吸收，大约只有 1% 留在了非常清澈海水的 10 m 深处；蓝光（波长约 450 nm）能透过最大深度，在 82 m 深处才衰减到 10%；绿光（波长 550 nm），在水深 35 m 处只剩下 10%（图 2-6）。在清澈的大洋中，蓝光透射深度最大，红光最小；在沿岸水域通常含有一些物质，所以蓝光被吸收，而绿光透射深度最大。

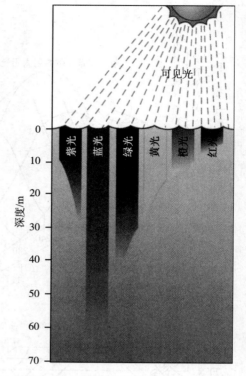

● 图 2-6　不同颜色的光在大洋中的透射深度（引自 Castro 等，2008）

太阳辐射透入海水以后，其能量具有被吸收和被散射的特点，因此，在海水的不同深度处，光照强度是有差异的。这主要取决于海水中的溶解悬浮物质（包括浮游生物和植物碎屑在内的叶绿素总量）、纬度、时间和气候等因素。在热带最清澈的大洋水中，光可以用视力检测。在混浊的沿岸水中，由于大量泥沙和浮游植物的存在，光被吸收和被散射的量增加了，所以，相同的光却不能穿过 20 m。

太阳辐射在海水中不同深度的光照强度，有一个已被公认的计算公式：

$$I_d = I_0 - E_d \tag{2-1}$$

式中：I_0 为表层光照强度；E 为消光系数；d 为深度；I_d 为深度 d 处的光照强度。另外，衰减系数是表征光衰减的指标。通常用以下公式计算：

$$K = \frac{\ln I_0 - \ln I_d}{d} \tag{2-2}$$

式中：I_0 为表层光照强度；I_d 为深度 d 处的光照强度。

光照强度，亦称辐射流（radiant flux），是以单位时间、单位面积照射到光合有效区域的光谱能量，单位为 w/m²。光照强度与其波长成反比变化，如波长较短的蓝光比波长较长的红光的能量更高。在研究太阳辐射（光照）条件与海洋生物各种生命活动的关系时，为了研究上的方便，我们根据光照强度将海洋环境垂直划分为三层（带）（图 2-7）。

（1）真光层（euphotic layer）：在这一层内，光照强度能充分满足植物生长和繁殖的需要，通常以光照强度为 1% 海面光照强度的深度表示透光层的深度。在混浊的近岸水域，真光层的深度自海表面向下延伸只有几米；而在大洋水域，深度可达 150 m。

（2）弱光层（disphotic layer）：这一层的光照强度较微弱，植物不能有效地生长和繁殖，24 h 内植物呼吸作用所消耗的量超过了光合作用所生产的量。深度由

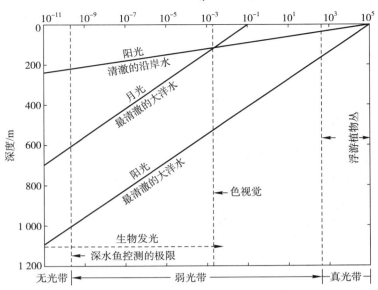

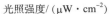

图 2-7 根据光照强度而划分的生态带（引自 Lalli 等，1997）

80～100 m 向下延伸至 200 m 左右或深一些，鱼类和某些无脊椎动物还是有视觉感的。

（3）无光层（aphotic layer）：这一层位于从弱光层下限直至海底，所以深度很大。在这一层内没有从海面透入的具有生物学意义的光照，所以植物不能生存。生活在这里的动物主要是一些肉食性和碎食性的种类。必须指出，以上各层界线的深度在不同海区将随纬度、季节和水体透明度等的影响而具有一定变化。

3. 太阳辐射与海洋植物的光合作用

海洋植物光合作用速率与光照强度有直接关系，而每种海洋植物进行光合作用时，又有一个最适光照强度（或饱和光照强度）。光合作用速率在一定范围内与光照强度成正比，即随着光照强度的增加，植物光合作用速率会逐渐增大。达到最适光照强度时，光合作用速率即达到最大值，这一强度即称为最适光照强度。超过最适光照强度时，就会出现光抑制作用，光合作用速率则会降低。当光照强度低于最适光照强度时，又会产生光照强度不足的限制作用。分布在不同深度水层的浮游植物还表现出对光照强度的适应。在自然环境中，每天的光照周期，对浮游植物光合作用速率也有一定的影响。这里，我们就海水深度与浮游植物光合作用间的关系叙述以下两点：

（1）补偿深度：由于太阳辐射能进入海水以后，会随着深度增大而衰减，因此，水体中浮游植物光合作用速率也随着深度增大而减弱。至某一深度处，当光合作用所生产氧的量，恰好等于其呼吸作用时消耗的量，这一光照强度即称为补偿点（compensation point），或称补偿光强度（compensation light intensity）。补偿点所在深度即称为补偿深度（compensation depth）。补偿深度以上的水层通常称为光合作用带（photosynthetic zone）。通常，补偿深度亦为真光层的下限。

在任何水域，补偿深度（D_c）可以由以下公式计算得出：

$$D_c = \frac{\ln I_0 - \ln I_c}{K} \tag{2-3}$$

式中：I_0 为表层辐射；K 为光照衰减系数，是假设波长 550 nm，由计算公式得出；I_c 为补偿光照强度。

Jenkin（1937）曾做过试验，结果表明，补偿点的平均光照强度为 0.002 cal/（$m^2 \cdot$ min），这一结果与其他研究者用混合浮游植物水样所得试验结果大致相同。如，Riley 等（1946）在海洋浮游植物生产量的研究中，则采用 0.001 5 cal/（$m^2 \cdot$ min）作为补偿光强度。

补偿深度在不同季节或不同地区是不同的。如 Marshall 和 Orr（1927）测定苏格兰的 Loch Striven 附近水域的补偿深度时，发现夏季为 20 ~ 30 m，而冬季则接近水面。补偿深度不仅受不同纬度和不同季节太阳仰角和强度的影响，同时也受到海水的混浊和气候等环境因素作用的影响。

纯种培养试验结果表明，一般浮游植物呼吸作用与最大光合作用强度之比不超过 10%。例如，新月菱形藻（*Nitzschia closterium*）为 8%，多甲藻属（*Peridinium*）为 7% ~ 14%，偏心圆筛藻（*Coscinodiscus excentricus*）为 3% ~ 12%。

一般估计，在 24 h 内 3 cal/m^2 太阳光照射能量即足以维持植物光合作用和呼吸作用的平衡。

（2）临界深度：临界深度（critical depth）的意义与补偿深度不同，它指的是在这一深度以上的全部光合作用与水体中全部呼吸作用相等（包括动物的呼吸作用）。光合作用与呼吸作用在不同深度之比不同，它的重要性在于其能联系到光照的穿透和混合水层深度两种因素。可以假设，在上层充分混合的水层（即混合层）中，浮游植物是均匀分布的，则各深度的生产率是以对数关系，随着深度的增大而降低，而呼吸作用则大致不变。要使浮游植物种群增长，临界深度就必须大于混合层深度。反之，临界深度小于混合层深，浮游植物种群则逐渐减少。很显然，补偿深度在测定单位表面积下水体中的总生产量是有意义的。但必须指出的是，仅依据补偿深度还不足以表示出水中的净生产量，因为该深度的位置还受浮游植物密度的影响。如果用临界深度与混合层比较，就可以客观地反映出浮游植物种群增减的趋势和水中的净生产量。

4. 太阳辐射与海洋植物的垂直分布

各种浮游植物和营底栖生活的植物在海洋中的垂直分布都与光照条件有着密切的关系，底栖植物垂直分布受光照影响的表现尤为明显。一般生活在浅海的植物有以下特点，由沿岸浅海向下依次为绿藻、褐藻和红藻。如一种红藻地衣可以生活在 265 m 深的岩石表面上，那里的光照强度只有海表面光照强度的 0.000 5%，其分布深度则与地理位置、海水的透明度以及遮阴等条件有关。关于海洋植物垂直分布的成带现象，有两种观点：一种观点认为这是植物对光照强度适应的结果，另一种观点则认为这是植物对水中光照性质（不同波长的光线）适应的结果。最近的研究结果表明，以上两种观点都存在并起作用的。藻类对较强或较弱的光线有某种调节适应的能力。通常有两种途径：增加光合作用的辅助色素（accessory pigments）和增加叶绿素浓度以增加吸收光谱的中间部分。从这些讨论中可以看出，生活在不同波长和强度光线下的某些海藻具有变色适应。例如，硅藻如果生活在红光和黄光之下，即变为黄绿色；在绿光和蓝光之下则变为深棕色。底栖藻类也具有类似的特点。

5. 太阳辐射与海洋动物的体色

海洋动物的体色也表现出有对光照的适应性。主要表现在动物体色与生活背景的一致性和在光照条件或生活（环境）背景改变时动物的变色现象。

生活在潮间带、浅海和深海的许多动物是典型的例子。例如，生活在浅海沙滩上的很多蟹类（如黎明蟹），其体色与生活（环境）背景的颜色颇似。例如，生活在藻类间的甲壳类动物，它们的体色与其生活环境中藻类的颜色十分相近，几乎分辨不出来；生活在浒苔和石莼等藻体间藻虾属（*Hippolyte*）虾类，其身体全部肢体的颜色亦为绿色，如果它不在游动就很难被发现。在热带珊瑚礁区域内，因为生活环境背景的颜色五彩缤纷，生活于其中的动物的体色也与生活背景颜色一样鲜艳夺目。

即使是生活在大洋和海水上层的动物，其体色变化也很明显。一般都十分透明，或显示出很淡的颜色，甚至从海面至 200 m 或 300 m 深水处都是如此。在这些身体透明的种类中，有纽鳃樽属（*Salpa*）、桶海樽属（*Doliolum*）、箭虫属（*Sagitta*）、水母类（*Medusetta*）以及桡足类（Copepoda），一些浮游的翼足类（Polychaeta）和环节动物（Polychaeta）等。蓝色也是生活在外海表层动物体色的显著特征，这类颜色包括很多鱼类，如飞鱼（*Exocoetus volitans*）、鲭属（*Scomber*）、金枪鱼属（*Thunnus*），以及许多无脊椎动物，如管水母目（Siphonophora）中的银币水母（*Porpita porpita*）、帆水母（*Velella velella*）和桡足目中的简角水蚤属（*Pontellopsis*）、大眼剑水蚤属（*Corycaeus*）等。此外，淡红色也是常见的颜色，这主要是一些小型的浮游性甲壳类的体色。

动物体色与环境一致的现象，还表现在随深度增加，光照减弱以至消失时，动物的体色也随之改变。在水深 300 ~ 500 m 的水层中，红色和深色的动物显著增多，例如，深色的动物有圆罩鱼属（*Cyclothone*），红色的动物有甲壳类中的 *Acanthephyra* 属以及桡足类中的真刺水蚤属（*Euchaeta*）；其他深色的动物如紫色的长轴螺（*Peraclies diaersa*）和棕色的警报水母（*Atolla wyvillei*）等。

在光照条件影响下，动物不仅可以显现出一定的色彩，同时也能改变其颜色，例如，藻虾属就是以变色适应而著称。这类虾的体色不但与其生活环境背景颜色相一致，而且当背景颜色改变时，它也随之改变，不论白天的体色如何，在夜间一律变为透明的蓝色。

实验表明，许多鱼类同样具有改变其体色和色型与其周围环境色调相一致的特点。这种能力在比目鱼类表现得特别明显，它不仅能重显周围环境的颜色，并且能重复其生活环境背景的图案。例如，生活在水族箱内的比目鱼，在箱底部画成棋盘形状或杂色方块图形，经过一段时间后，比目鱼身体的背侧颜色也会逐渐改变成箱底相似的颜色。

水生动物和陆地动物一样，体色与其生活环境背景颜色保持一致并随背景颜色的变化而改变，是它们在进化过程中形成的一种保护适应。动物的保护色（protective color）可以分为伪装色（又称隐蔽色）和警戒色（又称恐怖色）两种。警戒色在陆生动物中是极常见的，而伪装色在水生生物，特别是海洋动物中比较普遍。

6. 太阳辐射与海洋动物的垂直分布

浮游动物的垂直分布是与它们的生物学特性和分层的环境因素的作用有密切关系的。在环境因素中，光照有着明显的作用。

光照条件的地理差异，也可以改变浮游动物的分布水层。常有这种现象：在某一海区栖居一定水层的种类，在另一海区则因光照或温度等环境因子的差异，而分布于另一水层。例如，一种毛颚动物 *Eukrohnia hamata* 在热带及亚热带海区分布的水层要比在极地海域为深。此外，如桡足类中的鼻锚哲水蚤（*Rhincalanus nasutus*）和 *Rh.gas* 也有类似的现象。

浮游动物垂直分布的季节变化是一个非常复杂的生物学现象。这里不仅有光照条件作用，而且，在某种情况下，温度和食物也在起着重要的作用。某些种类在一年中，可以繁殖数代，不同世代的个体常分布于不同的水层。通常，夏季世代与其他季节的世代相比，对光照的反应不很敏感，它们的分布靠近表层。

光照不仅影响浮游动物的垂直分布，而且对游泳动物的分布水层同样具有重要影响。例如，鱼群白天栖息的水层与海水的透明度有密切关系。透明度大，其栖居的水层较深；透明度小，则垂直分布较浅。

海洋动物，尤其是经济鱼、虾类对光照条件响应的研究结果已被广泛、成功地应用于渔业生产实践中，如灯光诱捕等就是很好的例证。

7. 太阳辐射与海洋动物的行为

海洋中光照条件与海洋动物的行为有着密切关系。许多动物在不适宜的光照条件下，表现出趋光性或避光性，直至找到适宜的光照环境为止。

有视觉器官的动物必须在有光照的条件下才能实现视觉作用。一些深水动物有发光器官，很多深水鱼类的眼球特别大或者有其他一些适应特征，有些深水鱼的视觉器官则退化或消失。海洋动物生活中的一些周期性现象同样与光照条件的变化有着密切关系。例如，许多浮游动物的周日垂直移动就是海洋中一个具有重要生态学意义的现象，尽管影响这种移动的因素很复杂，但是，光照条件无疑是主要的"信号"（李冠国等，1964）。鱼类和一些无脊椎动物的洄游也是一个很复杂的问题，它涉及食物关系、生殖习性、生理周期以及有关的理化因素（温度、盐度等）等。不过，光照条件在定位、定向和作为"信号"等方面无疑是具有重要意义的。目前已知光照周期的变化与许多动物性腺的成熟就有密切关系。

以上是光照条件与海洋生物生活之间的一些比较普遍的联系。必须指出的是，海洋中的许多生物现象（季节周期等）是由许多因素共同作用所决定的，不能简单地只以光照条件及其变化来解释。

2.3.1.2 温度

温度是海洋环境中最为重要的物理特性。温度影响着许多物理、化学、地球化学和生物学过程。温度控制着化学反应的速率，海洋生物的生命活动，如代谢、性成熟、发育、生长以及数量分布和变动等都与温度有着密切的关系。温度和盐度的变化，又共同决定着海水的密度。密度对海水的垂直运动又起着一定的作用。海水中的溶解气体，如氧气、二氧化碳的含量均受温度的影响，这些溶解气体又与生物过程紧密相连，所以，温度对海水中化学和生物学过程的发生与变化起着重要的作用。温度同时又是一个影响着海洋生物种类分布的重要的非生物性环境因素。另外，气候变化，尤其是近海沿岸的气候变化，在很大程度上是由海水表面温度起着调节作用的。

1. 表层温度

在海洋与大气之间存在着热和水的连续交换，海洋的热量主要来自太阳辐射的红外光谱，这些辐射能很快地转换成热并被吸收。阳光的热影响只限制在海洋的表面，红外光谱中的98%在海洋表层的1 m深处就被吸收了。海水表面的温度又是随着纬度的不同而变化的。在热带开阔性的海洋表面温度可以超过30℃，在浅的热带礁湖中甚至可以达到40℃；然而，在寒冷的极区海水表面的温度可以低到典型的海水结冰点 –19℃或更低。海水表面的温度与影响陆地生态系统的气温相比较具有明显的差异。在非洲北部，夏季海水表面的温度达58℃；而在南极，冬季的海水表面却可以低到 –89℃（图2-8）。

海洋表面温度受海水中许多物理特性的影响。海水有很大的比热容，海面温度变化显然比陆地温度变化小得多，因而为海洋生物的生存和生命活动提供了一个相对稳定的环境。海洋变冷主要是因为蒸发，蒸发是海洋散失热量最主要的方式。海水的蒸发潜热是所有物质中最高的，大量的热随着相当小的温度变化而被转移和积蓄在蒸汽中。海洋从光能吸收热量，同时又在散失热量，两者基本处于平衡状态。

根据海水表面温度，可以将海水划分不同的生物地理带：

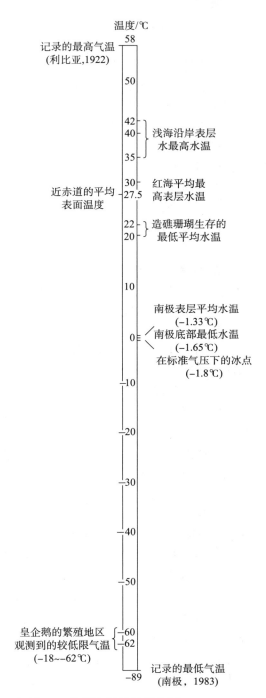

○ 图 2-8　海洋与陆地温度范围
（引自 Lalli 等，1997）

热带　　　　25℃

亚热带　　　15℃

温带　　　　5℃（北线），2℃（南线）

寒带　　　　0~2℃或5℃

在南、北两半球，温带是以由亚寒带和亚热带海水的混合和年温度变化作为特征的。

在水层中，生物群落的界线是随着一定的等温线，或用温度与盐度的结合来划定的，这样可以确定特殊的水体。曾有人试图将等温线归于纬度线，但实际上它们之间是不平行的，因为海流使海水离开原来的地方，有些海流将暖流水输送到高纬度区，而另一些海流则将冷水输送到赤道海域。

开阔性海洋表面温度的平均日变化很小，通常小于0.3℃；在水深10 m处，其变化就更微小；即使在浅水表面，温度的日变化也小于2℃，所以24 h的海水温度变化对浮游生物和鱼类来说，其重要性是很小的。但是对潮间带生物和陆地生态系统来说却不同，白天和夜间的温度变化是必须注意的问题。

在南极，海洋表面温度的年波动范围非常小，在北极和热带海洋表面温度的变化也小于5℃。

在温带和亚热带海洋表面温度的变化明显地影响着生物学过程。在纬度30°~40°的开阔性大洋区域，夏季天空晴朗、云量很少，所以可获得最大热量；而冬季却又损失最大的热量，使海洋表面温度的年变化范围在6~7℃。但是，北太平洋西部和北大西洋表面温度的年变化在18℃，这是因为在这些区域冬季盛行西风，使得冷的大陆气团覆盖这一地区，而夏季则是暖的大陆气团控制。在浅的边缘海和沿岸，海洋表面温度的波动紧密地平行于气温，年变化可以超过10℃。

海洋表面温度除了日变化和年变化外，还有一个明显影响着海洋生态系统的比较长时期的气候变化。某些变化仅仅是从海底沉积物的变化推断的。现代的气候变化，包括对海洋生态系统和地球气候具有广泛影响的厄尔尼诺现象完全可以观察到。这些海洋表面温度发生变化的周期是2~10年，在影响周期和范围内对渔业会造成灾难性的影响。

2. 垂直分布

由风和波浪形成的湍流混合，将热量从海洋表面向下转移。在低纬度和中纬度海区，这一过程形成了一个从表层几米到水深几百米的几乎是均匀温度的表面混合层（mixed layer）（图2-9）。在开阔性的大洋表面混合层下，从200~300 m至1 000 m处，温度下降迅速，这一水层被称为永久温跃层（permanent thermocline），这一层的温度差可达20℃。永久温跃层与表层较暖的低密度水和底层冷的高密度水之间的水密度变化是一致的。这一海水密度迅速变化的区，被称为密度跃层

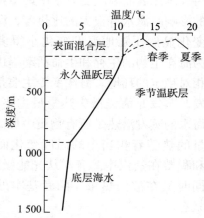

图 2-9　温带海区的温度变化（剖面）（引自 Lalli 等，1997）

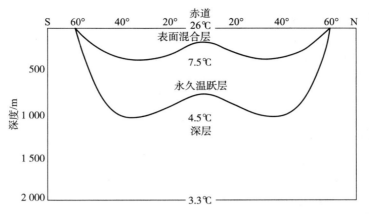

● 图 2-10　海洋温度分层（剖面）

（引自 Lalli 等，1997）

（pycnocline），它作为一个屏障影响着水的垂直循环，同时还影响着对海洋生物产生作用的某些化学物质的垂直分布。温度和密度的急速变化对海洋动物的垂直移动也有限制作用。海洋的温度分层如图 2-10 所示。

在大多数海洋区，水深 2 000～3 000 m 处的水温从不高过 4℃。在最深的地方，温度可以降至 0～3℃。赤道深水区的温度与极地深水区的温度一样，只有几摄氏度，除了在深海局部范围内可以发现冷的深水条件外，海洋底部的温度通常受地热活动影响有所提高。

在温带海区，季节温跃层（seasonal thermocline）在夏季出现在表层，这一现象是在风力减弱而太阳辐射加强时才会出现，几乎没有湍流混合促使热量向下移动，因此在近表层水中形成了热分层。这一现象可一直延续到冬季，只有在表层水变冷和风力增大的情况下，才会引起湍流从而打破温跃层。永久温跃层和季节温跃层将会在全球尺度和时间尺度上对生物的生产力产生明显的影响。

海洋动物对环境温度变化适应的生理能力在决定其分布界线上起到重要的作用。大多数海洋动物（如无脊椎动物和鱼类）都是以改变其体温去适应周围水温的变温动物（poikilothermal animal）。但是，海洋的哺乳动物是恒温动物（homeothermal animal），它始终维持一个不变的体温。出现在温度范围比较广的一些动物，被称为广温性动物（eurythermal animal）。例如，在温带的潮间带，有一些动物有一个广泛的分布范围，或它们可以生活在温度变化非常明显的区域。被限制在一个狭窄的温度界限的一些动物被称为狭温性动物（stenothermal animal），其中包括造礁珊瑚，它们要求的最低温度是 20℃，另外还包括一些被限制在冷水中的动物。冷狭温性动物的地理范围可以很广，例如，在北极较浅深度中发现的某些动物，同样也可以在赤道区 2 000～3 000 m 深的地方出现，因为在那里也有类似的低温。

根据海洋生物对温度变化的耐受能力，可以将生物分为两大类：广温性生物（eurytherm）和狭温性生物（stenotherm）。但是，应该指出，在典型的广温性生物和狭温性生物之间，还存在着一些中间类型。实际上，不同种生物对温度变化的耐受能力也因其发育阶段的不同而有所差异。在每一种生物所能耐受的温度内，又有

3种最基本的温度，并具有重要的生态学意义，即最适温度（optimum temperature）、最低温度（minimum temperature）和最高温度（maximum temperature）。这3种温度在不同的生物中相差很大；即使在同一种生物内，也因发育的不同阶段和栖息环境的不同而有差异。此外，狭温性生物还可以分为冷狭温性（cold-stenothermic）和热狭温性（hot-stenothermic）两类，前者只生活在冷水水域，而后者则仅生活于暖水中。

最低温度，即生物生命活动的温度下限，在此温度以下生物即死亡。各种生物的最低温度也是很不相同的。虽然一般当海洋生物体温下降至0℃以下的低温时，由于冰的形成导致组织脱水、细胞结构破坏、代谢作用停止进而会死亡，但是，由于一般的有机体的组织内含有一定浓度的溶质，因此很多组织在0℃或0℃以下的一定范围内仍能保持其生理功能。这些生物具有惊人的耐寒能力，甚至被冻结在冰中一定时间内仍能存活。但是，也有许多生物在尚未达到它们被冻结的温度时就死亡。这种情况并非因为原生质的机械破坏而引起的，而是由于生命过程中某一环节的失调或停止，引起生理上的变化而导致死亡的。

最高温度，即生物生命的温度上限。高温对有机体的破坏是化学作用，因此，生命的温度上限往往取决于蛋白质抵抗凝固能力，或酶的耐热性能。

最适温度有广义和狭义的意义。广义的是指生物能正常生活的温度范围，狭义的则指生命活动最旺盛时的温度，这很可能是一个比较狭小的温度范围。动物的生命活动随温度升高的变化具有一个特殊形状的曲线，最适温度距最高温度往往很近（图2-11）。

在最高温度或最低温度以外的温度，称为致死温度（lethal temperature）。

一般海洋生物对环境中过高温度或过低温度的耐受能力远较陆生生物弱，甚至在温度变化不大的情况下，也能引起致命的损害。例如，生活在接近亚热带百慕大群岛附近的鱼类，当冬季温度降至7℃时，即会大量死亡。然而，潮间带生物对温度变化的耐受能力却是惊人的。生物对环境因素的适应范围称为生态值（ecological value）。生物对温度的适应能力与生物暴露于空气的时间长短以及生物原来生活环境的温度密切相关。

3. 温度条件与海洋生物的联系

（1）温度与代谢作用：温度对代谢作用的影响在变温生物中表现最为明显。通常，在适温范围以下，代谢作用是随温度的增高而加强的，消化和分泌作用的速率

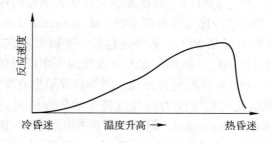

○ 图2-11　温度对动物生命活动的作用（引自Allee等，1955）

也加快。如日本花鲈（*Lateolabrax japonicus*）消化食物的速率在15~20℃时要比在1~5℃时大2倍。随着温度的增高而引起代谢作用强度的提高是有一定限度的（在适温范围以内），如果超过这一范围，温度继续不断地增高但代谢作用强度反而会减弱。因此，曾有人建议用分子碰撞速率及活化能来解释，但在许多情况下，海洋动物的代谢作用并非完全是随温度的增高而加强，这也许是由于生物体内的物理化学变化比较复杂，而且有酶活动的平衡，因此不能用简单的物理化学法则来推测。不过，有时在一定的温度范围（特别是在适温范围内），海洋生物的代谢作用随温度增高而加强这一事实，用物理化学法则来解释又有一定的实用意义。但是，在适温范围以外的情况就往往就比较复杂。

（2）温度与生殖：温度对动物的繁殖具有极其重要的影响，不论是陆生生物或水生生物都是如此。除了生活在大洋深渊中的动物以外（那里的环境温度终年几乎是一致的），它们的生殖现象，包括生殖季节、性产物的成熟和生殖量等都在不同程度上受着温度的影响。另外，生物不同的发育阶段对温度的要求也是不同的，尤其在产卵和胚胎发育阶段对温度的要求更为严格。有时还会出现某一动物虽然可以在该海域生活，但不能进行正常的繁殖发育，其主要原因就是受温度的限制，因此出现了生殖区和不完全发育区。

① 温度与生殖季节：每一种动物都有一个非常明显的产卵（生殖）季节，特别是生活在浅海的种类。这种周期性的生殖现象虽然也与其他环境因素（如光照、食物等）有一定的联系，但是主要与温度有关。不同种类的动物生殖周期很不相同，有些种类主要在春季或冬季生殖；有一些种类一年中有两个生殖期，一个在春季，另一个在秋季；还有一些种类甚至在全年中都能进行生殖。

在通常情况下，生活在温带的海洋动物的主要生殖期是在春季，有时也会延续至夏季。对于绝大多数无脊椎动物来说，春季是主要的生殖时期。例如，中国明对虾（*Fenneropenaeus chinensis*）、曼氏无针乌贼（*Sepiella maindroni*）等都是在春季产卵。

海洋动物的产卵繁殖季节又随其隶属的动物区系不同而异。例如，属北极–寒带系的种类产卵季节为1—4月，属寒带系的种类为3—7月，属地中海–寒带系的为5—10月。生活在南极地区的海洋动物（包括企鹅、海豹、鱼类、虾类），其产卵/繁殖季节是在10月至翌年1月（即南极夏季）。

海洋动物生殖周期的不同是动物在进化过程中长期对环境适应的结果。动物性产物的成熟和放散一般都有其临界温度，而又因其种类不同具有差异。一般来说，生殖过程中卵和胚胎发育所要求的适温范围要比成体动物狭窄和严格。按照在生殖时期对温度的要求，可将海洋动物区分为生殖广温性（reproductive eurythermy）和生殖狭温性（reproductive stenothermy）两类，用以区别于营养广温性（vegetative eurythermy）和营养狭温性（vegetative stenothermy）。营养广温性动物如果又是生殖狭温性动物，则在不同的地理区域有不同的产卵季节。例如，在南方冬季产卵的动物，在寒冷的北方则改为夏季产卵；反之，在北方夏季产卵的动物，在南方只在冬季产卵。温带海区由于温度变化较大，使不同的动物都可以找到其生殖所要求的狭温范围。这也是温带海区动物区系较为复杂的原因之一。

② 温度与发育：通常，在一定范围内温度高即会加速发育过程，而且，在适温范围内，发育速度的加快与温度的升高成正比，但是，在适温范围以外，这一关系却表现得很不规律，甚至会导致发育停止和死亡。

上述这种关系，在卵和幼体的发育过程中极为明显，在适温范围内，随着温度的上升，卵和幼体的发育也趋于增强，而且在较高的温度下通常会强烈地加速。例如，帘蛤属的 *Venus mercenaria*，其幼体生长与温度的关系如图 2-12 所示。

温度与发育的关系并非对任何动物都是一致的。例如，鳕鱼（冷水性）和鲭鱼（暖水性）卵的发育时间与温度的关系就明显不同（表 2-1）。

从表 2-1 中可以看出，鳕鱼卵在 −1℃时即能发育，且发育随着温度的升高而加速，但至 16℃时，卵却不能发育；从 −1℃至 3℃，温度升高 4℃，发育速率增高近

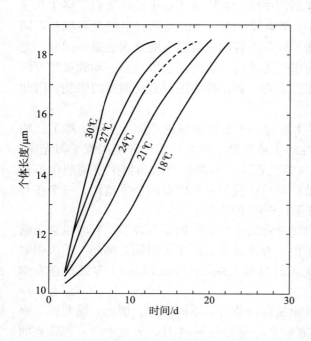

● 图 2-12　帘蛤幼体生长与温度的关系（引自 Moore，1958）

● 表 2-1　冷水性和暖水性鱼类的卵发育时间与温度的关系（引自 Clarke，1954）

温度 /℃	鳕鱼（冷水性）卵发育时间 /d	温度 /℃	鲭鱼（暖水性）卵发育时间 /h
−2	不发育（生态学零度）	8	不发育（生态学零度）
−1	42	10	207
3	23	12	150
5	18	15	105
8	13	18	70
10	10.5	20	60
12	9.7	21	50
14	8.5	23	不发育
16	不发育	—	—

1倍，但是温度由10℃升至14℃时，发育速率仅略有增加。由此可见，鳕鱼卵在发育过程中，不同范围的温度作用是不同的。与鲭鱼比较，10℃为接近鳕鱼卵发育的最高温度，但是对鲭鱼卵的发育却是最低温度。发育与温度的关系也可以用热常数（thermal constant）来表示，即有效温度（即高于生态学零度以上的温度）和发育持续时间的乘积。所谓生物学零度（biological zero），是指生物进行生长发育的最低温度（即发育界限）以下的温度。热常数又因种类不同而有明显的差异，该差异即所谓的有效积温。

上述概念，在植物和昆虫的生态学研究方面已有很多成功的典型经验，并在实际应用上具有重要的意义。在海洋生物（包括浮游生物）中也做过这方面的研究（表2-2），虽然数值不很准确，其一般原则同样具有重要意义。

● 表2-2　飞马哲水蚤卵孵化发育时间与水温的关系

温度 /℃	0	5	10	15	20
时间 /h	116 ~ 120	50 ~ 65	25 ~ 30	20 ~ 26	19 ~ 22

20世纪中期以来，中国在开展海洋经济动物养殖试验中就运用了有效积温的方法，目的是促使某些生长速率快、经济价值高但生长期短的种类的性产物按人类的要求加速成熟、适时产卵以延长生长时间，已收到了明显的增产效果，如中国对虾、海湾扇贝、牡蛎和某些鱼类。

③ 温度与生长速度：温度与生长速度间的关系已在许多试验和野外观察中得到证明。很多动物在生长过程中，有一个最适温度范围。高于或低于这一温度范围，生长速度都将减慢或停止（表2-3）。

● 表2-3　美洲牡蛎生长速度与温度的关系

温度 /℃	10	15	20	25
增长长度 /mm	1.4	9.2	8.2	4.8
百分比宽度 /mm	1.4	10.8	10.3	4.4

由于不同动物有不同的适温要求，而温度又具有季节变化，因此，生长速度也表现出了季节性的变化。例如，食用牡蛎仅在春季水温上升至10 ~ 11℃和秋季水温14 ~ 16℃时生长（Orton，1928）。生活在佛罗里达海的美洲牡蛎（*Crassostrea virginica*），由于温度适宜，一年中皆可生长，所以这种牡蛎在佛罗里达海区1年生长的大小相当于生活在北方海区种类2 ~ 3年生长的个体。

在低温条件下，生长速度的减慢往往与食物的缺乏有关，特别是以浮游生物作为食物来源的种类。如北极藤壶（*Balanus balanoides*），其蔓足伸出壳外的滤食频率（同时进行呼吸）与温度的变化明显有关。在温度为2 ~ 21℃的范围内，其伸缩频率随着温度的增高呈现出有规律性的增加，但是在2℃以下或21℃以上时，则不规则，在27℃以上时则完全停止（Cole，1929）。蔓足滤食次数的增加，可以得到更多的食物，食物的增加显然有利于动物的生长。

④ 温度的周期性变化对生长发育的意义：在自然界中，动物的生长发育很少是在经常不变的温度条件下进行的。在冷血动物中，外界温度的季节性变化会影响动物生长的加速或减缓是人们所共知的事实。这种情况与动物对食物的利用率有着密切关系。Dawes（1931）曾用一种鲽 *Pleureneots platessa* 做过试验，结果表明，在保持正常体质量而没有生长的情况下，冬季所需要的食物少于夏季所需；即使给予足够的食物，冬季的食物消耗也远少于夏季，生长也相应缓慢；但是冬季的食物利用率则明显高于夏季。

温度的季节性变化与生长的交替，在许多动物的结构中已引起了某些改变，例如鱼类的鳞片、耳石的年轮即是如此。

（3）温度与海洋动物个体大小及寿命

研究结果表明，生活在冷水中的生物个体常比生活在暖水的同类生物的个体要大。在浮游桡足类中，生活在冷水的个体较大的种数较多（当然也有个体小的种类）。在极地和寒带海域中的浮游动物主要是由个体较大的种组成。例如，哲水蚤属中的 *Calanus hyporboreus* 体长为 10 mm、飞马哲水蚤体长 5.4 mm、*Calanus cristatus* 体长 9.3 mm，真哲水蚤属的 *Eucalanus dcengii* 体长为 8.0 mm。

这一现象在许多生物种类中都有例证。如范振刚 1988—1989 年在南极进行科学调查时，就采到一种属于原索动物门（Protochordata）的长带海鞘（*Distaplia cylindrica*），体长竟达 7 m，这在其他海域是很难见到的。又如一种巨型藻类长度达 8 m，而且密度很大，几乎占据了很大的一片海区。某些鱼类、原生动物中的放射虫和沙壳织毛虫也有类似的现象。

关于温度与生物个体大小的关系，有两种解释：① 冷水的密度和滞性（黏度）较大，浮游生物在冷水中要比在暖水中更易于漂浮，所以冷水中的浮游生物可以长得大一些。② 低温使冷血动物达到性成熟所需要的时间延长，因此，虽然生长速度低，但生长期加长，因而个体较大。

上述两种解释均有一定理由。但是，从近年来越来越多的研究结果表明，情况并非完全如此。在暖水中发现的硅藻（就整体来说）趋向于比冷水中的更大些。当然，这也可能是该硅藻所发展的是另一种类型的浮游适应。在动物中，棘皮动物海胆属的 *Echinus esculentus* 和腹足类软体动物的 *Urosalpinx* 属两者都是发现在暖流水中。贝壳直径长达 1.5 m、体质量 250 kg 的砗（*Hippopus hippopus*），口盘直径超过 1 m 的短手大海葵（*Stoichaetis kenfi*）更是典型的例子。这一现象也可能与其生活环境和食物丰富的程度有关。

温度与海洋动物的寿命长短也密切相关，变温动物的寿命在低温条件下通常较长。

（4）温度与海洋生物体内钙的积累

温度对海洋生物从海水中摄取钙的速率有着明显的影响。在高温下，钙在动植物体内的积累量远比低温时多。因此，热带暖水中具有钙质骨骼或外壳的生物种类要比在高纬度或深水中多，其含钙量也较大。例如，在冷水海区的翼足类常是裸体无壳的，而在热带海区的软体动物的介壳较发达，如大砗磲（*Tridacna gigas*）的壳长达 2 m，体质量可达 200 kg 以上。珊瑚礁的地理分布也限于水温 20℃以上的热带海区，这些地区还有许多含石灰质的珊瑚藻类。

（5）温度与海洋动物形态结构

生活在暖水中的浮游生物往往有比较突出的适应性形态结构，有时同一种生物可以出现暖水型和冷水型两种类型。在淡水水域有所谓季节形态变异（cyclomorphosis），如枝角类的枝变成突出的疣，但在海洋中比较少见。

鱼类中表现出暖水种群与冷水种群在形态上差异是非常明显的。如尾椎骨的数目和鳍条数目在冷水中者明显增加，同时整个身体也增大。生活在水温为 4～8℃ 的纽芬兰沿岸海区的鳕鱼，其脊椎骨为 56 个；而在温度 20～22℃ 的南塔克特岛（Nantucket Island）以东海区的鳕鱼，其脊椎骨只有 54 个。这一变异取决于生物个体发育过程中身体分节时期的温度，同时与生物在冷水中运动的适应情况有关。这一现象对于渔业生物学家推断鱼类的来源和地理分布是一个非常重要且有意义的科学依据。

（6）温度与海洋动物的行为与分布

影响海洋动物地理分布的主要因素是温度条件。海洋动物对于温度有趋性和避性两种表现。许多动物可以区别微小的温度差异。如一种海绵（*Eoarces viviparus*）可以辨别出 0.03℃ 的温度梯度变化。很多鱼类的洄游（特别是越冬和生殖洄游）与温度有着密切关系。生活在潮间带和近岸水域的无脊椎动物的季节性迁移也与温度有关，当冬季温度降低时，它们会移向较深处。如某些虾类、蟹类和软体动物等都有这一现象。很多浮游动物的周日垂直移动往往受到温跃层的阻碍而被限制于一定的水层中。

2.3.1.3　盐度

盐度是海水化学组成的重要组分，是指每千克海水中溶解盐类的总克数。海水是含百多种盐类的复杂混合溶液，每 1 000 g 海水中约有 965 g 是水，其余 35 g 是溶解盐类，其中包括无机物和有机物。在 35 g 溶解盐类中，55% 是氯。海水中的盐度与蒸发、降水、江河入海径流以及海水的流动有关。大洋表层的盐度在 3.2%～3.7%，平均为 3.5%；红海表面的盐度大于 4.0%，是因为这里的蒸发量大；位于欧洲和中亚之间的黑海是世界上最大的内陆海，其表层海水的平均盐度极小，海水难以形成垂直环流，因此黑海深层水域经常处于缺氧状态并有大量硫化氢聚集，自 200 m 以下为无生命区。沿岸和河口附近的盐度由于受日周期的变化和雨季的有规律季节性变化的影响，尤其是江河入海径流量的影响，变化非常剧烈，但一般不超过 3%。不同海区、不同深度的海水盐度均有变化，即是同一海域也表现出季节性变化和周日变化。

大洋表层的盐度值实际上取决于蒸发量与降水量的差。世界大洋表层盐度的最大值出现在北纬 25° 和南纬 25° 附近的海域，因为这里的蒸发量大大超出降水量。对世界海洋来说，每年的蒸发量都超出降水量 10 cm。由于海洋 – 大气 – 陆地是一个闭合的循环系统，所以每年蒸发量与降水量之间的差又可通过江河进入海洋的径流量予以补充和平衡。

海水盐度对海洋生物的影响主要表现在对渗透压和密度的作用上。根据生物与环境渗透压关系的特征，可以将生物划分为两大类：变渗透压动物（poikilosmotic animal）和等渗透压动物［homoiosmotic animal，或称渗透压调节者（osmoregulator）］。前者的渗透压调节适应不完全，它们与外界环境是等渗压或接近等渗透压，大多数海洋无脊椎动物属于这一类。后者能够保持与环境不同的渗透压，这类动物的渗透压可以高于环境或低于环境，并具有保持正常渗透压的调节机能。所有海洋硬骨鱼类都属于这一类型。

根据水生生物对环境盐度耐受能力的大小，可以将生物分两类：

（1）狭盐性（stenohaline）生物：主要包括大洋热带性种。这类生物对环境盐度的变化很敏感，甚至对盐度的很小变化也不能忍受。在典型的变渗透压动物和许多恒渗透压动物中，不少种类属于狭盐性生物。

（2）广盐性（euryhaline）生物：这类生物能够耐受盐度较大幅度的变化，而不至于危害其生命。生活在沿岸浅海和河口区半咸水中以及潮间带生物都属于广盐性生物。它们大都具有比较完善的渗透压调节机能，能够在盐度急剧变化的环境中继续生活。潮间带动物对低盐的耐受量与其几种机制有关。如对多毛类动物：①盐分可以通过体表，从介质中积极地输送到体液；②体表对盐分、水分或两者的渗透性减少；③可能产生低渗性尿（Ogelesby，1969）。

有试验证明：粗腿厚纹蟹（*Pachygrapsus crassipes*）和一种近方蟹（*Hemigrapsus oregonensis*）具有极强的次调节能力，它们可以在与海隔离的高盐度（6.6%）水域中正常生活。大西洋泥招潮蟹（*Uca rapax*）甚至可以在盐度高达9%的环境中生活。潮间带双壳类软体动物在对低盐度发生反应时，可能丧失氨基酸，而氨基酸浓度的变化主要也是一种渗透作用（Hammer，1969）。广盐性生物常常是广温性的种类。应指出的是，在上述两类生物之间还有一些过渡类型的生物种类。

曾有人认为，所有海洋无脊椎动物都与海水是等渗透压的。实际上，海洋无脊椎动物的渗透压与外部环境并不完全处于相等状态，而是保持着比外部环境略低或略高的渗透压。在正常海水中，甲壳类动物和少数环节动物的渗透压是略低于周围环境的，其他动物则略高于周围环境。只有腔肠动物和棘皮动物与外部环境是等渗压的（等压的）。

典型的等渗压动物没有调节渗透压的机能。它们的体液浓度被动地随外界环境而改变，但多局限在相当狭小的渗透压变化范围之内，只有在外界介质的渗透压接近于体液并且变化范围不大的环境中才能生存。这样的水环境主要是海洋，这也是为什么变渗透压动物主要是海洋生物的原因。当这类动物被移至低盐度水域中时，由于其缺少渗透压调节机能，水分就会渗透至体内而增大了体积，导致其破裂而死亡。例如，某些海洋原生动物、无脊椎动物的卵即有这种情况，所以这类动物属狭盐性的种类。

有一些变渗透压动物是广盐性的。虽然其内介质的渗透压随外界环境的变化而改变，但能耐受较大范围的盐度变化。例如，环节动物中的海蚯蚓（*Arenicola cristata*）和方格星虫属（*Sipunculus*）的血液都是与海水等渗压的。海蚯蚓在低盐条件下虽然身体略有膨胀，但能在不同盐度的水域中生活。另外，多毛类的游沙蚕（*Nereis pelagica*）和滑镰沙蚕（*Nereis coutierei*）也有类似情况。在低盐度环境下，这类动物由于吸收水分而体积膨胀，同时体质量增加，当环境中盐度增高时，则由于失去水分而体质量减轻。因此，这类动物在不断地降低外界环境中盐类的含量，如果盐度超出其耐受范围，它们也是不能生存的。

另外一些变渗压无脊椎动物，当它们随着外界环境盐度的变化，调节其体液的渗透压时，不仅失去或吸收水分，同时也得到或损失盐类，但不会增大或缩小其体积。如一些软体动物和棘皮动物的海星和海胆类就属于这一类。

某些海洋无脊椎动物的渗透压也随环境中盐度的变化而有所改变，但是它们有一定的控制体液盐类浓度的能力。在正常海水中，它们是低渗透压的；在低盐海水中，又可以是等渗压的；而在更稀淡的海水中则是高渗压的，它们能耐受相当大幅度的盐度变化。对于生活在河口区广盐性动物中，尤其是甲壳类动物中的一些种类（蟹类）和多毛类，这种情况是较常见的。

下面就盐度与海洋生物生活的关系予以叙述。

1. 盐度与海洋动物个体的大小

许多观察和研究结果表明，水体的盐度状况与水生生物（尤其是动物）的个体大小与形态构造有一定的联系。动物的排泄系统、呼吸器官和某些外部形态在不同盐度的条件下均有变异。某些软体动物在高盐环境中，贝壳有增厚现象。另外，现在地球上最大的动物大都是生活在海洋中，如头足类中的大王乌贼（*Architeuthis princeps*）腕伸长时可达 18 m，甲壳类中的堪察加拟石蟹（*Paralithodes camtschaticus*）附肢长可达 3 m，哺乳动物中的蓝鲸（*Balaenoptera musculus*）体长可达 33 m、体质量 120 t。

在许多广盐性动物中，同一种动物栖息在不同盐度的水域中，其个体大小也不同。通常栖息在低盐度环境中的最大个体要比生活在高盐度区的最大个体小。例如，生活在波罗的海不同区域的几种软体动物，其个体大小与盐度的关系就十分明显（表 2-4）。

○ 表 2-4　几种软体动物个体大小（mm）与盐度的关系

种类 　海域　盐度 /%	基尔港 1.5	芬兰湾 0.5～0.2	波的尼亚湾 0.5～0.2
紫贻贝（*Mytilus edulis*）	111	21	21
砂海螂（*Mya arenaria*）	100	55～70	36.5
鸟蛤（*Cardium edule*）	44	22	18
樱蛤（*Tellina baltics*）	23	17	15

不少学者都曾探讨过动物个体大小与盐度的关系。一种观点认为，过低盐度对动物生活不利，在低盐度的环境中，动物虽能生存和繁殖，但已接近它们所能耐受的下限。另外，在低盐度条件下食物供应不足、渗透压调节消耗较多的能量也可能是原因之一。还有一些学者认为，盐度并非唯一的限制因素，生长速率的快慢、生

长季节的长短、水温以及营养状况也是应考虑的限制因素。

上述盐度与动物个体大小的相关性，在河口和浅海中洄游性的动物中也很明显。因为在发育生长过程中的幼小个体，常常进入低盐度区。例如，中国明对虾的幼小个体阶段必须生活在低盐的河口和浅海附近，随着个体的长大逐渐移向深水的高盐区。另外，生活在北美的白滨对虾（*Litopenaeus setiferus*）虽在海水中生殖，但其幼体必须进入低盐度的海湾或河口半咸水区生长，然后其成体逐渐移至高盐水中。当然，环境中的其他因子（如温度等）也在起着一定的作用。由于这个原因，从高盐度到低盐度海水，就显示出个体大小在分布上的明显梯度。显然，这种盐度与动物个体大小的相关性，与动物的生活史是相联系的。而与前面所述软体动物的情况则是完全不同的。

2. 盐度与海洋动物生殖

在研究动物生活史与环境的渗透关系时，我们已经指出，动物生殖常比其他发育阶段受到更多的限制。因此，许多动物的生殖区首先要求一定的盐度条件。例如，中华绒螯蟹（*Eriocheir sinensis*）虽然生活在淡水区，而生殖过程必须在海水中完成。又如，蓝蟹（*Callinectes sapidus*）能生活在淡水或近淡水中，但是其生殖过程也必须到海水中进行，卵只能在较高盐度的海水中孵化和发育。

许多海洋动物是体外受精，精子和卵子均排入海水中，卵依赖于海水而得到所需要的盐类进行发育。海洋动物一般都具有较强的生育能力，并产出较小而数量大的卵；而在盐度降低的情况下，其生育力也往往降低。

与此相反，淡水动物产出的卵往往较大，但数量不多，而却含有较多的营养物质（包括盐类），并具不渗透的卵膜，从而使卵的发育可以不依赖于环境中的盐类而进行。例如，生活在淡水中的一种螯虾（*Cambarus* sp.）仅产 150 个卵，卵径为 3 mm，而生活在海水中的美洲螯龙虾（*Homarus americanus*）则产 5 000 个卵，卵径平均只有 1.6 mm。另外，很多淡水甲壳类动物的幼体是直接发育的，例如螯虾类的某些种类即是如此。

同一种动物在不同盐度的水中，其生殖和发育也有差异。例如，栖息在意大利那不勒斯（Naples）附近的低盐度环境中的一种小长臂虾（*Palamon varians*），只产 20～25 个卵（卵径为 1.3～1.4 mm），卵直接发育成与成体无多大区别的幼虾；而若生活在法国、英国海域半咸水中，则可产 100～450 个卵（卵径为 0.7～0.8 mm），经过孵化、变态等一系列发育过程而变为成体。这一个种的两个种群生殖发育过程显然有着很大的差异，但是，成熟个体间却几乎没有区别。这种现象在鱼类中也很常见。许多海洋动物移至低盐度水域中，往往生殖力降低，甚至停止生殖。例如，波罗的海的叶虾虎鱼属（*Gobiodon*）进入波罗的海东部的低盐度水域后，虽然仍可以生存，但却不能生殖。

3. 盐度与海洋动物分布

大量的研究结果表明，不同海区中动物种类的丰富程度是与盐度相联系的。盐度降低和变动，通常伴随着动物种数的减少。从地中海、黑海到亚速海，或从北海到波罗的海的不同盐度海域的种类分布上，均可以清楚地看到这种情况（表 2-5、表 2-6）。

海区 / 盐度 /% 动物种类	地中海 3.8	黑海 1.7	亚速海 1.1
腔肠动物	208	44	4
多毛类	516	123	23
甲壳类	1 174	290	58
软体动物	145	123	23
棘皮动物	101	4	—
鱼类	549	121	89
其他	1 277	405	20
总数	3 970	1 110	217

○ 表 2-6 北海、波罗的海不同盐度区中某些动物种数的比较

海区 / 盐度 /% 动物类型	北海 3.5	卡特加特海峡 3	阿尔康 2	波罗的海中部 0.6~0.9	芬兰湾和波的尼亚湾 0.6~1.7
蟌形类	96	41	21	6	3
多毛类	271	193	25	12	—
桡足类	70	14	11	11	9
等足类	80	36	7	5	4
端足类	330	132	17	12	8
十足类	100	40	4	3	2
腹足类	—	125	13	5	1
双壳类	170	87	24	5	4
棘皮动物	70	35	2	—	0
鱼类	120	75	30	26	17
其他	200	45	11	8	3
总数	1 507	823	165	93	51

　　海洋动物区系是以狭盐性变渗透压种类为主，无脊椎动物尤其如此。这一现象与海水中盐度的稳定性有关。因此，当盐度降低时，狭盐性种类就会逐渐减少。从表 2-5 和表 2-6 中可以看出，典型的狭盐性变渗透压的棘皮动物在低盐度的亚速海和波罗的海中部是不存在的。

　　鱼类中有不少广盐性种类，但是，它们大部分不能耐受过高或低至某一限度的盐度。盐度过高或过低，和其他海洋动物一样，种类都会减少。例如，在美国墨西哥湾沿岸捕到的 212 种鱼类中，有 109 种生活在盐度为 3% 以上的水域中，生活在

盐度为 2% 的水域中有 73 种, 能耐受盐度低于 0.5% 者只有 30 种。

根据海水盐度和动物区系之间的关系以及在盐度降低时动物种类递减这一特点, 古生物学和地质学对地层的研究是有其重要意义的。根据这一关系, 不仅可以了解古代海洋的地理分布, 也可以推知现今海区过去的盐度状况。例如, Ekman (1935) 根据地中海不同无脊椎动物耐受盐度的界限, 推测出波罗的海过去的盐度要比现在的盐度高出 0.5% 左右。这一结论已由对该海区内某些古代软体动物的研究结果所证明, 例如在波罗的海沿岸常见的一种滨螺属 (*Littorina*) 动物, 在古代其分布范围一直延续到松兹瓦尔 (Sundsvall) 地区 (62°20′N), 而现今的分布却不超过厄勒海峡 (Oresund Strait) 南口的吕根岛 (Rigen Island)。

半咸水水域包括河口地带和大河注入的内海等水域, 某些大陆内的咸水湖泊 (如里海、咸海和我国的青海湖等) 也属于这一类型。这些水域的盐度通常在 0.05% ~ 1.6%。这类水体的水文状况及其特点往往与河流的水文动态和季节变化相联系。半咸水水域的盐类组成仍然是以氯化物为主, 但是, 河水中的碳酸盐和一部分硫酸盐也仍占有重要的地位。上述特点使半咸水水域 (主要指某些内海和河口区) 的生物学区系的组成和分布不同于海洋和淡水这两类典型水域, 而往往带有两者之间的过渡性质, 这类生物区系的种类组成来源于三个方面: ①来自海洋的入侵种类; ②已适应低盐度条件的半咸水中的特有种类; ③某些广盐性淡水生物移入的种类。

半咸水水域的生物区系在组成种类上虽然较复杂, 但是由于盐度的低下, 生物区系的种类成分却是贫乏的。在盐度的易变性增强的情况下尤其如此。这是因为海洋生物移入半咸水中时, 通常易于进入较稳定的低盐区域, 而不易忍受盐度较高和波动很大的环境。与此相同, 某些广盐性淡水生物, 常常能够进入较稳定的高盐度区域, 而不易忍受盐度较低且易变的水域。因此, 上述三种成分的多寡及其分布范围, 在很大程度上取决于盐度的波动状况。但是, 在一般情况下, 仍然是以海洋移入的生物为主。只在稳定的低盐度环境下, 才增多了淡水移来的定居种类 (如波罗的海)。然而, 在这种水域中由于营养条件较好, 因此某些适应这种生活条件的生物, 其个体数量却常常得到了很大的发展。

真正河口区域的生物区系很复杂, 它本身就是一个专门的研究领域。在河口, 其盐度会因时间与空间而变化, 与海的距离也会影响盐度, 因为与输入的海水多少有关; 另外由于潮汐的作用, 每一地点的盐度也会随时间变化。所以, 可以见到一个明显的、由于盐度梯度和变化程度所决定的、有规律的生物分布。

2.3.1.4 压力

很久以来, 生态学家就已认识到海水流体静压是影响海洋生物生命活动的重要的环境因素之一。海水深度每增加 10 m, 流体静压即增大 1 个大气压 (101.325 kpa)。目前, 已知海洋最深处达 10 000 m 以上, 压强在 1 000 个大气压 (101.325 kpa) 以上。

以往曾有人认为, 海洋深处的压力足以压碎任何生物。因此, 早期的著名海洋生物学家 E. Forbes (1843) 曾断言, 海洋深处是没有生命存在的。当时, 由于 E.Forbes 在海洋生物学方面拥有相当的权威, 所以这一错误观点曾被普遍地接受。

而在海洋生物分布的争论焦点长期以来都集中在所谓"零点"位置的深度。一直到1872—1876年，英国的"Challenger"调查船从深海6 250 m处获得的底部样品中得到了隶属10个种的20个生物标本，这才再一次唤醒了生物学家们对深海生物区系研究的关注。1954年，又有从9 700～9 950 m深海中获得生物标本的报告，在一次从9 000 m深海中拖网获得的样品中得到了5 700个体标本，隶属棘皮动物、须腕动物类、海百合和多毛类。

当深海动物被带到海面时，往往已经死亡或受伤。过去一直认为，这一现象是由于压力骤然减低而造成的。但是，其后的研究结果表明，除了闭管鳔类的硬骨鱼类有上述现象外，深海动物的死亡和受伤可能是由于温度骤然变化所致。从地中海1 650 m深处采集的动物一般均完好，这一海区从160 m到深海底部的水温均为12.9℃。

在深海动物中有许多广深性（eurybathic）种类。例如，分布在1 800 m深处的环节动物中，有12种在200 m等深线内均可以见到。又如，许多斧足类和腹足类的种类，可以从表层垂直分布到2 000 m乃至4 000 m深处。瓣鳃类的 *Modiolari adiscors* 可以从表层垂直分布至3 250 m，腹足类的 *Naticagroen landica* 分布范围为35 m至2 350 m。

比较严格的狭深性（stenobathic）种类，在浅水中有软体动物的帽贝属（*Patella*）、荔枝螺属（*Purpura*）、鲍鱼属（*Haliotes*）和贻贝属（*Mytilus*），环节动物中的沙蚕属（*Arenicola*）和造礁石珊瑚；深海中有塔螺属（*Turris*）、斧足类的拟锉蛤属（*Limopsis*）和软骨鱼中的银鲛属（*Chimaera*）。不过，可能压力的限制作用不大，也许温度和其他因素的作用有较大的意义。

2.3.1.5 波浪、海流和潮汐

海水的运动形式多种多样，海浪就是海水运动的主要形式之一。因为在海水运动中，波浪最为常见。大多数波浪是由风引起的，但是，海底地震、滑坡、火山以及月球和太阳对地球的引力同样也会产生波浪，甚至是破坏性很大的海浪。

波浪除了对海上的航行船只、海岸、港口以及海岸工程造成影响以外，对海洋生物，尤其是生活在沿岸带的种类的影响是很明显的。

沿海岸激浪（surf）的冲击力可以达到很大的数值。曾有人估算，北海沿岸激浪冲击力可达1.5 kg/cm²。栖息在沿岸的动物暴露在这样的激浪冲击下，随时都有致命的威胁。因此，这些动物往往有坚硬的保护外壳或以某种方式牢固地附着在基底上。例如，藤壶属（*Balanus*）就是牢固地固着在硬底上，它们幼体在浮游阶段生活结束以后，就开始固着在坚硬的基底上，碳酸钙的外壳紧紧地与基底连在一起，以防波浪的侵害。软体动物帽贝和鲍鱼均具有强有力的肉足，贻贝有固着用的足丝，它们以不同的方式牢牢地固着在基底上。

在英国浪激冲击环境中生活的贻贝，其外壳的质量可达58 g；而在激浪冲击影响较小的基尔湾（Kiel Bay）生活的贻贝，其外壳质量却只有26.5 g。生活在受海浪冲击影响较大海岸的海胆，它们往往在岩石钻穴或寻找岩石缝以减轻波浪对其的冲击；生活在平静环境中相同种类的就没有这样的保护适应，如同一种的珊瑚，在开阔性水域中常形成圆形或扁平状，而在平静的水域却生长成树枝状。

连续的海流对海洋生物的分布有着重要作用，特别是对营固着生活或行动缓慢的底栖生物的浮游幼体或孢子的分散分布有重要意义。海流的间接影响也很重要，首先可以产生海水的混合，另外还可以促进氧气的溶解。海流常可以影响到很大的深度，尤其是在外洋可达数百米甚至更深。上升流和涡动在海洋中具有重要意义，可以将深处丰富的营养物质带到上层，改变上层的水温并且可以减少浮游生物的下沉。

2.3.1.6　海水中的溶解盐类

远洋海水中溶解盐类大多有比较固定的组成。磷（P）和氮（N）等的盐类由于原来的含量就很少，再加上植物的利用和动植物代谢作用的影响经常有显著的变化，这一类元素被称为生殖元素。钙盐由于动、植物的作用和沉积碳酸钙的溶解，也经常稍有变化。海水中的溶解盐类可以划分为主要成分（major constituents）和微量成分（minor constituents）。主要成分约占海水中全部盐类成分的99.99%，并且极少有波动；微量成分仅占全部盐类0.1%。海水中已知的元素有39种，其中以氮、磷和铁最为重要，并且过量的氮和磷对海洋浮游植物的生长有限制作用。

近岸浅海水域，由于受大陆和淡水径流的影响，溶解盐类的含量较低，并且成分亦略有不同，但仍以氯化钠为主。一般以黑海的盐度（平均为1.6%）作为海水盐度的最低界限，低于此盐度即为半咸水（brackish water）。选择黑海盐度为海水盐度的最低界限，是因为在黑海中生活有模式的海洋生物（两种棘皮动物和两种被囊类）。

总之，海洋中溶有丰富的、海洋生物所需要的各种盐。在海水中的溶解盐类中，只有氮（质量浓度低于0.01 mg/L）和磷（质量浓度为0.01～0.1 mg/L）对海洋生物常有限制作用。而生物体内氮和磷的比例与海水中的相同（质量比约为72：1），只在一些特殊情况才会有变化。一般海洋中的溶解盐类都不会有抑制作用。

1. 无机氮化合物的来源和含量

无机氮化合物在天然水中是以三种形式存在：硝酸盐、亚硝酸盐和铵盐。它们主要是由生物尸体经过细菌分解后而产生。上述三种存在形式也反映了细菌分解过程的三个步骤。铵盐是分解的最初产物，硝酸盐是最终产物，而亚硝酸盐则是介于两者之间的过渡形式。

氮化合物也来自河流的带入、土壤的溶解和雷雨。这一来源在近岸浅海中的意义显得比较重要。氮化合物在天然水中的含量差异很大，并与生物活动有着密切联系。在海洋中，其含量范围如下：

NO_3^--N 　　15～600 mg/m³

NO_2^--N 　　15～40 mg/m³

NH_4^+-N 　　5～50 mg/m³

一般来说，氮化合物沿岸浅海较多，大洋很少；两极海区较多，热带海区较少；深层较多，上层较少而且变化较大。

（1）无机氮化合物与浮游植物生长的关系：氮化合物是植物生长的主要营养物质之一。在自然水域中存量很少，但它是决定浮游植物生长的定量因素之一。另外，氮化合物与叶绿素的形成也有着密切的关系。

朱树屏（1943，1949）用人工配制的培养液进行试验的结果表明：海洋浮游植物氮化合物适应范围的下限要比淡水浮游植物为低（0.08~0.8 mg），上限为4~8 mg。海洋浮游植物对低浓度氮的利用能力可能较强，但是，不同种的硅藻却又表现出差异。例如，双尾藻属（Ditylum）在浓度为0.08 mg培养液中的生长情况要比脆杆藻属（Fragilaria）好。

Rodne（1948）曾以栅列藻属的 Scenedesmus quadricauda 进行过培养试验，其结果表明，氮不仅对浮游植物的生长有抑制作用，更重要的是限制叶绿素的形成。浮游植物在缺乏氮的情况下，虽然仍可以利用细胞中贮存的氮继续生长，但是叶绿素的形成很快就会停止。Rodne还通过试验证明，如果在培养液中加入0.5 mg/L 的 NO_3^--N 时，浮游植物的生长和叶绿素的形成情况均不佳；当加入5 mg/L的 NO_3^--N（超过自然水域上层的含量）时，细胞的数目明显增加，而叶绿素的增加却只维持两天即行停止。试验也证明 NO_3^--N 的作用除了与原来细胞的生理状态有关以外，与培养液中的细胞密度也有着一定的联系。

（2）海洋生物的活动与水中含氮量的关系：氮化合物在天然水域中的分布，无论是在大洋或近浅海水域，除了受其他因素的影响以外，与生物（特别是浮游生物）的活动有着密切关系。NO_3^--N 在三大洋中垂直分布的共同特点是，表层含量最低，随着深度的增大，含量也逐渐增高，并且在500~1 500 m处，其含量达到最高值；在此处以下含量变化很小。这一现象是由于浮游植物生长所利用的结果，随深度增大光线减弱，浮游植物的活动减弱以至停止。同时，由表层下沉的浮游生物尸体逐渐分解，因而 NO_3^--N 的含量急剧增加。在深水区，由于生物活动很少，因此，NO_3^--N 含量变化也相对较小。

氮化合物在天然海水中的另一个特点是有季节变化，这种变化在近岸浅海水域中表现得最为明显。一般在浮游植物大量生长繁殖的季节，表层水的含氮量由于浮游植物的吸收而急剧减少，其含量甚至会到零；在冬季，由于浮游植物活动减少，海水含氮量逐渐增多。这一变化特点恰与浮游植物的数量的季节变化相反。

另外，海底沉积物作为海底营养链的关键一环，对初级生产具有非常重要的意义。一方面初级生产所需要的大部分氮来自沉积物的矿化，另一方面沉积物通常是近海生态系统唯一的厌氧环境，可以导致反硝化作用，从而引起海底矿化氮的氮的流失。如澳大利亚的菲利普湾由于反硝化作用而引起的氮的流失约海底再生氮的63%，甚至成为初级生产的限制因子。

2. 磷的来源与含量

磷在天然水中的含量很低，相对数量比氮少。因此，磷是浮游植物生长的主要限制因子。磷的来源与氮相似，以有机物的分解为主要来源，但江河的径流也具有重要作用。例如，美国密西西比河流入墨西哥湾的磷可以使1 000 km² 的海面和其下50 m深的水层的磷增加1 mg/m³。

自然水体中磷酸盐的含量很少，是微量成分之一，所以一般以1 m³ 水中所含磷的毫克数（mg/m³）或以1 m³ 水中所含磷的毫摩尔数（mmol/m³）来计算。例如，磷酸盐磷的含量为1 mg（PO_4^{3-}-P）/m³，即指1 m³ 水中所溶解的磷酸盐中含1 mg的磷。1 mg（PO_4^{3-}-P）/m³ 等于0.033 mmol（P）m³。一般自然水体中，磷酸盐磷的含量可能低于 1 mg（PO_4^{3-}–P）/m^3，其含量很少能够达到 60 mg（PO_4^{3-}–P）/m^3 的。

（1）磷酸盐磷（PO_4^{3-}–P）与浮游植物生长的关系：

磷是浮游植物生长所必需的元素，而磷酸盐磷是浮游植物所吸收利用的磷的主要形式。磷酸盐磷对浮游植物生长的作用可以从图 2-13 中看出，图中曲线表明新月菱形藻（*Nitzschia closterium*）培养于磷酸盐磷含量不同培养液中的生长情况（培养液氮供应不缺乏）。另外，用同一种进行的培养试验，其结果表明，若培养液中的 PO_4^{3-}–P 少于 17 mg/m^3（0.55 mol/m^3），即对生长有限制作用。

同时，也必须注意浮游植物对 PO_4^{3-}–P 供应的适应能力。例如，有试验证明，新月菱形藻在缺乏磷的条件下可以继续分裂，直到细胞内磷的含量仅为正常含量的 20.8% 时，细胞才会出现"衰老"现象。但是，它们在水中的下降速率要比正常细胞慢。一旦环境中的磷含量增多时，它们又可以恢复活动能力。

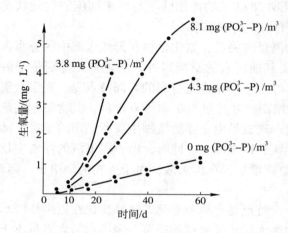

○ 图 2-13　PO_4^{3-}–P 与新月菱形藻（*Nitzschia closterium*）生长的关系（引自 Harvey，1955）

（2）海洋动物活动与海水中含磷量的关系：天然水体中 PO_4^{3-}–P 的分布和季节变化与浮游植物的活动有密切关系。其特点与 NO_3^-–N 基本相似，在垂直分布上浮游植物生长的表层磷的含量最低，深层逐渐增大，但变化不大。在水平分布上，凡是浮游植物大量繁殖的地方，水中 PO_4^{3-}–P 的含量则较少。PO_4^{3-}–P 的季节变化与浮游植物的生长繁殖有关，即浮游植物大量繁殖的季节，PO_4^{3-}–P 的含量常出现零值；浮游植物少的季节，PO_4^{3-}–P 的含量增加。但是，必须指出这种变化在河口和近岸浅海区往往表现得比较复杂，有时磷的含量增加，不一定是浮游植物减少所致，而可能是由于降水和江河径流的带入而使磷含量增加。

3. 其他盐类与浮游植物生长的关系

（1）硅（Si）：在海洋中，Si 是以硅酸盐形式存在的，通常以 SiO_2 的含量计算，属于微量成分。在新月菱形藻繁殖时，海水上层的硅含量可低于 10 mg（Si）/m^3，但在海水中复原速率很快（特别是在水深 20 m 以下最为明显）。对硅藻生长是否有限制作用，目前尚无试验证明。

（2）锰（Mn）：Harveg（1939，1945）的试验证明，缘刺双尾藻（*Ditylum brightwelli*）的生长与锰的含量有关。该试验取来自外海的海水，当加热至 90℃时再加入磷、氮和铁使海水肥沃，进行缘刺双尾藻培养，结果生长停止，但孢子增大。若再加入 $1 \sim 2 \, mg/m^3$ 的锰，则可以使缘刺双尾藻继续生长。

据调查，太平洋中锰的含量为 $1 \sim 10 \, mg/m^3$，所以，自然海水中锰的含量可能相当贫乏，但尚无确切证据。Redfield（1963）已将锰列入可能的限制因素之中。

（3）铁（Fe）：海水中铁的含量变化较大，有调查记录为 $50 \sim 60 \, mg/m^3$。铁在水中的存在形式也很复杂，其中大部分是以颗粒状存在。铁化合物的溶解度很小，一般海水中，铁只有 $0.01 \, mg/L$。Cooper（1937）曾估计，海水中的铁离子在 pH 为 8 时，不超过 $4 \times 10^{-7} \, mol/L$；pH 为 8.5 时，不超过 $3 \times 10^{-8} \, mol/L$。自然海水中的溶解性有机物质有助于铁在水中以胶体状态存在。

一般认为，铁、氮和磷同为浮游植物生长（特别是叶绿素形成）所必需的元素。由于水中铁的溶解量很小，过去曾认为铁可能是浮游植物生长的限制因素之一。实际上，由于浮游植物身体表面吸附有相当数量的铁化合物，而一般浮游植物利用少量铁的能力很强，加以铁的作用与氮和磷（特别是氮）有关联，而铁的相对量往往超过所需量所以，铁在自然水中并不一定有限制作用。不过当 Mozel 和 Ryther（1961）将铁加入马尾藻海海水水样中时，却促进了浮游植物的生长。

（4）钙（Ca）、镁（Mg）、钾（K）、钠（Na）：钙和镁在海洋中属主要成分，除了在近岸浅海受到大陆的影响以外，极少有变化。镁是构成叶绿素的元素之一，但是浮游植物的需求量很少，自然海水中极少缺乏。钾和钠在海水中属主要成分，无限制作用。浮游植物对钠没有需求，对淡水种类的生长有抑制作用。

2.3.1.7　海水中的溶解气体、pH 和氧化还原电势差

1. 海水中溶解气体的来源

存在于大气的溶解气体几乎都能溶解于海洋表层的水中，其中主要有氧、氮和二氧化碳。在缺氧的海水中还会出现硫化氢和其他气体。对于海洋生物来讲，氧和二氧化碳最为重要，因为它们是光合作用和呼吸作用的基本物质，其中特别是氧，它直接影响着动物的生命活动过程。

溶解于水中的气体是以分子状态存在于水中的。它的来源主要有两个方面：①由大气溶解于水中。②由水生生物的生命活动所产生。另外，还有一部分气体是由水底或水中进行的化学过程中所产生，或由地壳中释放出来的。

来自大气的各种气体溶解于水中的数量和速率，取决于大气和水系统的一系列物理特性，即大气中该气体分压的高低和该气体在水中溶解度的大小。例如，氧在水中的溶解度要比氮的溶解度大得多，因此水中氧和氮的比例（1∶2）也同样高于大气中的比例（1∶4）。另外，水体的温度、含盐量的高低，水表面的波动状况以及水中气体的饱和程度等都直接影响着气体溶解于水中的数量和速率。通常，气体的溶解在冷水要比暖水好，所以极地海域的浓度要高于热带海域。

除了结冰期外，大气总是不断地向水中溶解各种气体。在自然情况下，水表面也总是处于不同程度的波动状态，从而扩大了大气与水体的接触面，增加了大气溶于水中的数量与速率，并通过水体的各种形式的混合作用（波动、水平水流、垂直流转、涡动扩散和深海海流等），而将气体转移至水体的各处。另外，溶解于水中的气体也通过扩散作用向水体的深层扩散，但是这种扩散作用往往进行得很慢。据计算，在平静的水面，在一定的温度下，氧在一年中仅能扩散 6 m 深，而且只能使

每升水的氧含量达到 0.25 mL。显然，以扩散作用来维持水体中气体的正常含量是不可能的。

水生植物在光合作用过程中，吸收二氧化碳放出氧，因此，对水体中的氧和二氧化碳的含量及其变化有着极大的影响。在白天，当水生植物光合作用进行较旺盛时，水中氧的含量常达到饱和或过饱和状态。

海水中的光合作用主要是由生活在沿岸浅海区中的有根植物和水体上层的浮游植物进行的。而光合作用的强度又受到光照、水体深度和地理区域等条件的制约。所以，光合作用所产生的氧主要限于水体的一定深度以内。

水生动植物的呼吸作用（respiration）消耗氧并放出二氧化碳。另外，细菌活动也是影响水中气体含量的主要因素，特别是在夏季水温升高、有机物大量分解时尤为显著。在细菌的活动过程中，不仅细菌本身在呼吸作用时消耗氧并放出二氧化碳，而且在有机物分解过程中，也因氧化过程而消耗氧并产生氨、氮、硫化氢和沼气等各种气体。这些气体的产生在缺氧的条件下，往往可以达到对生物造成危害的程度。

水中氧的消耗过程，除了上述动植物和细菌的呼吸和有机物的分解以外，在夏季，当水温升高，饱和点降低时，氧也会自水面逸出。如，水温为 0℃时，水中氧的饱和点是 14.62 mL/L，水温为 25℃时，氧的饱和点是 5.86 mL/L。因此，在夏季，有一部分氧会自行逸出而进入大气。

水中气体的来源和消耗过程是同时进行的。因此，在任何时间和任何地点，水中气体的实际含量都是供给与消耗平衡的结果。

2. 氧及其在海 – 气系统中的循环

海水深层氧的来源依赖于水团和海流的传播，使海水中氧的分布就有了一个明显的分层现象。这一情况对于水中的生命活动是具有重要意义的。氧在海水中的含量为 0～8 mL/L，即使在大西洋的深海氧含量最低也在 3 mL/L 以上，所以海洋中的氧的供应并不缺乏。海水上层的含氧量常与大气相平衡，可以达到或接近在当时的温度和盐度条件下的饱和点。

海洋中的氧的垂直分布与海洋生物的活动有着密切关系。一般情况下，海洋表层的含氧量最高，深度在 400～600 m 处经常出现急剧地减少，向下又稍有增加。所以，在大洋中，氧的最低含量不是在底部，而是在某些中间水层。这一现象与浮游生物的活动有关。据 "Valdivia" 号调查船的资料，一般在浮游植物丰富的表层，氧的含量可达 8 mL/L，在 50～300 m 深处，降至 4 mL/L，再向下，氧的含量略有增加，为 5 mL/L。氧的最低含量往往出现在热带海区 400～700 m 深处和极地海区 500～1 500 m 深处。

由于光合作用的影响，在浮游植物密集的区域，含氧量有周日变化现象，一般是在午后最高，日出前最低；这种情况在沿岸浅海区较为显著。当发生水华时，海水中的含氧量也可以达到过饱和状态，最高可达 180%。如，大西洋曾达到 115%、巴伦支海为 120%、里海为 150%，在特殊的内海（如亚速海）甚至可以达到 315%。

一般情况下，水体中的含氧量足够维持生命活动的需要。但是，在某些特殊情况下，也会出现严重缺氧的现象。最典型的例子是黑海，黑海水深 150～2 200 m 处完全处于缺氧状态，由于缺氧和有机物进行嫌气性分解的结果，产生了大量的硫化氢。因此，除了厌气性细菌以外，几乎没有任何其他生物存在。

溶解氧是绝大多数水生生物所必需的生存条件，但是，也有一些生物可以在完全缺乏氧的条件下生活。前者为需氧性生物，后者为厌氧性生物。厌氧性生物主要是细菌，但也有少数其他生物能营嫌气性生活，它们主要是寄生在其他生物体内的寄生生物。嫌气性生物按其对氧的反应，又可以分为两类：在生命过程中，虽然不需要氧，但是也能在有氧的环境中生活，这一类生物称为兼性厌氧生物；有一类生物在有氧的条件下，反而对它有害，它们只能生活在完全无氧的环境中，这一类生物被称为真性厌氧生物或称专性厌氧生物，许多生活在水底淤泥中的细菌和某些原生生物就属于这一类。

需氧性生物是大家所熟知的，按照它们对氧的需求程度，也可以分为两类：广氧性生物和狭氧性生物。广氧性生物能忍受环境中氧含量在较大范围内变化。例如，潮间带生物（如藤壶和牡蛎等）在涨潮时呼吸水中的溶解氧，而退潮时它们完全暴露于空气中却仍能生活。狭氧性生物只能忍受环境中氧含量较小范围的变化，它们可分为两类：一类需要大量的氧才能生活（一般在 4 mL/L 以上），大洋的表层生物属于此类；另一类只需要极少量的氧，属于这一类的有生活在海底软泥中的细菌和原生生物。

生活在潮间带或水底的动物，有不少种类能忍受一定程度的低氧环境条件。或能在缺氧的条件下生活一段时间。例如，瓣鳃类中的橄榄胡桃蛤（*leionucula tenuis*），栖息于底泥内，能在缺氧的条件下生活 5 ~ 17 天；紫贻贝常生活在低氧的污水中，能忍受无氧的环境长达数周之久，此时，它可以紧闭贝壳停止觅食活动。另外，观察发现，在某些缺氧的海湾深处水层中，经常出现浮游动物，例如，巴拿马湾 300 m 深处经常处于低氧状态（氧含量仅为饱和度的 2%），然而却仍生活大量的浮游动物。

在生命诞生的早期，大气中的氧主要来自非生物过程。其后，随着光合作用的进行，氧的释放量显著增加。目前，地球大气中的氧几乎全部依靠光合作用进行更新。虽然海洋仅含自然界中自由态氧总保有量的 1%，但是海洋释放出来的氧却是陆地产生氧的 35 倍。海洋上层的混合和加热过程就更加促进了氧通过海面的不断释放。据估计，大气中自由态氧的 78% 是来自海洋，22% 来自陆地。自由态氧是由两种过程来维持守恒的：一是生物过程，即光合作用使水中的氧被结合；二是放氧过程，即氧化物在高温及各种化学因子的反应、放射活动和太阳辐射下的分解。

随着工业生产的迅速发展和人类违反自然科学规律活动的危害影响，海 – 气系统的循环过程已越来越受到人们的重视。

3. 二氧化碳及其在海 – 气系统中的循环

大气中游离二氧化碳的含量为 0.3 mL/L，当大气与海洋处于平衡时，在温度为 0℃时，水中的二氧化碳溶解度为 0.51 mL/L，在 25℃时为 0.22 mL/L。但是，水中二氧化碳的来源并非完全来自大气的溶解，动、植物的呼吸作用和有机物质的分解也是一个重要来源。另外，二氧化碳在水中与水、碳酸盐和碳酸氢盐的作用已构成了一个复杂的可逆反应系统，即二氧化碳系统，其反应式如下：

$$CO_2 + H_2O \longleftrightarrow H_2CO_3 \longleftrightarrow HCO_3^- + H^+$$

$$HCO_3^- \longleftrightarrow H^+ + CO_3^{2-}$$

$$H_2CO_3^- + CaCO_3 \longleftrightarrow Ca（HCO_3）_2 \longleftrightarrow Ca^{2+} + 2HCO_3^-$$

$$CO_2 + OH^- \longleftrightarrow HCO_3^-$$

$$HCO_3^- + OH^- \longleftrightarrow CO_3^{2-} + H_2O$$

从上述反应式可以清楚地看到，水中二氧化碳的含量与水的化学成分有关。在上述反应式中，简单溶解的二氧化碳和碳酸称为游离的二氧化碳，碳酸氢盐和碳酸盐离子则称为结合的二氧化碳。如果将所有形式的二氧化碳计算在一起，则在海水盐度为 35‰ 时，二氧化碳的总量约为 47 mL/L，相当于大气中含量的 150 倍。以所含二氧化碳的体积计算，则海水中的二氧化碳约是大气中的 50 倍。因此，与氧相反，水是二氧化碳的储存者，对大气中的二氧化碳起着重要的调节作用。

从上述各反应式也可以看出，二氧化碳、碳酸、碳酸盐和碳酸氢盐之间有一定的平衡。反应式中某一因素的量有所增减，即会引起平衡的破坏。例如，当海水中进入二氧化碳时，则碳酸钙（或碳酸镁）即吸收二氧化碳而变为碳酸氢钙（或碳酸氢镁）。反之，当二氧化碳被移去（植物光合作用所吸收）时，碳酸氢钙（或碳酸氢镁）即释放出二氧化碳，变为不溶性碳酸钙（或碳酸镁）。这一反应对海水中二氧化碳的供应和调节有着重要作用，一方面使水生植物所利用的二氧化碳的量远较水中溶解的游离二氧化碳为多；另一方面，二氧化碳系统的平衡对水中氢离子浓度起着缓冲作用。

二氧化碳是植物光合作用的原料。有实验证明：在增大光照强度的同时，增加二氧化碳可以使植物光合作用的速率加快，否则虽然光照强度增大，而光合作用的速率反而会逐渐减弱。这说明，海水中二氧化碳的含量对植物的生长具有重要意义。

海水中游离二氧化碳的含量很少，在 pH = 8.3 的海水中，游离二氧化碳仅为二氧化碳总量的 1%。因此，二氧化碳在水中是否可成为植物生长的限制因素曾引起海洋生态学家的重视。然而，在海水中和硬淡水中并未发现二氧化碳的限制作用。这是因为二氧化碳系统对水中二氧化碳的供应起着调节作用。现已证明，生活在高 pH 水中的植物不仅可吸收游离二氧化碳，而且也能利用结合形式的二氧化碳，很多植物已显示出吸收 HCO_3^- 的机能。

4. 硫化氢

硫化氢（H_2S）为海底含硫有机物质，是在缺氧的条件下的产物。在海洋中，凡是海水循环不良的区域，在夏季生成温跃层后，其深水层和海底常有硫化氢的积累。在世界海洋中，最典型的例子是在黑海，除了黑海以外，如里海、亚速海、波罗的海、挪威海峡以及北冰洋等许多海区，在夏季也都有硫化氢聚集现象。

硫化氢为缺氧或完全缺氧的环境指标，因此除了厌氧性细菌以外，无其他生物存在。硫化氢对大多数生物具有毒害影响，并且毒性极强。硫化氢对鱼类有危害作用，但是鱼类在自然条件下，对含有硫化氢的水层具有回避的能力。

硫化氢多存在于深水层和海底，表层极少。但是，某些环境因子对其分布有影响，如当暴风吹动波及深水层时可使表层硫化氢的含量突然增高，从而使大量生物死亡。

5. pH

天然水体的 pH 最为稳定。大洋表层 pH = 8.1 ~ 8.3，深海接近 7.5，在某些停滞的海盆底层 pH 可接近 7。但是，在某些特殊条件下，pH 可能有较大的波动。例如，在某些珊瑚礁或潮间带水沼中，pH 可以达到 8.6，甚至升至 9.8 或低至 7.4 ~ 6.6，当然，这种情况是极其特殊的。

几乎所有的生物都是狭酸碱性的，能忍受 pH 的范围一般在 6 ~ 8.5。例如，哲水蚤能忍受的 pH = 6.5 ~ 8.5，超过此限即不能生殖。但是，生活在沿岸浅海或潮间带的种类对 pH 的忍受范围比较大。例如，等足类的蛀木水虱（*Limnoria lignorum*）在 pH 为 4.5 ~ 9.6 时，生活仍不受影响；在 pH 低至 4.0 时，仍可以忍受 48 h；但是，pH 再降低时，24 h 即出现死亡。

某些海藻也能忍受 pH 较大范围的变化。例如，石莼属（*Ulva*）在 pH 升至 9.4 时仍不受害，而仙菜属（*Ceramium*）则很快死亡。某些硅藻能生活在 pH 为 6.5 ~ 9.0 的环境中，但以 pH 为 8.2 时最为适宜。在培养条件下，少数硅藻可忍受更高的 pH。

实验与观察发现，pH 与水生生物的代谢作用和生殖发育也有密切关系。但其作用机制还不很清楚。通常酸性条件下对许多动物的代谢作用是不利的。关于 pH 作为生态因子的意义，在学者中的观点尚不一致。曾有人认为 pH 是一个重要的限制因子，但是，也有人持不同意见。

必须注意的是，pH 是水域中一些化学性质的总和。所以在研究 pH 的作用的同时，必须注意决定 pH 的一些其他因素的作用。

6. 氧化还原电势差（oxidation reduction potential 或 redox potential）

氧化还原电势差是海洋环境的特性之一，代表一化学系统氧化另一化学系统之能力，是以其与氢极电势差来表示的（单位为 V）。因为与 pH 有关，所以一般须注明 pH。氧化还原的关系有两个方面：强度，以电势差表示；容量，即氧化还原系统之容量或能力。

2.3.1.8　海水中的有机物

海水有机物的来源主要是海洋生物的代谢产物、分解物、残渣和碎屑等。陆地包括人类在内的所有生物活动所产生的有机物也可通过大气或河流进入海洋。

根据存在形态，海洋中有机物可以划分为三类：溶解有机物（DOM）、颗粒有机物（POM）和挥发性有机物（VOM）。通常以孔径 0.45 μm 的玻璃纤维滤膜和银滤膜过滤海水，滤下的海水中所含有机物为溶解有机物，留在滤膜上的有机物即为颗粒有机物。由于大部分海水有机物化学组成和作用尚未完全被了解，所以在研究海水有机物的分布时多以溶解有机碳（DOC）和颗粒有机碳（POC）分别代表溶解有机物和颗粒有机物。有时也采用溶解有机氮（DON）和溶解有机磷（DOP）代表溶解有机物，用颗粒有机氮（PON）和颗粒有机磷（POP）代表颗粒有机物。

1. 溶解有机物作为浮游植物营养物质来源的意义

虽然光合作用植物利用有机氮的能力非常小，但对有机磷的利用情况则不同。实验证明，海洋生物都能利用甘油磷酸、腺嘌呤（adenine）、胞嘧啶、乌甙酸

（guanylic acid）以及其他核苷酸作为磷的来源。这种普遍利用有机磷的能力，说明水体中的有机磷不需要完全矿物化就可以为浮游植物所利用。这一事实说明了为什么磷的"倍增"比一般所估计的要快一些，以及在春季浮游植物大量繁殖时，硅藻可以连续不断地大量繁殖。

一般来说，有机酸和糖不能作为光合性藻类用为碳的来源。然而，有时少量的有机碳可以促进生长，但是促进的量非常微小，不能认定是营养物质。少量的氨基酸和嘌呤或嘧啶也具有刺激作用，这可能是螯合微量元素的作用。

以上所述主要是指生活在真光层中的藻类。有研究指出，许多羽纹亚目硅藻生活在近底部或近岸泥中，其中有一些种类不仅可以利用外来的碳源，如果供以葡萄糖、乙酸或乳酸还可以在黑暗中生长，还有一些硅藻可移入泥中繁殖。"Galathea"号调查船 1951 年在 7 000 ~ 10 000 m 的深海中也曾采到活的硅藻。不过，其中没有见到其浮游性的种类。

2. 溶解有机物的其他作用

溶解有机物作为营养物质来源的意义还不能十分肯定，不过溶解有机物有一些其他的作用，这一点非常重要；而这些作用往往并不需要大量溶解有机物。下面就几个方面予以介绍：

（1）"生长因素"（growth factor）或称"辅助生长素"：曾有实验证明，在人造海水培养液中培养浮游植物时，必须添加一些天然海水或石莼提取液，否则某些硅藻不能生长，如海链藻属的 *Thalassiosira gravida*。当时推测，这些浮游生物的生长除了无机盐类以外，还需要生物性物质。其后又有许多类似的实验指出，这些生长因素之一就是维生素 B_1（硫胺素），以后又有实验鉴定出另一种生长因素——维生素 B_{12}（钴胺素）。既然这些物质对于许多浮游植物的生长是必需的，那么在天然海水中它们就一定存在。因此，一段时间以来，在这方面的实验研究工作进行得较多，尤其是对 B_{12} 和其他一些近似的钴胺酸物质的研究更为重视。

细菌是海水中维生素 B_{12}（钴胺素）的主要来源。在波罗的海曾分离出 34 种细菌，其中 70% 生产钴胺素；其后又在其他海区分离出生产 B_{12} 和其他一些维生素的细菌（有些细菌本身又是维生素的消耗者）。也曾发现，某些藻类也含有很多各种维生素，不过是在细胞内，而不是在培养液中。即使它们不分泌维生素 B_{12} 或其他维生素，但在其死亡后亦必释放出来。

曾发现维生素 B_{12} 有定性因素的作用，例如，钙板金藻 *Coccolithus huxleyi* 在马尾藻海中全年数量都很高。只在夏季温度很高时和春季出现大量硅藻混合种群时减少。在马尾藻海分离出的 12 种硅藻都要求维生素 B_{12}，而钙板金藻是唯一不需要维生素 B_{12} 的外洋种。

Harvey（1955）以自己的实验证明：很多浮游植物自己不能生产维生素 B_{12}，即使能生产，其量也不足以保证快速生长的需要。维生素 B_{12} 是由许多细菌产生的，在某些海藻中可以大量发现。因为许多有鞭毛的藻类在无菌培养液中必须有维生素 B_{12} 的供应才能生长，另一些种类要求维生素 B_1 或维生素 B_1 和维生素 B_{12}，还有一种鱼则要求生物素（biotin）或一种或数种氨基酸。

虽然在生长因素方面的实验研究已经做得不少，在海洋生态学上的意义也很重要，但是至今我们仍有不少尚未搞清楚的因素，主要因为：①缺少合适的分析生物。在已知的分析生物中还没有一种广盐性的种类，而各个分析生物本身还有一些其他环境因素的要求，使得试验不能顺利进行。②目前已知的维生素和其他生长因素有很多，不同浮游生物的要求亦不相同。例如，仅钴胺素一类的生长素就有8种之多，不同浮游生物种类的要求又各不相同。

（2）抑制生长因素：海洋中溶解有机物的另一作用，是对一些生物生长的抑制作用。包括一些抗生素、毒素和一些排斥某些生物的物质。

① 抗生素：抗生素的研究虽已取得很大的进展，但大多数的研究都集中在与人类疾病有关的方面，真正从生态学观点研究它们之间的化学对抗关系的工作比较少。大多数能产生抗生素的菌类主要来自土壤，这些类群在海洋中的代表很少；但是，也有许多实验证明，海洋中确实有某些抑制细菌的抗生素存在。曾经发现，许多藻类的提取液有抗菌作用，而且这一现象还比较普遍；绿藻、褐藻和红藻的体内都有抗生素存在；不过，目前尚不清楚它们是否能将抗生素分泌出来，抑或在死亡后释放出来。有资料证明，这些抗生素可能是一些不饱和有机酸。在海洋单细胞藻类的抗菌性质的研究中，有一个非常好的实例，Sieburth（1959）发现企鹅（Penguin）的血清中含有对抗革兰氏阳性细菌的物质，其后他追踪研究了这一抗菌性的来源，发现企鹅是以磷虾属（*Euphausia*）为食物，磷虾又以褐囊藻属（*Phaeocystis*）为食物，褐囊藻藻体的抗生素具有抑制革兰氏阳性细菌的作用。这种抗生素经鉴定为丙烯酸（CH$_2$CHCOOH）。此外，在一些海洋无脊椎动物中也曾分离出一些抗生素。

② 抑制藻类生长的物质：浮游藻类能分泌（或分解释放出）不利其自身的自我抑制物质（auto-inhibitors）或其他藻类异体抑制物质（hetero-inhibitors）生长的代谢物质的现象，在淡水和在海洋中都进行过不少研究。有些藻类（特别是能产生湖靛和赤潮的种类）能产生毒性很大的物质，并能引起生物的大量死亡。

引起生物大量死亡的赤潮生物大多为甲藻类。一种绿色鞭毛藻（*Horniclla marina*）在印度南部外海，和海链藻属的 *Thalassiosira locipiens* 在日本的东京湾也曾引起海洋生物的大量死亡。但是，有一些浮游生物所引发的赤潮并不产生毒素，如热带海洋的红海束毛藻（*Trichodesmium erygthraeum*）。一般赤潮中毒素的产生都是在赤潮生物大量繁殖、死尸分解之时，但是不能排除它们在早期即有分泌毒素的可能性。赤潮中往往有多种甲藻同时存在，但是彼此之间并无排斥作用。水中溶解有机物的抑制或毒害作用对海洋生物的季节演替有重要意义。

③ 藻类大量繁殖对动物的排斥作用：早在1885年就有人注意到，在北海北部硅藻中的根管藻和海链藻集中成片分布的海域很难捕到鲱鱼，且浮游动物也极少；浮游植物只有褐囊藻（*Phaeocystis*）和角刺藻（*Chaetoceros*）。其后 Hardy 等在南极调查中也见到类似现象，并创立了"动物排斥说"的假说。Lucas（1947）又提出"外代谢物质"（external metabolites）的生态学意义，支持 Hardy 的假说，并称"外分泌"（ectocrine）作用与"内分泌"相似。尽管 Lucas 曾提出许多实验论证，但是 Hardy 在其后的报告（1958）中仍不得不承认，上述观点仍缺少直接的实验依据。也曾有实验证明，小球藻（*Chlorella vulgaris*）的老培养液有抑制大型溞（*Daphnia magna*）的滤食率和生长的作用。

Provosoli（1963）指出，可能某些浮游植物能产生抑制物质或可厌的物质，不过并没有能直接证明所谓"外分泌"物质的存在。

④ 有机物的螯合作用（chelation）：人们很早就知道一些微量金属（trace metal）对浮游植物的生长和繁殖有重要作用。微量金属的利用效率主要依赖于两方面的因素：微量金属的量和微量金属被利用的程度。后者与某些有机物质的存在（螯合作用）有关。

在浮游植物培养工作中，已在培养液中增加了一些有机螯合剂（有时与微量金属同时加入，有时单独加入螯合剂）。常用的螯合剂有 EDTA、EDDHA、ETPA 和 NTA—nitrilo-triacetic acid 等。对某些种类（如腰鞭虫）的培养，螯合剂是必不可少的。

目前已经发现海水中一些有机物（氨基酸、羟酸和核酸）有一定程度的螯合作用。在淡水中，腐殖酸和蓝藻产生的多肽化合物有重要作用，这些物质在受到陆地和淡水影响较大的近浅和港湾中可能有作用。

螯合剂的主要作用是使一些难以溶解的微量重金属处于可被利用的状态保存在海水中。例如，铁、锰等微量重金属在海水正常的 pH 下是非常难溶解的，螯合作用则可以解决这一困难。另外，还有学者曾指出，螯合剂可结合一些对某些种类有毒害的元素。例如，铜在海水中的含量变化很大，对短裸甲藻（*Gymnodinium breve*）有很强的毒性，而有机螯合剂就是一个很好的铜"结合者"，可以消除铜在这方面的毒性。

2.3.2 海洋沉积物与海洋生物

2.3.2.1 海洋沉积物的来源及其类型

海洋沉积物是通过物理、化学和生物沉积作用过程所形成的海底沉积物的总称。三种作用过程又是相互影响和相互制约的，所以沉积物可以视为综合作用产生的海洋地质体。

海洋沉积物主要来自陆地岩石风化和剥蚀所形成的沙、粉沙和黏土等，这些均属于陆源性沉积物；另外是海洋组分，主要是通过生物作用和化学作用所形成的各种沉积物；再就是由于火山作用所形成的火山碎屑，由海洋裂谷所溢发出来的来自地幔内部的物质，还有来自宇宙的尘埃等。纵观海洋底部，从潮间带至深海海底绝大部分是由沙、泥及其过渡型的基质组分，而岩石、珊瑚礁只占很小一部分，且多集中分布在沿岸。

关于海洋沉积物的类型通常按深度可以划分为：①近岸沉积物（水深 0～200 m）。②深海沉积物（水深 1 000～4 000 m）。③深渊沉积物（水深 4 000～6 000 m）。④超深渊沉积物（水深 6 000 m 至深海海底）。

海洋沉积物还可以划分为大陆边缘沉积和深海沉积。近年来，通过调查研究发现，在大陆隆起处（水深 2 000 m 左右）常常可以见到可能是由等深线流形成的、呈交错纹层的粉沙沉积物，这是介于大陆边缘沉积和深海沉积之间的一种新的沉积类型，被称为陆隆沉积或"等深线流沉积"。另外，海洋沉积物还可以依据其颗粒粒径的大小划分为若干类型（表2–7）。

○ 表2–7　根据颗粒粒径的大小划分的海洋沉积物类型

海洋沉积物类型	粒径	海洋沉积物类型	粒径
黏土	< 2 μm	中沙	125 ~ 625 μm
粉沙	2 ~ 63 μm	粗沙	>625 μm
细沙	63 ~ 125 μm	砾石	>2 000 μm

关于海洋沉积物的迁移，这里以典型的沙质潮间带不同潮带沉积物的组成成分以及某些理化特征予以叙述。高潮线经常是颗粒直径大的砾石集中分布的区域。由于受风的作用和波浪的作用，该区域一直处于不断地变化之中，因此水分蒸发快、干燥、有机物含量低，通常将这一区域称为低能量区。沿高潮线垂直向下沉积物颗粒直径逐渐变小，至低潮线经常是颗粒最小沉积物集中分布的区域。可以肯定的是，整个海洋底部沉积物始终处于不断迁移的状态中。靠近潮间带上部，甚至整个潮间带沉积物的移动和分布主要是由波浪作用造成的，潮下带至深线100 m以内沉积物的移动则主要是海流运动在起主要作用。另外，调查研究表明，粒径为0.18 mm的颗粒是非常容易移动的，粒径小于0.18 mm的颗粒却难以被搅动和移动。这是因为它们被挤压在一起经海浪和海流作用的影响最小，也正是这个原因海底相对稳定。另外，粒径小的和颗粒密实的泥质海底与粒径大的和颗粒松散的沙质海底比较，虽然海底比较稳定，但是由于颗粒之间黏性大和孔隙小而密实，所以孔隙水少、有机物少、水体与气体间的循环较差。

海洋沉积物都不是由同一粒径的颗粒和同一基质类型所组成的，通常是由不同大小颗粒混合组成的。大小不同颗粒组成的沉积物的混合程度可以用分选系数来表示。通常均匀的与分选好的沉积物表示波浪和海流活动比较强烈，即属高能区；而分选不良的沉积物，即表示波浪和海流活动微弱，属低能区。

海洋环境中的不同基质与海洋生物间的关系就是沉积物生态学的研究内容。经过一段时间的发展，沉积物生态学目前已发展成为海洋生态学的一个重要分支学科，沉积物与海洋动物间关系的重要性得到了充分体现。自20世纪初以来，海洋生态学，尤其是沉积物生态学研究，是从近岸岩石基质潮间带和沿海岸线海域开始的，一直到现在，它仍然是海洋生态学研究非常活跃的区域。这可能是因为在这一区域中动植物的生态习性，包括与不同基质间的关系均可以直接进行观察和取样所致。因此，有关这一区域的研究成果也相对较多。然而，这一区域的面积在整个海洋海底面积中毕竟只是很小的一部分。尽管在取样方面存在一些困难，但是深海及其沉积物与海洋生物生命活动间关系的重要性也是不容忽视的。目前，研究者已在不少海域已正在积极开展这方面的调查研究，因为在解决环境变化以及环境与人类关系的一些重大问题中，它是具有重要意义的。

2.3.2.2　海洋沉积物与海洋底栖动物的分布

海洋沉积物为营底栖生活的动物提供了栖息和发展空间，也为躲避捕食者的威胁和环境突然变化提供了一种有效的保护。

海洋底栖生物在不同沉积物环境中的生存与发展是其在长期进化过程中对外界各种环境条件适应的结果。同时也是特殊沉积物对有机体的吸引，这一现象被称为趋触性或向趋性，而底栖生物对特殊沉积物的排斥现象则被称为负趋触性。海洋底栖动物对特殊沉积物的趋触反应是随着种类的不同而表现出明显的差异的。另外，还有一些动物对海底沉积物表现出明显的专一性，如船蛆属（*Teredo*）在其生活史中，幼体阶段必须积极地寻找木质以便完成生活变态时期所需的阶段沉积物条件。甲壳类的藤壶、软体动物中的波纹沟海笋（*Zirfaea crispata*）以及穿孔海绵等其生活周期的幼体必须找到适宜的沉积物固着以便完成变态发育生长至成体。如果其幼体在附着时找不到或缺少适宜的沉积物，幼体只好推迟附着，甚至最后导致死亡。

圆球股窗蟹（*Scopimera globosa*）是喜欢栖息于沙质海底的典型动物之一。它们在沙质潮间带的高潮带经常成片分布。但是，在相距高潮带有近百米的中潮带和低潮带，如果又重新出现沙质沉积物，该种蟹类也会随之再次出现。这充分显示了底栖动物栖息生存与海底沉积物之间的密切关系。

2.3.2.3　海洋沉积物与海洋底栖动物生命活动

许多营底栖生活的动物，在其挖掘过程中除了破坏原有沉积物结构以外，同时这些动物的排泄物也会改变或形成新的沉积物成分。如巢沙蚕属中的 *Diopatra monroi* 和索沙蚕属（*Lumbrinereis*）的一些种类所排出的粪便在某些海域水深 80~100 m 处的沉积物中占 90% 以上（Christe，1975）。又如海蚯蚓因吞食沉积物而从中不断摄取有机物，然后又将沉积物排出体外，一年中就可以将 1 900 t 沉积物从底层运至表层。正是由于海洋底栖动物这一生命活动，使得沉积物中的有机物得以不断的循环。因此，在海洋底栖生物食物链的再循环中起着非常积极的作用。

也正是由于海洋底栖动物生命活动与海洋沉积物间存在着相互作用与相互影响，在海洋底栖动物生命活动中经常会留下生活遗迹，如粪便、洞穴和爬行痕足迹等，经过长时间的历史演变保留在海洋沉积物中，成为研究海洋变迁等演变的依据，对认识和鉴定古代底栖动物，寻找演化线索和促进古生态学的发展都具有重要意义。

2.3.2.4　海洋沉积物与海洋底栖生物多样性的关系

关于海洋沉积物与生物多样性之间关系的分析研究，目前所见的报道尚少。但这一研究对进一步分析探讨海洋底栖动物与其环境间的关系以及评价海洋环境质量及其变化是具有重要意义的。这里，我们以厦门港软体动物多样性及其与沉积物关系（李荣冠等，1989）的研究结果予以叙述。

2.3.2.5　海洋沉积物与底栖生物群落

1. 底栖生物群落组成结构及其演替与沉积作用的相互关系

生物组成种类及其丰度和生物量是生物群落

 拓展阅读 2-1
厦门港软体动物多样性及其
与沉积物关系

组成结构的主要特点之一，其变化可以反映出底栖生物群落组成结构的演替过程和序列。栖息于软基质沉积物的底栖生物群落组成结构及其变化与沉积物基质以及沉积作用之间有着极为密切的相互关系。两者互为影响因素，又可以作为底栖生物群落组成结构演替系列和沉积物氧化还原电势的指标。

栖息于海底的底栖动物可分为底上（底表）动物和底内动物（含营底埋和穴居生活的种类）。底上动物的活动范围局限海底表面，其摄食方法主要通过不断地吞食下沉到海底的颗粒有机物或通过滤食方法摄取食物。与沉积活动之间的关系主要表现在海底表面及其以下几厘米深之沉积物的动态。底内动物由于生命活动的需要除了搬运大量的沉积物以外，同时还有为摄取足够数量和优质食物而不断地进行吞食和挖掘沉积物作用，这两个过程均与沉积物基质及其氧化还原电势动态密切相关。

图2-14可以清楚地反映出在软基质海底，随着环境扰动程度的增大，底内动物结构时空演替过程的序列及其与有机物的丰度、物理因子等扰动程度的不同是密切相关的。这一模式已被反复验证在许多生境变化的各种类型中都是适用的。事实上，定时扰动对底内动物演替具有明显作用，尤其是在沿岸浅海水域。如Zajac和Whitlatch（1982）在美国东北部康涅狄格州沿岸浅海水域的研究，其结果显示春季扰动以后底内动物群落组成种类多和密度大，而秋季扰动以后种类变少，密度变低。

Pearson和Rosenberg（1987）通过研究认为，食物的可利用程度是影响底栖生物组成结构的主要因素之一。在食物缺乏的条件下，组成种类少，丰度和生物量低；当食物丰富时，种类多及丰度和生物量也增高。由于受陆源的影响，沿岸浅海和河口区域食物的丰度远比近海和深海高。最近几十年来，随着陆源有机物质的大量输入，从而导致初级生产量的剧增，随之大量有机物质沉积于海底。在封闭和半封闭的水域，氧的含量大量消耗并超过了氧的供应，从而产生缺氧，导致底栖生物群落组成结构的改变。

拓展阅读2-2
沉积物剖面图技术

连续数十年对胶州湾及其附近潮间带生态学调查研究的结果显示，不同基质软海底底表和底内动物时空演替与沉积作用之间的关系极为密切，可归纳如下：

（1）沉积物基质：已知沉积物基质对底内动物组成结构具有明显的制约作用，不同基质沉积物中底表和底内动物种类组成、丰度和生物量显著不同，底内动物的觅食活动可导致其在沉积物中的居住痕迹（dwelling trail）形态各异并具有明显的指标作用。

① 沙质海底：这一类型基质沉积物主要来源于陆源和海洋碎屑。粒径为 <0.1 mm 到 >2 mm。

在封闭和半封闭海滩（如胶州湾内小岔湾）粒径要比开阔性海滩（胶州湾外的湛山湾）更小、更细，这主要由于物理因子的扰动（disturbance）作用，可将沉积物再悬浮并输送粒径小的颗粒。沙质海底具有粒径梯度垂直变化，这就使沉积物排水和干燥相对要缓慢。

在靠近海底的水域中氧的饱和程度较高，但由于底内动物（尤其是微型、小型

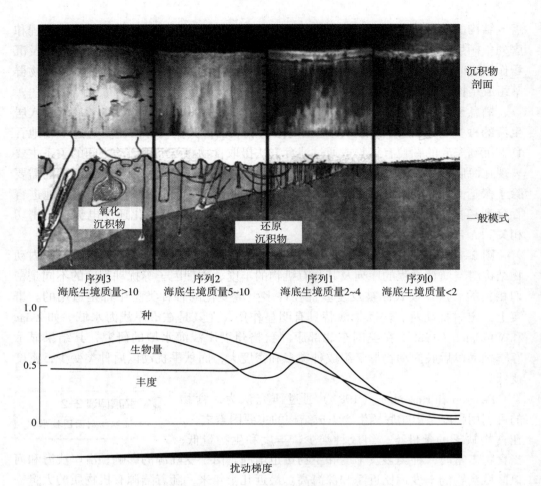

沉积物
剖面

氧化
沉积物

还原
沉积物

一般模式

序列3
海底生境质量>10

序列2
海底生境质量5~10

序列1
海底生境质量2~4

序列0
海底生境质量<2

种

生物量

丰度

扰动梯度

○ 图 2-14 随着环境扰动程度的增强底栖动物种类演替序列分布一般模式（从左至右）（引自 Pearson 和 Rosenberg，1978），相关的海底生境质量（BHQ）指标（引自 Nilsson 和 Rosenberg，1997），沉积物剖面显示的呈镶嵌状的演替序列，底栖动物种类（S）、丰度（A）、生物量（B）变化图示（引自 Nilsson 和 Rosenbery，2000）

动物）的呼吸和沉积物化学物质的氧化、氧的含量随着深度的增大而降低，然后依次出现氧化还原不连续层和黑色硫化氢（H_2S）层，这主要取决于沉积物有机物的含量，其垂直深度为几厘米到 1 m。研究表明，黑色硫化氢层往往有化能合成细菌生存。

由于基质的不稳定性，间隙水流动性强，并处于被湍流作用连续不断地移动中，营养有机物质相对较贫乏，生物种类少，丰度和生物量低。在沉积物表层有硅藻、甲藻和蓝绿藻并进行着初级生产，生产力通常较低（<15g（C）·m^{-2}·a^{-1}）。适应这一类型基质的动物其居住痕迹类型单调，形态简单。大多呈单轴型和"Y"形。尽管，由于物理因子的扰动和冲击作用和大型沙粒容易破碎。所以只有少数动物能形成永久性洞穴。如某些种类通过其分泌的黏液和膜质将沙粒黏合在一起。另外，端足类的蝶蠃蜚和等足类的浪漂水虱以及沙蟹科的某些种类都可以构成简单的洞穴。

②泥质海底：由于粒径小、密集、间隙小，氧的含量较低，沉积物呈还原并含有较高数量的硫化物。底内动物组成种类少，结构简单。但沉积物内仍有一定数量的有机物。常见种类锯脚泥蟹（*Ilyoplax dentimerosa*）、泥虾（*Laomedia astacina*）等。居住痕迹主要是单轴型，但泥虾居住痕迹为多轴分支系统型。

③泥沙质海底：基质相对稳定，间隙水多，氧含量高，有机物丰富。底内动物组成种类多，多样性高、结构复杂。由于底内动物的觅食活动和挖掘洞穴方式和能力的不同，具有明显的不同序列演替与沉积作用相互关系显著。

（2）沉积物氧化还原动态的指标作用：大多数底内动物的生命活动集中在氧化层，或进入氧化还原不连续层，只有少数种类在还原层。在氧化层和氧化还原不连续层具有明显的生物成因沉积构造（biogenic sedimentary structure）和生物扰动构造（bioturbation structure）特征。并依此可以分析研究和区划沉积物中氧化还原动态。

（3）沉积特征的指标作用：沉积速率、沉积的连续性和间断性均对海底底表和底内动物的摄食、组成演替以及底内动物的居住痕迹具有明显的影响。如当生活环境中沉积作用呈缓慢的连续性时，巢沙蚕虫管的嵌物管段呈连续增长形状；当沉积作用的速率较快时，嵌物管段会出现间断性增长形式。因此，这一现象可以成为沉积特征可靠的指标。这一部分将在海底－水层耦合一节中有更加详细的论述。

2. 海底－水层耦合

本部分主要论述海水水域中有机碎屑不断地下沉至海底的过程以及作为底表和底内动物食物来源的意义，重点论述了海底底表和底内动物摄食过程与沉积作用和沉积物结构间的相互影响。

20世纪80年代，Graf等（1982）曾在德国北部的基尔（Kiel）浅海水域就浮游植物碎屑作为海底系统（底表和底内动物）食物的作用进行了非常有意义的研究。结果表明，下沉的浮游植物在短时间大量繁殖（水华）之后，立即出现的反应是细菌和小型生物的数量增加和氧含量的消耗。大多数海底底上和底内动物只能摄取非常缓慢下沉的浮游植物和消耗某些生物。多毛类则可以从沉积物表面到10 cm或更深的沉积物中获取新下沉没有被直接摄取的食物（Levin等，1997）。

在关于海底－水层耦合的研究中，Graf（1992）强调了下沉物质质量对海底系统（底上和底内动物）反应程度的重要性。游离下沉浮游植物碎屑中的有机部分在几天内或多或少的被矿化。在大量繁殖以后，下沉浮游植物碎屑的碳氮比大约为7，非常接近浮游藻类的5和6，但在以后季节可能会超过10。Graf（1992）论述了碳氮比在评价下沉物质营养质量的意义。他发现沿岸浅海水域碳氮比低，而开阔性大洋中碳氮比往往较高，通常为14。而且发现维管植物的碳氮比可以达到100，从而表现出其特殊的难溶性。另一项研究还发现有机物溶解的速率和微生物生长与沉积物的年代和碳氮比呈逆向相互关系（Kirstensen和Blackburn，1987）。关于初级生产与输出生产（ex-portproduction）之间的关系，Wassmann（1990）估算了从真光层向下输送碳的总量，发现了中等初级生产中，两者呈线性关系，而在增加营养条件和初级生产中，输出生产以指数方式（exponentialway）增加。然而，输出生产取决于浮游植物的组成种类和摄食强度并意味着改变这种关系和水文特点。

海底－水层耦合的模式是由Ott（1992）提出的，这一模式在对亚得里亚海

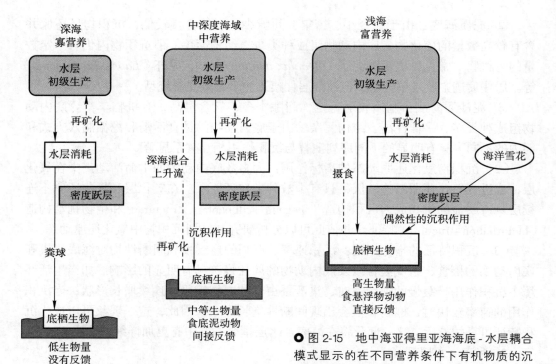

○ 图 2-15　地中海亚得里亚海海底 - 水层耦合模式显示的在不同营养条件下有机物质的沉积和密度跃层的重要性（引自 Ott，1992）

（Adriatic Sea）的研究中得到了修改和发展，但其中某些部分对于其他海域仍然是适用的（图 2–15）。

　　在寡营养的深海区，大多数有机物在水域中即被矿化，到达海底的部分将是最难溶解的。在中营养深度小于 500 m 的陆架斜坡水域，初级生产量较高，并且对水层和海底的食物供应与寡营养水域相比也是较高的。在真光层和浅海初级生产同样都高，而且大部分在密度跃层的水层生物中被矿化并且大量有机碳下沉主要是出现在大量繁殖以后的季节里。当密度跃层强烈时，它会作为次海底而产生影响。因此，某些物质将会陷积（frapped）在这里并部分被矿化，但是最终将会形成聚合物，并下沉至沉积物上。因此，下沉至较深海底和密度跃层的物质非常相似，在一年的大部分时间内是营养物贫乏的。

　　在大多数模式中，对底栖动物的食物供应通常作为垂直流被描述（图 2–16）。然而，有机物质通过横向平流的输送率（是横向流速的 2~8 倍）要比垂直输送率高（Graf，1992）。

　　食悬浮物动物可能是底上动物或底内动物，其食物来自垂直平流至海底的悬浮物（seston）。在浅海水域，如圣弗朗西斯科湾（the San Francisco Bay）（Cloern，1982）、丹麦与瑞典之间的卡特加特海峡（Kattegat Strait）（Loo 和 Rosenberg，1989）以及丹麦河口（Peterson 和 Riisgård，1992），海底食悬浮物种类对水域中浮游植物生物量具有非常明显的影响。在这些例子中，滤食动物的食量非常之大，以至于在几天中可以将整个水域的浮游植物清除掉。浅海水域食悬浮物的双壳类次级生产量单位面积的年生产量要比初级生产量明显大（Möller 和 Rosenberg，1983）。Thomsen

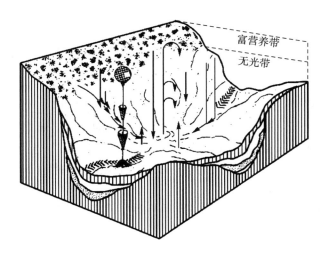

○ 图 2-16 海底 - 水层耦合动态模式 所显示颗粒通过垂直流、横向平流或 再悬浮输入海底和从沉积物到水域的 可能流动（引自 Graf，1992）

等人（1995）曾经研究过沿着巴伦支海大陆斜坡食物垂直输送对底栖生物供应的重要性，他们同样发现横向平流对颗粒的输送远较垂直流更重要。因此，除了垂直输送过程以外，横向平流和湍流过程对海底 – 水层耦合是重要的。

许多已下沉至沉积物表面的无机和有机颗粒将会被海流重新悬浮和输送。物理扰动诱导使颗粒再悬浮在开阔性浅海海底，这种作用在大陆架斜坡，在海流强烈的地方是非常重要的。颗粒的积累往往出现在比较深和海流比较缓慢的地方（Eisma 和 Kalf，1987）。

底栖生物活动，如生物扰动（bioturbation）、生物沉积（biodeposition）和生物再悬浮（bioresuspension）对沉积物的再悬浮具有重要作用（Davis，1993；Graf 和 Rosenberg，1997）。Rosenberg 指出，尽管目前只有少数调查，然而流穿过沉积物 – 水域界面的生物间接再悬浮作用是重要的。

Boudreau（1997）修改过的生物再悬浮作用模式发现，在某些情况下，生物再悬浮可以使沉积物与水域之间的颗粒交换率提高 10 倍。这就非常清楚地说明，底栖生物活动对海底颗粒的输送具有明显的潜在影响。

丝形阳遂足（*Amphiura filiformis*）是数量非常大的种，主要与食物供应丰富等因素有关。在北海的另一项研究中，Dauwe 等（1998）同样发现底栖生物群落的分布与海底动态因子和食物的供应有关。营养类群的最大多样性、最大的个体和最深的分布是在有机物的数量与质量中等的沉积物中。Rosenberg（1995）研究了瑞典西岸再悬浮和沉积速率极高水域底栖动物的组成。在食物供应非常丰富的斜坡，底栖动物十分丰富，在丰度和生物量上占优势的种是丝形阳遂足。该种在整个北海及其附近区域泥质海底是常见种，但却从没有像这里高达 3 000 个 /m² 的密度。最大的可能就是用营养物质供应丰富来解释。另外，丝形阳遂足既是食悬浮物者又是食沉积物者，这主要取决于海流速率和食物的供应情况。瑞典西部沿岸高数量的底栖动物是与丰富的食物供应有关的，因此，Rosenberg（1997）认为底栖动物通常受食物的限制。在悬浮颗粒物质中的食物数量要比碎屑中明显多。Taghon 和 Greene（1992）研究了两种多毛类的生长率，发现有的种会从食碎屑改变为食悬浮物，如蛇稚虫属中的 *Bocardia pugettensis* 为了更好地生长而转变为食悬浮物，而伪才女虫属中的膜质伪才女虫（*Pseudopolydora kempi*）则转变为食碎屑者。

2.3.3　生物性环境与海洋生物

生物性环境对于绝大多数海洋动物的存活具有决定性意义。前面所述的非生物性环境因子中，有一些是植物生存所必需的（光照和营养盐类），但是，对于动物来说，那些理化因素只能影响动物的分布或它们进行生物学过程的速率，只有当这些非生物性因素达到临界点或致死程度时，才显示出其作用，这种情况在动物生活的自然环境中还是比较少见的。

在生物性环境因素中，群落中的食物联系或营养联系具有重要意义。生物群落中的生物联系是多种多样的。但是，无论是种间的生物性联系，还是种内的生物性联系，主要都是由营养联系而产生的，主要有捕食者和被捕食者、食物与消费者、寄生物和寄主的相互关系以及由于摄食类似的食物而产生的竞争关系。海洋植物虽然不直接以其他生物为食物，但它们是某些动物的食物，因而也受到生物性环境因素的影响。

当然，空间联系也是生物群落中的一种联系形式，例如空间的竞争（这一现象在潮间带营附着生活的生物表现得最明显）和共栖现象。不过，空间联系中这样的直接作用是不多的，远不如营养联系那样重要。

种内联系的最重要形式之一是种内各个种群，结群生活在防御和觅食（索饵）上有重要意义，在生殖和越冬洄游中也有重要作用。本节主要讨论作为生物性环境因素的食物联系和从共栖到寄生的相互关系问题。

2.3.3.1　食物联系

生物群落中的食物联系不仅引起生物在形态结构、生理机能和行为上的一些重要的适应，而且对于种的数量变动和分布有决定性的意义。因此，食物联系在生态学研究和渔场调查中都是最主要的一个问题。不过，食物联系是非常复杂的，而且都必须在一定的非生物性环境中进行。因此，在对食物联系进行分析比较研究时，必须注意环境因素间的联系，最后必须将这方面的生态学事实看成一个统一的现象。

1. 海洋动物按食性划分的类群

（1）按食物的性质分：①植食动物（herbivore）：即食植物的动物，也称草食动物。海洋中主要是甲壳类、软体动物和少数鱼类。②肉食动物（carnivore）：即食其他动物的动物。如箭虫、头足类和大多数鱼类。③尸食动物（scavenger）：即以尸体为食物的动物。如磷虾和很多底栖动物。④寄生动物（parasite）。⑤杂食动物（omnivore）：即兼食植物和动物的动物。

（2）按动物取食方式分：①滤食性动物：主要是吃浮游生物的动物，可分为主动滤食动物和被动滤食动物。②渣食性（碎食性）动物：即以破碎的有机物碎屑为食物的动物，如瓣鳃类软体动物和部分甲壳类等。③铲食性动物（啃食动物）：即包括啃食植物和藻类的动物，如大部分腹足类软体动物和少数鱼类。④捕食性动物：亦称掠食动物，如箭虫、鱼类等。⑤其他：如利用黏液黏取食物或吞食软泥以获得有机物的动物等。

（3）按食物成分的多寡分：①单食性动物：即以一种食物为营养的动物。②狭食性（寡食性）动物：即依靠不多的且属于一个生物学类群中某些种类为食物的动物。③多食性（广食性）动物：即依靠很多不属于一个生物学类群的种类为食物的动物。④泛食性（杂食性）动物：即食物包括动物和植物的动物。

上述划分并不是绝对的，食性的分歧现象在生态学上称为食性的特化。

2. 海洋动物的摄食方法和适应

（1）滤食性动物：即依靠特殊的滤器以过滤海水中的浮游生物或悬浮的有机物碎屑为食物的动物。这类动物包括了大部分的浮游动物（主要是甲壳类）和一些自游动物，也包括许多水底动物在内。滤食性动物是水环境中特有的生态类群，在陆地环境是不可能有用这种方式摄取食物的动物的。滤食性动物包括了相当多的类群。

拓展阅读 2-3
滤食性动物类群

（2）铲食性动物：在海洋沿岸底部硬基质上生长着大量的固着植物（藻类）和动物，许多动物就是依靠这些生物为食的。例如，腹足类动物用锉状的齿舌来铲食固着的藻类。一些虾、蟹类大螯和爪以及大颚剥食藻类，许多鱼类也有这样摄食适应，如鲀类具有尖锐的门齿，用以啃食沿岸着生的藻类和藤壶。

（3）捕食性动物：在海洋中，鲨鱼、石首鱼、金枪鱼以及鲑鱼等都属于捕食性动物。另外，还有不少海兽也属此类。

在水层中的捕食性动物都具有敏锐的眼睛和锐利的牙齿，一般运动速率很快，以便摄取食物。鲸类还可以用声呐原理作为捕取食物的手段。它们捕食的对象往往是数量很多的游泳生物，如鱼类（鲱鱼、沙丁鱼等）。捕食性动物并非运动速率都很快，有一些种类是以掩护或打埋伏的方式，突袭其欲捕食的对象，鱼就属此类。不仅如此，它们还具有特殊的诱饵构造。

生活在深海的鱼类也是捕食性动物，因为深海的食物相对较少，因此，深海鱼类一般都具有很大的口腔，胃和身体也都有很大的膨胀性，能吞食比其身体大两倍的食物；一次摄食，即可以维持很久，不需摄食。另外，由于牙齿锐利，因此被捕食动物即不易逃脱。许多深海鱼类都具有诱饵构造。

在浮游生物中，箭虫、栉水母和某些桡足类也是捕食性的，它们都有捕食的结构适应。不仅在水层中，底栖生物中也有许多捕食性动物。例如，比目鱼、鳕鱼、鲽类和鳐类等都捕食甲壳类、贝类和各种蠕虫（主要是多毛类）以及腔肠动物。海星和某些螺类也是捕食性的。海星一天就可以吞食 5~6 个蛤类，因此海星又成为近岸浅海贝类养殖业（特别是牡蛎养殖）的敌害之一。海螺具有一根很长的吸管，用以侵袭其他软体动物，它们还可以在被捕食的贝壳上钻孔吸食其软体部分。捕食性底栖鱼类经常是集群觅食。

3. 海洋生物对捕食者的防御适应

在食物联系中，也产生了被捕食者的防御适应。

（1）积极防御：许多海洋动物具有毒性，其中有一些是积极防御的，它们有毒腺、毒刺或毒丝，以向攻击者主动地抵抗（有时也可以用来捕食）。另外，一些种类体内有毒素，它们一般都具有警戒色或特殊的体型（如鲀类可以将躯体扩大）。某些海洋生物具有坚硬的外壳或结构，也有一些种类（如部分硅藻）具有刺毛或黏液，使捕食者厌恶。

（2）消极防御：某些海洋动物具有保护色（包括集群色）或拟态（如海马和海龙）。还有一些海洋动物具有行为上的防御适应，如集群、埋入底内、隐藏在洞穴中和昼夜垂直移动等方式。

4. 食性变化

（1）按年龄改变：动物在不同的发育生长阶段经常伴随着食物的改变。这种食性的改变是和它们在不同的发育阶段的身体结构和体力的改变有着密切的关系。有浮游幼体的底栖动物食性的变化非常明显，在鱼类中也有许多例证。

在研究黑海鱼类营养问题时得到一些规律：食物组成改变随年龄的变化可以出现于一生中，并不限于早期；食性变化在不同时期，其改变的速率不同；一般变化趋势是由小型食物转为大型食物，由活动性小的食物转为活动性大的食物，至老年时，又转为活动较小的食物；更换快的时期往往与其生活史中的一定阶段相符合。

（2）不同性别动物的食性特点：不同性别动物的食性存在差别，已知在鱼类中有这一现象。例如黑海的鰕鱼，虽然不同性别的鰕鱼捕食的总量近似，但是雄性要比雌性能捕食更多种的动物。雌性多以虾虎鱼科（Gobiidae）和 Bentophilidae 中的弹涂鱼等为主要食物；端足类中的钩虾科（Gammaridae）在雄性的食物中占 19.7%，而在雌性的食物中却只占 8.9%；端足类中的螺蠃蜚属（Corophium）在雄性的食物中占 29.5%，而在雌性的食物中却占到了 48.4%。

（3）食性的季节变化和地区性变化：海洋动物在不同季节和生活在不同的地区时，食性和摄食量都有变化。一方面由于不同季节或地区食物供应（包括食物的可获得性）的不同，另一方面则是与捕食者的生理状态有关。例如，鱼类在生殖期前后，食性常有改变。

5. 对食物的选择性、积极性和可塑性

海洋动物在摄食时有一定的选择性，因而每一种动物的食物都可以区分出主要食物、次要食物和偶然性食物。一般主要食物就是该动物所喜好的，也是最能被利用的和最有利于其生长发育的食物。偶然性食物是动物偶然摄食的或者是在缺乏正常食物的情况下强行摄取的，一般意义不大或仅仅为了维持动物生命的需求。

动物在食物供给困难或竞争激烈时，力图保持其固有食性的习性叫做对食物的积极性。在原有食物供给困难条件下改变其食性的能力被称为食物的可塑性。

单食性种类和狭食性种类动物食物的积极性较高，这些动物对食物的适应和利用能力较强，消化系统（包括捕食活动）的结构和机能却较简单。但是，如果对食物的可塑性低则在有些不利的情况下其生存适应则较差。

对食物的可塑性大的动物其生存适应较好，但是，积极性低的种类，在食物竞争激烈时，往往得不到其最适宜的食物，则会影响种群的繁衍。

一般说来，对食物的积极性高、可塑性大的动物在群落中往往发展得最好。对食物的积极性高而可塑性小的种类或积极性低，而可塑性高的种类次之。对食物的积极性低、可塑性小的动物适应食物供给危机的能力最小，在自然环境中很少见，

它们往往生活在食物保障较好，竞争少的环境中或者有度过食物困难时期的适应能力（如停止活动以减少代谢等）。

6. 两种食物联系

表面上看"摄食者－食物"关系比较激烈，因为其中一种动物为另一种动物的清除者。实际上则不然，在摄食者－食物关系中有一系列的数量调节作用。

首先，在摄食者加强摄食适应的同时，食物有机体也在不断地形成一些防御适应。而更重要的是摄食者的摄食强度决定于摄食者的数量、食物有机体的数量和食物有机体的分布特点。

食物有机体的分布是不均匀的，有的地方较集中，有的地方则比较分散。摄食者的摄食强度并不取决于食物有机体的平均密度，而是由后者分布特点所决定的分散密集程度。摄食者摄食的结果不仅降低了食物有机体的数量，而且也改变了它们的分布状况。但是，有些食物有机体所分布的环境很可能是摄食者所不能到达的（受环境因素的限制），或者摄食者在食物缺乏时有迁移现象，因此摄食者永远不可能将食物有机体全部摄食。

食物的减少会影响摄食者的生长发育，从而影响摄食者的繁殖，乃至造成它们个体的死亡。幼体的存活力也是由食物丰富程度决定的。事实上，食物有机体也在生长繁殖，使得摄食者和食物有机体之间在数量上存在着波动的动态平衡。

食物竞争关系则不然，竞争的结果必然使竞争者种群发展都受到抑制，甚至其中一个被完全排除，这主要取决于各竞争者在食物竞争中生存的能力。这一事实说明了为什么在同一个生物群落食物网中的一个食物位置（即生态小生境）上不能有许多种生物同时存在。同时，它也说明了同一生物群落中动物食性分化的根本原因。

从上述讨论中可以清楚地看到，食物联系在决定动物的数量变动和分布上有着重要意义。因此，在渔业生产和增养殖业实践中，常常需要了解水域对经济动物的食物供应能力或经济动物对水域中食物的利用情况。要了解这一情况，就必须将所研究海域中生物群落中食物联系（至少是主要的一些食物联系）弄清楚，并且计算出有机物质（或能量）在食物联系中转换时的量的关系。并不是所有存在的食物都能被摄食者吞食，而所摄取的食物也并不能全部变成摄食者的身体物质（其中一部分用于代谢作用）。此外，生物群落中各个组成种群数量本身也是不断地变化着，而且邻近群落之间也在不断地进行交换，这就使得问题更加复杂。

在食物联系方面，以鱼类为基础的研究较多并取得了一些的成果，同时也建立了许多有关术语和定性指标。

7. 寄生现象

寄生现象是生态学研究的一个重要问题。首先，它与共栖、共生等现象组成一个系列，在进化理论研究上有意义。其次，寄生现象在寄主种群的控制和数量波动上有重要作用。再者，寄生物的研究可对寄主习性的研究（包括洄游）提供有用的资料，有时还是唯一可供参考的资料。如范振刚与西班牙海洋研究所的 Pere Abellò 于 1995—1996 年共同合作进行了地中海 5 种优势种寄居蟹与寄居腹足类空壳关系的研究，现已获得阶段性成果，对渔业生产起到了一定的参考作用。

遗憾的是，至今我们对海洋中的寄生现象研究得仍然很少，重视程度也不够。在群落能量转换研究中也常将这方面的作用略去。寄生与共生现象的界限并不是非常清楚的，因为共栖现象中的寄主往往会受到或多或少一些不利影响，而寄生现象对寄主的危害也是有轻重不同的。另外，在不少文献中也常将住在动物体内的生物统称为寄生物。

寄生现象可以根据寄生物对寄主的危害程度分为两类：①寄生物的寄生很快地引起寄主的死亡。②寄生物不危害其寄主。在上述两类中，第一类情况在海洋中极少见到报道。而由于这样的原因引起的大量死亡现象也很少。因此，寄生现象作为控制海洋生物种群数量的例子较少。但是，比较明显的一个例证是一种组织寄生物（*Dermocystidium*）对美国南部牡蛎的危害，以及大西洋鳗草为一种原生动物致病而大量死亡。

比较普遍存在的是第二类情况，它们从寄主吸取营养，但本身并不使寄主致死。不过，由于寄生物的寄生，寄主体质往往较弱、繁殖力减退（例如蟹奴对蟹类的寄生就使其繁殖力丧失）、防御捕食者的能力减弱，因而影响种群数量的现象还是存在的。

应该指出的是，寄生生活在海洋动物中是普遍的。但深海鱼类中的种内寄生现象是一种特殊适应的种内联系，它的意义与种间寄生全然不同。

2.3.3.2　共生

不同生物之间常可以见到一些比较密切的联系，这些联系有时对一方有利，有时对双方都有利。此处将不同生物之间的联系分别予以叙述与讨论。

1. 共栖现象

共栖现象（commensalism）指两种生物生活在一起，其中一方从联系中得到好处（如分享食物、得到保护等），而对另一方没有影响或没有严重影响。共栖现象在海洋中很常见，有一些是偶然建立的，有一些则是由寄居者积极寻找寄主而形成的。

在各种海洋动物的介壳上常生活着其他生物，包括原生动物、腔肠动物和苔藓动物等。例如，鳞沙蚕、兰氏三强蟹与沙海葵共栖；海蜇虾（水母虾）生活在水母的口腕间，即可以得到一部分食物，又可以在水母触手的保护下免受其他动物的危害；一些小型鱼类生活在僧帽水母的触手之间。关于鱼类之间的共栖，鲫鱼的生活就是非常典型的例证。共栖生活中的寄居者有积极寻找一定寄主的习性。Davenport等（1950，1951，1955）曾做过许多工作。例如，利用"Y"形管对栖鳞虫属中的*Arctonoe fragilis*进行试验，结果表明：将虫体放在"Y"形管的底部，上面两支管同时注入海水，其中一支用的海水是海星（*Evasterias froschelii*）居住过的，则这种栖鳞虫即向该支管移动，因为这种海星是栖鳞虫的自然寄主。如果换一种没有共栖关系的海星进行同样试验，则不会得到这样的结果。

2. 共生或互惠共生

共生现象（mutualism）在海洋中也是常见的，共生现象有时与共栖现象不易区划，两者之间有连续的转移。

海葵与寄居蟹的共生关系是一个清楚的例子。寄居蟹通常生活在腹足类软体动物的空壳中，在寄居蟹成长过程中，需要经常更换适合自己的空壳。在寄居蟹生活的壳上又有海葵附着，当遇到危险时，寄居蟹就会发出报警信号，一旦海葵接收到信号就会释放毒素保护寄居蟹。这样寄居蟹得到了保护，海葵也保住了自己的安身之所。寄居蟹可以携带海葵移动，海葵还可以利用寄居蟹吃剩下的碎屑作为食物。特别有意义的是，当寄居蟹更换更大的空壳时，它会将海葵从旧壳上移到新壳上。

地衣是由绿藻或蓝藻与呈丝状的真菌群组成的共生生物。它们之间互利共生，和平共处。藻类以光合作用为"混合体"提供营养物质，真菌则吸收土壤中的水分和无机盐以满足藻类独特的需求。共生藻类可以独立生活，真菌则不能。这种共生关系已有数亿年之久，是目前生物界最成功的共生关系典范。地衣的外部形状是由真菌形成，因此一般是以真菌命名；已知地衣藻类的种类约有 1.8 万种。地衣对环境质量要求很高，只能生活在大气条件很好的地区，因此常被用以监测大气环境。共生关系的例子很多，其中最有意义的是一些单细胞藻类与一些动物的共生（包括原生动物）。在这些共生关系中，藻类以动物的代谢产物作为营养物质，动物则借以排除废物。

海洋生物

3.1 导论

地质学资料在一定程度上证实，最古老的生物起源于海洋。因此，海洋是生命的"摇篮"，地球上最初的生命是在海洋中诞生的观点已被人们所普遍接受。今天，海洋仍然是生命最活跃的空间之一，海洋为生物的生存与发展提供了极其优越而又多样化的空间。海洋中栖息生存着各种各样的生物，其生活方式既丰富又多样化。目前已知海洋生物约有 20 余万种，其中约 90% 属于无脊椎动物。可以说，陆地上比较大的动物门类都有在海洋中生活的种类；由于海洋环境的独特性，还有不少种类是海洋的特有种。海洋生物种类繁多，它们以不同的生活方式栖息于各种环境中。尽管，我们已揭示不少有关海洋生物生活内容与方式的信息，然而，对整个海洋生命系统的了解尚需不断地提高。

当前，随着科学技术的进步，海洋调查手段和技术进一步改进和完善，每一次海洋调查，不论在浅海、深海，甚至在沿岸潮间带，几乎都会有新的种类不断地被发现，尤其是微型生物越来越多地被发现，丰富了海洋生物学和海洋生态学的研究内容。因此，已知的海洋生物种类还在逐渐增加，据估计深海就可能拥有 100 万～1 000 万种海洋生物。

所有海洋生物都是在同一个相互联结的介质中出生、呼吸、摄食、排泄、运动、生长、交配、生殖和死亡。但是，从海洋的表层、中层、深海层到超深渊层水域，以及从有潮汐现象的潮间带到超深渊带海底又形成了许多不同的生活小区（biotype），这些小区又各具所栖息生物所要求和已经适应的不同环境条件。从生态学观点来看，不同的生活小区之间存在着明显可辨的差异，它们之间有各种生态因子的梯度变化或生物难以跨越的自然障碍。如海洋中的有机物质除了有一些是随河流被从陆地带到海洋和由生活在近岸浅水的植物所生产的外，构成海洋生物并维持其生活的 90% 以上的基础有机物质是由种类繁多的单细胞浮游植物通过光合作用所生产的。而浮游植物却只能生活在海洋表层和日光强度足以保证其进行光合作用的水层中。在这一水层中有以浮游植物为食物的浮游动物和其他一些小型植食动物，它们之间形成一个非常简单的食物关系或网络。

生物生活在特定的环境中，为了更好地生存和繁殖发育，往往表现出对环境改变的适应能力。如海洋生物的发光特性就是适应环境的一种手段。虽然在表层水域中也有不少生物可以发光，但是在深海中生物的发光现象才达到了数量惊人的程度。在深海中至少有 2/3 的动物能够发光。这与在陆地环境中几乎没有生物光的现实形成了明显的对照。

生物与环境间的相互关系，以及生物对其生物环境和非生物环境的适应是进化的动力。作用于生物的生态压力又是决定进化和适应的选择压力。在生态学

拓展阅读 3-1
海洋生物对环境的适应

分析中坚持和运用进化观点是非常必要和重要的。孤立地看待和分析处理生态学问题是不可取的。

生态学实质上就是研究选择力或研究适应性。进化（生态）压力对生物的影响可以反映在生物自身的适应性上。由此可见，在海洋环境中的各个不同生活小区生活着不同的生物，其生活方式也不尽相同，但是它们却又共同生活在同一个互相联结的介质中。因此，海洋生物之间的相互作用，以及海洋生物与海洋环境的各种理化过程之间的相互作用有着很大幅度，从最简单的强制作用到许多微妙的相互作用的复杂影响。所以，无论是从海洋生物资源的开发利用，或是从海洋学和海洋生物的理论研究出发，首先根据海洋生物的生活方式，进行生态类群的划分以及研究各个生态类群与环境中不同因子的关系是海洋生态学的重要研究内容之一。

海洋生物按其生活方式可以划分为三个基本类群，即水层生物、底栖生物、微型生物。（图 3-1）

3.2 水层生物

3.2.1 浮游生物

在大洋的表层和从几十米到几百米深的中层水域，常常可以见到一类几乎没有游泳能力或游泳能力很弱的生物，它们在水流的作用下，被动地营漂浮生活的水生生物，此即称为浮游生物（plankton）。浮游生物是水生生物的一个重要组成部分，是一群个体小、种类繁多、在海洋生态系统营养结构中起着非常重要作用的一个生态类群。其中像毛虾、水母等本身就是渔业捕捞的对象，还有一些种类的分布

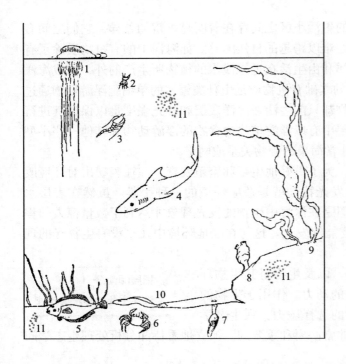

● 图 3-1　海洋生物主要生态类型
1~4. 水层生物；5~10. 底栖生物；
11. 微型生物

和数量变化可以作为渔业作业中鱼群预报的依据，另外，在海洋物理学中，有关水团和海流运动以及海洋环境保护研究中，不少浮游动物种类又可以作为提供指标的依据。

3.2.1.1　浮游生物主要类群

海洋浮游生物种类繁多、数量庞大，分布广泛，隶属于不同的生物门类，但它们具有一些共同的基本特征，例如缺乏发达的行动器官，没有或具有微弱的运动能力，只能随波逐流。另外，多数浮游生物的个体很小，需要借助显微镜才能观察识别；但也有少数个体庞大的种类，如北极霞水母（*Cyane capillata*）伞的直径可达 2 米以上，火体虫属（*Pyrosoma*）的柱形群体长达 2 米，被称为巨型浮游生物。

浮游生物是一个庞大而复杂的生态类群，根据不同的分类标准，可将它们划分为许多类群。其中最重要的是根据营养方式划分为浮游植物（phytoplankton）和浮游动物（zooplankton）。

浮游植物是指生活在水层中、个体微小、缺乏发达的运动器官，没有游泳能力或游泳能力微弱的单细胞藻类或群体，营随波逐流的漂浮的生活方式。浮游植物主要包括硅藻、甲藻、蓝藻、金藻、绿藻、隐藻、定鞭藻等。浮游植物是海洋浮游生物的重要组成，能利用光能合成有机物质，是海洋生态系统中的主要初级生产者，在海洋食物网的能量传递和物质转换过程中起着重要作用，是海洋浮游动物、贝类、甲壳类、鱼类以及须鲸类的直接或间接饵料，支撑着初级生产力和渔业资源。

浮游动物是异养性的浮游生物，它们不能自己制造有机物，必须依赖已有的有机物作为营养来源。浮游动物主要包括无脊椎动物的一些类群以及部分低等脊索动物：原生动物的有孔虫、放射虫和纤毛虫等；水母类的水螅水母和钵水母；栉水母；部分轮虫；软体动物的翼足类和异足类；甲壳动物中的枝角类、桡足类、端足类、糠虾类、磷虾类、樱虾类等；毛颚动物；脊索动物中被囊动物的有尾类和海樽类；海洋中各门类无脊椎动物和低等脊索动物的浮游幼虫；鱼类的仔鱼、稚鱼因运动能力较弱，不能顶风浪运动，也属于浮游幼虫的范畴。浮游动物多数是滤食性的，也有捕食性的，是海洋生态系统中的消费者，构成海洋生态系统中的次级生产力。它们不仅摄食浮游植物，也可以其他有机颗粒和小动物为食，所以生活的水层不限于浮游植物所处的真光层，可以分布到更深的水层，甚至大洋深海中。

按照生活方式、分布、大小等标准也可将浮游生物分成许多不同的类群。这里只将一些主要的划分列举如下。

1. 按生活水体性质划分

（1）咸水浮游生物（haliplankton），其中生活在海洋中的即称为海洋浮游生物（thalassoplankton）。

（2）淡水浮游生物（cimnoplankton），又可以分为三类：① 大湖浮游生物（eulimnoplankton）；② 池沼浮游生物（heleoplankton）；③ 河川浮游生物（potamoplankton）。

（3）半咸水浮游生物（hyphalmyroplankton）。

2. 按生活习性划分

（1）终生浮游生物［holoplankton，或称真浮游生物（euplankton）］：全部生活史中，各个阶段均浮游生活的种类。大多数浮游生物均属于此类。

（2）阶段性浮游生物（meroplankton）：仅生活史中某一或某些阶段营浮游生活，成体则营底栖生活或游泳生活。

（3）暂时性浮游生物（tychoplankton）：指原非浮游性生活的种类，因海水运动的冲击、环境变化、生殖等原因，有时暂时营浮游生活。如底栖的介形类的糠虾类等。

3. 按分布划分

（1）按垂直分布包括：① 上层浮游生物（pelagic plankton），即分布于海洋上层约 100 m。② 中层浮游生物（mesoplankton），即分布于海洋中层 100～400 m 深处。③ 深层浮游生物（bathypelagica plankton），即分布于海洋深层，在 400 m 以下。

（2）按水平分布包括：① 近海性浮游生物（neritic plankton）；② 远洋性浮游生物（oceanic plankton）。

（3）按地理分布包括：① 北极浮游生物（arctic plankton）；② 北方浮游生物（boreal plankton）；③ 温带浮游生物（temperate plankton）；④ 热带浮游生物（tropical plankton）；⑤ 南极浮游生物（antarctic plankton）。

（4）按季节分布包括：① 春季浮游生物（spring plankton）；② 夏季浮游生物（summer plankton）；③ 秋季浮游生物（autumn plankton）；④ 冬季浮游生物（winter plankton）；⑤ 周年浮游生物（perennial plankton）；⑥ 偶现浮游生物（ephemeral plankton）。

4. 按来源划分

（1）自生浮游生物（autogenetic plankton）：本地区发生的浮游生物。

（2）外来浮游生物（allogenetic plankton）：从其他地方移入的浮游生物。

5. 按个体大小划分

在浮游生物生态学研究中，还可以按照浮游生物大小划分为7类（图3-2）。

（1）超微微型浮游生物（femtoplankton）：体长为 0.02 ~ 0.2 μm，主要是病毒浮游生物。

（2）超微型浮游生物（picoplankton）：体长为 0.2 ~ 2.0 μm，主要是一些细菌浮游生物。按照国际惯例以生物个体粒级尺度标准，海洋浮游生物被划分为：① 网采浮游生物。② 纳微型浮游生物。③ 皮微型浮游生物。网采浮游生物可以再进一步划分为大型浮游生物、中型浮游生物、小型浮游生物。当前海洋微型生物研究的热

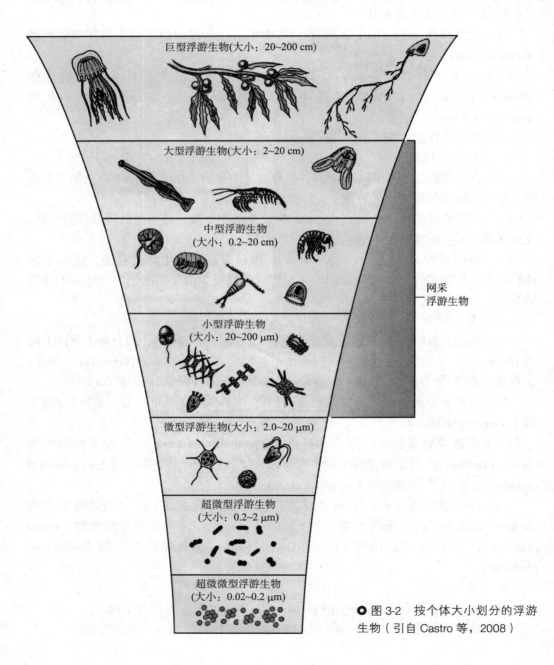

○ 图3-2 按个体大小划分的浮游生物（引自 Castro 等，2008）

点集中在超微型浮游生物。

（3）微型浮游生物（nanoplankton）：能漏过 20 号标准筛绢的浮游生物（注：20 号筛绢的网孔直径为 76 μm），可以用离心器或沉淀方法采得。微型浮游生物的大小为 2 ~ 20 μm，主要是细菌、鞭毛虫和许多藻类。

（4）小型浮游生物（microplankton）：能漏过 000 号标准筛绢（000 号标准筛绢网孔直径为 1.024 mm），体长在 20 ~ 200 μm，它们大多是浮游植物、小型甲壳类（枝角类、小型桡足类）、轮虫、浮游幼体和大多数原生动物。

（5）中型浮游生物（mesoplankton）：关于中型浮游生物个体大小的标准，曾有过不同的意见，多指体长为 200 ~ 2 000 μm 的浮游生物。

（6）大型浮游生物（macroplankton）：体长为 2 ~ 20 cm，主要是水母、栉水母、大多数甲壳类和浮游软体动物等。

（7）巨型浮游生物（megaplankton）：体长为 20 ~ 200 cm，主要有一些真水母和大型管水母等。

另外，按照个体大小对浮游生物进行划分比较方便，同时在研究水体中的生物学过程和经济动物的产量也具有其重要性，如作为饵料生物来说浮游生物的大小就有意义。

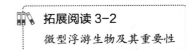
拓展阅读 3-2
微型浮游生物及其重要性

3.2.1.2　浮游生物的环境适应

浮游生物为了能维持其浮游性的生活，除了积极地运动（极弱）以外，尚有两种主要的适应方法，以减少超额质量和增大体阻。

1. 减少超额质量

（1）增加体内水的含量以求身体的相对密度接近于水的相对密度：水母就是一个很典型的例子，水母含水量可达体重的 95% 以上。这一惊人的事实，曾使诗人赋诗一首："水母静静地漂在水中，涨潮时的海水穿透它的身体进入海湾，落潮时的海水又悄悄地通过它的身体流出……"。当然，这里所说的"穿透身体"并非事实，只能说明水母含水量之多而已。含水多可以使身体透明与柔软，以利于浮游生活。另外，箭虫和许多浮游甲壳类均具有这一特性。

（2）浮游生物的骨骼质量与成分的改变：通过改变浮游生物的骨骼质量与成分以减少体内较重的物质，是减轻身体的相对密度是一个极好的方式。例如：

① 有孔虫的壳上具有较多的孔和开口。

② 浮游生活的软体动物（某些异足类和翼足类）的介壳大多失去或退化成极薄的小壳，而同类中营底栖生活者则具有发达的壳。

③ 营浮游生活的甲壳类其甲壳中含钙量特别少。

（3）身体中包含密度低于水的物质以减少超额质量：一般是指包括含空气和脂肪。如管水母具有气囊（主要是氮气），可以使身体漂浮在水面；马尾藻也是借助于气囊漂浮于水面；桡足类的哲水蚤体内有一狭长的油囊；淡水中的表壳虫、摇蚊幼虫和成片水绵等都是典型的例证。

脂肪的产生与贮藏也是常见的情况，如浮游甲壳类动物体内含脂肪量是较大的。此外还有浮游性的鱼卵内也含有大量的脂肪（常成脂粒的形式），浮游硅藻在进行光合作用时产生的油点或脂肪酸，夜光虫含有的脂肪等。

（4）产生黏液膜以减少超额质量：海洋中营浮游生活的硅藻、淡水水域的浮游藻群体和轮虫等都具有这种特性。

2. 增大体阻

（1）以小的体积得到较大的相对体表面积以增加体阻。

（2）以各种不同的体型来增大体阻。浮游生物以各种不同的体型以达到浮游生活适应目的实例很多。尽管在分类上它们隶属于不同的种属，但是由于这些生物都营同样的生活方式。因此所表现出的趋同现象也很显著（图3-3）。一般有五种形式：

① 球形和鼓形：例如，圆形的鼎形虫、绿藻中的团藻属 Volvox 的群体、夜光藻属 Noctiluca 以及许多无脊椎动物浮游卵和鱼类的卵等。

② 盘状或碟状：例如，硅藻的圆筛藻属（Coscinodiscus）、绿藻中的板星藻属（Pediastrum）和水母等。此类浮游生物的体型能促使身体的相对面积增大并且在下沉时左右滑翔，以延缓下沉速度。

③ 针状或棍形：例如，硅藻的根管藻属（Rhizosolenia）、海毛藻属（Thalassiothrix）、菱形藻属（Nitzschia）、角藻属（Ceratium）中的棱角藻（Ceratium fusus）和箭虫属等。此类浮游生物利用直针形身体横卧时阻力达到浮游

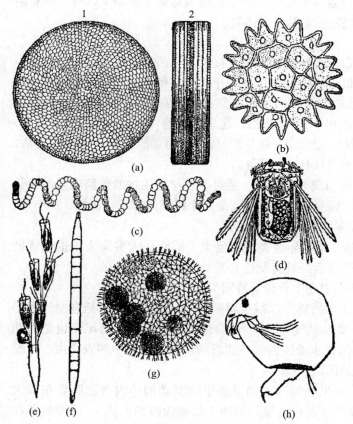

● 图 3-3　浮游生物的趋同体型
（a）筛盘硅藻（1. 瓣面；2. 带面）；
（b）板星藻；（c）鱼腥藻；（d）多肢
轮虫属（Polyarthra）；（e）锥囊藻；
（f）双棘硅藻；（g）团藻；（h）盘肠溞

适应目的。一般针形身体的两端具有略弯之构造或身体具运动之能力（如箭虫）以维持身体成平卧之状态。

④ 带状：例如硅藻中的斑条藻属（*Grammatophora*）等。细胞平阔，很多个连在一起，形成一扁平长带以达到增加体阻的适应。另外，浮游性生活的环节动物多毛类（Polychaeta）亦多为扁带状。

⑤ 放射状突出物：例如，硅藻中的角刺藻属（*Chaetoceros*）、辐杆藻属（*Bacteriastrum*）的刺毛，星杆藻属（*Asterionella*）、海毛藻属、多甲藻属、角藻属的角，放射虫的棘，桡足类的长触角、尾叉、刺毛等构造，其中尤以丽哲水蚤属（*Calocalanus*）表现得最为突出。

3. 主动运动

浮游生物主动运动虽然较弱，但是仍具有其重要意义，它可以使浮游生物选择一定的深度。浮游生物主动运动有两种方式：依靠纤毛或鞭毛，和依靠肌肉的收缩和肢体的运动。

依靠纤毛或鞭毛运动是水生生物的一个显著特点。因为纤毛是极微弱的运动器官，只有在水这样的介质中才能起到有效的作用。但是，这种运动方式只是微小的生物才有，如原生动物、软体动物和蠕虫类的幼虫等。其中栉水母是最大的依靠纤毛运动的动物。

依靠肌肉收缩运动的主要是一些水母类、被囊类。用肢体运动的则以甲壳类动物中的枝角类、桡足类、磷虾和糠虾等为主。如桡足类中的溞，当其第二对触角（游泳足）运动时就前进或后退，一旦触角停止不动时溞体就慢慢下沉，直至触角再次运动时溞体才又开始上升。

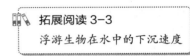

拓展阅读 3-3
浮游生物在水中的下沉速度

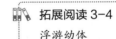

拓展阅读 3-4
浮游幼体

3.2.2 游泳生物

游泳生物（nekton）也可称为游泳动物或自游生物，是指在水层中能克服水流阻力，自由游动的水生动物生态类群。游泳生物是海洋生物中一个重要的生态类群。种类繁多，组成复杂。其中包括鱼类、哺乳类（鲸和海豚等）、海蛇、海龟、软体动物中的头足类（鱿鱼、乌贼等）和甲壳动物中的虾类、蟹类等。

游泳生物具有自由游动能力，其活动主要靠发达的运动器官，可克服海流与波浪的阻力进行持久运动。为了适应水中运动，游泳生物往往具备典型的流线体型、发达的肌肉系统、神经系统、视觉系统以及适应不同生境的各种形态结构。鲨鱼、金枪鱼类和其他鲑鱼类是人们熟知的游泳能手。游泳生物为了适应游泳生活，生活于外海的多数种类均具有典型的流线型体型，以减少水流阻力，敏捷地快速游动。

游泳动物始终处于水体之中，特别是在大洋水层区没有任何隐蔽体，因此游泳生物多具有发达的伪装隐蔽、接收传递信息和摄取食物的适应性结构。体型如果具有比较大的表面与体积之比，则可以减缓下沉速度。脱离海底或在中水层中保持身体位置，部分是靠运动能力达到的。海豚具有很厚且富有弹性的表皮，真皮中有许多小嵴，嵴间充满液体，所以海豚能适应水流的压力变化而高速前进。头足类在遇到敌害时，则能放出体内墨囊中的黑汁，使周围的海水变黑，借以掩护逃脱。须鲸类的上颚两侧长了两排有过滤功能的筛状板须，能摄食大量饵料，如蓝鲸（*Balaenoptera musculus*）以磷虾为食，日摄食量高达 4~5 t。鲸类具有能很好地接受和传递信息的器官，有一套极灵敏的探测系统，具有回声定位和导航能力。

海洋游泳生物的主要运动是游泳运动，大多数鱼类和鲸类采用肌节的交替伸缩，加上鳍等的配合向前游动；海龟和对虾等依靠其附肢运动，为杠杆运动方式；而头足类的乌贼的腹部有一个特别的外套腔，水从外套腔中通过漏斗向外间歇地喷出，推动身体向相反方向快速运动，是反射运动方式。某些鱼类利用呼吸时从鳃孔中喷出水流来运动，与头足类类似，但这在鱼类中只起辅助作用。游泳能力对于鱼类和很多水生动物的生存至关重要，游泳行为是多数游泳生物逃避敌害、猎食、洄游、迁徙、求偶和躲避灾害环境的重要手段。

3.2.2.1　游泳生物主要类群

根据生活环境的不同和生物对水流阻力适应能力的差异，可将游泳生物划分为 4 个类群：

（1）底栖性游泳生物：是指生活于海底游泳能力较弱的一些种类。如灰鲸属（*Eszhrichtius*）、儒艮属（*Dugong*）、鲽形目（Pleuronectiformes）以及一些深海性虾类。

（2）浮游性游泳生物：是指游泳能力较差，雷诺数（Re，Re = 密度 × 速度 × 长度 / 黏性）小（$5.0 \times 10^3 < Re \leqslant 10^5$）的种类。如灯笼鱼科（Myctophidae）、星光鱼科（Sternoptychidae）的种类。

（3）真游泳生物：是指生活于海洋水域中游泳能力强速度快，雷诺数大（Re $> 10^5$）的种类。如大王乌贼科（Architeuthidae）、鲭亚目（Scombroidae）、须鲸科（Balaenopteridae）的种类。

（4）陆缘游泳生物：是指常出现于海岸沙滩、岩石水沼、冰层水域或浅海的种类。如海龟科（Cheloniidae）、企鹅目（Sphenisciformes）、鳍脚目（Pinnipedia）、海牛属（*Trichechus*）的种类。

3.2.2.2　游泳生物的环境适应

1. 游泳生物的运动

尽管游泳生物的游泳能力强、速度快，但是运动的物体都必然受到来自生存介质（空气、水）的阻力。生存介质的密度和物体运动速度越大，所受阻力也就越大。因此，游泳生物的体型构造、生活方式和运动方式亦极其多样化。从运动方式来看，游泳生物有三种不同的运动方式：

（1）整个身体或身体的尾部以蛇状弯曲摆动而前进。

（2）以成对的附肢或单一附肢（鳍）的运动而前进。

（3）以身体的全部或部分的伸缩作反射运动以促使其前进。

上述三种运动方式中，第一类在典型的游泳生物鱼类最为常见。这种运动系借助于肌肉的伸缩而促成，运动速度最快。凡是运动速度很快的鱼类其身体两侧的肌肉束都很发达，海洋中的鲐鱼、金枪鱼等就属于此类。

鱼类体型可以划分为三个类型（图3-4）：

（1）鲹型（carangi form）：游泳时主要依靠尾部的左右摆动，身体前部略有摇动，推进器官主要是尾鳍。大多数鱼类均属此类型。海洋上层洄游性鱼类尤其明显。

（2）鳗型（anguilli form）：体型很长，身体柔软，尾部远较鲹型为长，呈蛇形游泳；由于产生的摩擦面很大，游泳速度较慢。一般来说，运动速度对这一类游泳生物的生活并不具有重要的作用。

（3）箱鲀型（ostraoliform）：身体包被在较坚硬的体壳内，尾柄极短，运动时尾鳍左右摆动很快，这种类型的鱼类不多。

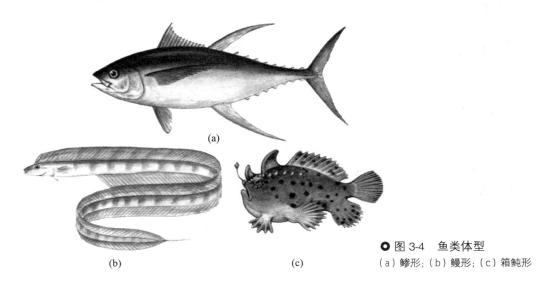

(a)

(b)   (c)

● 图 3-4　鱼类体型
（a）鲹形；（b）鳗形；（c）箱鲀形

以成对附肢作为运动器官的动物，主要是一些甲壳类动物（如枝角类和桡足类等）。它们的附肢多呈扁平状，并密生细的绒毛，具有桨的作用。

反射运动最突出的例子是软体动物中的乌贼和章鱼。它们用外套腔中的漏斗向外喷射水流以推动身体前进或后退。另外，一部分爬行的十足目甲壳类动物（螯虾、龙虾等）也能利用。

部分动物可用腹部的猛烈弯曲而迅速后退。蜻蜓稚虫则利用其直肠的收缩喷出水流而推动身体跃进。浮游生活的大型水母，利用其有节奏收缩的伞部喷射水流向相反方向前进。这些都是反射运动的明显例子。

关于游泳生物的运动速度，尤其是鱼类的游泳速度不仅是海洋生态学的一个重要问题，同时在渔业生产上也具有重要意义。但是，目前相关研究工作仍然很少，要在这方面取得完全确切的数据颇为困难，因为实验条件往往与自然环境差异很大，尤其是海洋环境条件下更难于直接观察。但是，仍有少数有关游泳生物运动速度的报告，例如，箭鱼（*Xiphias gladius*）的游泳速度为 90 km/h（15 m/s），一种真鲨（*Carcharinus glanes*）为 5 m/s，金枪鱼为 6 m/s，鲑（*Salmon slar*）为 5 m/s。

比较个体大小不同鱼类的游泳速度时，一般用身体长度的平方根除以绝对游泳速度所得的商（$\sqrt{L}/V$）作为速度系数。像游泳速度极快的鲨鱼、金枪鱼等速度系数约为 701，游泳速度快的鲑鱼、鲐鱼为 30~601，游泳速度中等的鲱、鳕和鲻鱼为 20~301，游泳速度不快的鳊鱼为 10~20，游泳速度慢的鱼为 5~10，而游泳很慢的翻车鱼小于 5。

在鱼类中一些种类具有一种飞翔（实际上是滑翔）的习性。最典型的是飞鱼科（Exocoetidae），它们具有极发达的胸鳍可以离开水面腾空滑翔，滑翔距离可达 50 m。然而，它们在水面作短暂的飞行显然是一种防御适应。

2. 游泳生物的洄游

大多数游泳生物都有洄游现象，洄游也是一种适应。它可以保证种群得到有利的生存和繁殖条件。洄游周期一般由以下几种洄游组成：

（1）产卵洄游：动物从索饵场或越冬场向繁殖地 – 产卵场移动。

（2）育肥或索饵洄游：从繁殖地或越冬场向育肥地移动。

（3）越冬洄游：从繁殖地或育肥场向越冬场移动。

动物的洄游周期可用图 3–5 表示。鱼类的洄游是大家所熟悉的，海洋哺乳动物（鲸）也有定期的洄游，洄游路线相对比较固定，洄游距离长达上千千米。营游泳生活的无脊椎动物（虾类、乌贼等）也都有定期的洄游。游泳生物的洄游在生态学和渔业生产实践中都具有重要的意义。

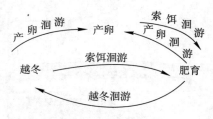

● 图 3-5　游泳生物洄游周期

3.3　底栖生物

底栖生物（benthos）是指生活于自潮上带直至深海海底表面或沉积物中的所有生物。底栖生物是水生生物中种类最多和生态学意义非常重要的类群。不同深度的海底，各种环境因子互异，温度低、压力大、光线微弱，甚至没有光线是深海海底的环境特点，再加上海底基质性质的差异，都使底栖环境和栖息生物在形态构造和生活习性上产生了变异和复杂化。正是由于海底环境的多样化，所以底栖生物的种类极为繁多，其物种数大大超过了水层中大型浮游动物（约 5 000 种）、鱼类（2 000 种）和海洋哺乳动物（约 110 种）种类之和。

3.3.1　底栖生物的主要类群

底栖生物包括底栖植物和底栖动物。

底栖植物中有被子植物（如海草），大型藻类（如绿藻、红藻和褐藻）和小型藻类（主要是底栖硅藻）。底栖植物是根据生存空间特性及生活习性划分的、生活在近海营底栖生活的光合生物类群，主要分布在近海水下 200 m 深度以内、可见光可达的海底，包括单细胞微藻和大型海藻，以及种类很少的单子叶植物海草。根据其栖息环境，底栖植物可划分为潮上带、潮间带及潮下带底栖植物；根据其生活习性，可分底内（endo-）和底上（或附，epi-）生长两大类群，并可根据其生长基质类型进一步划分为附泥（epipelic）、附砂（epipsammic）、附石（epilithic）、附植物（epiphytic）、附动物（epizoic），以及石内（endolithic）、植物内（endophytic）、动物内（endozoic）生长等不同类别。

底栖动物是指生活于水域底上和底内的动物。海洋底栖动物包括以下无脊椎动物、半索动物和脊索动物类群。① 无脊椎动物：原生动物、海绵动物（多孔动物）、腔肠动物、扁形动物、鄂咽动物、纽形动物、腹毛动物、线虫动物、线形动物、有甲动物、曳鳃动物、环节动物、须腕动物、星虫动物、螠虫、软体动物、节肢动物、缓步动物、苔藓动物、内肛动物、帚形动物、腕足动物、毛颚动物、棘皮动物等；② 半索动物（如柱头虫）；③ 脊索动物：尾索动物（如海鞘）、头索动物（如文昌鱼）、脊椎动物（如底栖鱼类）。

底栖动物的食物，除了依靠从表层水域不断沉降下来的有机物碎屑外，偶尔也有一些大块的食物（鲸、鲨鱼和大型鱼类的尸体）从表面沉落到海底，是超出了当时分散生活在中层和深海动物摄食能力而剩余下来的。这些来源都使海底底栖动物得到丰富和高质量的食物供应。另外，由于河流携带大量有机物进入海水底部尤其是沿岸浅海水域。所以在河口附近和潮间带的营养物质尤其丰富。

温度、光照和盐度等，对底栖生物的生活方式都是非常重要的环境条件。不同的底栖环境栖息着不同的生物，而每一种生物都又以其特殊的生活方式适应于不同的环境。依据底栖生物的不同生活方式可以将其划分为不同类型：固着生物、周丛生物、底埋生物、穴居生物、爬行动物和钻蚀动物。

1. 固着生物

从潮上带到深海都有营固着生活的固着生物（sessile organism）种类。水底植物大多数是以假根固着在坚硬的附着物体上营固着生活。在各大动物门类中，海绵动物几乎全部是营固着生活的种类，苔藓动物、腔肠动物、原生动物、蠕形动物、甲壳类、瓣鳃类软体动物和被囊动物也有许多种类属于固着生物（图 3-6）。

固着生物是水环境中一个比较突出的生态类型。它们之所以能够得到广泛的分布，是由于海水的流动把有机碎屑和浮游生物作为饵料带给固着生物，同时又将它们的卵和幼虫带到各个不同的区域，从而扩大了它们的分布范围，并达到很高的密集程度。

固着生物由于其生活方式的特殊，使它们在形态、生理和生态上发生一系列的变化，主要表现在：

（1）身体构造比较简单：这是因为它们的幼体在海水中的浮游生活阶段结束，一旦固着以后其运动器官也就随之退化或一些动物的附肢变成了捕食器官，例如蔓足类和海鞘目中的被囊类（Tunicata）。固着生物的幼体在浮游期具有极其发达的视觉器官，一旦开始营固着生活后，眼睛就开始退化了。相反，营固着生活动物（如

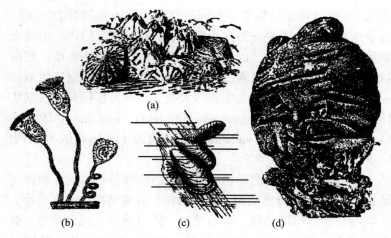

● 图 3-6　固着生物
（a）藤壶；（b）钟虫；（c）贻贝；（d）海鞘

海葵、水螅虫、珊瑚等）的触感器官却很发达并达到极为完善的程度，它代替了视觉的器官。无数的触手、触丝、触角具有异常的敏感性。触角器官很长，甚至超出本身体长的 4 ~ 5 倍。

（2）部分感觉器官和附肢的退化给神经系统的发生发展也带来了影响：例如，腔肠动物水螅虫纲（Hydrozoa）的神经部分甚至还没有和肌肉分开；珊瑚虫纲（Anthozoa）也仅仅在口腔的周围和触手上有神经细胞的聚集。相反，营自由生活的水母就有真正的神经系统。

（3）获取食物：固着生物因为不能主动地摄取食物，所以在系统发生过程中产生了一系列的适应结构，来保证食物的获取。最常见的捕获食物适应结构之一就是在动物身体顶端形成了捕食漏斗，漏斗的底部就是口，漏斗周围是触手，不断地活动以捕捉食物。另外一个适应结构是大部分营固着生活动物均具有的向上伸长的身体和特殊的取食结构。这样可使动物不至于被底部沉积物所淹没，还能使动物在水中向各个方向弯曲，以扩大捕获食物的范围。

某些纤毛虫，许多海绵动物、腔肠动物、棘皮动物（Echinodermata）中的海百合以及其他许多动物都具有极发达的小柄。在深水区因为捕食极其困难，所以动物的小柄也就特别长。

苔藓虫纲（Bryozoa）和海鞘没有小柄，它们的肛门移到了上面，但是，通常肛门是在口的稍下方处。这种适应性的作用是很明显的，避免了动物被自己的排泄物所淹没的危险。

（4）固着生物也常常形成群体：许多种海绵动物、水螅、珊瑚虫、苔藓虫和海鞘等除了营固着生活外，经常还以集群方式生活。由于以集群方式生活，动物的身体也往往形成树枝型。虽然固着生物具有某些共同的生态特点，但是由于生物的固着的方式不同，仍表现出一定的差异。它们的固着方式可以分为基板、足丝、短柄以及疣状吸盘等不同方式。

2. 周丛生物

周丛生物（periphyton）是由覆盖在动植物、木桩、绳索、船舶和石块等物体上的一类营丛生生活的生物所组成，包括动物和植物。它们大部分是固着生物，但也有许多能够自由活动的种类（因为它们的组成种类、生活习性及其作用与固着生物有许多不同，所以才将它们划分为另一类型）。周丛生物不论是固着的还是能够自由活动的，因为都需要附着物体以进行繁殖发育或寻找食物而聚集在一起生活。在海洋周丛生物中有比较大型的植物，它们在热带海洋，特别是珊瑚群中繁育较茂盛。

研究结果表明，附着物体的性质，对周丛生物的种类组成与发育周期有很大的影响作用。一般在有生命的附着物上，如水生植物的茎和叶片上，周丛生物常呈丛状，而不形成薄膜状，它们多为藻类组成，发育周期较短；如果是坚硬的附着物，如石块或木桩的表面，周丛生物则可以形成一层密集的膜片状，有时甚至很厚，发育周期较长，动物组成种类较多。这种差异可能是由于有生命的附着物在代谢过程中对周丛生物有不良的影响，同时与水生植物本身的生命周期短有关。

光照条件对周丛生物的分布也有很大的影响。一般来说，水域清澈、光照条件良好，则植物种类增加，而且垂直分布较深，否则相反。

周丛生物在水中的作用，已为人们所注意。在某些情况下，周丛生物相当于浮游生物，具有重要的饵料基础的意义。周丛生物是许多海底动物，如腹足类软体动物、杂食性和草食性鱼类的食物。另外，周丛生物往往是其他类型固着动物的先驱者。但是，周丛生物的覆盖对于船舶、码头、水下设施具有腐蚀和破坏作用。因此，周丛生物的种类组成、发育以及防除研究也是海洋生态学中一个重要课题。

3. 底埋生物

在多毛类环节动物，瓣鳃类软体动物、甲壳类动物、腕足类动物、棘皮动物中都有营底埋生活的种类。体型延长是大多数底埋动物对环境适应的特点。瓣鳃类软体动物具有极发达的楔形足用来活动，另外有一条细长（有时甚至比身体还要长出几倍）的水管用来摄食水中的有机物。

底埋生活的双壳类软体动物，给人们的印象是一旦"定居"以后就很少移动，即使移动范围也很局限。但我们观察到，贝类可以从底内爬出，在水域中作急速的短距离迁移的游泳活动。这可能是因为原来的栖息地已不安全，缺少食物或是环境已受到外来因素的压迫，对生存构成威胁，而不得不做这种移动。甲壳类的冠鞭蟹属（*Lophomastix*）和黎明蟹属（*Matuta*）都是底埋动物，但有时也在海底作短距离的游泳活动。

底埋动物（图3-7）在其进化过程中，由于适应了栖居于泥沙中的生活，因此引起了它们在形态、生理和生态上的一些变化，并表现出其一些特点：

（1）蠕虫型的身体，并具有很强的伸缩能力：大多数营底埋生活的环节动物和肠鳃类半索动物中的黄岛长吻虫（*Saccoglossus hwangtauensis*）即是如此。这样的体型便于迅速地钻入泥土之中。

（2）具有能挖掘泥沙的运动器官：例如，潜入泥沙中的甲壳类，其附肢发达且强壮有力。软体动物的足也极发达和富有伸缩性。

○ 图 3-7　底埋动物

（3）底埋动物的呼吸是通过身体的颤动以造成水流的方式进行，同时它们对低氧环境具有较强的抵抗力，有些种类甚至可以在缺氧条件下生存一定的时间。

（4）底埋动物多是渣食性的，并具有吞食淤泥的能力以从中获取有机物（如环节动物），或通过水管摄食水底表面的藻类和有机碎屑（双壳类软体动物），或通过水管吸入水中的悬浮有机物和浮游生物。此外，底埋动物也有肉食性的。

底埋动物的数量很大，在某些情况下常形成几乎单一的动物群例如有些滩涂的沙蚕就常有这种情况。底埋动物是鱼类的食物，具有重要的饵料意义。另外，在底埋动物中不少是具有经济意义的食用种和增养殖对象，例如蛤仔、缢蛏和泥蚶等。

4. 穴居生物

在潮间带生物中，营穴居（底内）生活的种类占有很大的比例。这类生物以独特的生活方式适应潮间带的各种不利条件而生存和繁衍。

对现代海洋动物洞穴的研究具有多方面的意义，如某些潮间带动物的分类鉴定，有时仅依据外部形态特征尚显不够，很难做出准确的鉴定，此时其生态学材料，如粪便、洞穴、卵块等就显得非常有意义。

有些潮间带动物的地理分布与其营底内生活有关，它们可以借助洞穴的保护而度过寒暖不适的气候。更重要的是，这方面的研究能够对古生态学和地史学问题的探讨提供科学依据。有许多种潮间带底内动物的洞穴、排出物和爬行痕迹等被作为"生活遗迹"而保存在化石中，因此，这类化石的沉积岩层实际上已成为该类动物生存发展年代的记载。但是，在岩层古生态学分析研究中，比较困难的是如何区别古代生物居住、死亡或埋藏的地点。这一问题涉及对沉积形成的地点和过程的确定，进一步就可以利用这些材料来研究古代海岸的变迁和海平面的升降。

就潮间带底内动物的居住和死亡地点（埋藏与死亡地点可能不同）来说，有的可能一致（如某些不太活动的种类），有的则不一致（如贝类），作为古生态学依据，各具其长短：贝类无洞穴化石，其贝壳可成为化石，但埋藏与生活地点往往不一致；蟹类的优点是洞穴能形成化石，其上并留有爬行痕迹。洞穴化石的埋藏与动物原来生活地点一致（亦有极个别情况不一致）。

早在地史年代就已有不少蟹类遗体和生活遗迹化石被发现。因此，现代潮间带营底内动物，尤其是穴居蟹类底内洞穴的研究不仅对认识和鉴定古代动物有价值，而且对寻找演化线索和促进古生态学的发展均具有重要意义（图3-8）。

5. 爬行动物

爬行动物是指生活在水底基质表面的动物。主要有腹足类软体动物，如滨螺属（*Littorina*）、帽贝属（*Patella*）、石鳖属（*Chiton*）和鲍鱼属（*Haliotis*）等；棘皮动物的刺参（*Stichopus japonicus*）、马粪海胆（*Hemicentrotus pulcherrimus*）、罗式海盘车（*Asterias rollentoni*）等；甲壳类的奇异海蟑螂（*Ligia exotica*）等。营爬行生活的动物在岩石岸、泥质和沙质海底都有分布，如海蟑螂更喜欢在风浪冲击影响较大的开阔性岩石岸生活，有集群习性，数量不等，一般是几十个或上百个，觅食藻类，尤以皱紫菜（*Porphyra crispata*）为最喜欢摄食的藻类，所以是经济藻类增养殖的敌害之一。

营爬行生活动物的体型往往比较扁平，如海星类，扁虫类等。许多软体动物在岩石表面是匍匐爬行或缓慢滑行，为了不被海浪冲走，它们往往具有强有力的固着能力，如海星有管足，滨螺和鲍鱼则有强有力的肉足（图3-9）。

6. 钻蚀生物

在底栖生物中有一些种类其身体具有某些特殊的构造和机能，它们可以通过机械或化学的方法钻蚀坚硬的岩石或木材而生活在所钻蚀出的通道内，这类生物即被称为钻蚀生物（boring organism）。按照它们钻蚀物体的性质可以分为钻石类和钻木类。

（1）钻石类生物

这一类生物包括个体很微小的藻类和某些体长10 cm左右的动物，它们的分布

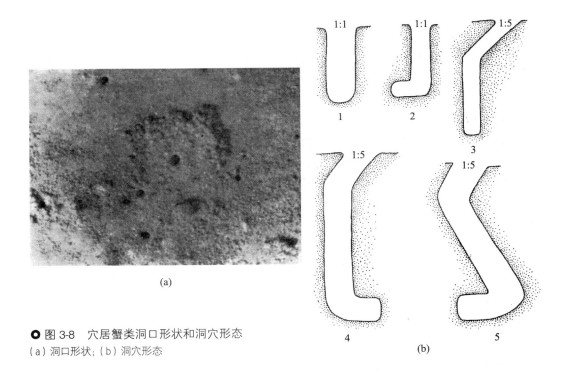

(a)

● 图 3-8　穴居蟹类洞口形状和洞穴形态
（a）洞口形状;（b）洞穴形态

(b)

○ 图 3-9　爬行动物

范围很广。有些种类（如沟海笋等）只能钻蚀比较松软的岩石（如石灰岩、页岩、砂岩、贝壳或黏土等）；另外一些种类（如棘皮动物海胆类）却喜欢钻蚀坚硬的岩石或珊瑚礁。

据哥伦比亚海洋生物学家海梅·坎特拉称，他们在该国太平洋沿岸的布埃纳文图拉港至马拉加湾一带岩石中，发现了两种钻石并以岩石为食的瓣鳃类软体动物。体长 1~2 cm，具有类似手术刀的螯足或贝壳表面具有锉刀般的尖刺，用此切开岩石并钻入其中，然后再分泌化学物质分解岩石，其速度约为自然侵蚀速度的 3 倍；再加上沿岸海浪的冲击以及目前全球海洋酸性不断增强，沿岸岩石遭侵蚀的速度不断加快，使当地每年礁石消失的速度为 15 cm，而地中海沿岸、亚洲沿岸岩石消失的速度每年仅为 5 cm。

钻石藻类主要是绿藻，如孢根藻（*Gomontia polyrhiza*）、海囊藻属（Halicystis）和蓝藻类。它们钻岩石或介壳表层，能将岩石表面染成绿色。如紫菜生活史中的果孢子阶段就具有钻蚀贝壳的习性。了解与掌握这一生态习性对在紫菜增养殖过程中采集果孢子提供了启示。藻类钻蚀岩石的机制目前尚不清楚。由于藻类缺少机械作用的结构，无疑是以化学方法完成的，即通过代谢过程中分泌的酸类（甲酸或天门冬酸）来溶蚀岩石。

钻石动物包括海绵、多毛类、蠕虫、双壳类软体动物、甲壳类中的蔓足类（藤壶）和等足类、棘皮动物海胆类等。钻石藤壶主要分布在热带海洋的珊瑚礁中，钻蚀等足类则分布于新西兰和澳大利亚沿岸的石灰岩和沉积岩等比较疏松的岩石中。钻蚀多毛类、蠕虫以及软体动物分布很广，尤其是软体动物海笋分布广、危害大。海笋在中国海已发现 19 种，全部为暖水种。其中只有马特海笋（*Martesis striata*）是钻蚀木材的种类。除了个别种类生活在淡水中外，其余全部生活在海洋中，栖息环境随不同种类而异，泥沙质、黏土、风化的岩石、混凝土和石灰石甚至海底电缆和锚链的表层都有它们生活分布的踪迹。除了具有一定的食用价值外，由于其营钻蚀生活的习性，所以对港口、码头和船舶等具有严重的破坏作用。

📚 **拓展阅读 3-5**
海笋的适应能力与钻石方法

同样有试验证明：某些钻石动物的浮游幼体在一定时期内如果离开岩石或找不

到适宜的岩石时，其足就会逐渐萎缩，贝壳前端腹面也会封闭起来，不会发育至成体而死亡。

钻石软体动物除了海笋以外尚有住石蛤（*Petricola lithophaga*）（图 3-10）和石蛏属（*Lithophaga*）中某些种类。另外已发现盔鼓螺（*Dolium galea*）可以通过分泌的无机酸钻蚀大理石。钻蚀海绵和蠕虫可以钻入几十厘米深的岩石内，如穿贝海绵钻蚀软体动物牡蛎的介壳上，致使牡蛎大量死亡。它们的钻蚀方法与藻类一样是用化学方法。棘皮动物海胆也是通过分泌酸类钻蚀较坚硬的岩石。

○ 图 3-10　住石蛤

（2）钻木类生物

钻木类生物主要是甲壳类中的芋足类和双壳类软体动物中的一些种类，其中最典型的是软体动物中的船蛆（图 3-11）。

船蛆是一类在形态上特化的软体动物，贝壳小、仅包被身体的前端，由于已适应穿凿木材，其身体呈极度伸长的蠕虫形，船蛆一名即由此而来。船蛆身体外包被一层石灰质长管。后端有一小孔，是与外界环境接触的唯一通道，它的两条细长水管即由此小孔伸出。船蛆钻入木材后终生不出，随着个体的生长继续不断钻蚀出与木材表面平行的管状穴道。船蛆科中大多数种生活在海洋中，中国北方沿海只发现 2 种，少数种类生活在淡水或半咸淡水中。船蛆是典型的海洋钻蚀生物，木壳船只、木质码头、竹筏和红树植物的茎秆均可以发现其生活踪迹，危害极其严重，有时从表面看来是一块完好的木材，而内部却被船蛆钻蚀成蜂窝状的多孔体。因此，木质码头和船只突然破碎和塌陷就是因为船蛆钻蚀的结果。

船蛆的繁殖习性随种类不同而异，有的种类是在水中受精，某些种类是在鳃腔受精发育至幼虫阶段才排入水中。产卵数量为几十万至上百万，产卵期为 7—9 月。幼虫经过一段浮游生活后遇到适宜的木质物体即开始钻蚀生活。船蛆生长发育很快，在适宜的条件下约 15 天即可以达到性成熟，但生活周期不长，不超过一年。船蛆钻蚀方法是通过贝壳上的小齿而钻蚀进入木材中，但也不排除分泌物质对木材的溶

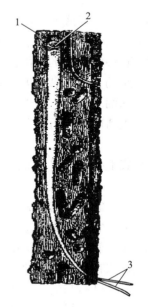

○ 图 3-11　船蛆
1. 介壳　2. 口　3. 水管

蚀作用。船蛆是滤食性动物，以浮游生物中的硅藻和纤毛虫为食，同时也能消化部分木屑。

另一个典型的钻木类动物是甲壳类中的蛀木水虱，俗称食木虫。蛀木水虱体长约 5 mm，分布广、数量大，可以自由生活，用大颚钻蚀木材，穴道具有数个小孔作为呼吸之用。每一穴道常生活有雌雄一对虫体。常年繁殖但以春季为主，卵大但数量少，幼虫一般不离开原来的穴道，往往在成虫穴道内钻蚀出另一分支穴道。蛀木水虱对木质建筑的危害不亚于船蛆，因为它们往往可以钻蚀到建筑物的基部，钻蚀特点是从表层不断地向深处进展，表面仅留有小孔，不易被发现。

3.3.2　底栖生物的环境适应

底栖生物对其生活环境中不同因素的适应其实质是生物体通过结构和功能的修饰，使其形态、生理、行为更能适于生活环境，也是生物与环境相互作用的结果，是通过自然选择形成进化性改变的过程。

底栖生物中，尤其是生活在潮间带的生物种类对其生活环境的适应以及生物与环境各因素间的相互影响是非常明显的。这里，我们以潮间带生物对其生活环境中各个因素的适应状况予以较详细的论述。

潮间带地处陆地与海洋过渡地带，由于受潮汐的影响，各种环境因素变化急剧，但有一定的规律性。由于来自陆源和河流的有机物等营养盐类非常丰富，因此生物种类繁多，其中不少是具有一定经济价值和生态学意义的种类。各种生物对潮间带环境特点的长期适应，既反映出其分布上的严格性，同时又表现出对环境适应能力的差异。

3.3.2.1　海岸性质

海洋底部与陆地一样，包括不同的基质，如岩石、砾石、沙、泥沙和泥等。海洋底部的基质虽然不是决定生物分布的唯一因子，但生物的分布与对基质的适应是有一定关系的，因此，不同的基质上往往生活着不同的生物。如岩石底（不论是沿岸的岩石底或是较深海中的岩石底）上面都有营固着生活的种类，如贻贝、牡蛎、海绵、藤壶、珊瑚、海鞘以及海藻等，这些动物和大部分藻类在泥沙或沙底是无法生活的。岩石底除了有营固着生活的种类外，还有一些爬行或滑行生活的动物，如螺类、蠕虫、海星、海胆和蟹类等。这些种类虽然偶尔也可以在软底质的沙和碎石底上生活，但主要还是栖息和分布在岩石底上。

在岩石底的附近，往往还可以看到一些小鱼，如杜父鱼属（*Cottus*）、虾虎鱼等。它们中有的是利用腹鳍连合成的吸盘，吸附在岩石上，有的则躲藏在石缝中生活。它们的身体颜色往往与环境很相似。岩石的裂缝或深沟也是一个特殊的生活环境。软体动物的滨螺、石鳖、甲壳类的石蟳、蟹类以及环节动物中的某些种类，都喜欢在这种环境营底栖生活。

砾石与岩石也不相同，表现在生物的分布与变化上也较显著。在风浪较大的地方，因为风浪而造成石块间的摩擦，而使得很多生物不能立足，所以往往没有生物或者很少有生物生活。

沙、泥沙和泥底的特征是没有或很少有海藻生活。但是，鳗草属（*Zostera*）却可以借着匍匐的茎和根在风浪不大的泥沙中固着生活。

在软底上的动物，主要是一些营底埋和穴居生活的种类，如软体动物的蛤、蛏；甲壳类的蟹类、虾类和口足类；棘皮动物的心形海胆（*Echinocardium cordatum*）、海参属（*Holothuria*）、蛇尾纲（*Ophiuroidea*）、海地瓜（*Acaudina molpadioides*）以及腔肠动物的海葵等。

各种穴居动物的钻洞深度与洞穴结构形状也不相同。有些动物的洞穴是临时性的，也有些洞穴是半永久性的，如海蚯蚓的洞穴是由沙胶筑起来的侧壁；鳞沙蚕属（*Chaetopterus*）则住在一根以沙粒和小贝壳等胶筑起来的管子内。

软底上还有些可以作短距离游泳和爬行生活的种类，它们中有鱼、蛇尾、海星、虾、蟹以及蛤、蛏等。它们以猎取底埋和穴居生活的动物为主要饵料。比目鱼、魟等也常以其他底面爬行生活的动物（如虾、蟹等）为食。

沙质、泥沙质和泥质潮间带也各栖息着不同的种类。有些种类是可以出现在1~2种不同的底质中，如在沙质或含沙较多的沙泥底环境中可采到海蚯蚓、磷沙蚕、巢沙蚕等动物，而另外一些动物，如泥螺（*Bullacta exarata*）、泥虾（*Laomedia astacina*）、泥蟹属（*Ilyoplax*）、滩栖阳遂足（*Amphiura vadicola*）、舌形贝属（*Lingula*）和海仙人掌（*Covernularia habereri*）等则只能在泥和泥沙质滩涂均可以采到。

3.3.2.2 波浪

波浪是对岩石岸和浅海生物影响最大的环境物理因子之一。通常波浪的大小与引起波浪的风速成正比，也与受风力作用水面的距离成正比。因此，一个海岸所受波浪影响之大小，既取决于这一区域的风向与风速，又与沿岸外海面的广阔程度有密切关系。我们常常依据风浪影响的程度将海岸分为波浸岸（开阔性）和保护岸（封闭或半封闭性）。波浸岸面临广阔的海面，受着较强烈的季候风影响，有时还受到潮流或来自其他区域风浪的影响。保护岸则与上述情况相反，大多在港湾内或者周围有高山保护。

波浸岩石岸首先是海藻特别少，所栖息的种类一般都较矮小，不具宽阔的叶面。某些动物像小藤壶、藤壶、海荞麦和海葵等可以在这里生活。但在波浪特别大的地方，甚至小石块也随着波浪滚动的地方就没有什么生物可以生活了。这在烟台山的东边岩石岸表现得最为明显，在那里，冬季的风浪可以将很大的石块冲打到浪坝上来。然而，在这些岩石附近的小水沼和岩石裂缝里却仍然可以找到一些静水中生活的生物（如海绵）。

波浸沙质滩涂（波浸岸一般不会出现在泥滩）中生物很少，因为流动的沙粒不利于生物生活，往往只有红线黎明蟹（*Matuta planipes*）等少数动物可以埋入沙内。

保护岸的生物种类多是其显著的特点之一。不过，必须说明的是，海岸的情况往往比较复杂，往往不会单纯的属于某一种类型，大多数是不同程度地介于两者之间。所谓保护岸也并非完全没有波浪，只不过波浪的影响相对较小而已。所以实际上在沿岸生活的生物都或多或少的受到波浪的影响。

潮间带生物对波浪的适应也是一个极有趣的问题。如海荞麦、笠贝、石鳖都有流线型很完善的体型。背平涡虫属（*Notoplana*）、铺生海绵等身体则特别扁平，这些种类的体型都可以很有效地减少波浪和流动水的影响。沿岸的海藻都有固着构造，海藻本身柔软而富有韧性，又是适应波浪的另外一种方式。动物中的樽海绵属（*Sycon*）和毛壶属（*Grantia*）也有同样的情况。此外，还可以观察到一些端足类（Amphipoda）和蟹类却躲藏在岩石缝中以适应波浪冲击的生活。螺类往往有坚实的壳，可以经得起波浪的冲击或免遭在石块表面翻滚时的不幸遭遇。

最后，我们再看看深水中动物的情况，就会更清楚地看出生物对波浪的适应了。一般波浪所能冲击的深度是很有限的，通常越深的地方受波浪的影响就越小。在水深 15 ~ 30 m 处可以找到分枝海绵、柳珊瑚类（*Gorgonia*）、海参、蛇尾和海胆等。这些种类幼体都比较脆弱或体大、柔软，因为不能离开海水的浸浴也经不起波浪的影响，所以在潮间带就很难找到它们。

3.3.2.3 潮汐

潮汐是海水在不同因素影响下产生的水体运动形式，潮汐对潮间带生物的影响与潮汐类型有关。潮汐基本上可以分为一天一涨一落（平均 24.8 h）的正规和不正规全日潮及一天两涨两落的（平均间隔 12.4 h）正规和不正规半日潮 4 种类型。中国沿海东海以北，除了渤海辽东湾西南沿岸为全日潮以外，其他区域为半日潮。南海潮汐类型比较复杂，雷州半岛以东及海南岛东北部沿岸为半日潮，雷州半岛以西、北部湾沿岸及海南岛其他海岸均为全日潮（图 3-12）。

潮汐变化的大小范围与地理位置有关，某些地区的潮汐变化范围只有几厘米（如地中海等），而在加拿大的芬迪湾（Bay of Fundy）潮汐范围高达数十米。

潮差是潮汐的基本特征之一，与地形、气压和风向有关。潮汐对潮间带生物的影响与暴露时间有关。一天 24 h 中潮汐的情况并非完全一样。在一天有两次涨潮、两次落潮的地方，两次相邻的潮差也不一样。以胶州湾的潮汐情况为例：胶州湾的潮汐属于规则的半日周期潮，每天有两次高和低潮；潮汐的升降高度以每月朔望后一日为最大，上、下弦后一日为最小；平均海平面以 8 月份最高，1 月份最低；一天中的两次潮汐，在夏天以夜间的一次为最大，在冬天则以白天的一次为大。从上述事实可以得出：在潮间带范围内的不同高度，受潮汐的影响也不同。在高潮（最高潮线附近）一年中仅在夏天的大潮时才被海水淹没一个极短的时间，平日的高潮则淹没不到，稍下（接近高潮线的地方）则每天高潮时都浸入水中，其他时间则都暴露在空气中。由此再向下每天浸入水中的时间也逐渐增长。在中潮区附近，则有一半的时间在水中，一半的时间是暴露在空气中。到低潮线附近，则每天大部分时间是都浸在水中，仅有很短的时间暴露在空气中。在最低低潮线外则一年中仅在冬季最低低潮时才露出水面。

如此看来，潮间带内不同高度每天浸在水中和暴露在空气中的时间是不同的。所以，对干燥忍受程度不同的生物也表现在分布上的差异。一般地，潮间带生物垂直分布分为三种不同类型：第一种是限于潮间带生物的生物，如等指海葵（*Actinia equina*）、东方小藤壶（*Chthamalus challengeri*）、滨螺、海萝属（*Cloiopeltis*）、江蓠属（*Gracilaria*）、蜈蚣藻属（*Grateloupia*）和角叉藻属（*Chondrus*）等。第二种是分布于潮间带与潮下带的生物，如某些海绵、海葵、蟹、虾、贻贝（*Mytilus*

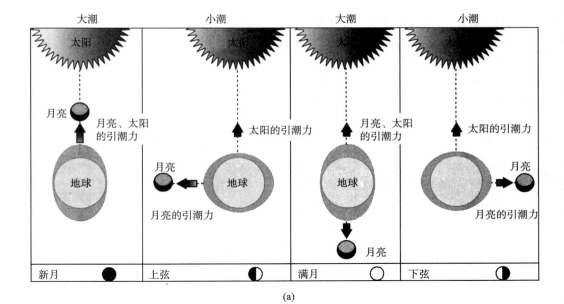

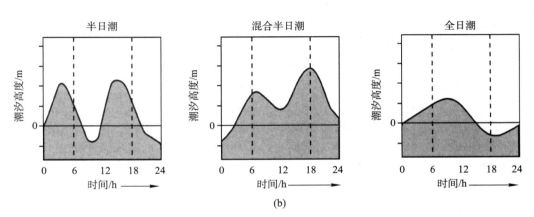

● 图 3-12 潮汐类型及分布（引自 Castro 等，2008）

（a）当月亮、太阳在一直线同时作用时潮汐范围最大，称为大潮，这一现象发生在新月和满月期间。当月亮和太阳的引力处于直角状态和月亮处于弦上（月球公转期的 1/4）时潮汐范围最小，称为小潮。（b）在大多数区域潮汐属半日潮。即每天（24 h）有两次高潮和两次低潮：① 在一些区域连续出现的两个高潮在高度上几乎相同。② 在另外一些区域一个高潮的高度明显高于另一个，称混合半日潮。③ 少数区域是全日潮。即每天仅存一次高潮和一次低潮。

edulis）、海星、菊海鞘属（*Botryllus*）和藤壶属（*Balanus*）以及藻类中的石花菜属（*Gelidium*）、海蒿子（*Sargassum pallidum*）、紫菜、裙带菜属（*Undaria*）。第三种是原属潮下带，涨潮时随水浸入的生物，如褐虾属（*Crangon*）、瘦虾属（*Leander*）和藻类中的麒麟菜（*Eucheuma*）和海带属（*Laminaria*）等。

就潮间带生物来说，一般在较高的区域，生物种类少、密度大，主要的原因是能适应这种环境生活的种类不多，由于种类少而种间竞争也相对较小，所以数量显著增多。一般接近低潮线的地方生物种类比较多，这是因为潮间带生物多以水栖为主，暴露于空气中的时间越短的地方生物种类就越多。

潮汐的最显著影响还表现在生物分布的分层现象上。植物和动物都有相似的适应。例如前面提到过的海萝，都是分布在潮间带较高的区域，每天暴露在空气中的时间较长；各种马尾藻属（*Sargassum*）海藻的垂直分布高度也不一样，分布较高的种类往往叶小而无气囊，分布低的种类则相反；在胶州湾的很多岩石岸，都可以看到海荞麦、藤壶从很高的地方向下分布，向下渐渐有牡蛎加入进来，在不同的层次还可以找到不同的螺类、笠贝和石鳖。

以上主要是岩石岸的情况。至于沙滩和泥滩，往往因为坡度很小，分层的水平距离被拉长，生物分布在水平方向明显地显示出来。例如樱蛤属（*Telliua*）在低潮带很多，而接近高潮带的区域则较少；圆球股窗蟹只分布在较高的沙质区域。向低潮线继续观察，可以依次发现海蚯蚓、沙蚕等动物的洞穴，而节节虫属（*Clymenlla*）、螠虫属（*Echiurus*）则分布得更低一些。

> 📚 **拓展阅读 3-6**
> 抗旱适应

3.3.2.4　光线、温度和盐度

在海洋中，光线随深度的增大而逐渐减弱，各种不同波长的光线穿透的深度亦不相同。这一现象对海面以下生物的分布有很大影响，此处不再赘述。在潮间带，一般来说光线都是很强的。主要变化只表现在日光强度的年变化和实际日照时间的长短上，这对生物的分布和生长影响极为明显。在小范围内对分布的影响则较小，不过，在海边上仍然可以区别出一些避光的生物种类。它们经常藏在石下或阴暗的地方，只有夜间才出来活动。在狭窄的石缝中也有光分层现象。

温度与生物的分布也有很重要的关系。暖水性的生物在寒冷的海边是找不到的，反之，冷水性的生物在暖和的海边也没有。以大叶藻为例，它在10℃以下的水中不能生长，在15℃以下的水中不能生殖，而在高于20℃的水中又不能生长甚至还可能死亡。所以从一个海湾的温度年变化情形，可以推断大叶藻生长与繁殖的可能性。在一些温度有极端季节变化的地区可以出现荒旷状况。

盐度对海边生物的影响程度在不同区域也不一样，在面临外海而附近没有淡水河沟的地方可能没有什么影响；然而，一般在港湾以内，特别是有淡水流入的地方则影响往往较大。在有淡水影响的地方，低潮时是可以看到淡水流入的途径。在附近往往出现较多的绿色藻类如石莼属（*Ulva*）、浒苔属（原 *Enteromorpha* 属）大量生长。在淡水浸得到的石块下，还可以采集到大量聚集的原环虫属（*Archiannelia*），而在胶州湾可以采集到囊须虫属（*Saccocirrus*）。

穴居动物受低盐度的影响较小。一般来说，淡水的影响仅能触及几厘米之内深度的沉积物，所以钻穴 1 m 以下的动物可以完全不受影响。

一般有潮汐的河流中盐度的变化都比较显著，栖息于这里的生物大多数都是广盐性的种类。如红螯相手蟹（*Sesarma haematocheir*）、天津厚蟹（*Helicetridens tichtsinensis*）、浒苔、根枝藻属（*Rhizoclonium*）都可以生活于淡水中。正颤蚓（*Tubifex lubifex*）原为淡水种，然而也可以生活在半咸水中。日本刺沙蚕（*Neanthes japonicus*）和许多的端足类也可以生活在半咸水环境中。

在岩岸附近的小水沼中，盐度的变化较大，常常可以见到生物出现种类的更替现象。暴雨对潮间带生物影响主要表现在盐度的变化上。

3.4　海洋微生物

　　海洋微生物（marine microorganism）是泛指个体小于 20 μm 的生物类群。包括微型自养原核生物、微型异养原核生物、微型自养真核生物、微型异养真核生物等单细胞生物和浮游病毒等类群。确切地说，海洋微生物是一生态学概念。

拓展阅读 3-7
全球海洋生物普查与海洋微生物

　　20 世纪 70—80 年代，随着显微技术观测手段、实验室纯培养和分子生物学的迅速发展，越来越多海洋微型生物被发现。从海洋表层到大洋深处，从潮间带到深海海底都有它们生活的踪迹。海洋微生物约占海洋生物数量的 90%，它们控制着保持地球生态系统平衡的重要生物和生化循环。

　　据称，我国已报道的海洋微生物种类仅约占全世界已报道总种数的 10%，已经开展研究的海洋微生物却不到总量的 1%。有关海洋微生物及其生态过程与机制，尚有许多未知待我们去了解、认识和解读。

　　调查研究表明，原核生物古菌是地球上最早诞生的生命，在地球上已存活了近 40 亿年，它们很可能是最早的生命形式，正是它们承载着地球发展和生命进化过程中的重要信息，至今仍生活于世界各大洋。随着研究的深入，过去地球表层许多被认为是无机化学过程，如金属矿床、不停地向外释放甲烷气泡的石笋型柱状物等，其实都是海洋微生物化学反应的产物。

　　地球形成早期，海洋与大气呈还原状态，正是这些微型产氧光合自养原核生物使环境中氧的含量逐渐增加，从而形成了氧化状态，使得地球成为生机盎然的自然界。也就是说，如果没有海洋微生物等地球早期生命形式的重要缓冲活动以及植物和微生物的持续协调活动来抑制生命系统失调时物理因子的波动，就不可能形成具有独特的高氧、低二氧化碳含量的地球大气和具有适中的温度和 pH 的地表环境。要清楚的了解地球发展、生命进化过程以及两者之间的相互关系，首先必须从海洋微生物，尤其是原核生物开始。

　　当前，主流生命科学研究已确认生命起源于海洋。海洋微生物蕴藏着生命进化历程的丰富信息，是生物遗传和功能多样性的宝库，对揭示生命本质、了解与解读生命极限和生命起源提供重要的线索，同时对探索其他星球是否存在生命及其存在形式具有重要的启示意义。当前，海洋微生物已是生态学研究的热点。微生物在物质循环和生态平衡中起着非常重要的作用。微生物基因资源的多样性非常重要，海洋微生物与海水增养殖、海洋药物等关系十分密切，因此海洋微生物受到了广泛的重视。目前，许多有关国际合作研究已将海洋微生物列入重要项目，并成为海洋学研究的前沿和创新领域。

　　全球变化已在我国引起普遍重视，并开展了不少相关研究。如微生物食物环（microbial loop）、新生产力（new production）、海洋微生物多样性研究、初级生产力结构研究和微型生物生态过程研究等，并已取得了不少可喜成果。随着研究的深入，全球生态系统研究已进入了宏观与微观必须相结合的发展新阶段，而微型生物正是这一结合的切入点。相信将会有新的重大突破与进展。

3.4.1 海洋微生物主要类群

根据细胞结构的有无，可将地球上的生物体划分为细胞生物和非细胞生物两大类。利用核糖体 rRNA 基因序列信息，可将细胞生物进一步分为细菌、古菌和真核生物三个域。其中，细菌和古菌属于原核生物，细胞结构较为简单，而真核生物的细胞结构更为复杂。海洋微生物具有极高的细胞数目，展现出极高的遗传多样性。海洋微生物既包括原核（细菌、古菌）和真核（原生生物、真菌）微生物，也包括非细胞生物病毒。绝大多数具细胞结构的海洋微生物都以单细胞形式存在，少数为多细胞形成的聚集体。一般来说，海洋原核生物属于微微型生物、病毒属于超微型生物，而原生生物的个体大小差异较大，可达 1 000 倍。本书将对细菌、蓝细菌、古菌、病毒四大类群进行介绍。

3.4.1.1 海洋细菌

常见的海洋细菌类群属于变形菌门（Proteobacterium）、蓝细菌门（Cyanobacterium）、拟杆菌门（Bacteroidetes）、放线菌门（Actinobacterium）、绿弯菌门（Chloroflexi）、浮霉菌门（Planctomycetes）、疣微菌门（Verrucomicrobia）、硝化螺菌门（Nitrospirae）、脱铁杆菌门（Deferribacteres）和芽单胞菌门（Gemmatimonadetes）等。这些门类在海洋水体和沉积物中广泛存在，其中蓝细菌门和变形菌门中的 α- 变形菌纲是最优势的海洋浮游微生物，而 δ- 变形菌纲和浮霉菌门主要栖息于海洋沉积生境，但也在水体中分布。

1. 变形菌门

变形菌门中的所有成员均为革兰氏阴性菌，但它却是细菌中物种多样性最高，代谢类型最为多样的门类。基于核糖体 rRNA 基因序列，可将变形菌门进一步分为 α-、β-、γ-、δ-、ε- 和 ζ- 变形菌纲，这六个纲均可生存于海洋环境，但 β- 变形菌纲主要分布于淡水生境，不作重点介绍。

① α- 变形菌纲（Alpha-proteobacterium）

通过基于非培养的 16S rRNA 基因测序，发现 α- 变形菌纲是海洋细菌中最优势类群，在全球海洋表层和中层（200～1 000 米）水体微生物中的占比分别达 40% 和 25%。海洋中 α- 变形菌纲的多数成员是寡营养型细菌，不易在实验室条件下获得纯培养菌株。然而，α- 变形菌纲成员具有十分多样化的营养类型。例如，玫瑰杆菌属（*Roseobacter*）和赤杆菌属（*Erythrobacter*）可利用光能，进行光合异养生活；硝化杆菌属（*Nitrobacter*）等可通过氧化亚硝酸盐获得能量，进行化能自养生活；鲁杰氏菌属（*Ruegeria*）和鞘氨醇单胞菌属（*Sphingomonas*）等主要营化能异养生活，其中，波氏鲁杰氏菌（*Ruegeria pomeroyi*）可降解海洋中的重要有机硫分子二甲基巯基丙酸内盐（dimethylsulfoniopropionate，DMSP），是用于研究微生物驱动 DMSP 等有机硫分子代谢的机制的模式物种。

② γ- 变形菌纲（Gamma-proteobacterium）

γ- 变形菌纲的物种多样性是变形菌门中最高的，不同种群的营养模式和分布特征具有显著差异。SAR86 和 SAR92 主要分布于表层海水，交替单胞菌属在深海更占优势，而 *Woeseiaceae*/JTB255 类群则是近远海沉积物中的优势类群。另外，γ-变形菌纲中还包含一些具有特殊代谢能力的细菌，例如食烷菌属等为专性石油烃降解菌。

③ δ- 变形菌纲（Delta-proteobacterium）

δ- 变形菌纲所属成员均为化能异养型细菌，但在形态和生理特征方面具有较大差异。根据获取营养方式的区别，可将 δ- 变形菌纲分为两大类群。第一类是硫/硫酸盐还原细菌（sulfur/sulphate reducing bacterium，SRB），可在无氧条件下以硫或硫酸盐为电子受体，进行有机物的氧化。另一类是蛭弧菌（bdellovibrios）和黏细菌（myxobacterium），能够捕食其他生物类群。

④ ε- 变形菌纲（Epsilon-proteobacterium）

ε- 变形菌纲细菌的细胞主要为弯曲或螺旋状，其物种多样性低于上述其他变形菌纲，仅包含少量已知属，包括沃廉菌属（*Wolinella*）、弯曲杆菌属（*Campylobacter*）、螺杆菌属（*Helicobacter*）和弓形杆菌属（*Arcobacter*）等（图 3-13）。它们均为人类或动物的重要病原菌。而近年来的研究发现，非致病

● 图 3-13　ε- 变形菌纲细菌 16S rRNA 基因系统发育树。热液口和非热液口类群分别由红色和蓝色表示（修改自 Zhang 和 Sievert，2014）。

性 ε– 变形菌纲在自然环境中广泛存在。在海洋中，热液喷口等富含硫质环境是 ε– 变形菌纲的主要栖息地，它们可通过硫和氢氧化（以氧和硝酸盐为电子受体）获得能量进行无机自养生活，是热液生态系统中的主要初级生产者。硫单胞菌属（*Sulfurimonas*）和硫卵菌属（*Sulfurovum*）是热液环境 ε– 变形菌纲的代表属（图 3-13），二者在不同类型热液环境中广泛存在，但具有不同的氧浓度偏好性，前者具有更高的低氧耐受性。硫单胞菌属可氧化多种不同形式硫，包括硫化物、单质硫、硫代硫酸盐和亚硫酸盐等，其通过硫化物：醌氧化还原酶（sulfide：quinone oxidoreductase，SQR）将硫化物氧化为单质硫或硫代硫酸钠，再通过 SOX 硫氧化酶复合物进行一步氧化为硫酸盐。

⑤ ζ– 变形菌纲（Zeta–proteobacterium）

ζ– 变形菌纲建立于 2007 年，仅包含 2 个已知属（*Mariprofundus* 和 *Ghiorsea*）。该类群成员是专性自养微生物，微需氧，以氧化二价铁获取能量，在近、远海生境均有发现。*Mariprofundus ferrooxydans* PV-1 是首个被分离的 ζ– 变形菌纲菌株，也是用于研究其铁氧化能力的模式菌。该菌株通过形成螺旋状菌柄以控制铁矿物在其细胞表面的增长，其菌柄包括多条纤丝（图 3-14），由铁氢氧化物纳米颗粒和酸性多糖构成，延伸速度为 2.2 μm/h。

2. 拟杆菌门（Bacteroidetes）

拟杆菌门（以前被称为 Cytophaga-Flavobacterium–Bacteroides）广泛分布于淡水、海水、沉积物、海冰及人体肠道等多种不同生境，在全球表层海水中的丰度可达 10%，仅低于变形菌门和蓝细菌门。该

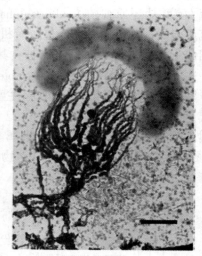

● 图 3-14　*Mariprofundus ferrooxydans* PV-1 细胞的透射电镜图。图中显示细胞与螺旋状菌柄相连，菌柄由多条纤丝构成，比例尺为 0.5 微米。（引自 McAllister 等，2019）。

门细菌多样性很高，主要包括三个纲，即黄杆菌纲（Flavobacteriia）、鞘脂杆菌纲（Sphingobacterium）和拟杆菌纲（Bacteroides），前者是海洋环境中的最优势类群之一。黄杆菌纲不同成员间的形态和生理特征具有较大区别，但一个主要特征是能够进行滑行运动［部分成员如不滑动菌属（*Nonlabens*）则不能进行滑动］。黄杆菌纲的另一个典型特征在于能够合成各种不同种类的胞外酶（以多糖裂解酶和糖苷水解酶为主），在藻类等大分子有机物（海带多糖、琼脂、纤维素等）的降解过程中起着举足轻重的地位（图 3-15）。而滑动性有助于其消化这些大分子物质。黄杆菌纲细菌基因组中的多糖降解相关基因（多糖结合蛋白、转运蛋白和降解酶基因）往往成簇存在，构成多糖利用位点（polysaccharide utilization loci，PUL）。这一特点使得黄杆菌纲在多糖降解方面具有独特的优势，往往是海洋藻类暴发时的优势细菌类群。黄杆菌纲的有机物利用能力不同于其他化能异养型细菌（如 γ– 变形菌纲），导致不同类型异养细菌可占据藻类暴发的不同阶段，形成明显的群落演替现象。在

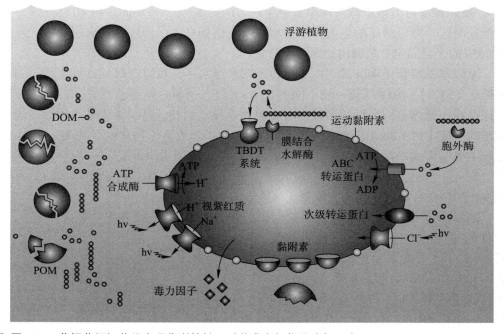

○ 图 3-15 黄杆菌纲细菌的生理代谢特性及对藻类有机物的降解示意图

DOM: 溶解有机物; POM: 颗粒有机物; TBDT: TonB- 依赖型转运系统。酶用于大分子有机物的降解，产生的小分子有机物在转运蛋白的作用下被吸收。运动黏附素是滑行运动相关蛋白（修改自 Buchan 等，2014）。

很多黄杆菌纲成员中也发现了变形菌视紫红质合成基因，可以转化光能为化学能，因而营光能异养生活。变形菌视紫红质在黄杆菌纲细菌中可充当"太阳能板"的作用，而缺乏变形菌视紫红质的黄杆菌纲细菌则能合成色素以防止紫外线损伤（"阳伞"策略）。

3.4.1.2　海洋蓝细菌

蓝细菌［Cyanobacterium，也被经常被称作为"蓝藻"或"蓝绿藻"（blue-green algae）］是目前了解最为清楚的原核微生物类群之一。它们的形态多样化，既可以单细胞形式存在，也可以分枝或不分支的丝状体形式存在。多数海洋蓝细菌成员已获得纯培养，它们均含有叶绿素 a，能够进行产氧光合作用。

海洋中的绝大多数蓝细菌属于微微型蓝细菌（picocyanobacterium），粒径在 0.2 ~ 2 μm 之间。微微型蓝细菌是已经发现的最小的光合自养生物，是全球真光层海洋的主导类群，可占真光层海洋总微微型浮游生物的 10%。原绿球蓝细菌属（Prochlorococcus，亦称为原绿球藻）和聚球蓝细菌属（Synechococcus，亦称为聚球藻）是丰度最高的两个海洋蓝细菌类群，它们通过光合作用吸收 CO_2 生产有机物，是海洋食物网物质和能量的重要来源，在全球碳循环中发挥重要作用。

1. 原绿球藻

1988 年，Sallie Chisholm 等人通过流式细胞仪首次发现了原绿球藻。原绿球藻是地球上最小的、丰度最高的光合生物。它的细胞直径为 0.5 ~ 0.7 μm，在温暖寡营养海水中的丰度可达 10^5 细胞 /mL（全球海洋中共含有约 2.9×10^{27} 个原绿球藻细胞）。原绿球藻可贡献全球海洋净初级生产力的约 8.5%，每年固定约 40 亿吨碳。在寡营养海区，原绿球藻的生态作用更加显著，例如在太平洋副热带表层环流，每天有 75% 的光合固定有机碳由原绿球藻产生。

原绿球藻遍布于南北纬 40° 之间的开放大洋水体，难以在极地区域生长（当温度低于 15℃ 时，原绿球藻一般不能生长）。另外，受氮、铁等营养物质的影响，原绿球藻在中低纬不同海区的丰度亦存在较大差异，例如，其在南太平洋环流区表层海水的丰度（约 1.8×10^4 细胞 /mL）低于南大西洋环流区（约 9×10^4 细胞 /mL），这可能主要与南太平洋环流区海水的氮匮乏有关。在真光层不同深度，原绿球藻的丰度呈现先上升、后下降的趋势，最大值一般在 100 ~ 150 米，近表层海水的低营养和强光照特性可能一定程度上限制了该类群的生长。

原绿球藻的广泛分布特性可能与其特殊的光吸收系统有关。原绿球藻不含在其他蓝细菌中普遍存在的藻胆蛋白（phycobiliprotein），但却含有独特的二乙烯基（divinyl）叶绿素 a 和 b，使用 Pcb 蛋白作为光捕获天线，这些特性可帮助其吸收蓝光并生存于真光层底部（蓝光不易被水分子吸收，具有较强穿透能力）。根据光吸收特性的区别，原绿球藻可分为高光（high-light-adapted）和低光（low-light-adapted）两种主要生态型，二者细胞内具有不同的二乙烯基叶绿素 a 和 b 比例。低光生态型细胞生长和光合作用所需的光照强度远低于高光生态型，前者主要分布于真光层底部，而后者在表层海水更占优势。与表型差异类似，系统发育分析也证实了高光和低光生态型的区分。由于原绿球藻分离株间的 16S rRNA 基因序列具有高度保守性（相似性普遍大于 97%），而基于内源转录间隔区序列（internal transcribed spacer sequence，ITS）的系统进化分析可提供更高的分辨率（与基于全基因组序列的分析结果类似），因此 ITS 更常被用于原绿球藻的进化多样性分析。

> 📚 **拓展阅读 3-8**
> 原绿球藻系统发育分析

2. 聚球藻

聚球藻是海洋微微型蓝细菌的另一个代表类群，其在寡营养海水中的丰度稍低于原绿球藻（全球海洋中共含有约 7.0×10^{26} 个聚球藻细胞），但细胞直径更大（0.6 ~ 2 μm），且具有更大的基因组（2.2 ~ 2.9 Mb）。聚球藻对全球海洋净初级生产力的贡献（约 16.7%）约为原绿球藻的 2 倍，每年固定约 80 亿吨碳。因此，尽管总体丰度较低于原绿球藻，但聚球藻在海洋生态系统和生物地球化学循环中可能发挥着更加重要的作用。

聚球藻广泛分布于各种海洋环境和淡水湖泊。在海洋中，聚球藻比原绿球藻的分布更为广阔，包括极地和富营养近岸环境。然而，不同于原绿球藻，聚球藻往往仅生活在真光层上部水体。聚球藻的光吸收系统与原绿球藻具有显著区别，其细胞内仅含有叶绿素 a，能够形成由藻青蛋白（phycocyanin，PC）、藻红蛋白（phycoerythrin，PE）和别藻蓝蛋白（allophycocyanin，APC）等共同构成的藻胆体（phycobilisome）。作为捕获光能的天线色素，藻胆体存在于所有聚球藻中，其核心结构高度保守，但组成部分却呈现多样化，这可能是聚球藻具有广泛分布特性的一个重要机制。根据藻胆体的组分差异，可将聚球藻分为三个色素类型（pigment type，PT）：PT1 的藻胆体仅由 PC 构成，结合可吸收红光的藻青素（phycocyanobilin，PCB）；PT2 的藻胆体包括 PC 和 1 型 PE（PE-1），结合藻青素和可吸收绿光的藻红素（phycoerythrobilin，PEB）；其他海洋聚球藻均属于 PT3，以 PC、PE-1 和 PE-2 为藻胆体的主要成分，能够结合 PCB、PEB 和可吸收蓝光的藻尿胆素（phycourobilin，PUB）。根据 PUB 和 PEB 比例的不同，又可将 PT3 型聚球藻进一步划为多个不同的亚型（subtype 3a-3d）。受光吸收能力不同的影响，海洋聚球藻的三种色素类型具有明显不同的分布特征。其中，PT1 是高浊度、低盐和高营养的近海与河口水体中的优势类群，PT2 是近海大陆架相对干净水体中的优势类群，而 PT3 在寡营养海区占据明显优势。

聚球藻的藻胆体系统对光的吸收效率低于原绿球藻，这使得聚球藻的垂向分布较为狭窄，往往仅能在 150 m 及更浅的水体中生存。然而，Callieri 等从黑海 750 m 中层海洋水体中分离到了聚球藻菌株，它们富含藻红蛋白，能够在黑暗/厌氧环境中积累叶绿素 a，且予以光照即能恢复其光合作用能力。它们的基因组中含有丰度较高的藻青蛋白亚基编码基因，可能赋予了其独特的光吸收特性。这些基因可能是通过基因水平转移获得的。有证据显示，聚球藻基因组中含有许多基因组岛（geome island），不同聚球藻类群基因组岛中的基因组成具有较大差异，涉及光吸收活性、躲避捕食/侵染、转录调控、转运系统等多种生理过程，表明基因组岛在聚球藻适应不同环境（包括）的过程中发挥重要作用。

3. 固氮蓝细菌

海洋中的多数蓝细菌类群可进行固氮，转化氮气为氨，在海洋氮循环过程中发挥重要作用。具有固氮能力的蓝细菌主要包括三个类群：束毛藻属

彩图 3-1
大堡礁附近的束毛藻华

（*Trichodesmium*）、真核藻类共生蓝细菌和单细胞蓝细菌。束毛藻以丝状体形式存在，多数情况下为肉眼可见的束状群体。束毛藻一般生活在热带和亚热带表层海水，在适宜条件下可形成高密度的水华，是海洋中最主要的固氮蓝细菌，可贡献海洋固氮总量的 50%。与其他蓝细菌不同的是，束毛藻一般只在有光照的条件下进行固氮，并且其不形成异型胞（heterocyst）。为了协调产氧光合作用和固氮作用，该类群在其束状体中可形成 1~4 个特定区域，每个区域由 2~30 个特殊的非颗粒状（nongranulated）细胞构成，这些细胞含有固氮酶，被称为固氮细胞（diazocyte）。固氮细胞的存在使得束毛藻能够实现光合作用和固氮作用的空间隔离。另有研究指出，束毛藻的这两种生理功能能够实现时间隔离，最快可在数分钟内进行光合作用和固氮作用间的相互转化。束毛藻的基因组较大（约 7.75 Mb），并且其基因组含有大量（约 40%）的非编码基因，这与原绿球藻的基因组精简化特征有所不同，可能代表对寡营养环境的一种不同的遗传适应机制。

真核藻类共生蓝细菌主要包括与硅藻共生的 *Richelia* 属和 *Calothrix* 属，它们可形成异形胞进行固氮作用。近年来，通过基于固氮基因 *nifH* 的分子生物学方法发现，单细胞固氮蓝细菌（UCYN）也是一种重要的海洋固氮蓝细菌，在海洋表层水体中普遍存在。该类群包括 UCYN-A，B，C 三个主要分支。UCYN-A 在海洋中的丰

度最高，其空间分布范围比束毛藻更加广泛，且固氮能力可与束毛藻相当。该类群基因组较小，呈现显著的精简化特征，并与一种单细胞真核藻类（*Braarudosphaera bigelowii*）共生。这一共生关系可能为专性共生，因为 UCYN-A 不能进行产氧光合作用从而固定 CO_2，这与其他蓝细菌类群显著不同。UCYN-A 目前尚不能被纯培养，因此其固氮机制仍不清楚，但真核单细胞藻类的生理代谢特性为其生存提供了重要的生态位，在其固氮过程中可能发挥重要作用。UCYN-B 的分布与 UCYN-A 类似，但能够进行光合作用，其纯培养种为 *Crocosphaera watsonii*，细胞长为 $3 \sim 8\ \mu m$，富含藻红蛋白。UCYN-C 也具有可培养种（*Cyanothece* sp. TW3），细胞长为 $4.0 \sim 6.0\ \mu m$。UCYN-B 和 UCYN-C 主要在夜间表达 *nifH*，而 UCYN-A 在白天的表达量更高，因此它们可能产生不同的生态环境效应。

3.4.1.3 海洋古菌

1977 年，Carl Woese 和 George Fox 提出了生命系统的"三域学说"，认为古菌（当时被称为"古细菌 archaeabacterium"）是一个独立的域，与细菌和真核生物的系统进化地位相当。早期的古菌域仅包括一些产甲烷菌、嗜热菌和嗜盐菌，这些微生物仅存在于高温、厌氧和高盐等极端环境。1992 年，Edward DeLong 和 Jed Fuhrman 等人分别在正常海水中发现了古菌所属 16S rRNA 基因序列，使得人们意识到这些微生物不仅存在于极端环境，而且在海洋中广泛存在，并且在微生物群落中占有相当大的比重。它们呈现出多样化的生理代谢特征，是海洋生态系统中的重要生物组成部分，在元素的循环转化过程中发挥重要作用。

古菌起初仅由广古菌门（Euryarchaeota）和泉古菌门（Crenarchaeota）两个门类构成，早期从中温海洋环境中得到的古菌类群序列也被归类到这两个门中。随后又发现并提出了初生古菌门（Korarchaeota）、纳米古菌门（Nanoarchaeota）和奇古菌门（Thaumarchaeota）等类群。随着分子生态学和组学技术的广泛应用，越来越多的新古菌门类被发现和描述。目前，古菌可分为四个超家族，即 TACK、DPANN、Asgard 和广古菌门类。TACK 家族包含泉古菌门、初生古菌门、奇古菌门和深古菌门（Bathyarchaeota）等。Asgard 家族由洛基古菌门（Lokiarchaeota）和索尔古菌门（Thorarchaeota）等组成（表 3-1）。

不同古菌类群的分布特征具有较大差异。奇古菌门（以 MG-Ⅰ为主）和广古菌门（以 MG-Ⅱ为主）是海水中的优势类群，前者丰度随水体深度增加呈升高趋势，后者主要存在于表层海水。MG-Ⅰ在沉积物，尤其是含氧量较高的沉积物中具有较高丰度；而在厌氧沉积物中，深古菌门、广古菌门中的产甲烷古菌和甲烷氧化古菌及 Asgard 家族成员等占有更高比例。

1. 奇古菌门

MG-Ⅰ的 16S rRNA 基因序列首次被发现时，通过系统发育分析将其归类为泉古菌门。泉古菌门的成员多数为嗜热菌，主要分布于陆地热泉和海底热液喷口等生境。因此，这些从常温海水中发现的 MG-Ⅰ序列早期被称为"中温泉古菌（*mesophilic crenarchaeota*）"，构成嗜热泉古菌的一个姊妹群。分子生物学手段的广泛应用，使得人们逐渐意识到 MG-Ⅰ在海洋水体和沉积物中的分布十分广泛，并具有较高丰度。一些 MG-Ⅰ近缘的类群，如 Soil Crenarchaeota Group 和 pSL12 等也逐步被发现。

TACK	DPANN	Asgard	广古菌门类
Crenarchaeota ——泉古菌门	Woesearchaeota ——乌斯古菌门	Heimdallarchaeota ——海姆达尔古菌门	Methanobacterium ——甲烷杆菌纲
Thaumarchaeota ——奇古菌门	Pacearchaeota ——佩斯古菌门	Lokiarchaeota ——洛基古菌门	Methanomicrobia ——甲烷微菌纲
Bathyarchaeota ——深古菌门	Micrarchaeota	Thorarchaeota ——索尔古菌门	Methanococci ——甲烷球菌纲
Korarchaeota ——初生古菌门	Aenigmarchaeota	Helarchaeota ——海拉古菌门	Methanopyri ——甲烷火菌纲
Verstraetearchaeota ——韦斯特古菌门	Nanoarchaeota ——纳米古菌门	Odinarchaeota ——奥丁古菌门	Thermoplasmata ——热原体纲
Marsarchaeota ——火星古菌门	Altiarchaeota		Halobacterium ——盐杆菌纲
Brockarchaeota	Nanohaloarchaeota ——盐纳古菌门		Thermococci ——热球菌纲
Geoarchaeota ——地古菌门	Diapherotrites		Archaeoglobi ——古丸菌纲
Geothermarchaeota ——地热古菌门	Parvarchaeota		Hadesarchaea
Aigarchaeota ——曙古菌门			Hydrothermarchaeota
			Theionarchaea
			MG-Ⅱ
			MG-Ⅲ

注：名称粗体字的类群代表已有可培养菌株

2008 年，Céline Brochier-Armanet 等人结合核糖体蛋白序列、基因组学和生理特性分析，将以 MG-Ⅰ 为代表的中温泉古菌划分成一个新的门类，即奇古菌门。MG-Ⅰ 在自然环境中广泛分布，可分为 MG-Ⅰ.1-3 三个分支，MG-Ⅰ.1 又可进一步分为 a，b，c 三个分支，其中 MG-Ⅰ.1a（也称为奇古菌Ⅰ.1a）是海洋中的最优势类群。

MG-Ⅰ 在海水中的分布呈现明显的垂直分布特征，表现为表层低，深层高的特点，与细菌类群具有显著区别。MG-Ⅰ 的丰度随水体深度的增加而升高，一般在中层带（mesopelagic zone，200～1 000 米）达到最高值，之后出现下降（图 3-16）。但在极地海域，MG-Ⅰ 在浅层水体中便可具有较高丰度。同时，MG-Ⅰ 具有明显的季节变化特征，一般冬季的丰度比夏季更高。铵盐浓度、光照、温度和溶解氧等因素对 MG-Ⅰ 的分布具有重要影响。虽然 MG-Ⅰ 偏好有氧生境，但具有较强的低氧耐受性，也可分布于近海和大洋等沉积物中，在有氧寡营养沉积物中可占总微生物群落的 80% 甚至更高。

2. 广古菌门类

MG-Ⅱ 是最早在常规海水环境中发现的古菌类群之一，且随后被发现广泛分布于从热带到极地海域的多种不同生境。海洋中的 MG-Ⅱ 具有与 MG-Ⅰ 显著不同的垂直分布模式，一般在真光层丰度最高，随深度增加丰度随之降低。MG-Ⅱ 的丰度

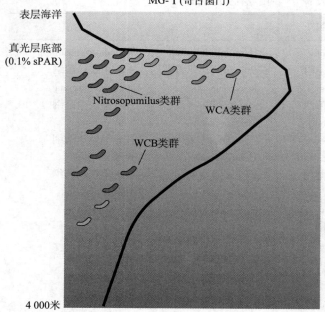

MG-Ⅰ(奇古菌门)

表层海洋

真光层底部
(0.1% sPAR)

Nitrosopumilus类群

WCA类群

WCB类群

4 000米

● 图 3-16　MG-I 在海水中的垂直
分布示意图

表层和深层海水中的 MG-I 分别代表不
同的生态型，*Nitrosopumilus* 相关类群
和 WCA（浅水生态型）主要存在于表层
海水，而 WCB（深水生态型）主要分布
于深层海洋；sPAR：表面光合有效辐射
（修改自 Santoro 等，2019）。

往往与浮游植物爆发呈现显著相关性，与浮游植物具有相同的变化趋势，亦或稍滞后于浮游植物的爆发，最高可占总微生物群落的 30%。类似的，表层以下的叶绿素最大层水体中往往也具有较高丰度的 MG-Ⅱ。

MG-Ⅱ尚未在实验室条件下获得纯培养菌株。关于 MG-Ⅱ生理代谢的研究主要来源于基因组信息。MG-Ⅱ可通过有机物和光获取能量进行异养生活，其具有降解和转运高分子量有机物的潜能，同时具有运动性和表面黏附性，这些特征可能是 MG-Ⅱ往往与浮游植物丰度协同变化的主要原因。此外，在 MG-Ⅱ的基因组中发现了变形菌视紫红质编码基因，表明其可营光能异养生活。MG-Ⅱ与 SAR86 等光合异养细菌占据相似的生态位，二者可能在浮游植物有机物的降解过程中发挥协同作用。以上发现表明，MG-Ⅱ在海洋碳循环中发挥非常重要的作用。基于 16S rRNA 基因和全基因组的系统发育分析发现，MG-Ⅱ主要分为 A 和 B 两个亚类，二者具有不同的分布特征和基因组特性（图 3-17）。例如，MG-ⅡA 一般在夏季具有较高丰度，而 MG-ⅡB 则是冬季的优势类群。MG-Ⅱ的基因组一般小于 2 Mb，但 MG-ⅡA 的基因组大于 MG-ⅡB，具有较高的 GC 含量和鞭毛蛋白编码基因等，但膜转运蛋白和蛋白酶编码基因的比例在 MG-ⅡB 中更高，可能增强了 MG-ⅡB 在相对寡营养的冬季环境中的竞争优势。

3. 深古菌门

深古菌门（Bathyarchaeota）是 2014 年新命名的门，以前被称为杂合泉古菌组（Miscellaneous Crenarchaeotal Group）。深古菌门在海洋厌氧沉积物具有较高丰度，可占微生物总类群的 30%。深古菌门目前尚未有可培养种，基因组分析表明其代谢特征呈现高度多样化，可利用碎屑蛋白、碳水化合物及脂肪 / 芳香类化合物等多种不同类型有机物。与此同时，在深古菌门中发现了产乙酸、甲烷代谢、硫还原等功能

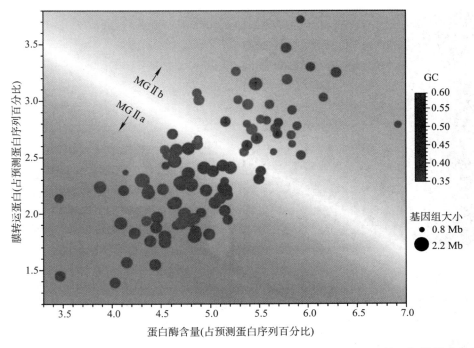

○ 图 3-17　MG-Ⅱ基因组的基本特征及两个亚类群的比较（修改自 Orellana 等，2019）。

基因，表明该类群在沉积物中发挥重要的地球生物化学作用。根据 16S rRNA 基因可将深古菌门划分为至少 25 个亚类群，不同亚类群呈现明显的生境偏好性并伴随代谢能力上的差异。

3.4.1.4　海洋病毒

　　1955 年，R. Spencer 首次报道了海洋病毒的存在。但直到 1989 年，O. Bergh 等通过透射电子显微镜观察海洋病毒，人们才认识到海洋病毒具有非常广泛的分布，丰度远高于细菌，并且能够活跃地感染海洋细菌。这对海洋食物网的传统认识提出了巨大挑战，因为以往认为浮游动物捕食是海洋微生物致死的主要诱因。现有的证据表明，病毒感染可引发 10 ~ 40% 的海洋微生物死亡，在海洋食物网中发挥非常重要的作用。

　　病毒是海洋中数量最多的生物体，在表层海水中的平均丰度可达 10^7 个 /mL（在 10^4 至 10^8 范围波动）（图 3–18）。沉积物中的病毒丰度更高，达到 10^9 个 /cm^3。海洋中病毒的丰度约为细菌的 10 倍，远高于其他浮游动 / 植物。然而，由于病毒的个体微小（平均颗粒大小约为 54 nm），它们仅占海洋总生物量的很少一部分。尽管如此，据估计海洋中所含的病毒总数约为 10^{30} 个，这些病毒排列的总长度为 5.4×10^{22} m，超过 60 个银河系的宽度。

　　海洋病毒的分布呈现明显的垂向分布规律，具有表层高、深层低等特点。2015 年，Nunoura 等人报道了马里亚纳海沟全水深水体样品的病毒丰度，发现真光层的 VLPs 丰度为 5.8×10^6 个 /mL，在 2 000 m 降至 2.4×10^5 个 /mL，随后直至 10 000 m

●图 3-18 基于 SYBR Green I 染色的海洋微生物荧光显微镜图像。数目较多的绿色小圆点即为病毒颗粒，数目较少且相对较大的绿色圆点代表原核生物（引自 Fuhrman，1999）。

水深均稳定在 $2.2 \sim 3.6 \times 10^5$ 个 /mL。海洋病毒的分布受其宿主丰度的显著影响。海洋细菌的丰度通常随水深增加而下降，这可能是造成病毒出现类似分布特征的重要原因。一般认为，表层海水中病毒颗粒的丰度约为细菌细胞的 10 倍。然而，最近的研究表明，病毒：细菌丰度比（VBR）在 1：100 之间波动，并且随水体深度增加发生显著变化，深海中的 VBR 明显高于表层海水。宿主范围和空间尺度可能是造成 VBR 变异的重要因素，例如厘米尺度范围内的细菌和病毒丰度无明显相关性，这可能是微生态位差异所造成的。

　　近年来，以分子生物学为代表的非培养技术已成为研究海洋病毒的主流方法。2002 年，Breitbart 等人首次将宏基因组学应用到海洋病毒领域的研究中来，发现超过 65% 的序列不能与已知序列进行相似性匹配，说明存在潜在的新型序列。这是首批获得的自然环境病毒宏基因组，极大地扩展了已知海洋病毒的多样性。在已知的病毒序列中，双链 DNA 病毒有尾噬菌体目（Caudovirales）是海洋中的优势病毒类群，主要包含肌尾病毒科（Myoviridae）、长尾病毒科（Siphoviridae）和短尾病毒科（Podoviridae）。2018 年，Kauffman 等报道了一种新的无尾噬菌体，代表一个病毒新科（Autolykiviridae）。该病毒在海洋中分布广泛，并且具有较为宽泛的宿主范围。因研究方法（包括 DNA 提取等）的限制，该病毒长期被忽视，因此多种方法的结合使用有助于更为准确的理解海洋病毒的多样性。由于绝大多数海洋病毒宏基因组序列缺少已知同源基因，目前海洋病毒的分类学仍不明确。

　　尽管如此，病毒在局部上层海洋的多样性可比肩全球海洋，符合"种质库"模型（seed-bank model），即不同病毒类群在表层海洋中分布广泛，但其丰度呈现明显的时空变异。病毒的群落组成受水深、温度、溶解氧等多种环境因素的影响，这些环境因子可能直接作用于宿主，引发其丰度和活性的变化，进而对病毒产生影响。例如，在 POV 数据集中，真光层中的病毒群落与无光区具有显著差异，深度是决定病毒群落结构的重要因素。基于蛋白质序列聚类的分析显示，上层海洋病毒具有丰度较高的光合作用、FeS 簇代谢、DNA 代谢以及与宿主复苏相关的基因，而深海病毒含有 DNA 复制起始和修复相关基因，展现出一定的深海适应性。这些结果表明海洋病毒具有显著的生态位区划特征。除空间异质性外，海洋病毒也呈现明显的时间序列特征。有证据显示，海洋病毒在一天内可发生较大变化，但在年际间展现出明显的再现性。

由于病毒可重塑宿主细胞的代谢模式，因此病毒对生态系统的影响始于其感染的开始。病毒裂解宿主细胞后会进一步产生一系列生态影响。首先，如上所述，表层海洋中的病毒感染可引发 10%～40% 的微生物死亡，这一比例在深海和含氧量低的环境中更高（50%～100%）。病毒一般仅侵染特定类群宿主，因此裂解性病毒感染会显著改变其宿主数量，进而调节整个微生物种群结构。病毒对宿主群落的调节往往遵循"杀死胜利者"（kill the winner）理论，即裂解性感染更常发生于高丰度、高活性的优势微生物类群，一旦优势类群开始消亡，病毒因缺少可侵染的宿主其自身数量也随之减少。"杀死胜利者"理论可防止优势微生物类群的过度生长，增加稀有类群的生态位，有利于维持环境中的物种多样性和生态系统稳定性。然而，与"杀死胜利者"理论相反，在某些微生物丰度较高的生态系统中，病毒的数目却处于一个较低的水平，宿主丰度的增加可导致病毒细胞比的降低。这些病毒可能主要采取溶源性感染的方式，搭乘"胜利者"宿主的便车，以完成自身的繁殖。这一理论被称为"搭乘胜利者"（piggyback the winner）理论，但其认可程度目前仍持有较大争议。

3.4.2 海洋微生物的环境适应

海洋微生物存在于海洋中的各种不同生境，从表层海水到海沟深渊、从海底沉积物到岩石圈、从冷泉到热液喷口等均能找到它们的身影。海洋微生物在适应不同生境的同时伴随着丰富的代谢模式，展现出了多样化的营养类型。因此，海洋微生物的时空分布特征是其环境适应的结果，正是由于海洋微生物广泛的分布特征、显著的数值优势及特殊的生命形式，已使其成为海洋科学和生命科学关注的焦点，是探索海洋奥秘的重要窗口。

3.4.2.1 时空分布特征

1. 时间分布特征

海洋是一个开放且动力过程复杂的环境，洋流、潮汐、温度、光照等环境条件会随时间变化发生显著改变，造成不同时间尺度上的微生物变化特征。一般情况下，群落组成在几天时间内即可发生显著变化，但对于生长速度快（代时短）的 γ- 变形菌纲和黄杆菌纲来说，它们在适宜条件下会快速生长，几个小时内即可引发群落的显著改变。蓝细菌（如聚球藻和原绿球藻等）还表现出明显的昼夜节律变化：白天合成叶绿素进行光合作用，晚上细胞开始分裂。突发事件（如风、雨等）也会造成微生物群落在一天内发生快速变化。此外，多数海洋微生物的轮转时间在一天至一星期内，它们会受海洋中尺度涡等过程的影响，在天 - 星期的时间尺度上发生变化。例如，当浮游植物爆发时，微生物会在几个星期内发生明显的群落演替过程：黄杆菌纲快速响应藻类暴发，之后被 γ- 变形菌纲和玫瑰杆菌类群所取代；当营养浓度降低时，SAR11 成为优势类群。

　　以月为单位进行样品采集在海洋微生物的时间序列研究中最为常见，但季节性变化特征往往更加明显（图 3–19）。太阳角度（光强和紫外线等）、天气、营养和海水混合强度等随季节变化显著（冬季风力加强，对流混合明显，垂直分层减弱，深层水中的营养物质被运输到表层海水）。温度、昼夜长度、陆地径流和大气沉积等也具有明显的季节性差异。一般而言，冬季的微生物多样性高于夏季（冬季低温使微生物的生长和代谢速率降低，从而为更多微生物类群的生长提供了生存空间），但受局部环境影响，不同海区中微生物群落组成的季节变化模式并不一致。例如，聚球藻属往往在冬季寡营养海区占据优势，但在冬季富营养海区丰度可达一年中的最低值。季节变化每年均会发生，年际上较为稳定，因此微生物会通过"微进化"以适应这一节律性的外界环境变化。如上所述，SAR11 可划分为多个不同亚类群，它们分别在不同的季节达到丰度最大值；广古菌门中的 MG–Ⅱ 也表现出类似的分布特征，MG–ⅡA 和 B 分别在夏季和冬季具有较高丰度。

　　相比季节变化模式，年际间的微生物群落组成更加稳定，但在厄尔尼诺等年度极端事件的影响下，也会呈现一定程度的波动。另外，在气候变化的大背景下，全球海水温度逐渐升高，局部缺氧程度不断增强，这些因素可导致微生物出现定向的和可预测的变化。一项持续近 50 年的观测发现，弧菌在英国北海近岸浮游菌群中所占的比例随海水温度升高逐渐增加，表明温度是调控弧菌生长的关键因素，弧菌

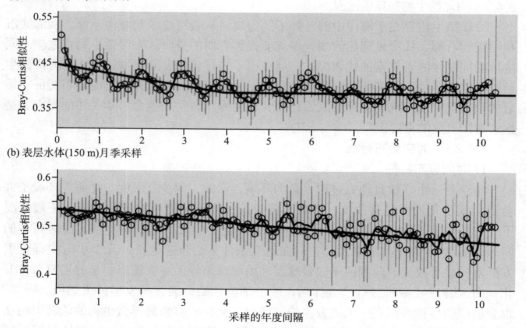

(a) 表层水体(5 m)月季采样

(b) 表层水体(150 m)月季采样

采样的年度间隔

● 图 3-19　圣佩德罗海洋时间序列（San Pedro Ocean Time-series）采样，使用自动核糖体间隔区基因分析（ARISA）技术进行不同时间样品的 Bray-Curtis 相似性（beta 多样性）分析。（a）：表层水体；（b）：150 米水体（修改自 Fuhrman 等，2015）。

有潜力成为指示海洋变暖的生物感应器。

不同深度水体中微生物的季节变化模式具有较大差异。一般而言，季节性变化特征在表层海水中最为明显，随水体深度增加，季节性变化会减弱（图 3–19b）。

2. 空间分布特征

（1）水平分布特征

在全球尺度上，极地区域的环境特征与热带和亚热带生境具有显著差异。作为微生物生态学的重要科学问题之一，微生物多样性随纬度的变化情况是生态学家一直关注的焦点。2013 年，Woo Jun Sul 和 Anthony Amend 分别使用国际海洋微生物普查项目（international census of marine microbes project，ICoMM，2005—2010，旨在采用标准化的样本采集和数据分析方法，在全球尺度上探究海洋微生物的多样性）所得数据对海洋细菌随纬度的变化趋势进行了研究，发现细菌在低纬度海域的物种多样性高于高纬度区域，这一随纬度增加物种多样性降低的趋势在南北半球均有发现。除海洋细菌外，古菌、真核微生物及病毒均表现出类似的纬度变化趋势。此外，海洋细菌的纬向分布范围从高纬度区域向低纬度区域逐渐变窄（符合 Rapoport 法则，指物种分布区宽度随纬度增高而增大的现象）。低纬度海域中微生物较窄的分布范围可能是产生高物种多样性的重要原因。

南极和北极虽然具有类似的寒冷环境，但其细菌群落组成具有显著差异，仅有不到 30% 的物种为两极地区共享。尽管如此，与其他低纬度海域相比，两极的细菌群落组成更为接近。2015 年，Shinichi Sunagawa 等人对全球范围内不同海域中（样品通过法国科学家实施的 Tara Oceans 全球航次采集，2009—2013，图 3–20）的浮游原核微生物群落进行分析发现，中低纬度不同海区中的微生物群落也具有显著差异（图 3–20），其主要受海水温度的控制，相近温度海水中的细菌群落组成相似性更高。另外，受营养浓度的影响，近海和大洋中的微生物群落组成也具有明显区别。除环境因素影响外，地理距离也是造成群落差异的重要因素。Lucie Zinger 等人（2014）对 ICoMM 的数据进行分析发现，站位间的地理距离与海洋细菌群落的相似性呈显著负相关，即地理距离越大，群落组成的差异性越大。这一模式被称为"距

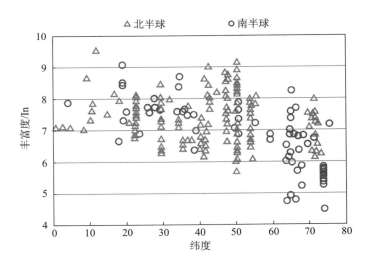

○ 图 3-20　表层海洋细菌丰富度（对数变换）的纬度变化（改自 Gasol 和 Kirchman，2018）。

离 – 衰减（distance-decay）"模式，是解释微生物空间变化规律的主流模式，表明微生物在海洋中的分布具有扩散限制（dispersal limitation）效应。

（2）垂直分布特征

海洋平均水深约 3 800 m，最深处的马里亚纳海沟深度超过 11 000 m。与表层海洋相比，目前对黑暗深海中微生物多样性的认知较为薄弱。然而，已有报道表明深海中具有更高的物种丰富度，且多数种类（>50%）为尚未被鉴定的新物种。微生物种类组成在海水深度上的垂直变化比在水平方向上（不同海区）的变化更加显著。对 Tara Oceans 全球航次采集样品的研究发现，在全球范围内，表层和中层海水间的微生物群落组成具有显著差异，且这一异质性明显高于同深度不同海区间的群落异质性。α– 变形菌纲、蓝细菌和拟杆菌门是表层水体中的优势类群，而 γ– 和 δ– 变形菌纲在深层水体具有更高丰度。如前所述，奇古菌 MG–I 也是深海水体中的主导微生物类群。一项对全球范围 4 000 m 深海水体的调查研究显示，交替单胞菌属（γ– 变形菌纲）和 MG–I 在所有样品中的丰度最高。受深海观测和采样技术的限制，绝大多数有关深海微生物多样性的研究聚焦于 4 000 m 以浅水体，而较少关注水深超过 6 000 m 的深渊区域。深渊主要分布于海沟区域，具有特殊的"漏斗"形地貌，孕育了独特的以异养细菌（γ– 变形菌纲、拟杆菌门和 *Marinimicrobia*）占主导的微生物类群。水平和垂直搬运的有机物在海沟深处的积累可能是使异养细菌得以富集的主要原因。最近有研究在马里亚纳海沟近底层水体中发现了高丰度的烷烃降解菌，其种属组成与普通石油污染生境具有明显区别，进一步证实了深渊微生物群落结构的独特性。

> 彩图 3-2
> 深渊微生物类群

沉积物中的微生物群落结构与海水具有显著差异。一方面，单位体积沉积物中的营养含量更高，使得底栖微生物的丰度远高于浮游微生物；另一方面，沉积物往往是厌氧环境，特别是近海沉积物的含氧层往往仅为数毫米，厌氧或兼性厌氧微生物是这些沉积物中的优势类群，它们能够以硝酸盐、铁锰氧化物、硫酸盐等作为电子受体。这些微生物包括 γ–、δ– 变形菌纲、浮霉菌门和厚壁菌门等细菌类群，古菌中的深古菌门也是海洋中典型的优势底栖古菌。比较而言，寡营养大洋海域沉积物中的有机物含量一般较低且微生物活动弱。这些沉积物中可具有充足的氧气，如在南太平洋环流区，氧气可穿透整个沉积层，塑造了独特的微生物群落结构。

3.4.2.2 环境影响因素

1. 温度

根据世界气象组织的数据显示，目前的全球平均气温已较工业化前（1850—1900 年）高出约 1.0℃。随着大气二氧化碳浓度的逐年上升，全球气候变暖持续加快。与此同时，全球平均海表温度也表现为显著升高趋势。温度是全球尺度海洋水体中微生物群落变化的最重要环境因素，温度变化对微生物的生理活性具有重要影响。一般来说，温度升高会使微生物的呼吸代谢有所加强，进而提高其生长速率，有证据显示，温度与海洋细菌生物量的相关性显著高于叶绿素 a 和溶解有机物等其他环境因素。如果以 Q10（每升温 10℃时代谢速率的变化）来描述微生物响应升温的生理变化，海洋细菌的 Q10 约为 1～3。海洋微生物对温度变化的响应往往在高纬度低温海域更加显著，但也有报道显示温度升高对高纬度海域的细菌生长没有显著的调控作用。

不同类型微生物的最适生长温度不同，因而对温度变化的响应模式呈现较大区别。例如，异养微生物和光合自养微生物对温度的响应有所不同，温度对前者的影响更为明显，这主要是因为后者的光反应不受温度的控制。然而，光合自养微生物的暗反应和呼吸作用等也会受到温度因素的影响。在不同温度下，细菌生长受溶解有机物等其他环境因子的调控作用也具有明显区别。在暖水中，海洋细菌对有机底物浓度增加的响应往往更加迅速。因此，温度不仅对海洋微生物具有直接调控作用，也可同其他环境因子产生交互影响。

2. 盐度

盐度是全球尺度细菌多样性的主要驱动因素，并导致陆地和海洋环境中的微生物群落组成具有显著差异。盐度是河口和近海区域最主要的环境梯度，造成上下游区域完全不同的细菌群落组成，上游淡水区域一般以 β– 变形菌纲和放线菌门为主要类群，而下游海水区域以 α– 和 γ– 变形菌纲占优。严格意义上讲，所有海洋细菌均需要 Na+ 才能进行正常生长，弧菌也是如此。有研究指出，盐度是海洋弧菌分布的最重要因素之一，一般弧菌的丰度随盐度的升高而升高，但弧菌的生长具有一定的盐度耐受范围，当盐度超过这一范围时，便可成为抑制因素。相比河口和近海区域，盐度在大洋水体中的变化幅度较小，因此对微生物群落变化的贡献度较低。

3. 溶解氧

根据对氧气需求的差异，微生物可分为好氧、厌氧和兼性厌氧三大类。如上所述，海水中的微生物群落组成与沉积物完全不同，而溶解氧是导致这一变化的最主要环境因素。好氧微生物占据大多数海洋水体，它们以氧气作为电子受体进行有氧呼吸。随着溶解氧浓度的降低，能够利用其他氧化物（硝酸盐等）作为电子受体的厌氧 / 兼性厌氧微生物存活下来，进而引发代谢模式的显著改变。在缺氧或无氧情况下，微生物的厌氧代谢会增强甲烷、氧化亚氮等温室气体的释放。通常将水体溶解氧低于 3 mg/L 的区域称为低氧区，低于 2 mg/L 的区域称为缺氧区。

部分近海区域的底层水体频繁发生季节性缺氧，这一现象与海水富营养化密切相关。夏季过高的营养盐浓度会加速浮游植物生长，为底层水体中的异养细菌提供丰富的食物来源；异养细菌呼吸会消耗大量氧气，当其消耗量大于供给量时，便会发生缺氧。例如，长江口近岸底层海水每年夏季均会发生缺氧现象，缺氧水体中的微生物群落组成与非缺氧区具有显著差异。另外，海洋水体中存在最小氧气区（oxygen minimum zone，OMZ）。OMZ 主要分布于东北太平洋、东南太平洋、孟加拉湾和阿拉伯海等海区的 200～1 000 m 深度水体之间，一般定义为每升水中的溶氧量低于 20 μmol。OMZ 水体中具有高丰度的厌氧氨氧化细菌和反硝化细菌，在氮的循环转化过程中发挥重要作用，该区域微生物介导的氮损失约占海洋氮移除总量的50%。海洋升温也可使海水中的溶氧量降低，导致缺氧区范围的进一步扩大。目前全球海域中含有近 500 个 OMZ。

4. 营养物质

（1）无机物

无机物对自养和异养微生物的正常生长至关重要。含氮、磷和铁等重要元素的无机物是海洋生物的重要营养组分。氮是生物体的重要组成元素，它不仅可作为营养物质，可能为微生物生长提供能量。氮在海洋中以多种形式存在，包括 NO_3^-、NO_2^- 和 NH_4^+ 等。微生物（蓝细菌和部分异养微生物为主）对分子态氮气的固定是海洋中氮元素的最主要来源。表层海水浮游生物生长消耗大量的 NO_3^-，使得海洋中 NO_3^- 的浓度呈现表层低、深海高的分布特征，因此 NO_3^- 往往是浮游生物生长的最主要限制因子。与 NO_3^- 相比，吸收利用 NH_3/NH_4^+ 的能耗更低。然而，大洋海水中的 NH_4^+ 浓度一般低于 NO_3^-，一个重要原因是微生物可通过硝化作用将 NH_4^+ 转化为 NO_3^-。海洋微生物和浮游植物均可利用 NH_4^+ 和 NO_3^-，因此二者在氮营养获取方面存在一定程度的竞争作用。NO_2^- 在有氧水体中很快会被亚硝酸盐氧化细菌所氧化，因而其浓度往往也处于较低水平，但一些原绿球藻细菌具有吸收利用 NO_2^- 的能力。在厌氧水体中，NO_2^- 可作为厌氧氨氧化细菌的底物，OMZ 水体中的厌氧氨氧化细菌的丰度往往受到 NO_2^- 浓度的制约。

磷也是微生物和浮游植物生长的必需营养元素。PO_4^{3-} 是海洋中磷元素的主要存在形式，具有与 NO_3^- 相似的垂直分布趋势。海洋细菌可合成对 PO_4^{3-} 具有高亲和性的转运蛋白，以此达到与浮游植物竞争磷元素的目的。在 PO_4^{3-} 相对匮乏的海区，微生物还可利用磷酸酯（含有特殊的 C–P 键）作为磷源。另外，微生物（如 SAR11 类群）还可通过改变自身细胞膜脂组成，增加无磷脂质的含量以适应磷限制环境。

铁是多数海洋微生物关键酶的辅因子，在光合作用、固氮作用，呼吸作用和三羧酸循环过程中发挥重要功能。因此，铁是所有微生物生长所必需的微量营养元素，并且和其他元素的循环过程紧密相关。在有氧条件下，二价态铁化合物极易被氧化成三价态的氢氧化铁，但氢氧化铁高度不溶水，导致大洋中的溶解态铁含量极低，因此铁同样是限制海洋初级生产力的一个重要因素。在南大洋等水体中，虽然氮和磷等营养盐含量较高，但铁匮乏限制了这些区域中浮游植物的生长，造成"高营养盐低叶绿素"的特殊现象。异养细菌对铁的需求比浮游植物更高，多数细菌类群可分泌铁载体以获取环境中痕量的铁。海洋细菌分泌铁载体也是其与其他生物竞争获得有利生态位的重要武器。

（2）有机物

溶解有机物是异养微生物的物质和能量来源。溶解有机物的浓度一般近岸高、远海低，表层高、深海低，与多数异养微生物类群（如黄杆菌纲）的丰度呈显著正相关。海洋中的溶解有机物具有高度化学多样性，不同种类微生物可利用的有机物种类有所区别，其有机物代谢机制也呈现较大差异。一般来说，表层海水中有机物的可利用性强，较易被降解；而深海中的有机物惰性较强，难以被微生物利用。许多深海中的微生物衍生出较强的惰性有机物代谢能力。在沉积物中，有机物含量是影响微生物丰度和群落组成的最重要环境因素之一，有机物含量往往与沉积物中的微生物丰度具有显著正相关关系。

第四章 海洋种群、群落与生态系统

4.1　种群概述

4.1.1　种群的定义与特征

4.1.1.1　种群的定义

种群（population）源于拉丁文"populus"，其含义为人或人群，所以曾被译为"口"。在早期有关种群研究的文章中就出现过虫口、鸟口、鱼口等。其后，为了既能确切地反映出该名词的真正含义，又能被广大生态学家所接受和采用，确定了种群这一专用名词。种群是指在一特定空间内同一物种个体的集群，是生态系统的基本组成单元。

4.1.1.2　种群的特征

（1）种群占有一定的空间：在分布空间的中心部分，对种群生存分布来说往往是最适宜的环境条件。分布空间的边缘则往往处于波动变化较大的状态。有时种群分布空间会出现交叉，这是不同物种生物对环境条件要求差异的反映。因此，在自然界中存在着若干个体同属于一个物种的单一种群（single species population），而混合种群（muti-species population）是指若干个体集群中包括有密切相关的数个物种，彼此或混合一起或合并在一起。

（2）种群有一定的发展过程：即生长、分化、衰老和死亡。

（3）种群有一定的组成与结构，如年龄结构（age structure）、性别比例（sex ratio）等，并经常处于动态变化之中。它们对种群的调节、种群动态趋向的预测是非常有意义的。

年龄分布（age distribution）是种群的群体特征之一，是指种群各年龄组个体所占的比例，可以反映出其存活历史、繁殖和未来生长潜力。所以是物种结构的重要特征。种群的出生率、死亡率以及增长潜力均与年龄分布密切相关。尤其是不同年龄组（age class）的比例对种群增长发展的趋势和预报具有重要的决定性作用。种群的出生率与环境内具有生殖能力的个体成正比。死亡率则与种群内老龄个体数及其所占比例密切相关，通常是比例增大，死亡率相对增高（图 4-1）。

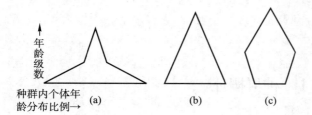

● 图 4-1　3 种种群年龄结构的椎体金字塔

（a）增长型；（b）稳定型；（c）衰退型

博登德海默（Bodenheimer，1938）曾将种群内个体的年龄分布划分为三个时期，即繁殖前年龄（prereductive age）、繁殖年龄（reproduction age）和繁殖后年龄（post reproductive age）。

理论上，种群具有倾向于形成相对稳定年龄分布的特征。即种群内不同年龄个体数量组成比例基本上呈现稳定状态。实际上，种群内个体年龄分布是处于不断地改变之中，但它不会影响种群的大小，这是因为种群具有一个正常的或稳定的年龄分布，而年龄结构分布的改变正是趋向这一稳定分布。如果因栖息环境突然变化或来自其他种群暂时性的迁入和迁出而引起稳定状态的破坏，一旦栖息环境条件等恢复正常，种群就会重新趋向稳定。如果引起稳定状态改变的因素是长时期的，就会导致一种新的稳定年龄分布。

性比（sex ratio）是指种群内具有生殖能力的雌、雄性个体数间的比例。是种群结构和变化的一种反映。性比对种群内个体的配偶和繁殖能力具有很大的影响。性比可以分为第一性比，即受精卵的雌雄比例，通常为 50∶50；进入幼体阶段性比可能会发生改变，通常是雄性多于雌性，从幼体到性开始成熟阶段，由于种种原因性比还要继续改变，通常是雌性多于雄性，此时为第二性比；其后，随着年龄增长和性成熟，性比越来越明显地向有利于雌性的方向发展，此时雌性与雄性的比例称为第三性比。种群性比除了与遗传因素有关以外，环境及其变化也是引起性比变化的一个重要因素，其实质是对环境变化的一种适应。如海洋鱼类种群当生活条件（包括营养条件）非常优越时，往往会增加雌性个体在性比中的比例以增强繁殖力；反之，增加雄性个体比例，其种群的繁殖力就会明显的降低。

（4）种群有一定的数量变化规律——种群调节（population regulation）。种群一词本身就含有量的概念，它既是"绝对"的，如生物个体实数或总生物量；又是"相对"的，如单位面积或体积中的密度（即单位面积和体积中有机体的个体数）。在生态学研究中，后者是经常用到的，而在海洋水产生产实践中前者则更具有重要意义。种群数量处于动态变化之中，并具有一定规律。一般情况下，种群数量变动有一个基本范围，这与种群的群体特征有关。

（5）种群具有一些与种群生态学有关的遗传学特征，如适应能力、生殖适应性和持续能力等。因此，同一物种种群间会存在着形态、生理和生态特征上的差异，从而使同一物种的种群有时可以划分为不同的生态种群——族（race），或地理种群——亚种（subspecies）。如中国近海大黄鱼（*Pseudosciaena crocea*）由于上述原因可以划分为三个不同的地理种群：岱巨族种群、闽–粤东族种群和硇洲族种群；又因繁殖季节的差异分为"春宗"（spring race）和"秋宗"（autumn race），分别称为春季繁殖群和秋季繁殖群（同一地理种群下属的不同生态群）。

4.1.2 种群数量的统计方法

种群处于数量不断变动的动态之中，当环境有利时，种群数量增加；环境不利时，种群数量则减少甚至消亡；环境条件相对稳定时，种群数量也有变动，但幅度较小；种群数量的增加或减少，实际上取决于出生与死亡，迁入与迁出的对立过程。图4-2非常形象地展示了这一现象。种群数量统计通常有以下几种方法：

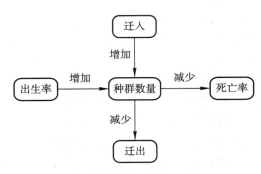

● 图 4-2 决定种群数量的基本过程

（1）所有个体的直接计数：是指某一范围内某些大型的和有可能计数的全部生物。

（2）各阶段（不同年龄）与各个类别（不同性别）的直接计数。

（3）连续记录：已知种群的数量后，连续跟踪观察记录其在不同时间内的增减与变化。

（4）取样调查法：在不能对栖息于环境中某一动物的全部个体进行直接计数的情况下，取样调查法是常被采用的方法之一。尤其在海洋生物生态学调查研究中，往往就是通过定点和定量取样法来了解某一动物种群空间分布和数量变动状态。

（5）标志重捕法：该方法适用于海洋鱼类种群数量统计。在调查水域捕捞一部分个体将其标志，然后放回海中。经过一定时间后进行重捕，根据重捕中标志个体数的比例与水域总数中标志比例相等这一假定前提，进行水域中某一鱼类种群数量的估计。

假定水域中某种鱼类的个体数为 N，其中标志鱼类个体数为 M，重捕鱼数为 n，重捕鱼中标志个体数为 m，即：

$$N : M = n : m$$

$$N = \frac{M \times n}{m}$$

水域某种鱼类个体 N 被称为彼得逊指数（Peterson index）。通常 m 越大，所得 N 越可靠。目前，随着统计学的发展，标志重捕法日趋完善并出现许多变型，越来越受到欢迎与使用。

（6）间接方法：粪团计数、植物色素之测定、食物消耗测定、耗氧量测定等。

（7）其他方法：包括综合方法、理论分析法等。

4.1.3 种群的结构

种群以或大或小的群体在空间分布，是种群利用空间的一种形式。种群的空间分布与数量变动是生物与其生存环境相互作用结果的反映，而种群的空间分布与数量丰度实际上又是一个问题的两个不同的方面。

生物种群在分布空间内通常都有一个分布中心，该区域种群数量最高。从分布中心向边缘延展，种群数量会逐渐减少，而且波动较大。空间分布的边缘界限由于受环境条件的影响也常有改变，在环境条件好的年份，其分布范围会扩展一些；在环境条件不利的年份，其分布范围就会缩小一些。在分布空间范围以外的地区也就是种群数量为零的区域。显然，种群数量变动和分布往往是受着同一些环境因素控制着的。

4.1.3.1 种群空间分布模式

种群空间分布模式概括起来有三种基本模式：随机分布（random distribution）、规则分布（regular distribution）和成群（或集群）分布（clumped distribution）（图 4-3）。

随机分布是种群内个体在分布空间内的一种无规则的空间分布模式。种群的每一个体在种群空间分布区域内各个点上的出现机会都是均等的，并且在一个点上某一个体的存在并不会影响另外个体的分布。随机分布的表现形式是有的点上有生物个体分布，有的点上个体则很少或没有个体出现。这种分布模式在自然界中是比较少见，只有在种群内个体之间没有彼此吸引或排斥时才出现这种分布。

规则分布又称均匀分布（uniform distribution），指个体在种群领域中的各个点上都有分布，并呈均匀状，即个体分布之间的距离几乎是相同的。这一形式很可能出现在个体间竞争激烈，或正对抗的作用促使种群产生了均匀的空间间距。在自然界中，种群内个体呈规则分布比较少见，但生活于淡水水域内的某些微型藻类的分布基本上是呈规则分布的。

成群分布是最普遍的，在分布空间内个体分布一般是成群的或块状分布，即种群领域的某一点上个体有很高的出现频率。成群大小不同主要是由生物本身所具有的集群习性和环境特点所致。另外，如果种群中的个体有形成不同大小群的倾向，如动物配偶、植物的营养关系等。那么，种群内个体的分布则往往更接近于随机分布。

大约有 4 000 余种鱼类种群内个体的分布是成群的或块状分布的，并且常是以单一物种形成的种群分布，偶尔也发现不同大小群和不同物种种群混在一起的情

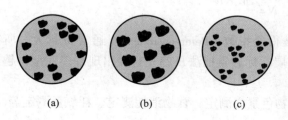

(a)　　　　(b)　　　　(c)

● 图 4-3　三种种群空间分布模式（引自 Molles，1999）
（a）随机分布；（b）规则分布；（c）成群分布

形。这在鱼类生态学上具有重要意义，实际上也是种群对环境的适应。许多鱼类在幼体阶段善于集群以便于保护和免受捕食者的侵害，成体则喜欢分散分布以便觅食。另外，在鱼类、虾类等动物生命周期中的不同时期也常形成临时性的成群分布或斑块分布，如产卵种群、索饵种群和繁殖洄游种群等。观察研究进一步表明，种群内个体在空间的分布模式除了具有生物本身的特点以外，还是物种为了繁衍而对所栖息生活环境的适应以及物种与环境因素相互作用结果的一种表现形式。另外，种群内个体可以相互吸引（attract）、相互排斥（repel）或彼此互不干扰。个体间彼此吸引即形成成群分布模式；个体彼此间避免或要求排除使用破碎的区域即可以形成规则或随机分布模式；以营养物质呈斑状分布的环境、繁殖场所和水域也可以促使形成成群分布模式。资源完全均匀分布的环境则倾向随机或规则分布。

4.1.3.2 种群密度

自然界中，种群密度（population density）是指单位面积或体积内该种群的个体数量、生物量或能量。但组成种群的个体数是在不断地变化的，因此种群密度实际上是指即时种群内的个体的数量（生物量）。如土壤和水域中细菌种群的个体数很大，每立方厘米的个体数可能超过 10^9，但生物量则往往很低；浮游植物每立方米个体数也常常可以达到 10^6；而大型哺乳动物和鸟类的种群密度则较小，每平方千米可能会不足一个。

种群密度是物种种群生存和延续的一种非常重要的生态参数，种群内个体的大小、呼吸、营养、生长、繁殖、存活率等都与密度密切相关。种群密度既受其所栖环境因子的影响，而种群本身同样具有调节其密度的机制，以适应环境的变化。事实上，每一物种种群生存于特定的环境中，由于种群发展与栖息环境之间形成了一极为密切相关关系，存在着一个种群最适密度（optimum density）即阿利氏定律（Allee's Law）。种群密度过疏（under crowding）或过密（over crowding）都会对种群产生抑制作用。阿利氏定律对于保护濒临灭绝珍稀动、植物的保护是具有非常重要意义的，其实质就是要保证拥有一定的密度（图4-4）。

4.1.4 种群的动态变化

种群是一客观的生物学单位，它具有一定的生物学常数和围绕这些常数变化的一定极限。种群动态是种群生态学研究的中心问题，而种群密度又是种群动态研究

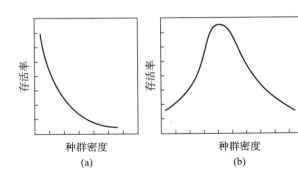

○ 图 4-4　阿利氏定律（引自 Odum，1971）

（a）对某些种群，种群密度小时存活率高；

（b）另一些种群，种群密度中等时最有利，过疏和过密都是有害的

中的主要内容。种群密度变化是种群与其生存环境间相互作用的结果，具体反映在生殖力、死亡率以及迁移的变化上。

4.1.4.1 生命表

一物种与另一物种比较，其存活模式会有很大的差异，即使同一物种由于其环境的不同也会出现相当的变化。某些物种其产卵量可以达到上百万，然而其死亡率也是很高的；另一些物种的产卵量尽管很少，但是在成体的抚育下，幼体可以缓慢地长大，实现很高的存活率。而一些活力较差的物种则往往表现出中等水平的繁殖和存活率。为了适应辨别物种存活模式的实际需要，种群生物学家创立了生命表（life table）。种群的存活率和死亡率明显地随着种群年龄分布及其变化而受影响。

生命表能系统地表示出种群内个体死亡的过程其最初是由人口统计学工作者所设计的一种统计方法，是用于人寿保险中评估不同年龄段人口的期望寿命。生命表分为两种类型。

动态生命表［dynamic life table，或称同生群生命表（cohort life table）］，即根据同一时期的物种种群不同年龄个体组生存或死亡数据所编制的，所以又称特定年龄生命表（age-specific life table）。由康内尔（Connel，1970）所编制的藤壶生命表就属于这一类型（表4-1）。

◎ 表4-1 藤壶（*balanus glandula*）生命表*

年龄 x	各年龄开始的存活数目 n^x	各年龄开始的存活分数 l_x	各年龄死亡个体数 d_x	各年龄死亡率 q_x	生命期望平均余年 e_x
0	142	1.000	80	0.563	1.58
1	62	0.437	28	0.452	1.97
2	34	0.239	14	0.412	2.18
3	20	0.141	4.5	0.225	2.35
4	15.5	0.109	4.5	0.290	1.89
5	11	0.077	4.5	0.409	1.45
6	6.5	0.046	4.5	0.692	1.12
7	2	0.014	0	0.000	1.50
8	2	0.014	2	1.000	0.50
9	0	0	—	—	—

* 对1959年固着的种群进行逐年观察，到1968年全部死亡。

静态生命表（static life table）是根据某一特定时间（通常不超过一年）对种群内个体不同年龄分布状况并对不同年龄组个体的死亡率而编制的，所以又称特定时间生命表（图4-5）。静态生命表的编制通常有三个假设根据：种群的度量是静态的；年龄分布是稳定的；种群内迁入、迁出的个体是平衡的。

4.1.4.2 存活曲线

生命表对测定种群存活（曲线）模式是非常有用的。根据生命表就可以绘制出

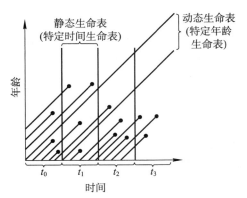

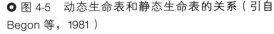

● 图 4-5　动态生命表和静态生命表的关系（引自 Begon 等，1981）

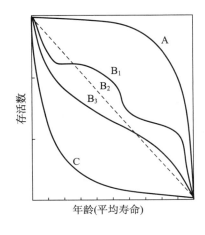

● 图 4-6　存活曲线类型（引自 Odum，1971）

1. 存活曲线 A（或称凸型存活曲线）：幼体的死亡率低，比较老的个体死亡率高。即接近生理寿命之前死亡的个体不多，死亡率一直是低的。包括人类在许多大型动物都属于这一类型。

2. 存活曲线 B（对角线型）：整个生命过程中各不同时期的死亡率基本上是一致或不变的。海洋腔肠动物水螅种群的存活曲线即属于这一类型。

3. 存活曲线 C（或凹型曲线）：幼体阶段（营浮游生活期或附着之前）死亡率高，一点附着开始营固着生活以后个体的死亡率就很少了，而其生命期望（life expectancy）就会明显延长（如软体动物的牡蛎、贻贝、甲壳类的藤壶等）。

种群内个体的三种存活曲线（图 4-6）。存活曲线是以相对年龄（平均寿命）为横坐标，以存活的相对数为纵坐标构成的曲线。

4.1.4.3　种群数量变动的决定因素

种群数量是种群生态学研究中的重要内容之一。从传统的生物学观点来看，种群数量变动有三个主要综合因素，即出生率、死亡率和散布。如果考虑生物量的变动还需增加生长。

1. 出生率

所有动物都有生和死的现象与过程。出生率（natality）（繁殖）对保持物种（种群）的延续（persistence）是极为重要的。其中最简单的方式是分裂繁殖，如原生动物变形虫单纯地从一个分裂为两个完全相同的新个体就是典型的例子。海洋生物的繁殖方式极为多样化，其中有性繁殖和无性繁殖为主要方式，有时为了保证个体的大小，两种方式交替进行也是常见的情况。另外，虽然某些生物主要进行无性繁殖，但在其生活史的某个时期也进行有性繁殖。因为只有靠基因的混合和重组，才能使物种种群保持其遗传的多样性。大多数海洋动物都是以有性繁殖方式，即雄性的精子与雌性的卵子相结合，然后经过胚胎发育成长至成体这样一个繁殖过程来维持（进行）物种延续的。极少数动物卵子和精子是由同一个体排出，这种动物被称为雌雄同体动物（如软体动物中的扇贝等）。

出生率是种群增加的固有能力，是指任何生物种群产生新个体的能力或速率。当种群所处环境非常优越，即在无任何生态环境因子限制的理想条件下（繁殖只受生物生理因素所限制），单位时间内任何物种种群都将会无限制地增加新的个体。然而，这个最大的种群内个体增加数量是理论上的最大值，所以称最大出生率（maximum birth rate）或潜在出生率（potential natality）或生理出生率（physiological natality），对某一特定种群来说它是一个常数。但是，这样的情况在自然条件下是不会出现的，因此最大出生率只能是种群在理想的生活条件下（无任何生态因子限制作用，繁殖只受生理因素限制）产生新个体的理论上限。种群一般是在真实或特定环境条件下增长，该出生率称为生态出生率（ecological birth rate）或实际出生率（realized natality）。该出生率是随种群的组成和大小以及生活环境的理化条件的变化而改变的，在实际应用中出生率是指种群的平均出生率。最大出生率是一个常数，它可以与实际出生率进行比较，另外还可以在物种出生率的预测建立数学模型时予以应用。

出生率的变化很大，并受以下几个方面的制约：

（1）繁殖周期：不同物种的繁殖周期差异非常明显，并呈现出一定的规律。海洋哺乳动物如鲸类每 2～3 年繁殖（产仔）1 次，脊椎动物鱼类、甲壳类动物的虾类、蟹类一般每年只繁殖 1 次，软体动物的蛤仔每年可以繁殖 2 次，而某些低等甲壳类（如枝角类）几天就可以繁殖一次。

（2）产卵数量：物种后代的数量并非完全依据生物产卵数量的多少，重要的是受精卵的数量和发育阶段存活率（或死亡率）的高低，特别是从受精卵到个体性成熟这一期间死亡率的高低。这一现象在生态学上称为延存。不同物种的延存数量差异很大，并表现出不同的结果。生物的延存数量除了与物种密度、年龄分布等有关以外，栖息环境中各不同因素（营养、水温、敌害等）的影响也是非常重要的。与此同时，这也是不同物种进化的差异。

通常情况下，各种动物的不同繁殖力是它们长时期对生活环境适应的结果。高繁殖力是对高死亡率的适应，例如海洋鱼类其卵和幼体经常被海流所带走，或被其他动物所捕食，或由于不能及时得到食物而饥饿等原因导致其死亡率很高，如果没有高的繁殖力，其种群就不可能得到延续。相反，低繁殖力是对低死亡率的适应。

制约生物出生率的因素除了繁殖周期、产卵数量以外，生物的寿命、性成熟年龄以及胚胎发育期间时间的长短均具有一定的影响。动物出生率的高低主要是受内源性控制调节，不过外部环境因子，尤其是温度对生物出生率的影响是非常重要和显著的，其实质还是物种内个体调节在起主要作用，进而反映在季节、年变化上。因此，在讨论种群动态时，对内源性控制调节应该予以充分重视。当然，也不能排除外部环境因子对种群数量变动影响的重要性，只是主次而已。

2. 死亡率

死亡率（mortality）是种群减少的一个重要原因，是指种群在单位时间内个体死亡的数目。生物个体寿命可以分为生理寿命（physiological longevity）和生态寿命（ecological longevity）两个概念。生理寿命是指种群内个体在最适宜的环境条件下完成生理上的发育生长，直至衰老死亡所达到的寿命。当然，在这种情况下种群的死亡率最低。种群的生理寿命是指种群处于最适宜的环境条件下的平均寿命。许多动物（海洋鱼类）和植物似乎没有生理衰老现象，因而生理寿命似乎是无限的。一般生物很少能够达到生理死亡。这是因为生物在自然环境中经常要受到一些不利的或限制性的生态条件的影响和压迫（如敌害、疾病、缺乏食物等）而致使死亡。因此，生物的实际平均寿命要比生理寿命短甚至短许多，这被称为生态寿命，亦即种群内个体的平均实际寿命。对绝大多数海洋动物来说，高死亡率多出现在幼体阶段。鱼类、无脊椎动物都是如此。如软体动物中的牡蛎、贻贝、蛤仔和甲壳类中的藤壶、对虾、蟹等，其营浮游生活阶段的早期幼体常常出现大量死亡，而成体期则死亡率相对较低。

3. 散布

散布（dispersal）是种群动态中的一个重要部分，是种群数量变动的重要原因之一。散布是指个体或其散布器官（dissemiule）、扩散体（propaqule）（指种子、孢子、幼体）离开或进入种群和种群栖息区域的一种运动，是占领新的或已没有种群栖息的地域的一种方式。散布包括三种运动方式：迁出（emigration），即离开种群的单向运动；迁入（immigration），即个体进入的单向运动；迁移（migration），即周期性地离开和返回。在自然种群内，个体的迁入和迁出是经常存在的一种现象。这种散布往往也是缓慢的和小规模的，所以对种群数量变动的影响不大，尤其是当种群很大时，由于迁入与迁出相平衡或出生率与死亡率得到互补，使得种群通常是处于相对平衡的状态。但是，当散布大规模且迅速地进行时，就会对种群数量产生明显的影响。

某些潮间带动物，为了保证其幼体发育得到一个适宜的环境条件，经常会出现散布现象。如真蟹（*Carcinas maenas*）的丹麦种群在繁殖季节，一旦性腺发育成熟，就会离开原来的栖息地迁移到盐度较高的水域进行繁殖，以利于幼体的发育和生长。另外，自然生态环境正在加速丧失和破碎化，这就意味着空间结构的动态必然会在一定程度上越来越明显地影响种群的空间分布，或形成新的局域种群，或其个体相互迁移而起变动。

4.1.4.4 种群的增长

种群增长是个体数目随着时间的推移而不断变化的过程，也被称为动态的数量（dynamic quantity）。在自然界中，某一物种种群是很少能够单独存在的，再加上自然环境变化的频繁，所以在自然界中对种群动态数量的研究是较为困难的。因此，试验种群的研究，与对自然种群动态的观察与理论上的推导，是客观且准确地认识和理解自然种群动态模式的重要方法之一。每一种群增长都有其特征，即种群增长模型。根据其增长曲线形式，种群增长型可以区分为两种基本模型，即 J 形增长模型（或称指数式/几何级数增长模型）和 S 形增长模型［亦称逻辑斯缔（Logistic）增长模型］。

1. 丁形增长模型

这是一个理想种群在无限环境中的增长模型。假设环境是无限的（包括生存空间、食物以及其他生物均没有限制性影响），此时种群的增长率是最大值，是特定种群年龄分布的特征，也是种群增长的固有能力的唯一指标，可以用符号 r 表示。

实际上，r是瞬时出生率（b，以单位时间产生的个体数表示）和瞬时死亡率（d，以单位时间死亡的个体数表示）之间的差数，以$r = b-d$表示。所以r被认为是种群瞬时增长率。

某一种群数量（N）随着时间的进程而改变可以用下式表示：

$$\frac{dN}{dt} = rN$$

$$r = \frac{dN}{Ndt} \tag{4-1}$$

该式说明种群个体数（N）随时间（t）的进程而改变，其大小与原有种群的大小成正比，但没能表现出种群密度在不同时间的变动。如用微积分运算，就可以得出更为实际的指数积分形式：

$$N_t = N_0 e^{rt} \tag{4-2}$$

式中：N_t为种群在t时的数量；N_0为种群在开始时的个体数量；e为自然常数；r为种群的瞬时增长率；t为时间。该式表明，正是由于连续生殖，所以世代之间有重叠，种群数量是以连续方式改变。种群被称为世代重叠种群。世代重叠种群的瞬时增长率r有4种情况，即当$r > 0$时，种群数量上升；$r = 0$时，种群数量稳定；$r < 0$时，种群数量下降；$r = -\infty$时，雌性个体无生殖，种群消亡。

如果世代之间不重叠，每经过一个世代（或一单位时间），种群个体数加倍增加，可以用下列方程表示：

$$N_t = N_0 \lambda^t \tag{4-3}$$

式中：λ为每经一个世代（或单位时间）种群增长倍数，被称为周限增长率（finite rate of increase）。

虽然周限增长率与种群密度无关，但多数水生生物种群的增长率是随着密度的变化而改变，因此应予以重视。如最简单的模型是假定密度与增长率之间的关系是线性的（图4-7）。这种增长形式即为指数增长或几何级数增长。如果以时间t为横坐标，N为纵坐标作图，曲线是"J"字形，所以指数式增长模型或几何级数增长模型又称为J形增长模型（图4-8）。

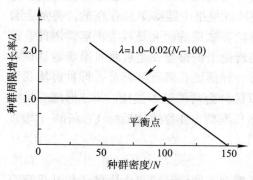

● 图4-7　种群周限增长率λ与种群密度N的线性函数关系

在这个假设的情况中，$N_{eq} = 100$，直线斜率$= 0.02$

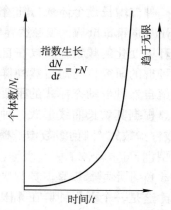

● 图4-8　种群指数增长曲线
（引自 Emmel，1976）

对公式（4-2）两侧都取自然对数，可以得出实际计算式：

$$\ln N_t = \ln N_0 + rt \qquad r = \frac{1}{t} \ln \frac{N_t}{N_0} \qquad (4\text{-}4)$$

非连续生殖（增长）种群的周限增长率 λ 也有四种情况，与 r 之间的关系如表4-2所示。

◎ 表4-2　种群瞬时增长率（r）与周限增长率（λ）的关系

r	λ	种群变化
r 为正值	$\lambda > 1$	种群数量上升
$r=0$	$\lambda = 1$	种群数量稳定
r 为负值	$0 < \lambda < 1$	种群数量下降
$r = -\infty$	$\lambda = 0$	雌性无生殖，种群消亡

2. S型增长模型（逻辑斯缔增长模型）

自然界中的空间条件和其他生存条件是有限的，因此种群的增长必然是一个有限的形式。在这方面，逻辑斯缔曲线（Logistic curve）以一个简单的形式将种群增长过程表现出来，并具有一定实用价值。

当一个种群在一个有限的环境条件下发展起来时，最初单位空间内生物个体数（种群密度）增加，当然增长到一定程度时，同一空间中的同种个体间的影响就会逐渐增大，并出现拥挤效应（crowding effect），从而降低了种群的出生率、寿命和生长发育速度。

根据逻辑斯缔原理，种群增长率的降低被假定为种群密度的线性函数，也就是说种群在最初没有拥挤现象时，其增长率最大（以 r_m 表示）；该增长率被称为内禀增长率（intrinsic rate of increase），亦即种群的最大瞬时增长率。其后，每增加一个个体，如 r_m 值就减少一个固定值。这就是逻辑斯缔曲线的理论基础。

这里，我们将逻辑斯缔曲线方程演算予以介绍。前述已经提到在无限条件下，种群个体数目的增长率可以用下式表示：

$$\frac{dN}{dt} = rN \qquad (4\text{-}5)$$

式中：N 为个体数目；t 为时间。在有限条件下，种群增长率为：

$$\frac{dN}{dt} = N(r - CN) \qquad (4\text{-}6)$$

式中：C 为常数；r 为实际增长率（瞬时增长率）。

从式（4-6）可以看到，种群增长率随着 N 的增大而减小，直到 N 达到最大数目，CN 接近 r_m，而 $r_m - CN$ 趋近 0。

可以引入一个符号 K，代表当 t 趋向无穷大时，N 的渐进值（asymptotem），称为环境承载力（carrying capacity）。当 N 渐进 K 时，增长率也就渐进于 0。因此，可以得到当 $N = K$ 时，$\frac{dN}{dt} = 0$，而 $r_m - CN = 0$。因此：

$$C = \frac{r_m}{K} \tag{4-7}$$

将式（4-7）代入式（4-6）得：

$$\frac{dN}{dt} = r_m N \left(1 - \frac{N}{K} \right) = r_m K \left[\frac{K-N}{K} \right] \tag{4-8}$$

积分后得：

$$N = \frac{K}{1 + e\,(a - r_m t)} \tag{4-9}$$

式（4-9）中，a 是积分常数，其值取决于 N_0 决定着曲线对零点所的相对位置。

式（4-9）所给出的就是逻辑斯缔曲线，亦称 S 形种群生长曲线（图 4-9）。曲线在下列坐标处有一拐点（inflection point），是指逻辑斯缔曲线或其他 S 型增长曲线从加速期到减速期的转变点，该拐点的种群数量应视为种群最适密度。

$$t = \frac{a}{r_m}, \qquad N = \frac{K}{2}$$

式（4-9）可以写作：

$$\ln \left[\frac{K-N}{N} \right] = a - r_m t \tag{4-10}$$

以 $\ln \left[\dfrac{K-N}{N} \right]$ 和 t 为坐标作图，可以得出一条直线，a 为 $t=0$ 时的 $\ln \left[\dfrac{K-N}{N} \right]$ 的值，r_m 是 $\ln \left[\dfrac{K-N}{N} \right]$ 对 t 的线性方程的关系。K 可以从观察数值求得符合最好的直线中得出。

逻辑斯缔曲线的优点是简单而有"真实"意义。积分了的式（4-10）只有两个常数：r_m 的生物学意义在于它是在一定环境条件下（如温度、食物等）种群可能有的最大增长速率；K 的生物学意义可以被认为是种群在一定环境条件下达到"饱和"状态时的密度，亦称稳定平衡密度（stable equilibrium density）或环境容量。该两个常数对指导海洋渔业生产具有重要的指导意义。另外，r_m 和 K 已经成为生物进化对策研究理论的重要概念。

逻辑斯缔方程在海洋生物资源开发利用与保护以及管理上同样具有重要意义。逻辑斯缔曲线中有一拐点，该拐点对应的种群数量即为该种群的最适密度，此时种群增长率最快，通常也把该数量视为种群的保存量或贮有量。由曲线拐点向上到达上渐近线（K 值）的种群密度即为种群的最大密度，也即承载力。种群的保存量达到最大时，为该种群的最大持续渔获量（maximum sustained

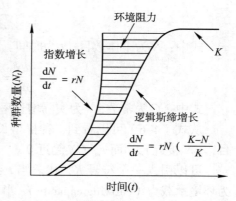

● 图 4-9　S 形种群增长曲线
（引自 Kendeigh，1974）

yield），它随着环境（资源量）的变化而改变。

从理论上讲，人类收获量不会影响该种群的保存量。当然，应予以指出的是，这一收获量是以稳定种群为依据。但是，在自然界中种群的稳定只是暂时的，而不会长久的维持下去，所以，要充分考虑种群在生态系中与其他种群以及与其环境因素间的相互作用。如果能确切地掌握好种群的最大持续渔获量，则可以较长时期地取得最佳的经济效益和生态效益。

逻辑斯缔曲线的主要缺点在于它将每一个个体均同等看待，忽视了不同年龄个体（或幼体）的影响显然是不同的。不过，这一曲线在许多试验种群中均有很好地符合，而且在自然种群的分析中也有其实际用途。自然种群在一定短时期内一般都会符合这一曲线。但是，在长时期中，首先环境会出现变化，再加上种群本身也有变化，所以增长形式往往是有起伏的。

尽管逻辑斯缔曲线尚存一些不足，但它毕竟是当前研究种群动态和多种群间相互关系的理论基础。在有限的环境条件下，不少物种种群增长是符合这一增长曲线的。逻辑斯缔曲线已经有一些新的发展，以求更好地绘制出种群增长曲线。这里，以草履虫（*Paramecium caudatum*）培养种群增长曲线为例，从图 4–10 可以清楚地看出，按逻辑斯缔曲线增长的种群可以分为几个阶段：

（1）种群建立阶段：初期。

（2）快速增长阶段（或称加速期）：随着个体数增加，密度增长逐渐加快。

（3）转折期：当个体数达到保存量的 1/2（即 $K/2$），密度增长最快。

（4）增长率减退阶段（或称减速期）：个体数超过 $K/2$ 以后，密度增长逐渐变慢。

（5）平衡阶段（或称饱和期）：种群个体数达到 K 值而饱和。

3. 具有时滞的种群增长

在有限条件下，种群往往随着种群密度的增加而引起种群增长率的下降。此时，种群通过自我调节的能力与方式（如改变出生率）进行调节。但是，种群这种自我调节作用并非与增长率的下降同步进行。这里有一个负反馈信息的传递和调节机制运作生效的时间问题，该时间滞后的现象就是种群调节时滞（time lag）。这也是种群数量产生波动的一个重要因素。在介绍种群指数式增长和逻辑斯缔曲线时，都没有谈到时滞对种群增长的影响。对此，旺格斯基和坎宁安（Wangersky 和 Cunningham，1956，1957）在逻辑斯缔方程式基础上提出变形方程式，其中包括两

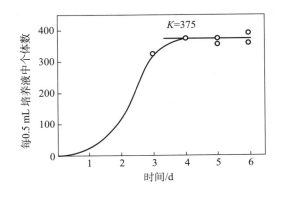

图 4-10 草履虫培养种群增长曲线（引自 Gause，1934）

种时滞：当外部环境条件有利时，个体开始增加所需要的时间；种群以改变出生率来调节不利情况所需要的时间。

在连续增长种群中，从外部环境条件改变到相应的种群增长率改变之间的时滞称为反应时滞（reaction time lag），可以通过改变逻辑斯缔方程式中的（K-N）/K 项得到反映（表示）：

$$\frac{dN}{dt} = rN\left[\frac{K-N(t-T)}{K}\right] \tag{4-11}$$

式中：T 为反应时滞。

图 4-11，图 4-12 反映出时滞对大型蚤种群增长影响的实例。

在 18℃和 25℃恒温条件下，在 50 mL 容器中以过滤过的池塘水体为培养液，放入 2 个孤雌生殖的雌体，每隔 2 天计数并更换培养液和投喂小球藻。结果表明，在 25℃条件下种群增长表现出一定的振荡，而在 18℃条件下却出现接近稳定的平衡。25℃出现的振荡是由于时滞。种群密度一开始就受出生率上升的影响从而"超越"平衡密度，其后又因死亡率增加而"低于"平衡密度。

事实上，反应时滞也可以称为自然反应时间（natural response time）。它是瞬时增长率 r 的倒数（$T_r = 1/r$）。其生态学意义：瞬时增长率 r 越大，T_r 越小。说明种群增长越迅速，当种群受到干扰后返回到平衡状态所需要的时间越短。相反，T_r 越大，即 r 越小，则返回平衡状态所需时间越长。

对生活史复杂和发育成长时间较长的高等动物来讲，在种群增长中时滞影响非常明显，它大大地改变了种群增长形式，在这种情况下，种群增长会出现更"凹"的增长曲线。也就是说，要使出生率的调节作用明显有效，需要较长的时间并且要超越上渐近线（K 值）。在停留于最大容量水平以前增长曲线波动明显（图 4-11）。尼科尔森（Nicholson，1954）将加入反应时滞后的逻辑斯缔方程称为延滞性密度调节型（tardydensity conditioned pattern）。种群增长曲线波动取决于 rT 的值。如果 r 值不变，时滞（T）越长，则说明种群数量越不稳定。

4.1.5 种群密度及调节

4.1.5.1 种群密度和阿利氏规律

自然界中，任何种群都具其数量变动特征，而且对任何种群来说个体数量过多都是灾难性的。尽管种群变动或波动类型是比较容易观察到的，但是，对引起种群

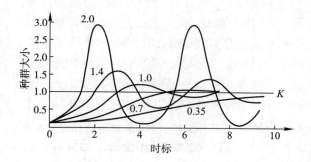

● 图 4-11　具有不同时滞的逻辑斯蒂增长模型所表现的大型蚤（*Daphnia magna*）种群增长动态（引自 Krebs，1978）

曲线边的数字是 r 与 T 的乘积

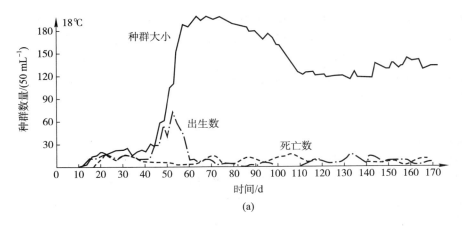

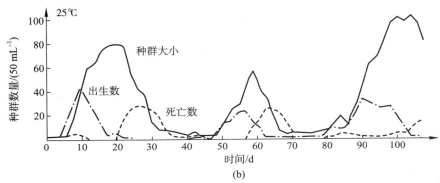

○ 图 4-12 大型蚤的种群增长过程
（引自 Krebs，1978）图中生长数与
死亡数均比实际增加 1 倍

变动或波动的外部和内部原因就很难确认其相对的重要性。但是，有一点是可以肯定的，即从种群变动中能以补偿性的改变适应外部物理因素的干扰来看，群落组织越是高级、越是成熟、环境条件越是稳定，种群数量随时间变动的幅度就越低。

种群数量变动，即种群密度及其变化是种群生态学研究中的中心问题。种群数量变动除了种群本身具有其密度调节机制（以适应外界环境变化）以外，也是种群与环境相互作用的结果。具体反映在出生率、死亡率和散布（迁入、迁出和迁移）的变化上。通过对出生率、死亡率及其变化原因的深入研究，就可以更加清楚地了解种群不同年龄个体死亡比例，死亡原因以及死亡临界期，为海洋经济生物增养殖、有害动物的防治等提供理论依据。

4.1.5.2 种群数量变动形式

自然环境中种群数量按照逻辑斯缔曲线增长的情况是很少的，或只在短时间内符合这一曲线。通常，在自然环境中当种群完成其增长期，N/gt 平均达到零时，种群密度往往会在上渐进线或容纳量水平上做一些小幅度的起伏变动。引起这种变动的原因是由于外部物理环境因素（如气候等）

> 📚 **拓展阅读 4-1**
> *种群数量变动情况实例*

的改变，或种群内部作用或种群间的相互作用（如竞争、捕食、疾病等）的结果。这些起伏变动有的呈对称式或不对称式的摆动，有时种群也会衰退甚至消亡。

种群数量调节机制是一个非常复杂的过程，随着生态学研究的深入和理论生态学研究的进展，人们的认识也在不断地深入，更趋向于客观地认识自然种群数量动态调节的机制。

4.1.5.3　种群调节

1. 密度制约和非密度制约

种群出生率、死亡率和散布都是种群数量变动的原因，或称变动的生物学基础。但是，出生率、死亡率和散布又都受着某些非生物的和生物因素的影响。也就是说，影响种群数量变动的原因往往是许多因素的综合作用，而不是某单一因素的作用。这些因素可以归纳为与种群本身密度无关的非密度制约（density independent）和随着各种群本身密度而变化的密度制约（density dependent）。事实上，完全与种群密度无关的因素是极少的，只不过关系的重要程度不同而已，如非密度制约因素主要是非生物因素（气候等）。一般来说，非生物因素的作用相对比较简单些，而生物因素比较复杂些，后者将是我们将要讨论的重点。除此以外，有关种群数量的调节又可以分为外源性［外因，即非生物因素和种间关系（如竞争、捕食、寄生、共生等）］和内源性（内因，即种内关系，如行为调节、内分泌调节和遗传调节等）。

2. 非生物因素

非生物因素对生物生命活动的影响是非常明显的，而非生物因素的变化与种群数量波动间的关系更为清楚。由非生物因素引起的种群数量波动是属于外源性。如南美洲秘鲁上升流海域是世界著名的鳀鱼渔场，其面积约为 10^5 km^2，该海域的秘鲁鳀（*Engraulis mordox*）种群数量达到很高的水平，对海域初级生产力［约为 1 000 g（C）/（m$^2 \cdot$ a）］的利用率高达 90% 以上；而在该海域的南部，由于厄尔尼诺现象的影响，鳀鱼种群数量很少，因此海域内初级生产力的 40% ~ 80% 没有被利用，而是进入海底沉积物或输出海域之外。出现这一现象的主要原因是海域内不规则地出现一股暖流（异常高温）所致，这是一个非生物因素对种群数量变动综合作用的典型。

以色列生态学家博登海默（Bodenheimer, 1928）强调非生物因素中气候条件在种群数量调节中起主导作用，通过实验他确认气候是种群数量变动的主要原因。另外，查普曼（Chapman, 1928）提出的生物潜能（biotic potential）观点也属于非生物学范畴，其观点主要认为所有生物种群都有一固有的繁殖能力，即生物潜能（或称生殖潜能）。而现实情况是，种群的繁殖能力往往由于受环境阻力的影响，这种潜能被限制。可以用以下公式表示：

$$种群数量增长 = 生物潜能 - 环境阻力 \tag{4-12}$$

认为非生物因素（尤其是气候条件）是影响种群数量变动的主要因素的学者与认为生物因素是主要因素的学者之间一直在进行着激烈的争论。但是，有关种群大小、盛衰、消长机制的研究，至今也只得到了部分结论。所以两种观点仍不能取得一致。

3. 生物因素

（1）种内竞争关系和互利关系：在讨论逻辑斯缔曲线时，已经提到种群密度增大对种群的增长率是有影响的。主要表现在种群生存空间的减少和对食物竞争的加剧（有时尚有代谢产物的积累和氧供应的降低等）。这些影响使得种群个体性成熟年龄推迟、出生率降低、存活率减少等，从而限制了种群数量的增加。在一般情况下，这些影响的作用是很复杂的，在生态学中常统称为种群压力（population pressure）。

在一定区域建立种群往往必须有一定数量的个体。同一种群个体在中和毒物作用等方面有互利作用。一定密度的种群具有利于繁殖、觅食、御敌等方面的互助作用。所以同一种群个体经常是比较集中地生活在一起，而不是均匀地分布着。

（2）种间竞争关系：种间关系实际上已涉及生物群落的研究范畴。在自然界中不同物种种群经常生活在同一空间，他们之间既存在着彼此互利的联系，又存在着对生存空间、食物等相互竞争、彼此排斥的关系。

这里以胶州湾岩石岸潮间带生物种群在空间分布特点来说明不同物种种群对生存空间的竞争和物理环境因素对种群空间分布的限制。潮间带地处海洋与陆地的过渡地带，各种环境因子变化剧烈，因此，栖息生存于潮间带的生物要比生存于海洋其他不同区域的生物更能忍受和适应各种环境因子的急剧变化。而潮间带生物种群在空间的分布则更能确切和客观地反映出环境的特点以及两者相互之间的作用影响。软体动物粒结节滨螺（*Nodilittorina radiata*）、短滨螺（*Littorina brevicula*）和甲壳类动物东方小藤壶（*Chthamalus challengeri*）等都是岩石岸潮间带的主要优势种，其种群垂直分布明显地反映出环境因子的特点以及生物本身的一些生物学特性。粒结节滨螺空间分布只局限在高潮带的上部，垂直范围是从大潮高潮平均水面至大潮高潮最高水面，高度为 4.15 ~ 4.9 m。短滨螺空间分布范围较宽，但其主要分布高度与粒结节滨螺相似，种群密度高达 6 500 个 /m²，生物量为 91.5 g/m²。东方小藤壶空间分布于大潮高潮平均水面以下，但是从小潮高潮平均水面至大潮高潮平均水面，即平均水面高度为 3.35 ~ 4.5 m 的范围是该种种群的主要空间分布区域；种群密度高达 20 500 个 /m²，生物量为 4.15 g/m²（图 4-13）。

即使同属岩石岸潮间带，但因所处位置的不同，因而受海流、海浪等环境因子影响也明显不同。岩石岸潮间带又可以划分为开阔性、半封闭和封闭性潮间带，从而使生物种群空间分布表现出一定的差异。

大黑澜属于开阔性岩石岸潮间带，与同处胶州湾但属于半封闭性岩石岸潮间带的黄岛（图 4-14）比较，出现生物种基本相似，但是种群数量及其空间分布均有明显差异。黄岛出现的中间拟滨螺（*Littorinopsis intermedia*）在大黑澜没有出现，其原因是黄岛所处位置受海浪、海流的影响与大黑澜相比相对较小，中间拟滨螺幼体容易在高潮带附着，其空间分布垂直高度在大潮高潮最高水面（4.9 m）以上，明显高于短滨螺和粒结节滨螺。这一现象在中国北方沿海岩石岸潮间带均可以见到，同时也充分反映出尽管均属岩石岸潮间带，但也却存在着外部环境因素压力的变化梯度。

Connell 曾描述过苏格兰沿岸岩石岸潮间带巨藤壶（*Balanus grandula*）和小藤壶

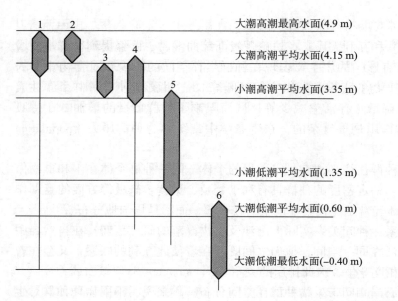

○ 图 4-13　胶州湾大黑澜岩石岸潮间带主要种类空间分布
1. 短滨螺　2. 粒结节滨螺　3. 黑荞麦蛤
4. 东方小藤壶　5. 褶牡蛎　6. 鼠尾藻

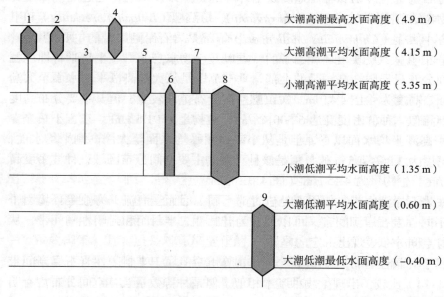

○ 图 4-14　黄岛岩石岸潮间带主要种类空间分布
1. 短滨螺　2. 粒结节滨螺　3. 黑荞麦蛤
4. 中间拟滨螺　5. 东方小藤壶　6. 纹藤壶
7. 白脊藤壶　8. 鼠尾藻

（*Chthamalus stellatus*）空间分布状况（图 4–15），也充分说明外部环境因子（干燥、捕食、竞争等）对两种藤壶空间分布的限制。两种藤壶的幼体可以在潮间带较大范

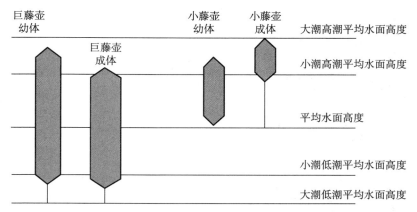

O 图 4-15　苏格兰岩石潮间带两种藤壶空间分布（引自 Connell，1961）

围内生活，但成体却被局限在有限的范围内。干燥等物理因子控制着巨藤壶分布的上限，而捕食、竞争等生物因子控制着小藤壶分布的下限。

从表 4-3 可以清楚地看到两个不同物种种群间的相互关系。

要求类似食物和生存空间的不同物种种群之间的竞争是种间竞争的形式之一。在这种情况下，一个种群所受到的种群压力除了本身的之外，还有竞争种群所给予的压力（有时尚有起抑制另一物种作用的分泌物）。如果各竞争种群所受种群压力不同，则会出现不同的数量分布。这里，我们引用格乌司氏原理（Gause's Principle）

O 表 4–3　两个物种种群相互作用分析

相互作用类型	物种种群		相互作用的一般特征
	1	2	
1. 中性作用	○	○	两个种群彼此不受影响
2. 竞争：直接干涉型	－	－	每一个种群直接抑制另一个
3. 竞争：资源利用型	－	－	资源缺乏时的间接抑制
4. 偏害作用	－	○	种群 1 受抑制，2 无影响
5. 寄生作用	+	－	种群 1 为寄生者，通常较宿主 2 的个体小
6. 捕食作用	+	－	种群 1 为捕食者，通常较猎物 2 的个体大
7. 偏得作用	+	○	种群 1 为偏利者，而宿主 2 无影响
8. 原始合作	+	+	相互作用对两个种群都有利，但不是必然的
9. 互利共生	+	+	相互作用对两个种群都必然有利

注：相互作用类型 2 ~ 4 可以归为负相互作用；相互作用类型 2 ~ 9 可归为正相互作用；而相互作用类型 5 和 6 是兼有的。

○ 表示没有意义的相互影响。

+ 表示对生长、存活或其他种群特征有效益（对增长方程式加正项）。

－ 表示种群增长或其他特征受抑制（对增长方程式加负项）。

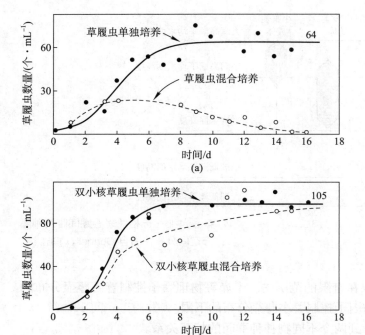

○ 图 4-16　两 种 草 履 虫 单 独 和 混 合 培 养 的 种 群 动 态 （ 引 自 Odum，1971 ）

当分开培养时（条件受限制，食物供给稳定）两种草履虫都表现出正常的S形增长，当混合培养时草履虫被消灭

解释两种亲缘关系接近的、并具有非常相似生态习性的草履虫种群之间的竞争情况（图 4–16）。

　　如果甲、乙种群对本身种群的压力大于另外一竞争物种种群所给予的种群压力，则两竞争物种可以共同生存，但两物种种群数量均不能达到其单独生存时所达到的最大数量。如果甲种群对本身种群压力较其对乙种群的压力大，而乙种群对本身种群压力较其对甲种群的压力小，则无论甲乙两物种种群最初的数量比例如何，两不同物种混合培养的结果是甲种群消失，乙种群建立。如果两个竞争物种（草履虫）种群对各自本身的种群压力都比对另一种群的种群压力小时，则最后结果取决于两物种种群最初数量的比例，最初数量大者建立，最初数量小者消失。上述三种情况是两个竞争物种（草履虫）种群用同一饵料——杆菌（*Bacillus pyocyaneus*）进行混合培养试验所获得的结果。该试验结果同时表明，食性和生态习性相似物种是不可能长期共同生存的。

　　另外，在自然界中，环境因素时有变化，对竞争种群的影响可能会有不同。因此会改变竞争物种种群的对比力量。

　　（3）有捕食关系的混合种群：在有捕食关系的混合种群中，被捕食者的被捕食率（死亡率）取决于以下几种情况：① 被捕食者的种群密度；② 捕食者的种群密度；③ 捕食者的食性和捕食能力；④ 被捕食者的逃避能力；⑤ 其他食物的有无。

　　被捕食的强度有以下几种情况：① 捕食者与被捕食者种群密度都很大，捕食强度大；② 两者密度均小，捕食强度小；③ 捕食者密度小，被捕食者密度大，则个体捕食强度大，总的捕食强度小；④ 捕食者密度大，被捕食者密度小，则捕食强度中等。

根据上述情况，混合种群经常表现出有两个相互消长形式的曲线。美国学者洛特卡（Lotka，1925）和意大利学者沃尔泰勒（Volterra，1926）将两个物种种群之间的竞争以数学模式将它们表示出来，建立了 Lotka–Volterra 模型（图 4–17）。该模型是在逻辑斯缔方程基础上建立起来的，所以它们具有共同的前提条件。

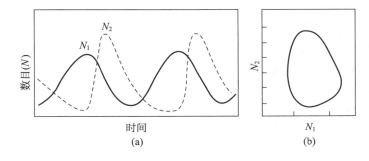

数目(N)

时间

(a)

N_2

N_1

○ 图 4-17　自 Lotka-Volterra 模型所得假想曲线（N_1 为被捕食者，N_2 为捕食者）

(a) 数目对时间的变化 (b) N_1 对 N_2 的变化

　　被捕食者在无限空间内的增长率可以写作：

$$\frac{dN_1}{dt} = r_1 N_1 \tag{4-13}$$

　　式中：N_1 为被捕食者密度；t 为时间；r_1 为被捕食者增长率。在没有食物的情况下，捕食者将因饥饿而死亡。捕食者由于死亡而降低的速率可以被认为是一个负的增长率：

$$\frac{dN_2}{dt} = d_2 N_2 \tag{4-14}$$

　　式中：N_2 为捕食者的密度；d_2 为捕食者的死亡率，是一负数。

　　Lotka–Volterra 模型奠定了种间竞争关系的基础。该种间竞争模型对现代生态学理论的发展具有很大的影响，并促使许多新概念的提出，如竞争系数（competition cofficients）、群落矩阵（community matrix）和分散竞争（diffuse competition）等。Lotka–Volterra 模型最近已有许多新的发展，在此不一一讨论。

　　（4）有寄生关系的混合种群：基本上和上述捕食者与被捕食者的关系相似，一个种群生长和存活产生的负效应。

4.1.6　种群数量动态理论的应用

　　种群数量动态理论在渔业生产实践中具有非常重要的指导意义。它可以为海洋经济动物的保护、合理开发利用和管理以及有害动物的防治提供科学的依据和可行性的措施。

　　芮莱（Riley，1963）在关于海洋中食物链关系理论一文中论述了一些有关种群数量变动理论的应用。现就芮莱的研究结果为例予以介绍。

4.1.6.1　芮莱关于乔治湾浮游植物种群控制因素的研究

　　虽然 Lotka–Volterra 模型在实际应用中尚存在许多缺陷，但是它提出了一合理的基本模型，并在种群理论分析中具有重要意义。这一基本模式可以归纳为：

$$种群数量变动 = 种群 \times (增长率 - 消失率)$$

芮莱关于浮游植物种群研究也是建立在这一基础上的。这里所谓的浮游植物种群所包括的不止一种浮游植物，因为它们总的存活方式是相似的，所以可并为一个"种群"，并以它们的平均生理特征作为这一"种群"的生理特征。

芮莱所用的方程式为：

$$\frac{dp}{dt} = p(Ph - R - G) \tag{4-15}$$

式中：p 为某一定时间 t 时浮游植物种群的数量（用所含有机碳表示，下同）；Ph 为光合作用率；R 为呼吸作用率；G 为被浮游动物的被捕食率。

1. 光合作用率的计算方法

（1）通过黑白瓶生氧量试验测出来光合作用率与光照强度之间的关系：

$$Ph = P \times I \tag{4-16}$$

式中：I 为光强；P 为比值，为一常数，光照强度单位用 $cal/(cm^2 \cdot min)$（$1\ cal = 4.184\ 8\ J$），当光合作用率单位用 $g(C)/(g \cdot d)$ 时，求得在乔治滩的 Ph 为 2.5（见图 4-18 中的小图）。

（2）测量该海区一年中的表面光强 I_0（图 4-18）。

（3）测量该海区一年中的透明度，并计算出真光层的深度 Z_1。透明度取萨氏盘读数（图 4-19）。真光层深度 Z_1 用下列方程式计算：

$$IZ_1 = I_0 e^{-KZ_1} \tag{4-17}$$

式中：I 为真光层低界（下限）的光强，取值为 $0.001\ 5\ cal/(cm^2 \cdot min)$；$K$ 为消光系数（衰减系数），取近似值为 1.7 m（萨氏盘读数）。计算 K 的近似值的上述方程式在不同海区应不相同。在透明度好的海区可以是 1.9 m（萨氏盘读数），混浊水有时为 1.4 m（萨氏盘读数）。各海区 K 值应根据用照度计测得准确数值加以校正，所得出的真光层深度 Z_1 如图 4-20 所示。

（4）计算全部真光层的平均光合作用率，深度 Z_1 处光合作用率 Ph_{Z_1} 为：

$$Ph_{Z_1} = pI_0 e^{-KZ_1} \tag{4-18}$$

（5）测量水中磷含量的周年变化，计算出由于营养盐缺乏时的限制作用（以磷

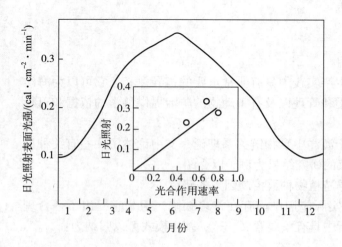

● 图 4-18　乔治滩表面光强（I_0）的全年变化

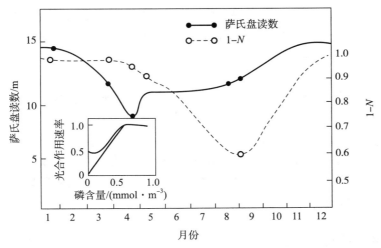

● 图 4-19　乔治滩透明度的全年变化（实线）

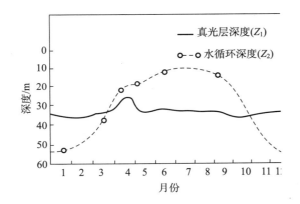

● 图 4-20　乔治滩真光层深度与水循环深度的全年变化

代表，在乔治滩适用）。以 0.055 mmol/m³ 为磷含量的适度低限，不足此浓度时，光合作用率依线性关系减低（图 4-19 内小图）。以 N 表示由于营养物质缺乏而有的限制作用，上面计算的光合作用率当水中磷含量少于低限时应乘以（$1-N$），即：

$$\overline{Ph} = \frac{pI_0}{KZ_1}\left(1 - e^{-KZ_1}\right)\left(1 - N\right) \tag{4-19}$$

其中：
$$1 - N = \frac{水中含磷量}{0.55}$$

计算出的 $1-N$ 如图 4-19 中的虚线所示。

（6）测定垂直水循环的深度 Z_2：当水循环深度 Z_2 大于真光层深度 Z_1 时，有一部分浮游植物是在真光层以下的，它们不能有效地进行光合作用，计算全部浮游植物光合作用率时，应将这一部分浮游植物的作用减去。以 V 表示由于垂直水循环所造成的光合作用率减少，则光合作用率在 Z_2 大于 Z_1 时应当为：

$$ph = \frac{pI_0}{KZ_1} = \left(1 - e^{-KZ_1}\right)\left(1 - N\right)\left(1 - V\right) \tag{4-20}$$

式中：$1-V = Z_1/Z_2$，假定 Z_2 的深度位于水的密度不超过表层水密度达 0.02^{σ_1} 的深度，这一深度以上的水层，有时叫做表面等温层。Z_1 和 Z_2 的全年变化图 4-20，可以见到在乔治滩在 3—11 月之间不需要进行校正。

2. 呼吸作用率计算

浮游植物的呼吸作用率是从实验数据用统计方法估计的。在乔治滩的温度范围内可以用方程式：

$$R_T = R_0 e^{rT} \tag{4-21}$$

式中：R_T 为温度 T 时的呼吸作用率；R_0 为 0℃时的呼吸作用率；r 为常数。这里的 R_0 和 r 都是根据实验数据计算的，$r = 0.069$，$R_0 = 0.0175$。乔治滩一年表面温度分布与浮游动物生物是见图 4-21。

3. 被捕食率

浮游植物被浮游动物的捕食率与浮游动物的种群数量有关。以飞马蚤水蚤的数量为代表（以浮游植物为饵料的浮游动物中，飞马蚤水蚤占绝对优势），用下列方程式计算：

$$G = gz \tag{4-22}$$

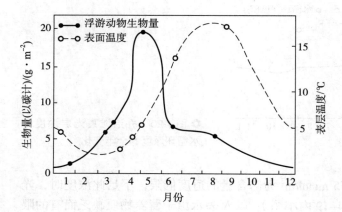

● 图 4-21　乔治滩表面温度分布与浮游动物生物量的全年变化

式中：G 为被捕食率；g 为单位量的浮游动物取食浮游植物的速率，即取食系数；z 为浮游动物生物量，见图 4-21 实线。

G 是计算出来的，因为浮游动物是滤食性的，其每天可能摄食的浮游植物视浮游植物的数量（密度）而定，经估计，$g = 0.0075$。综合上述讨论，可以列出总方程式：

$$\frac{dp}{dt} = p\left[\frac{pI_0}{KZ_1} = (1 - E^{-KZ_1})(1 - N)(1 - V) - R_0 E^{rT} - gz\right] \tag{4-23}$$

总方程式表明，浮游植物的数量受光照、透明度、营养盐含量、垂直水混合、表层温度和捕食者种群的影响。浮游植物全年生产率、光合作用速率和种群数量变化见图 4-22 和图 4-23。

最后，还需要将方程式（4-23）积分，这是一项比较繁杂的工作，必须选择适

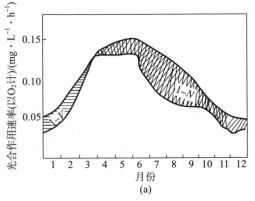
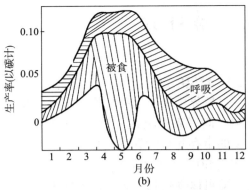

● 图 4-22　乔治滩浮游植物生产率
光合作用速率与生产率的全年变化
（a）光合作用速率；（b）生产率

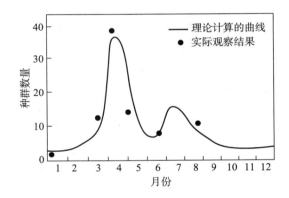

● 图 4-23　乔治滩浮游植物种群数
量的全年变化

当的时间间隔 t，依次积分；p_0 则需用几次实测的 pt 计算出来取平均值。

积分后的方程式为：

$$ln\,p_t - ln\,p_0 = \overline{Ph} - \overline{R} - \overline{G} \qquad （4\text{-}24）$$

即

$$p_t = p_0 e^{(\overline{ph} - \overline{R} - \overline{G})} \qquad （4\text{-}25）$$

芮莱用 6 次实测的 pt 计算得出全年浮游植物种群数量变化，平均误差为 27%。上述芮莱的工作中有许多简化，例如温度与光合作用率的关系、垂直水混合在搬运营养盐和阻止浮游下沉中的间接作用等均未加估计。芮莱在以后的几篇文章中（Riley，1946，1963）曾有过补充，这里不再详述。

芮莱这一工作中最主要的缺点是对生物本身属性特点未加分析，因此，在方法论上是有不足的。不过，这样的理论分析尝试指出了一个发展方向，在实用上有一定的价值，特别是在动物种群数量变动的分析上常常是必不可少的。

4.1.6.2　芮莱关于乔治滩浮游动物种群的理论分析 🅔

4.2 群落概述

4.2.1 群落的定义

自然界中任何一种生物都不可能孤立存在，而是由不同物种种群之间的食物联系和空间联系聚集在一起，这些联系是在演化发展过程中逐渐形成的，它保证着生物的生存和自然界物质与能量的循环。当今仍不难见到生物群落组成物种种群相互作用和协同进化在历史上的形成和发展过程。如将岩石岸潮间带的一块岩石刮光，即可以观察到岩石表面依次出现的生物种类有：①一层很薄的藻类；②食藻类动物，如笠贝；③其他各种动物，如贻贝，茗荷儿和藤壶等，它们按其繁殖季节出现；④上述动物几乎占据了岩石表面的全部空间，藻类数量减少，笠贝移向较高处。

另外，在沿岸其地形由于沉积或地壳运动（火山、海浸等）而引起变化时，也可以见到新群落的形成与发展。在自然界的特定空间和特定时间内由一些不同物种种群彼此间相互密切联系，相互依赖和制约的自然集合体或一个生态功能单位即被称为生物群落（community），是生态系统中具有生命的部分。因此，生物群落形成、发展和稳定的基础主要是依靠许多物种彼此间的营养联系以及它们与环境之间相互影响和作用，具有一定的组成结构与营养结构，执行着一定的生态功能。同时，生物群落也是相互作用和相互影响物种之间协同进化的结果。所以，生物群落研究既要重视它的组成结构，同时又要关注它的发展过程（演替现象）以及群落中物质与能量的转换（群落的代谢作用）。群落中物质与能量的转换过程将它与无机环境联系为一个整体，即生态系统。

4.2.2 海洋生物群落的特点

如果将整个海洋作为一个生态系统，那么我们所指的生物群落的规模或范围实际上要小很多。在生物分布研究中，经常使用"生活小区"这一名词，它所指的是一个区域。在这一区域内主要环境条件（非生物的和生物的）是一个比较均匀的整体，它与周围区域的环境条件有着明显的差异。在一个生活小区内生活的全部生物，它们彼此间以直接或间接的相互依赖关系组成一个最小单位的生物群落，如一个沙质潮间带的生物群落、一个岩石岸潮间带的生物群落等。泥沙质潮间带生物群落组成种类中如果有缢蛏（*Sinonovacula constricta*）、凸壳肌蛤（*Musculus senhousia*）和中华须鳗（*Cirrhimuraena chinensis*），它们就会形成一个明显的在空间和食物上有联系的网络：中华须鳗通常以缢蛏作为食物，而凸壳肌蛤大量繁殖时经常会由于空间竞争导致缢蛏窒息死亡，进而使缢蛏种群数量急剧减少，大量中华须鳗因缺乏食物而迁移至其他地区；而剩下的中华须鳗则以凸壳肌蛤作为饵料，以致缢蛏大量的繁殖，由于饵料的丰富导致中华须鳗再次回到原来群落中觅食缢蛏；其后凸壳肌蛤再次大量繁殖重新导致缢蛏死亡，迫使中华须鳗觅食凸壳肌蛤。如此周而复始，使生物群落组成和物种种群数量保持相对稳定的周期性循环（图4-24）。当然，这一周期循环是相对的，不是绝对的。在这一周期循环中，首先是凸壳肌蛤和缢蛏两个物种种群之间对生存空间的竞争（竞争生活小区），其次是由中华须鳗参与进入而引起的。

○ 图 4-24　生物群落组成物种之间的空间与食物关系
——表示食物关系　－－－表示空间关系

在群落中任何一种组成成分（生物或非生物的）发生变化时，都必然会影响到相互作用的另外一种成分的变化。如泥沙质潮间带的生物群落，当生活小区中的泥沙质成分或温度、盐度一旦发生变化时，就会通过内部联系影响到群落的组成结构。生物群落的发展和衰亡同样也会影响所栖息生活小区的基质和温度等。如营底内生活的软体动物缢蛏、蛤仔、渤海鸭嘴蛤等在繁殖季节，由于种群个体数量剧增，个体在底内钻孔太多就必然会影响生活基质的松软程度和温度。另外，由于群落中组成物种种群的大量死亡也会对生活小区内基质 pH、Eh（氧化还原电势差）和温度引起变化。由此可见，生物群落与其生活小区是处于一个相互联系、相互影响和相互作用的动态过程中。对生物来说，生活小区包含着生活条件、生存条件和影响因素。

生活条件是生物群落中组成物种实现其生长发育所需要的条件，如盐度、温度、pH、氧和饵料等。生存条件不是物种实现其正常生长发育所需要的条件，但它们被同化后，便可以引起群落组成物种原有新陈代谢类型的改变，变为物种后代实现其生长发育所需要的条件。影响因素对群落组成和物种生命活动的影响极大，可以导致正常新陈代谢机能被破坏；它们有时不为物种所同化，有时为物种所同化，但通常不会转变为物种后代实现其生长发育所需要的条件（如高温、低温、高盐度、低盐度、洪水和寄生虫等）。当然，群落对其生活小区的区分是有条件的和相对的，但不是绝对的界限。皱纹盘鲍（*Haliotisdiscus hannai*）属暖温带种，经过驯化以后，原来在黄渤海所要求的较低水温（生活条件）可能成为不要求的生存条件，而原来在黄渤海所不要求的较高水温（生存条件）则成为它所要求的生活条件。

同样，生活条件与影响因素之间也不存在绝对的界限，如水温为15～25℃为马氏珍珠贝（*Pteria martensii*）的适温范围（生活条件）。当水温上升至35℃以上或下降至7℃以下时，马氏珍珠贝会立即死亡。因此，高温（35℃以上）和低温（7℃以下）便是它的影响因素。又如，适量的淡水是缢蛏的生活条件，但洪水和干旱便成了它的影响因素。

虽然生物群落对其生活小区的区分是有条件和相对的，但在一定条件下，这种区分又是绝对的。生物群落组成物种与生活条件、生存条件的联系通常是主要联系，它们可以通过新陈代谢变为内因实现物种的生长发育，促进群落的发展。而生物群落组成物种与影响因素的联系是次要的，它们不能转化为内因。但是主要联系和次要联系又可以在不同时间、不同地点和不同对象而发生变化。

另外，在海洋环境中，群落的界限往往是很不明显的。因此，在现代海洋生态学研究中，对生态系统概念与研究就显得更为重要，并成为现代海洋生态学研究的

4.2.3　海洋生物群落的组成与结构

4.2.3.1　海洋生物群落的组成

生物群落的物种组成及其个体数量状况可以充分地反映出生物群落的性质。不同生物群落其物种组成和各个物种种群数量是具有明显差异的。一般说来，尽管任何一个生物群落其组成物种极其繁多，但总有一两个物种（少数物种）的种群数量很大（或产量高），并在群落中发挥明显的控制影响作用。这一两个物种在分类上有时属于区别很大的不同类群，但它们之间的关系是合作而不是竞争，在群落的物质和能量的转换过程中起主导控制作用。所以，它们被称为生物群落的优势种（dominant species）。与此同时，群落组成中还存在对群落组成结构具有明显的和决定性的物种，它们在群落组成物种中出现与否将会决定群落的结构性质，这样的物种被称为群落的关键种（keystone species）。在这方面一个典型的例证是北太平洋中东部海域大型藻场生物群落性质的改变。海獭（*Enhydra lutris*）对藻场群落的组成种类性质具有重要的影响和决定作用，因此被认为是群落的关键种。海獭捕食海胆、蟹类、鲍鱼等动物，其中以球海胆为主要捕食种；而海胆又以直接捕食海藻为主，因此，海獭对藻场群落的组成结构起着主要控制和决定作用。海獭直接捕食海胆，使其保持在相对较低密度的状况，以使大型海藻数量同样保持在相对平衡状态。如果海胆失去了海獭对其数量的控制，种群数量就会得到增加，从而会消耗掉大量的海藻。另有实验证明，如果在该群落中将海胆的捕食作用排除在外，那么海藻就会得到快速发展并在此定居下来，成为群落的优势种，而海獭就不得不改变捕食其他动物种类。18 至 19 世纪初期，由于人类对海獭的大量捕杀，致使海獭种群大量消失，使海藻数量大量减少，最后改变了群落的组成；当 1911 年保护海獭的法律条约生效以后，海獭种群又重新得到恢复与发展，海胆种群数量减少，水域中大型海藻数量也得到相应增加（图 4–25）。

群落组成中除了优势种、关键种以外，尚有种群数量不大的习见种和稀有种

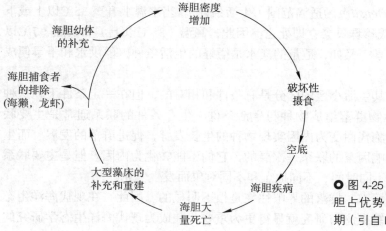

● 图 4-25　生产性大型藻场和海胆占优势的空地交替的生物学周期（引自 Lalli 等，1997）

等。正是生物群落是由不同物种组成以及各个物种种群数量及其相对比例反映出了在生物群落水平上所具有的特性。如生物群落组成种类的多样性（species diversity）、生物群落优势种、生物群落组成种类的相对丰度（relative abundance）、生物群落的季节变化、生物群落的演替（succession）以及生物群落的营养结构（trophic structure）等。

生物的每一级组织水平都有与其功能相联系的特定结构。生物群落结构是由组成生物群落的各个物种在相互作用和协同进化过程中逐渐形成的。物种的适应性和自然选择在这一过程中发挥了极其重要的作用。

不管生物群落的范围大小如何，它们都表现有一定的种类组成和规律性结构。在营养结构方面，一般都包括有一定种类的"生产者""消费者"和"还原者"，并结合成复杂的食物网。有关这方面的详细内容将在生态系统生态学中予以讨论。

4.2.3.2 海洋生物群落的多样性和稳定性

1. 海洋生物群落组成的多样性

生物多样性是物种形成和灭绝的产物，是维持人类生存环境地球的关键因素。一场暴风雨过后，一个地方的生命能够很快地恢复原状，正是因为有足够的多样性存在；一些物种抓住时机繁殖起来，迅速地填补空白，它们代表了地球环境的起源状态。这是生命经历数亿年的进化过程，它创造了世界，世界又创造了人类，它维持了世界的平衡。正是由于生物群落是在特定的地理空间和特定时间由不同物种种群组成的集合体，而且物种间以及物种与其环境间存在着复杂的联系，从而表现出明显的和各种各样的静态和动态特征。生物群落组成、各个物种种群数量及其相对比例，即均匀性（eveness）是区别群落组成和结构多样性的依据。群落组成物种的多少、每个物种个体的数量是量度群落多样性的基础，这也是当前有关群落多样性研究的主要内容。

一般来说，群落组成种类越多，多样性程度就越高。从地域所处纬度来看，群落组成物种的多样性由低纬度到高纬度出现从高到低的变化。如地处低纬度的热带海域，生物群落组成物种往往比较复杂，但各个物种的个体数量往往较少，相反，地处高纬度海域生物群落组成物种较简单，但各个物种个体数量却相对较多。Krebs（1978）曾绘制从低纬度的热带到高纬度的极地区不同海域水深 50 m 处桡足类出现种数变化的趋势（图 4-26）。另外，以群落组成物种种群的丰富度也可以清楚地反

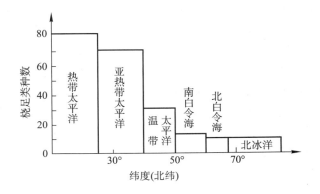

● 图 4-26 从热带到极地区不同海域水深 50 m 处桡足类出现种数变化趋势（仿 Krebs，1978）

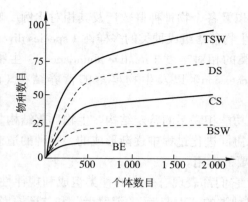

● 图 4-27 以物种的丰富度曲线比较不同生境的物种多样性（引自 Odum，1981）

映出不同生活环境生物群落组成物种多样性的差异（图 4-27）。

用稀疏法（包括基于应用物种组成比例），在海洋沉积物取单一样品，大小足以包括 500～3 000 个体多毛类和瓣鳃类软体动物，用以获取不同生境物种丰富度曲线，可知物种多样性程度由高到低依次为：热带浅海（TSW）、深海（DS）、大陆架（CS）、北方浅水（BSW）、北方河口（BE）（图 4-27）。

2. 群落组成多样性测度

20 世纪 70 年代以后，在生态学研究中出现了许多关于多样性指数（diversity index）的应用和评论，其主要目的是要将生态系统和生物群落组成结构方面的特性与其他的一些特性，如生产力、稳定性、环境类型等联系起来，或是利用特性的变化来判断外来干扰（如污染等）的影响。但是，这些目的究竟得到了多大程度的满足仍然是一个很难确定的问题，甚至有人对目前所采用的两种不同的多样性指数的真实意义提出了一些疑问。

生态系统和生物群落组成结构，即其中有哪些种，以及各个种的数量占多大的比例与生态系统中的环境因素以及物质、能量的转换密切相关。不同区域或不同生态系统的生物组成结构是不相同的，同一区域或同一生态系统的生物组成结构在不同时间也有变化。当遭受到大规模偶然事件或人为干预时，原来的生物组成结构也会受到影响。因此生物组成结构的调查分析对于生态系统的研究及其应用都有重要意义。

以往这种调查分析常是用列表的方法进行的。其主要内容有：优势种的种类和优势的大小、种的数目和各个种个体数目的分配情况、特有种的有无等等。不过，这样的分析工作比较困难，其一，它要求研究人员有较丰富的经验；其二，由于缺乏客观的定量指标，难于相互进行比较或者容易产生意见分歧。近来发展的多样性指数的分析方法可以说弥补了这方面的缺点。

多样性指数是根据生物群落组成结构中物种的数目和各个物种的个体数目的分配特点而设计的一种数值指标，种数越多或各个种的个体数分配越均匀，多样性指数就越大。一个好的多样性指数不仅能够反映出生物群落中生物组成结构在这方面的特性，而且应当能被用来对不同区域、不同生态系统或同一区域、同一生态系统不同时间的生物组成结构进行比较；它最好能在一定范围内不受样本量大小的影响，但对生物组成结构本身的变化则比较敏感。当然，一个好的多样性指数，不仅要有比较严密的数学基础，同时还应当有一定的生物学依据。

现有的各种各样的多样性指数，可以将它们分为两类作一初步介绍。这两种类型恰好包括了目前有关调查研究报告中所采用的两种指数。

一种类型的多样性指数是简单地从实用目的出发，并不考虑或强调有关的生物学理论基础，而主要是采用一些经典的数学方法求得一个比较客观的数值指标。这里以 Simpson 指数作为一例予以说明。为了便于比较，我们将 Simpson（1949）所用的符号和叙述稍加修改。

假设在一个包含无限个体的生物群落中，包括有 S 个种，各个种的个体数在总体中所占的比重分别为 P_1，P_2，P_3，$\cdots$，P_S。如果定义 $\lambda = \sum p^2$，则 λ 可以反映该群落中个体分配的集中程度。λ 可以是从 $1/S$ 到 1 的任何数值，数值越大，说明分配越集中。若群落中全部个体都属于一个种，λ 的值为 1；若群落种各个种所占的比重相等，λ 的值为 $1/S$。λ 值原来的意义是指，从这一群落中随机取出的两个个体恰好是属于同一个种的概率。这是众所周知的一个简单的古典概型问题。

Simpson 接着将这一概念应用到从这样的群落所采的随机样本上。设样本中有 N 个个体，分配到各个种的个体数分别为 n_1，n_2，n_3，$\cdots$，n_S（$\sum n = N$）。Simpson 认为 $l = \dfrac{\sum n(n-1)}{N(N-1)}$，则 l 是 λ 的一个无偏估计值。不难看出，l 原来的意义是指从样本中随机取出的两个个体恰好属于同一个种的概率，数值大小范围为 0 到 1。实际上，只有当 n 全不为 0 或 1 时，l 才可能是 λ 的一个无偏估计值。λ 或 l 是测定群落生物组成结构的集中情况的，其数值大小与多样性大小恰好相反。Williams（1964）将 l 的计算式改为 $l = \dfrac{N(N-1)}{\sum n(n-1)}$，并称它为一种"多样性指数"，数值范围为 $1 \sim \infty$。这一数值的原来意义是：需要从样本中随机取多少次成对的个体才能得到属于同一个种的一对个体。

虽然 Simpson 指数数值的大小决定于样本所包含的种的数目，也决定于各个体个体数的分配情况，但是它完全没有联系任何有关的生物学规律。它的数值不能完全排除样本量大小的影响，其受个体数较多的物种的影响大，个体数稀少的物种的作用则被轻视。但在一般自然生物群落中，个体数稀少的物种的数目往往是比较多的。

此外，Simpson 指数不能很好地被用于对不同样本进行比较。Fager（1972）曾经采用 $SI^* = 1.0 - SI$（SI 为 Simpson 原来的 l），以 SI^* 作为新的 Simpson 指数，数值范围为 $0 \sim 1$。为了便于在不同样本间进行比较，Fager 先将从各样本中所计算出的指数加以标准化，即用样本的 S 和 N 先计算出可能的最大值和最小值（假定分配最均匀和最集中情况下的两个理论值），再求出标准 SI^*＝（实测值 – 最小值）/（最大值 – 最小值）。不过，这样的标准化以后的结果，对于样本间的比较工作，并没有多少实质性改进。

在这一类型的多样性指数中，还应当举出 Shannon–Weiner 指数 H'。这一指数在很多生态这一指数在很多生态学

拓展阅读 4-2
Shannon–Weiner 指数的数学意义与价值

调查（包括污染调查）中被采用，在讨论生物群落组成的多样性时，也采用这一指数。

Shannon–Weiner 指数的计算公式可以是：

$$H' = \sum_{i=1}^{S} P_i \lg P_i \qquad (4-26)$$

式中：S 是整个生物群落中所包含的种的数目；P_i 是第 i 种的个体数在全部群占生物群落总个体数的比例。在讨论生物群落组成的多样性时，也采用这一指数。

Shannon 指数的公式原来适用于群落中总个体数极大的情况，实际上都可以被当作为无限的情况。种的数目已知，P_i 通过取面积很大的样本来估计。但实际工作中，样本量大小往往是不够的，也不能保证采到全部的种。因此，从样本中估计出的这一指数值是受样本量大小的影响的，而且总是有偏低的倾向。关于这方面的问题，Peilou（1966a，1966b，1975）曾有评论可供参考。

总体来看，Shannon–Weiner 指数计算出来的不肯定性大，指数的设计也是以古典概型为基础的，缺乏直接的生物学意义。前面所列举的 Simpson 指数的主要缺点，在这一指数中同样存在，应当引起注意。Manzi 等（1977）用 $J' = H'/H_{max}$ 来反映群落结构的均匀性（$H_{max} = \lg S$），用 Gleason 指数来反映种的丰富程度，两者配合使用。这样的做法可能是比较好的。

3. 群落的稳定性

首先，应清楚地了解群落是一个处于动态中的自然集合体，它随着时间的推移而不断地改变着其组成结构。所以，群落的稳定性只是相对的和暂时的。群落的稳定性包括对外界干扰（生物或非生物的）的抵御能力和自我恢复能力两个方面。通常，群落的稳定性与其组成生物种状况有关。群落组成生物种种类越多，物种间的关系越复杂，生物群落就越相对稳定。

然而，也决非多样性高的群落就必然会比多样性低的群落具有更强的对外界干扰的抵御能力和自我恢复能力。因为群落的稳定性同样还随着群落组成物种种群之间的进化适应程度而呈正相关。如北美大陆架浅海水域以芋海参属中 *Molpadia oolifica* 为优势种的群落其组成物种少、简单、多样性低但却相对稳定。因为群落中除了 *Molpadia oolifica* 以吞食沉积物中的有机物为食物外，其他生物仅有一种管栖多毛类巢沙蚕属（*Diopatra*）和一种端足类（*Amphipoda*）动物，而且均以芋海参的排泄物为食物，它们彼此间紧密联系相互依赖。这也是经过长期进化适应而形成的自然生物群落的特点。

4.2.3.3 海洋生物群落的空间结构与时间变化

1. 空间结构

生物群落组成物种的空间结构主要表现在有规律的垂直分布和水平分布。垂直分层现象（stratification vertical layer）更是所有生物群落组成物种空间结构的共有特性。潮间带生物群落组成物种的空间分布充分的反映出了垂直分层的特点，这也是物种生活方式及其与环境间相互影响和作用的结果。以岩石岸潮间带生物群落组成物种的空间分布就可以清楚地看到其垂直分层现象。如前面已经提到过的胶东湾大黑澜潮间带（属开阔性岩石岸）高潮带有两个明显不同优势种组成的生物群落。又如地处热带的海南岛，从其岩石岸潮间带生物群落组成物种垂直分布来看，藻类中只有凝花菜（*Gelidiella acerosa*）出现在中潮带，而其他藻类则主要垂直分布于低潮带。这一现象与物种对环境因素及其变化的适应以及环境条件的差异具有明显的关系。

实际上，潮间带生物群落组成物种的空间垂直分层现象与潮汐有着密切关系，因为潮汐曲线的每一高度都具有其相应的环境条件，如果超出这一高度，暴露于空气中的时间就必然要延长，相应的各种环境因素也必然随之而变化。生物空间结构的生态学意义在于使群落对所占空间以及相应资源得到充分利用，垂直分层现象越复杂，空间资源的利用也就越充分。

2. 时间节律

生物群落除了组成物种之间在空间与食物联系的相互影响和作用外，与环境因素，尤其是与有节律性变化因素之间存在着密切的联系，并相互影响和作用，具体表现在群落组成物种其机能的节律性。表现在时间上的环境节律包括日节律、月节律、季节节律、年节律和潮汐节律等。

日节律亦称昼夜节律，其周期为地球自转一周的时间，大约为24小时。这种节律是生物最基本的节律，地球上几乎所有生物都表现出这种节律。如生活在泥沙质潮间带的招潮蟹属（*Uca*），其体色随着昼夜的交替而出现节律性变化。浮游动物昼夜垂直移动也是昼夜节律的典型例证，如南极大磷虾（*Eupnausia superba*）是南极海域鲸鱼、乌贼、鱼类和企鹅的饵料，尤其是企鹅种群的重要捕食饵料，也是构成南大洋食物链最重要的基础环节。磷虾的规律性垂直移动主要就是受太阳辐射昼夜变化的影响。

月节律与物种的繁殖有密切联系，如珊瑚的生殖节律等。多毛类沙蚕属（*Nereis*）中某些种类就是只在夏季中每月的满月和半月时进行繁殖。

潮汐节律在潮间带生物群落组成物种上表现得尤为明显。营穴居生活的海仙人掌（*Cavernularia habereri*）退潮时身体缩入洞穴内，停止捕食等活动；涨潮时身体伸出洞穴外，并伸展开触手不断地从海水中捕食细小的有机颗粒和碎屑等。将该动物移至实验室内放入盛满海水的容器中培养时，观察到该动物在24小时内仍同样进行着与潮汐节律相似的运动。又如，双壳类软体动物（蛤类等）涨潮时双壳张开并将进水管和出水管伸出体外，不断地通过进水和排水这一简单的水循环借以获取海水中的微小生物和有机碎屑作为食物。同时，动物的进水和排水速度也会随着潮汐的变化而改变。高潮时速度加快，低潮时速度明显放慢，并且还会随着每天涨潮、落潮时间的延迟作出相应的调整。

年节律周期为1年，即地球绕太阳公转1周所需时间，现代生物的年节律约为365天。生物的年节律与地球上的季节关系极为密切，如动物迁移、繁殖和休眠等。如中国对虾的年节律表现在一年一度的繁殖洄游。每年春季，中国对虾种群随着水温的不断升高，从黄海南部深水越冬区开始集群北上进行繁殖洄游，4月下旬或5月初到达渤海湾及其河口浅水区产卵繁殖、觅食和生长发育。至9月下旬或10月中旬随着水温的下降，种群逐渐移向较深海域；至10月下旬或11月初不断的集中游向深水区并随之开始了越冬洄游，最后到黄海南部深水区越冬。又如，南极大陆的阿德利企鹅（*Pygoscelis adeliae*）、巴布亚企鹅（*Pygoscelis papua*）和帽带企鹅（*Pygoscelis antarctica*）就是根据南极大陆的气候变化而进行年节律性的活动，每年

9月底至10月初，随着南极夏季的开始，3种企鹅种群便从越冬区集结，开始进行长达数百千米的繁殖洄游；在南极大陆完成种群延续的各个活动以后，至翌年3月南极冬季到来之际便又开始了越冬洄游。

海洋生物群落组成物种所表现出明显有规律的季节变化，也是海洋生物群落组成物种时间节律极为常见的现象，同时也是海洋生物群落组成优势种生物时间节律的重要研究内容。

3. 海洋生物群落的季节变化

群落是一个动态系统，随着时间的推移，其组成物种及其种群数量也在不断地变化。生物群落的组成应该说还是相对稳定的。通常，所见到的生物变化与发展大多应属于季节变化或群落的演替现象（community succession），又称生态演替（ecological succession）。

生物群落的季节变化通常包括：① 量的变化；② 组成物种的变化两个方面，前者称定量变化，后者称定性变化。这些变化主要是受环境因素，尤其是温度周期性变化所制约，同时又与物种的生活周期相联系。生物群落组成物种和种群数量变化又进而引发环境因素的改变和生物群落的发展。总的来说，定性变化是由于不同物种的生命活动在时间上的差异导致了结构部分在时间上的相互更替，即形成了群落的时间结构。这种群落在时间结构上的更替具有明显的顺序性和周期性（不同季节、不同年份）。定量变化可以看作定性变化结果的总和。

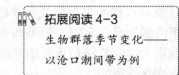

拓展阅读 4-3
生物群落季节变化——
以沧口潮间带为例

从水层来看，沿岸浅海水域由于受陆地气候、降水和径流等环境因素的影响，水域中温度、盐度等环境因素呈现出明显的季节变化。生物群落中一些活动能力较强的种类往往能以主动运动的方式去适应环境中温度等因素的变化，从而群落组成种类尤其是优势种会出现更替。通过对青岛近海浮游生物生态学调查研究结果表明，群落的季节变化即表现在各个类群数量上的变化，同时也表现在各个类群不同种类出现的顺序上（李冠国等，1956）。

中国海岸带生物调查（1980—1987）报告中有关浮游动物季节变化也清楚地指出，渤海区总生物量年平均为179 mg/m³，实属全国海岸带浅海水域总生物量的最高值。变化范围从64（2月）~247（8月）mg/m³。夏季最高，主要是由于强壮箭虫（*Sagitta crassa*）、真刺唇角水蚤（*Labidocera euchaeta*）等种类的大量出现；春季（5月）总生物量次之，为230，主要种为中华哲水蚤；秋季总生物量为148 mg/m³，主要种类为中华哲水蚤、强壮箭虫和真刺唇角水蚤等；冬季总生物量为64 mg/m³ 主要种类有中华哲水蚤（*Calanus sinicus*）、强壮箭虫、双毛纺锤蚤（*Acartia bifilosa*）和小拟哲水蚤（*Paracalanus parvus*）等。

拓展阅读 4-4
生物群落季节变化——
以爱尔兰海为例

西班牙海洋生态学家 Margaleg（1958）曾在西班牙沿岸和地中海进行过浮游生物生态学调查研究，并就浮游植物演替现象进行了研究分析。虽然 Margalef 讨论的是浮游植物的演替规律，但是其分析和总结方法具有普遍意义。这里仅就 Margalef

在西班牙维哥湾（Vigo）进行的工作予以叙述与讨论。

位于大西洋沿岸紧靠葡萄牙的维哥湾（Vigo）浮游植物，一年中可以见到 3~4 个完整的演替，每一个演替又可以分为 3 个阶段，各阶段的特征如下：

第一阶段：小型硅藻有骨条藻属（*Skeletonema*）、根管藻属（*Rhizosolenia*）、角刺藻属的 *Chaetoceros fragilis*、聚生角刺藻（*Chaetoceros socialis*）、长菱形藻（*Nitzschia longissimia*），这些硅藻的细胞比表面积（0.4~1.8 $\mu m^2/\mu m^3$），潜在增长率高（在自然条件下，每天分裂 1~2 次）。这些硅藻在实验条件下很容易培养。在这一阶段中，还包括一些小型绿藻，如斯托根管藻（*Rhizosolenia stolterfothii*）、密连角刺藻（*Chaetoceros densus*）和海链藻属（*Thalassiosira*）以及一些由上升流或水的涡动带来的底栖种类，如直链藻属（*Melosira*）和菱形藻属（*Nitzschia*）等。

第二阶段：有较大型硅藻加入的混合群落。这些大型硅藻的细胞表面对体积的比例小，最高增长率要低得多。它们中大多数种类都可在实验条件下培养，但要比前一阶段一些种类难些。这些硅藻包括：圆海链藻（*Thalassiosira rotula*）、劳德藻属（*Lauderia*）、施罗藻属（*Schroederella*）、弯角藻属（*Eucampia*）、辐杆藻属（*Bacteriastrum*）以及角刺藻属（*Chaetoceros*）、根管藻属、海链藻属、菱形藻属的（*Nitzschia seriata*）。

第三阶段：在第二阶段已经开始出现了一些甲藻，其数量逐渐增加，至该阶段数量达到优势。如鳍藻属（*Dinophysis*）、原甲藻属（*Prorocentrum*）和角藻属（*Ceratium*）。这些种类的培养比较困难，不能用培养计数法，在加强营养的海水培养液中也只能有海洋原甲（*Prorocentrum micans*）和裸甲藻属（*Gymnodinium*）才能较好的生长。如果水体保持平静约 3 周，第三阶段即以发展成"赤潮"而最后告终。

演替现象相当有规律。在一定程度上，群落的演替不受蕴藏量和生产率的影响。风和较强潮流搅拌了表层水，增强了生产率，但是对演替过程并无大的影响。只有在外海水和湾内水的强烈交换时才能中止演替，使其重新开始。

Margaleg 的工作证明浮游植物的这一演替程序有其普遍性，即从能快速生长的小细胞种类到中等大小的硅藻，再逐渐到能自由游动但增长率低的种类。这一现象与离岸远近、地理位置、季节和温度无关。

造成群落演替程序的一个最明显的因素，是营养物质的储备和耗竭。演替现象是从环境能以支持大量繁殖时期开始，进行到营养物质的耗竭。营养物质消耗的影响，在夏季表面不可觉察的区域特别明显。一般说来，演替现象是从垂直混合或上升流时期开始，直至水华稳定时期告终。营养物质的逐渐减少，产生适应不同浓度的种类的替换。最初是适应高浓度的种类，以后代之以适应较低浓度而繁殖较前者慢的种类。

演替进行时，生产率的下降比蕴藏量的下降要快，混合种群种细胞分裂所需时间逐渐增长。因此生产力/蕴藏量与叶绿素/总干重（去灰分）大致相等。在维哥湾，叶绿素/总干重（去灰分）在第二阶段要比第三阶段大（约 3 倍），而第一阶段硅藻培养所得的值，要比第二阶段自然群落中硅藻的值大到 2.6 倍。已知，细胞中的叶绿素含量，在衰老和拥挤的培养中下降，这一现象与演替晚期的情况相似。因此，演替现象与生产率问题有关，而叶绿素/总干重（去灰分）和叶绿素含量可以用作演替阶段的指标。

在有分层现象的水中，生物代谢产物的积累对某些种类时不利的，而对另一些种类则是有利的。某些学者（Sweeney，1954；Prouasoli 和 Pither，1954）强调某些物质（如维生素 B_1 和 B_{12} 等）对某些种类正常生长的必要性。一般来说，要求生长因素（growth factor）的种类多集中在第三阶段。在无机培养液中培养浮游植物时，从第一阶段到第三阶段的种类，依次越来越困难。只有中肋骨条藻（Skeletonema costatum）例外，它属于第一阶段，但要求有维生素 B_{12}。有强烈抗生活性的种类会抑制其他种类的发展，而且按其活性大小依次替换。在最后阶段中的种类，具有相似的生化性质和强烈的毒性，但彼此间却是免疫的，（如裸甲藻和膝沟藻的一些同属种）。不过，不能将全部时序上的排斥现象都归因于对抗作用。

小型硅藻和鞭毛藻容易被滤食性动物所摄食，中等大小的硅藻对于许多滤食性动物来说嫌大些。较大型鞭毛藻的敌害也较少，许多动物甚至避免进入大型鞭毛藻过多的水域（Bainebidge，1953）。因此，动物的取食作用是有选择性的。对第二阶段的种类要比第一阶段的种类有利，对第三阶段的种类来说，又有利于第二阶段的种类。这就为演替现象又提供了一个动力。

演替现象最后阶段的动力学被低增率、低被摄取率和强烈的外分泌活动所缓冲。积极繁殖中的硅藻浮力较大，分裂慢的细胞较重。在绿藻的混合试验培养中，即使加以搅动，分裂慢的种类也会自"清水"中消失，在底部继续生活（Margaleg，1956）分裂速度慢增加了下沉的机会，如果考虑到表层水温的增高和停滞现象，则这一现象就更为更重要了。因此，很容易理解为什么演替现象最后导致积极游动的鞭毛藻的增多，因为它们不那么容易被动的下沉。上升流和涡动不仅提供着营养物质，同时上升流也会对自然下沉的生物提供了一个适宜的介质。上升流和浮游硅藻的下沉速度每天都是 $2 \sim 5$ m（Gillbiont，1952）。垂直向上的流动对于一些其他被动浮游的生物（如鱼卵）也同样具有有利的作用。而且至少可以在维哥湾见到，暂时性浮游生物，如具槽直链藻（Melosira sulcata）的出现与强烈的上升流相符合。曾经证明，为了维护浮游植物的生长，表层的混合水层应该有与补偿层相适应的最大厚度（Severfrup，1953）。叶绿素/干重越高，补偿层越深。这也正是第一阶段的情况。因此，这一阶段中混合水层增厚比较有利。在维哥湾，最大深度只有 50 m，因此垂直混合不会把浮游植物带到光合作用带以外。但是，在某些海区垂直混合过强，反而延缓了浮游植物的发展。

总体来说，第一阶段是涡动水特有的，而第三阶段是有分层现象时的特点。在维哥湾，第一阶段往往与外海水的强烈循环或涡动相符合。当海水停止循环而分层时，硅藻下沉（有时停聚在温跃层），能以主动浮起的生物在表层生长直至营养物质耗竭，并有光定位运动使其集中于某一定的层次。可以运动的种类一般需要营养物质的量也较低。在一定范围水域中，外分泌物质也可达到较高的浓度。另外，水的稳定性伴随着表层水温的增高，以及随之引起的一些其他生态学现象，如水的黏性降低，呼吸活动增高等。海洋中的自然程序（从混合到稳定）与复杂的生物种群的发展，非常调和地交织起来，提供了生物群落演替的基础。

4.2.4 生态位影响海洋生物群落组成结构的因素

4.2.4.1 生态位的定义和特点

我们在论述种群数量变动与种群调节时曾谈到种间竞争如捕食、寄生和对共同资源（包括空间、食物）的竞争等问题，群落组成物种间同样存在着上述问题。生态位是指群落中每一物种所处的机能位置，即不同物种对空间、食物的竞争以及彼此间的相互作用等。按照竞争排斥假说，在某一特定空间内是很难容纳许多物种共同生存在一起。但正如前面所提到的，物种在空间与食物联系中既存在着竞争、捕食和寄生等消极关系的同时，也存在着诸如互利共生、偏利共栖等积极关系。群落中每一物种都有其食性和空间等方面的特性，即每一物种都在群落中占有其特有的地位。也正是由于这些关系，不同物种才可以在特定空间内聚集在一起，保证着它们生存所需和自然界中物质和能量的不断循环。

生态位（niche）一词最早是由 Gineel（1917）提出来的。当时是用来对栖息地再划分的空间单位，即空间生态位（Spatial niche）。或者说，当时 Ginnel 是将生态位看成是物种在群落中所处空间位置和功能作用。其后，生态学家 Elton（1927）从动物生态学角度出发，将生态位定义为动物在群落中所处位置，即营养生态位。

目前，为大多数生态学家所接受并广泛适用的定义是由 Hutchinson（1957）所提出的。Hutchinson 是从数学上的点集理论观点出发将生态位定义为某一生物单位（个体、种群或物种）生态条件的总集合体。即指在所有生物性的和非生物性的环境因素所组成的 n 维空间中该物种得以生存的空间范围。如群落中某一物种在一定温度条件下生存、繁殖、发育生长，则这一温度即为该物种的一维生态位。如果再加上水深、光照、盐度等就形成了该物种的二维、三维和 n 维生态位（图 4-28）。 另 外，Hutchinson 还 将生态位分为基础生态位（fundamental niche）和现实生态位（realized niche）（图 4-29）。前者是指生态位在理论上的最大范围、后者则包括在所有限制因素，如捕食、竞争等作用压力下生态位的实际范围。

生态位这一生态专用名词是从 20 世纪 50 年代开始我国有关生态学研究论文中出现。最初曾予以"生态龛"译名，其后一直到 20 世纪 80 年代才统一使用生态位这一名词。生态位既是一个抽象概念又是含义十分丰富的生态学名词。目前，生态学许多领域，如群落结构与功能、物种多样性、物种集聚原理、自然环境资源的最适利用以及物种间的竞争等方面均以生态位概念为基

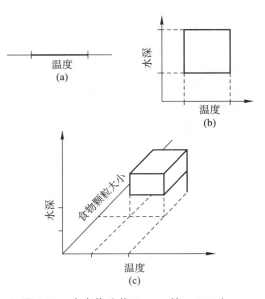

● 图 4-28 生态位（仿 Begon 等，1986）
（a）一维生态位（温度）；（b）二维生态位（温度和水深）；（c）三维生态位（温度、水深和食物颗粒大小）

础，其应用范围日趋广泛与深入，并已成为现代生态学中重要的基础理论之一。

随着现代生态学研究的深入与发展，生态位理论已在物种间的竞争、进化、城市生态系统、森林生态系统、农业生态系统、自然资源的合理利用以及人类生态学研究中得到日趋广泛的应用与发展。

● 图 4-29 某一物种的基础生态位（点区＋斜线区）和现实生态位（斜线区）的理论模型（引自尚玉昌等，1995）
6个竞争物种（A、B、C、D、E和F）对物种G都占有竞争优势，现实生态位是基础生态位的1个亚集

4.2.4.2 影响海洋生物群落组成的因素

影响海洋生物群落组成结构或组成物种多样性因素很多，它又直接影响着群落的发展和稳定，下面就几个主要因素予以论述。

1. 捕食

捕食对群落组成物种的多样性的影响主要取决于捕食者的食性。Lubchenco（1978）曾对岩石岸潮间带一种营爬行生活的滨螺的食性与藻类多样性进行了观察研究，其结果表明，滨螺食性较广，可摄食各种不同的藻类，在水域营养物质（尤其是有机物）较丰富的沿岸绿藻往往得到很好的繁殖生长，其中尤以浒苔属（Enteromorpha）会成为该环境竞争力强的优势种，也是滨螺最喜欢捕食的一种小型绿藻。由于捕食量大，就会致使同一环境中其他海藻种类增加并得到迅速的生长，这样群落组成物种的多样性就会增大。如果环境改变，小型绿藻成为群落的习见种，而滨螺大量摄食种类较多的褐藻和红藻时，就会导致群落组成物种多样性的降低（图4-30）。

2. 竞争

竞争是生物群落组成物种最为常见的种间关系，也是影响群落组成物种多样性变化的重要因素之一。生态位相似的物种往往出现对同一资源（空间、食物、基质等）共同利用的种间竞争现象。胶州湾和苏格兰岩石岸潮间带几种藤壶就是其生态位极相似、又对同一空间等资源共同利用而产生的种间竞争。由生态位重叠到生态位分化，其实质就是不同物种生存习性差异的表现和反映，从而导致岩石岸潮间带不同潮间带生物组成物种多样性的变化（图4-31）。

3. 空间异质性

不论是岩石、泥质、沙质、草场或珊瑚生物群落，其环境往往不同程度地表

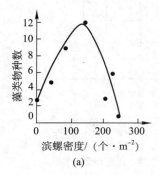

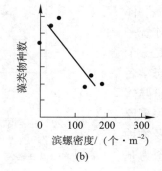

● 图 4-30 潮间带滨螺的捕食压力与藻类多样性的关系（引自Lubchenco，1978）
（a）潮间带水坑 （b）裸露的底质

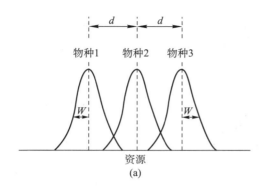 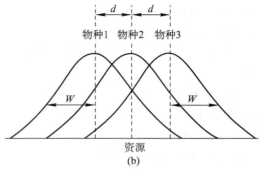

● 图 4-31 三个共存物种对资源的利用曲线（引自 Begon 等，1986）
（a）生态位窄，重叠较少，竞争较弱；
（b）生态位宽，重叠较多，竞争较强

现出空间异质性（spatial heterogeneity），这些异质实际上就是一个小生境，它为某些生物提供了一个独特的生存小环境，因此空间异质性程度越高，群落物种组成就不断增多、多样性增高。Hartman（1972）发现淡水软体动物的种数与底质类型呈正相关，在海洋底栖生物组成种群与其生存环境不同底质之间的关系中，同样表现出明显的相关性。Atkinson 和 Shorrcocks（1981）用模型显示，生态位相同的两个物种不能共存于均匀的环境中，但若两者具有集群行为，则可以在板块环境（plate environment）中共存。空间异质性越高，小生境、小气候、"避难所"和资源类型等就越多样化，从而能容纳更多种的物种。如岩石岸潮间带由于其石质的异质性，生物群落组成物种就明显地表现出其差异性；岩石岸潮间带如果出现比较松软的基质（如砂岩、石灰岩），就会为营石内生活的种类［如软体动物类的沟海笋属（*Zirfaea*）、凿石虫属（*Plotaidea*），多毛类的才女虫属（*Polydora*）以及海绵动物类的穿贝海绵属（*Cliona*）等提供独特的生存环境。岩石岸潮间带小的水沼也会使出现的物种种类增多，如海绵、寄居蟹、海葵和小型藻虾类等。红树林、大型藻场、海草场和珊瑚礁生物群落组成物种繁多，多样性高，其重要原因之一是这些环境提供了空间异质性较高度多样化的小生境，正是这些异质空间为更多的物种提供了各种各样的生存环境。事实证明，环境中的空间异质性的程度越高、越复杂，群落组成物种的种数越多，物种的多样性也就越高。这些空间异质性越丰富，就为更多的物种提供了生存环境。

4. 干扰

干扰（disturbance）是指群落受到来自外界生物性和非生物性的干扰。在所有干扰中，尤其人类活动对群落组成结构的影响最明显、最严重。自然生物群落不断经受着各种干扰，而干扰往往会造成连续群落中的断层现象。干扰造成的断层，有的在没有继续干扰的条件下会逐渐恢复，有的也可能被周围群落的任何一个物种侵入并发展为优势者，哪一物种是优胜者完全取决于随机因素，这就称为抽彩式竞争（competitive lottery）。例如澳大利亚珊瑚礁群落有上千种鱼类，每一直径 3 m 左右的礁块中可能生活着 50 种以上的鱼。在这样的群落中，具有空的生活空间成为关键因素。据调查，由 3 种热带鱼个体所占据的 120 个小空间里，如果该群落发生干扰而产生断层，在原有物种死亡后再被取代的物种是完全随机的，没有规律性。由此可见，在此群落中高多样性的维持取决于许多相同生态物种对空隙的抽彩式竞争。

干扰的频率和次数对群落稳定性的影响不同，Connell 提出中等程度干扰能维持高多样性，并指出如果干扰频繁，则先锋种不能发展到演替中期，多样性就会较低；如果干扰间隔期过长，多样性也不是很高；只有中等程度干扰能使多样性维持最高水平，被称为"中等干扰学说"。

4.2.5 海洋生物群落的主要类型及特点

从有潮汐现象的潮间带到深海底，从沿岸浅海水域到大洋深处，栖息生存着种类繁多的各种生物，它们彼此间通过空间和食物联系形成了各自不同的自然集合体——群落。由于其生存环境、地理位置、地形、基质和气候等因素的差异和异质作用，从而使海洋生物群落组成结构表现出明显的不同并各具其独有的特点。为了更加清楚的了解海洋生物群落各主要类型的组成结构及其特点，本书将从水底和水层两方面分别予以论述。

1. 潮间带及其环境特点与潮间带划分

潮间带是介于陆地与海洋之间的过渡带。虽然它在世界海洋总面积中只占有很小的一部分，但是人类的海洋活动却首先从这里开始，而且，至今仍然是人类进行重要海洋生物增养殖活动最活跃的区域。潮间带的生物资源丰富，生物种类十分繁多，并且形成了由海洋植物、海洋无脊椎动物、海洋鸟类以及某些近岸性鱼类组成的各种各样的生物群落。

潮间带由于受潮汐的作用，有节奏地处于空气和海水交替的影响，环境因子变化急剧而有规律。同时，由于受潮频和潮幅的制约，潮间带的各个潮区暴露于空气中的时间又各不相同，这一差别明显的影响着有机体的垂直分布。所以，潮间带在构造或理化环境条件以及生物特性上又均表现出明显的差异。

海洋底栖生物的分布主要受基质、水温和盐度等环境因子的影响，潮间带生物与基质的关系尤为密切。按照海底基质的成分，潮间带可以分为岩石岸、沙质和泥质三种主要类型，但是，这三种主要类型既相互联系，又在不同程度上混杂在一起。

在潮间带生态学研究中，为了清楚的了解生物的垂直分布与潮汐等环境因子之间的相互关系，首先应将潮间带划分为不同潮区。但是，各学者都有各自不同的观点与划分方法，很长时间以来一直比较混乱。范振刚（1978）针对不同学者的观点与划分方法进行了比较研究，结合几十年来从事潮间带生态学研究的实践和体会，对潮间带的划分和使用名称予以总结与统一，提出了自己的观点和建议。目前，这一建议已受到国内外生态学家的认可、接受和应用。具体划分方法如下：

高潮区：上限是大潮高潮最高水面 ［E.（H）H.W.S.］，下限为小潮高潮平均水面被海水淹没的时间最短，只在大潮高潮时才被海水淹没。该潮带又以大潮高潮平均水面（M.H.W.S.）为界，以上为第一亚区，以下为第二亚区。

　　中潮区：是受潮汐影响的典型潮带。具有昼夜涨潮时两次被海水淹没，退潮时两次露出水面的规律变化。上限是小潮高潮平均水面（即高潮带的下限），下限为小潮低潮平均水面（M.L.W.N.）。在胶州湾，由于日潮低潮不等，该潮带可以划分为三个亚带。第一亚带的上限即为该潮带的上限（小潮高潮平均水面），下限为小潮高潮最低水面［E.（L）H.W.N.］，该亚带在小潮时每昼夜露出水面一次，具有昼夜性节奏。第二亚带的下限是小潮低潮最高水面［E.（H）L.W.N.］，该亚带每昼夜都是两次露出水面，具有半日节奏。第三亚区与第一亚区一样，小潮时具有昼夜性节奏。

　　低潮区：上限是小潮低潮平均水面（即中潮带的下限），下限理论上应是海图的基准面，实际为大潮低潮最低水面［E.（L）L.W.S.］。该潮区以大潮低潮平均水面［E.（L）L.W.N.］为界，分为两个亚区，以上是第一亚区，在大潮时具有昼夜性节奏，大的大潮时具有半日性节奏。第二亚区仅在冬季大的大潮低潮时露出水面，小的低潮时每昼夜露出水面一次，具有昼夜性节奏（图4-32）。

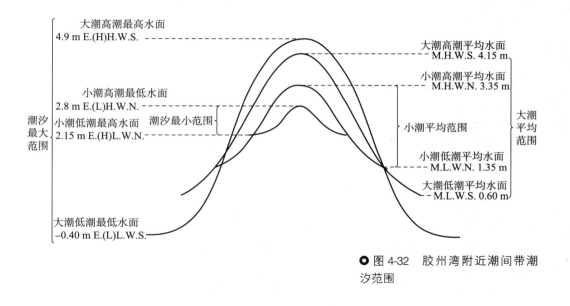

● 图4-32　胶州湾附近潮间带潮汐范围

4.3　海洋生态系统

　　在生态学研究的不断发展过程中，生态系统（ecosystem）一词出现了。它最早是由英国生态学家坦斯利（Tansley，1935）提出来的，当时即强调生态系统中生物与非生物组分在结构与功能上的统一。其后，Thienemznn（1939）提出了生态系统中营养级的概念。Leiging（1940）进一步提出了生态能量学的概念。20世纪40年代以后，Edward A. Brige 和 Chauny Juday（1940）就有了初级生产的思想，并提出了生态系统中营养动力学概念。美国生态学家林德曼（Lineman，1942）对生态系统研究应该说是做出了重要的贡献，他通过对湖泊系统的深入研究，揭示了营养物质移动规律并创立了营养动态模型，因此成为生态系统能量动态研究的奠基者；他以科学数据论证了能量沿着食物链转移的顺序，并提出了"百分之十定律"，以此标志生态学由定性研究开始走向定量研究。目前，这一理论已在生态学研究领域中得到了普遍的接受。

20 世纪 60 年代以来，随着计算机和相关科学技术的发展，在海洋生态学研究中越来越重视海洋生态系统的概念和研究。由此，生态学研究开始进入一个新的发展阶段，即系统生态学的兴起与发展，这是生态学发展的必然趋势，也是被当前人类所面临的一些日趋严重的人口问题、资源问题和环境问题所激发起来的。

系统生态学是系统工程与生态学的结合，是把自然生态系统作为一个复杂的系统来进行研究，它吸收了系统工程学发展起来的新系统理论，系统分析方法和技术，结合生态系统的特点，并加以改进，用来探索生态系统的组成结构、功能发挥、发展规律和系统特性（稳定性、可塑性和恢复能力等），科学地、准确地阐明生态学问题。

4.3.1 生态系统的定义与特征

生态系统是指在特定的空间内所有生物（生物群落）与其环境通过能量流动、物质循环和信息传递而相互作用和相互依赖构成的功能单元（functional unit）。进入 20 世纪 90 年代以后，著名生态学家 Odum（1989）特别强调生态系统的开放性，即不断地同外界进行物质和能量交换（图 4-33）。

生态系统通常表现出以下基本特征：

（1）通常与特定空间相联系，包括一定区域和范围的空间概念。可反映特定地区的特性和空间结构，如水平结构，层次结构以及水平与层次结合的多维空间结构。每一层次空间都具有其特有的生态环境条件，并栖息生活着一定的生物类群。

（2）具有繁殖、发育、生长、衰老和死亡等生物有机体的特征，因而生态系统可以分为幼期、成长期和成熟期等阶段，表现出了时间特性，从而产生了生态系统的演替。这一特征对研究生态系统的生物生产力，对外界环境条件变化的适应性以

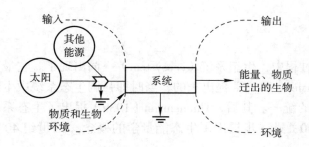

● 图 4-33　一个开放的生态系统模型（引自 Odum，1989）

及生态系统受损后通过其恢复能力或弹性（elasticity）恢复到很接近于原来的稳定状态的能力都是非常重要的。

（3）具有生物代谢机能的特征。生态系统的代谢是通过生产者、消费者和分解者三个不同营养级的生物类群来完成的，这三个生物类群是生态系统完成物质循环的基本结构。

（4）具有系统整体自动调节的功能。生态系统自动调节机能主要表现在三个方面：①同种生物种群密度的调节。这是在有限空间内比较普遍存在的种群变动规律。②不同物种生物种群之间的数量调节。普遍出现于植物与动物、动物与动物之间有食物链关系的类群以及需要相似生态环境条件的类群。③生物与环境之间的相互适应调节。生物经常需要从所栖息的环境中摄食必需的生活物质，环境则需要经常不断的补偿其所输出的物质，两者进行着输入与输出之间的供需调节。

从生态系统的特征可以看出，整个生态系统包含着复杂的信息传递与反馈控制，也就是生态系统动态平衡和可塑性形成的机制。根据环境性质和形态特征，生态系统可以分为陆地生态系统和水生生态系统等两大类型。水生生态系统又可以分成淡水生态系统（freshwater ecosystem）和海洋生态系统（marine ecosystem），它们在系统的结构、组成和功能等方面有很多共同点，但又因环境不同而有不少差异。海洋生态系统还可以再分成沿岸生态系统（sea shore ecosystem）、内湾生态系统（harbor ecosystem）、河口生态系统（estuarine ecosystem）、藻场生态系统（algal bed ecosystem）、珊瑚礁生态系统（coral reef ecosystem）、红树林生态系统（mangrove ecosystem）、潮间带生态系统（intertidal zone ecosystem）、浅海生态系统（shallow water ecosystem）、上升流生态系统（upwelling ecosystem）和大洋生态系统（ocean system）等。

4.3.2　海洋生态系统的特点

对于海洋生态系统的认识，首先应当以地球视为一个整体。在地球的岩石圈、水圈和大气圈交接的地方，是生物生存、活动和发展的生物圈。生物圈是经过以百万年计的漫长岁月形成的。它的形成和生物发生都经过一定的序列，并建立了多种物质循环和能量流动的规律。如来自太阳的大量辐射能量的输入，通过气象、地质和生物三种营力（其中生物起着主要作用），进行着大规模的、错综复杂的物质能量转换的大循环，并构成一个全球生态系统。在这一大循环中，对人类和生物具有普遍意义的三大物质是二氧化碳、水和氮。在三种营力中，气象营力所引起的水的蒸发、扩散、凝聚和降落，又形成一个大规模的水循环；降落到地球表面的水不断地从高处向低处流动，最后汇集到海洋中。因此，在全球生态系统中不仅明显地分为陆地和海洋两个大的亚生态系统，而且在运转中还呈现出有从陆地生态系统到海洋生态系统的主流向。气象营力所产生的海水运动还使海洋的各个区域相互交流成为一个连续的整体。

生物在陆地生态系统和海洋生态系统中都是主要的营力，但是它们在两个系统中的组成结构和作用方式却有很大的不同。在陆地生态系统中，初级生产者主要由较大型和巨型的固着生长的植物组成；一般初级消费者（食植动物）体型也较大。生物的分布和活动空间靠近地面，向各个方向扩展的范围不大。植物资源的利用效率不高，大概只有 1/10 在生活时为食植动物所消费，而大部分都是直接进入被分解过程。在海洋生态系统中，情况就很不相同。初级生产者主要由体型极小、数量极大、种类繁多的浮游植物和一些微生物所组成；初级消费者主要由体型也很小，种类数量也很多的浮游动物组成。它们利用植物资源的效率很高，周转速度很快，另外还有许多杂食性动物也在起着一定数量的调节作用。生物分布的深度范围很广，海水的不断运动和生物本身的活动分布的变化也很大。此外，在以上两个生态系统中，来自太阳的辐射能量的分布情况、初级生产者营养物质的来源及供应方式也很不相同，是与各自的特点相协调一致的。

以上是研究海洋生态系统时不可忽视的重要基本情况。显然，海洋生态学的研究必须用与海洋生态系统特点相适应的观点和方法。应当注意到，由于海水的运动，在特定区域内的时序变化，往往与空间不均匀性相交错，有时是很难辨别的。在海洋生态学中运用生物群落的概念，也需要较为灵活，特别是对其规模的大小和区域范围的规定不能过于死板。一般来说，用生态系统的概念可以很好地解决海洋生态学研究中的主要问题，而且可以把陆地生态系统和海洋生态系统两者很好地结合成为一个整体。

按照系统科学的观点，海洋生态系统是地球生物圈的重要组成部分，也是其中最大的一个生态系统，这一生态系统由不同等级（或水平）的许多海洋生态系统所组成。每一个海洋生态系统占有一定的空间，包含有一定的相互作用、相互依赖着的生物和非生物组分，主要通过能量流动和物质转移，使生物与非生物组分之间以及生物性组分之间的交流和一些平衡控制所联结成为一个整体，并表现有一定的系统特性。也可以说，每一个海洋生态系统是一个生态学中的基本功能单元，应当被作为一个整体来研究。

4.3.3　海洋生态系统的组成成分

包括生态系统在内，任何一个系统都是由一定的成分所组成，并具有一定的结构和体现一定的功能。生态系统是占据一定空间的自然界客观存在的实体，是生命系统（动物、植物和微生物）和环境系统在特定空间的结合。所以，它必然具有一定的生物和非生物成分的空间结构（图 4-34）。

4.3.3.1　生物成分

海洋生态系统的主要生物组成成分与陆地生态系有着很大的不同。

1. 生产者（自养生物、化能细菌、异养细菌）

海洋中的初级生产者主要是一些生活在真光带、营浮游生活的单细胞藻类，称为浮游植物，在浅海区还有底栖的固着植物。浮游植物最能适应海洋中的生活，它们能直接从海水中摄取无机营养物质，能抗拒或减缓下沉以停留在有光照的上层海水中，并且还有快速的繁殖能力和低的代谢消耗以保证种群的数量和生存，这主要是由于小的体型和各种漂浮适应正好满足了上述这些要求。有些浮游植物具有鞭

```
                    ┌ 能源：太阳辐射和其他能源等
      ┌ Ⅰ.非生物部分 ┤
      │  (生命支持系统)├ 水文物理：温度、海流等
      │              └ 无机物：碳、氮、磷、水等
      │              ┌ 生产者：浮游植物、光合细菌、化能细菌
生态系统┤              │ 消费者：初级消费者、次级消费者、三级消费者
      │              │ 初级消费者：小型甲壳类动物、原生动物等
      └ Ⅱ.生物部分   ┤ 次级消费者：大型甲壳类动物、箭虫、水母等
                    │ 三级消费者：游泳动物、鱼类等
                    └ 分解者(还原者)：微生物(细菌、真菌等)
```

⭕ 图 4-34　海洋生态系统组成成分

毛，使它们能作微弱的向上移动，它们更能适应在海水有稳定的垂直分层的情况下生活。

最初，海洋生态学家为了研究工作上的便利，将浮游植物按照它们体长的大小划入一些不同的类群，体长 20～200 μm 的属小型浮游生物（microplankton），主要由一些硅藻和甲藻组成；体长 2.0～20 μm 的属纳微型浮游生物（nanoplankton），主要由一些小型的鞭毛藻（如金藻等）所组成；体长 0.2～2.0 μm 的属于微微型浮游生物（picoplankton）；有时还将体型在 5 μm 以下的种类归并入超微型浮游生物（ultraplankton）。最近，人们发现这样的划分在研究海洋生态系的系统特性方面有重要的意义。正是它们通过光合作用将二氧化碳和无机物合成有机物并释放氧，为其他生物的生命活动提供所需要的能量和物质。

2. 消费者（亦称异养生物）

按营养级划分，消费者又可划分为初级（一级）、次级（二级）和三级消费者。

（1）初级消费者：既然初级生产者的体型是如此微小，初级消费者（食植动物）的体型也不能很大，而且也是营浮游生活的，被称为浮游动物。大多数初级消费者属于小型浮游生物，体长一般都在 1 mm 左右或以下，主要包括一些桡足类等小型甲壳动物、被囊动物和一些海洋动物的幼体；还有一些初级消费者属微型浮游生物，如一些原生动物。初级消费者与初级生产者一同杂居在上层海水中，它们之间有很高的转换效率，一般初级消费者和初级生产者的生物量往往属于同一数量级，这一情况与陆地生态系中的情况很不一样。

（2）次级消费者：既然初级消费者的体型很小，与海洋中大型的食肉动物（如鱼、哺乳动物等）在体型大小上的差别很大，海洋中的次级消费者必须包含有较多的营养层次。较低级的次级消费者一般体型仍很小，体长为数毫米至数厘米，大多仍为浮游生活，属大型浮游生物（macroplankton），不过它们的分布已不限于上层海水，许多种类可以栖息在较深处，并且往往有昼夜垂直移动的习性。这样的次级消费者主要有一些较大型的甲壳动物、箭虫、水母和栉水母等。较高级的次级消费者（如鱼类）都具有较强的游泳能力，属于另一生态类群——游泳动物，游泳动物的垂直分布范围更广，从表层到最深海都有一些种类生活。在海洋次级消费者中包括

一些杂食性浮游动物（兼食浮游植物和小浮游动物），它们有调节初级生产者和初级消费者数量变动的作用。这也是海洋生态系所特有的一个特点。

3. 分解者

分解者都是异养生物。包括海洋中异养细菌和真菌以及个体很小的原生动物，如纤毛虫和鞭毛虫等。它们能够分解生物的尸体内的各种复杂物质，为生产者和消费者提供可吸收利用的无机物和有机物质。因而，它们在海洋有机物的分解和无机营养物质再生产的过程中起着一定的重要作用，同时它们本身又是许多动物的直接食物。

4.3.3.2 非生物成分

1. 有机碎屑物质

海洋中有机碎屑物质的数量很大，通常要比浮游植物的现存量多1个数量级；作用也很大，这也是海洋生态系统与陆地生态系统不同的重要特点。它们来源于生物死后被细菌分解成的产物、未被完全摄食和消化的食物残渣以及陆地生态系统输入的颗粒性有机物等，它们在水层中和海底都可以作为食物直接被动物摄食利用。

2. 参加物质循环的无机物质

如碳、氮、硫、磷、二氧化碳和水等。

3. 水文物理条件

如温度、海流等。

4. 能源

如太阳辐射和其他能源等。

非生物成分是生物生活的环境和所需物质来源，所以又称为生命的支持系统。

4.3.4　海洋生态系统的结构

生态系统的结构一般指生态系统的空间结构和营养结构。生态系统的营养结构即食物链。生态系统的生产者与消费者以及消费者之间通过食物链连成一个整体，食物链上的每一个环节称为营养级。海洋生态系统中的食物链主要有牧食食物链，碎屑食物链和微食物网三种。

4.3.4.1　海洋生态系统的空间结构

生态系统的空间结构是指自然生态系统的生物成分（自养和异养成分）具有空间分布特征，即在垂直方向上是分层的，在水平方向上是分带的。一般来说，在垂直方向上，生态系统的上层通常是绿色植物，初级生产水平较高，光合作用旺盛，被称为"绿色带"；下层主要分布着消费者，异养代谢旺盛，被称为"褐色带"，各级消费者往往各自就位于下层的不同垂直空间中。

海洋生态系统的垂直结构一般为浮游植物分布在上层的真光层海水中，行使光合作用和初级生产的功能；浮游动物通常分布在真光层及其以下相邻的水层中，而且具有昼夜垂直运动的特性；底栖生物生活在海底；游泳生物依据其生态特性分布于相应的水层，分为上层、中上层和下层三种类型。在水平方向上，海洋生态系统生物成分通常表现出分带分布现象，最典型的例子是海岸带生物沿潮上带 – 潮下带的水平分带现象。例如在岩石底质类型的海岸上，一般潮上带是滨螺带，潮间带是藤壶或紫贻贝带，潮下带是海藻带。生态系统生物成分的空间特征与其环境因子在空间上的梯度分布特征密切相关。

4.3.4.2　海洋生态系统的营养结构

1. 食物链与食物网

在自然界生物群落中（不论是水环境或是陆地环境），任何一种动物不会只捕食其他动物而不被另外一种动物捕食，通常某种动物既捕食另一类动物，同时又被其他动物所捕食。这样在自然界生物群落中就形成了一个连串的食物关系，这种关系在生态学中被称食物链（food chain）。这一概念最早是由 Elton 于 20 世纪 20 年代提出来的。海洋食物链其实质是海洋生态系统中从初级生产者到高级消费者（肉食动物）的能量流动过程，以及海洋生态系统中生物与生物、生物与环境的本质联系。因此，就出现了另外一种食物关系被称为食物网（food web）。不过，现在应用食物链这一概念时，就已经概括了食物网的含义。食物链中的各个环节称为营养级〔trophic level，或称食物环节（food link）〕，食物链就是由几个具体的营养级所组成的，食物链中的营养级在自然环境条件下或多或少，但是最短的是 2 级，最长的一般很少有超过 5 级以上的，大多数食物链是 3 或 4 个营养级（表 4-4）。具体状况与环境特点有关（图 4-35）。

◉ 表 4-4　食物链长度

	营养阶级							资料来源
	一	二	三	四	五	六	小计	
频率	1	45	37	22	5	3	113	Cohen 等，1986；
	0	25	44	25	7	2	103	Pimm，1982

前面已经指出，在自然环境中食物链通常是彼此交错形成一个极其复杂的食物网。在天然水域中，食物链的情况也正是这样。从图 4-36 中就可以清楚地了解天然水域中食物关系的复杂情况，当然，要了解一个自然生物群落中的全部食物关系是极其困难的，但是在一般情况下，由于不同动物的食性都有不同程度的特化，所以经过调查研究找出食物网中的主要环节还是可能的。

在食物链的复杂关系中，从已有的研究资料我们可以总结以下几点一般规律：

（1）在自然界生物群落中，一个单纯的食物链几乎是不存在，而总是由许多长短不同的食物链相互交错，形成一个复杂的食物网。

（2）小群落的食物网为大群落食物网的一部分；相邻近生物群落的食物网经常有交错，相互联系。

（3）动物在其生活史中的不同发育阶段，由于食性的改变而转换食物或饵料，因此在食物链中常处于不同的营养层次。

（4）运动力强的动物经常进出不同的群落并构成其食物网的一部分。

（5）自然界生物群落中的食物网的关系并非恒定不变，由于环境中的理化因素和生物性因素经常处于动态的情况下，食物链中的任何一个环节都会发生变化，也

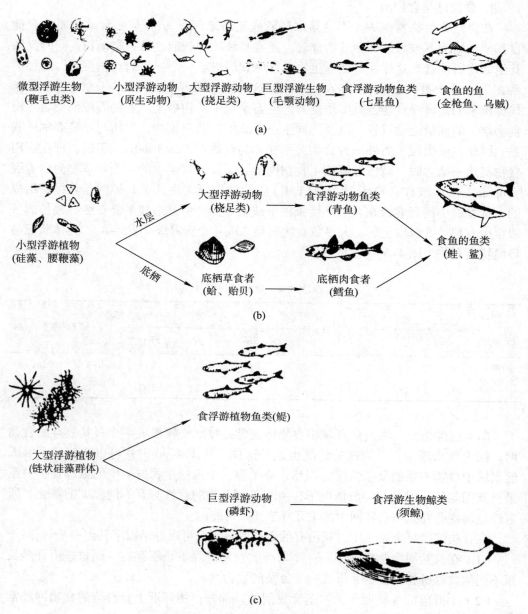

微型浮游生物 → 小型浮游动物 → 大型浮游动物 → 巨型浮游生物 → 食浮游动物鱼类 → 食鱼的鱼
(鞭毛虫类)　　(原生动物)　　(桡足类)　　(毛颚动物)　　(七星鱼)　　(金枪鱼、乌贼)

(a)

小型浮游植物　水层　大型浮游动物　食浮游动物鱼类
(硅藻、腰鞭藻)　　　(桡足类)　　(青鱼)
　　　　底栖　底栖草食者　底栖肉食者　食鱼的鱼类
　　　　　　　(蛤、贻贝)　(鳕鱼)　(鲑、鲨)

(b)

大型浮游植物　食浮游植物鱼类(鳀)
(链状硅藻群体)
　　　　巨型浮游动物 → 食浮游生物鲸类
　　　　(磷虾)　　　(须鲸)

(c)

○ 图 4-35　3 个不同的海洋生境中食物链的比较，每个营养级的生物知识该营养级的众多海洋种类中的代表种（引自 Lalli 等，1997）
（a）大洋（6 个营养级）；（b）大陆架（4 个营养级）；（c）上涌流区（3 个营养级）

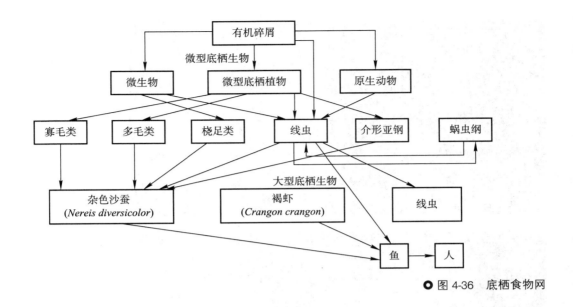

○ 图 4-36　底栖食物网

都将不同程度的影响整个食物网。但是，一般情况下，也有其相对的稳定性，即保持一定的平衡。如果平衡遭到破坏，也将改变群落中的食物关系，从而也可以引起群落组成种类的改变。对渔业生产来说，通过人为的干涉来改变动物区系具有巨大的实践意义。

很长时间以来，人们一直以牧食食物链（grazing food chain）为海洋生态系中的经典食物链。但是，海洋中食碎屑动物（detritus feeder）比较多，所起的作用也很大，这也是海洋生态系统不同于陆地生态系统的重要特点之一。海洋中的有机碎屑在水层中和底部都被直接地、反复地为动物所利用，因此，在海洋生态当中，除了一个以初级生产者为起点的食物链以外，还存在一个以有机碎屑为起点的碎屑食物链（detritus food chain），近来有许多研究表明，后者的作用不亚于前者。在海洋生态系的结构和功能分析中应当加入有机碎屑作为一个重要组分，它是介于生物性和非生物性要素之间的一项要素。

海洋中广泛分布着一些大小从几微米到几厘米，无一定形状，容易破碎的有机碎屑聚集体，亦称海洋雪花（marine snow）。确切地说，海洋雪花包括海域中所有的原始颗粒，即黏合在一起的粪球（图 4-37）、无机颗粒（inorganic particle）、碎屑（detritus）、浮游植物、其他微型生物、摄食网（feeding web）和蜕皮等。海洋雪花是由两种过程形成：物理凝聚和浮游动物的间接聚集。海洋雪花为微型生物群落提供了生长空间和有机物来源（Silver 等，1981）。微型生物群落同样经历了相似的演替序列。首先是细菌的快速生长，然后是原生动物群落的形成，这一复杂的演替变化过程可以在几个小时到几天内进行（Azam 等，1984；Goldman，1984）。趋触性可能是微生物群落聚集于海洋雪花表面上的原因之一。海洋雪花是一个组织松散的半封闭性结构，是氧化 – 还原电势、氧含量、pH 和营养盐等不同因素不断波动的微环境（microenvironment）。

实验表明，海洋雪花表面不仅有微生物群落演替现象，同时还存在着非平衡过

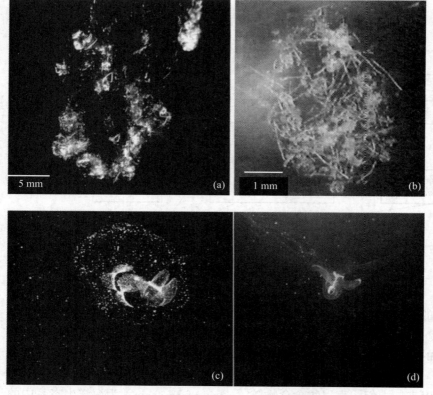

● 图 4-37　海洋雪花的现场显微图

（a）混合硅藻 – 粪球聚集体，可以看到单个粪球（引自 Kirφboe，2001）；（b）硅藻聚集体，单个角刺藻属（*Chaetoceros*）链可被看清楚（引自 Kirφboe，2001）；（c）幼形类被囊动物（Larvacean）在它的住房内（引自 Kirφboe，2001）（d）翼足类 Pteropod 软体动物心形扁壳螺（*Gleba chordata*）和它的黏合摄食网

程的连续变化。当海洋雪花表面的有机物氧化，氧被消耗而出现氧化还原电位梯度时，在时间分布上，NO_3^-，SO_4^{2-}，CO_3^{2-} 可分别成为缺氧微区代谢过程的最终电子受体。而海洋雪花生境氧化 – 还原电位梯度的存在使某些要求不同氧化还原势的过程紧靠在一起同时进行，即在海洋雪花表面空间分布上同时存在着不同的电子最终受体。海洋雪花小生境的存在使得在周围水体不能进行或受抑制的营养盐迁移过程可以在海洋雪花表面进行。对于海洋雪花小生境非平衡态过程的改变，作为一种适应，微生物群落将重新调节新陈代谢，在分叉点附近脱氢酚活性增大。因此海洋雪花小生境是一个时空有序的半封闭结构。

　　尽管保持海洋雪花结构稳定性的机制十分复杂，但是海洋雪花表面同时存在的厌氧过程和需氧过程是其主要原因。两个过程的同时存在，在受到外界非剧烈扰动时，仍然能保持了化学因素梯度的存在，维持了小生境还原性的稳定（王焱等，1993）。

　　海洋中细菌的作用也是很复杂的，海洋中的细菌除了是重要的分解者，并在海洋无机营养盐再生产过程中起着一定作用以外，同时又是海洋中有机颗粒物的重要生产者。另外，它们本身也可以是许多动物的直接食物，曾经有人提出将以这些分解有机物的细菌从基础的食物链区分出来，作为第三类型的食物链，并称之为腐殖食物链。这一区分在实际工作中很难做到，特别是因为细菌往往是附着海洋雪花的表面上的，两者作为食物的作用很难区分开来。

异养浮游细菌可以摄取海水中大量溶解有机物而使其种群生物量得到增长，即异养浮游细菌的二次生产（图4-38）。异养浮游细菌是微型异养浮游动物（主要是个体较小的原生动物，如鞭毛虫）的重要食物，而后者又为个体较大的原生动物（主要是纤毛虫）所利用，纤毛虫又是桡足类等中型浮游动物的重要食物，从而使后者进入了后生动物食物网（metazoan food web）。这一食物关系即为微型生物食物环（microbial food loop）（图4-39）。

两类浮游动物都是海洋雪花的来源，但聚集体的结构不同。幼形类被囊动物从周围水域紧抱颗粒，其中某些保留在外下面的过滤器上，它们载有颗粒的"住房"丢弃几小时后即成为海洋雪花。另外有少数颗粒被下沉的"住房"所收集。明显不同的是翼足类是收集下沉的颗粒，即由动物分泌黏合物的一小部分，而丢弃的摄食网是海洋雪花的另一个重要来源。

海洋中同样存在着与异养浮游细菌个体大小相似的微微型光合原核自养浮游细菌，如蓝细菌（Cyanobacterium）和光合真核生物（photosynthetic eukaryotes）。它们同样是微型生物食物环中摄食异养浮游细菌的原生生物和微型后生动物的食物。考虑到摄食营养的路径，Sherr E. B 和 Sherr B. F（1988）提出了包括异养浮游细菌和微微型自养浮游生物两个营养路径的微型生物食物网（microbial food web）。而有些科学家则赋予微食物环以相同的内涵，使其仍然可表达这两个路径。然而在微食物

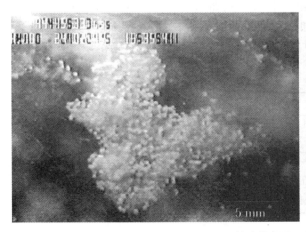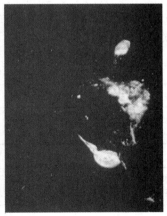

● 图4-38　异养生物摄食于海洋雪花上

（a）在图4-49中显示的硅藻聚集体已经被异养腰鞭毛虫（Heterotrophic dinoflagellate）中的夜光虫（*Noctiluca scintillans*）所栖居，夜光虫在硅藻上摄食，并且在特殊情况下硅藻的聚集速度由夜光虫予以恰当的平衡，因此有效的矿物化物质实在海洋表层（引自Kirφboe, 1998）（b）桡足类中的隆剑水蚤属（*Oncaea*）栖居和摄食于海洋雪花上（引自Kirφboe等，2001）

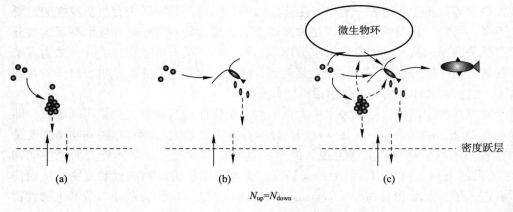

$N_{up}=N_{down}$

● 图 4-39　简化的富营养带水层食物网（假设长时间平均值限制元素向下流相等于同一元素向上运输）

（a）水层生物仅包括浮游动物，并且下沉运载器是浮游植物的聚集体；（b）仅是浮游动物粪球下沉；（c）仅是聚集体和粪球下沉，并且下沉聚集体在富营养带同样被再矿化

环中，有多少超微型颗粒来自自养生产，有多少来自异养二次生产，在不同海区是不同的。一般来说，自大洋至沿岸带超微型自养生物的光合生产量是相对稳定的，而异养细菌二次生产（heterotrophic bacteria planktonic secondary production）在沿岸带比开阔洋区高得多。微型生物食物环的结构及其与经典食物链的关系如图 4-40 所示。

在海洋生态系统中，微型生物食物环中摄食者和被摄食者的个体大小是有一定比例。通常摄食者只能摄取大约为自身大小的 1/10 的生物。个体大于 200 μm 的桡足类不可能摄取细胞小于 2 μm 的异养细菌和蓝细菌。因此，粒径谱（partical size spectrum）的概念可以帮助我们更加清楚地了解微型生物食物环结构及其与经典食物链的关系以及微型生物食物环中各营养级生物的粒度，摄食关系与经典食物链

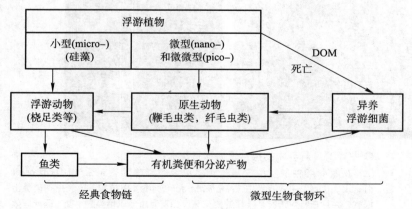

● 图 4-40　微型生物食物环结构与经典食物链关系

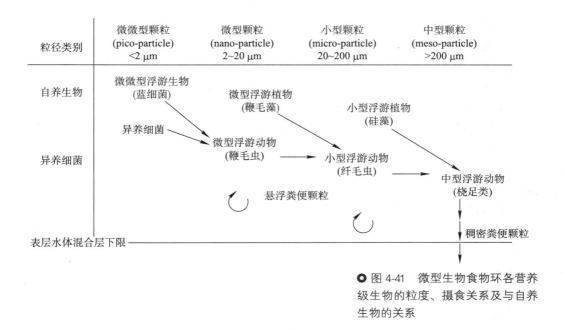

○ 图 4-41　微型生物食物环各营养级生物的粒度、摄食关系及与自养生物的关系

的关系和自养生物与异养生物的关系（图 4–41）。海洋中有自养性细菌的存在，包括利用光能和化能的许多种类是已经知道的事实。1997 年以来，对位于加拉帕戈斯群岛外，东太平洋海隆和哥尔达脊（Gorda Ridge）等处的许多海脊的热液系统（submarine hydrothermal systems）进行了观察、取样和研究。已经描述有两个类型的裂口（vent）：

（1）裂缝和小的裂隙，有 5～22℃的温水以约 2 cm/s 的流速散出。

（2）高达 3～10 m 的圆锥形墩（烟囱），有温度高达 380±30℃的超热水以每秒数米的流速喷出。在这些热液系统所处的深度（2 500～2 650 m），海水由于流体静压力的作用，即使在约 460℃的温度下仍可保持液态。硫化物烟囱见于 21°N 的东太平洋海隆，温水裂口则在加拉帕戈斯海脊和 21°N 处的东太平洋海隆均可见到。与这些热液环境相联系着有许多类群的动物生活，包括壳径约达 30 cm 的双壳类软体动物、蟹类、海葵和一些蠕虫，上述动物都从一些化能细菌获得有机物质和能源，这些化能菌大量存在于裂口水中以及动物和岩石的表面上，并以体内共生的形式存在于动物体内（这些动物没有肠道）；化能菌则利用热液中的硫化氢或甲烷作为能源进行碳固定，形成以化学合成细菌为最基础的生产者。显然，这一热液系统和与之相联系的生物构成一个非常独特的生态系统，它完全地以化学能取代了日光能而存在。另一方面，海底热液系统是一个合乎理想的非生物合成作用的场所，有大量的 CH_4NH_3、H_2、金属等物质存在，对于地球上有机物质和原始生物的演化研究提供很好的场所与启示。Baross 等（1983）将从硫化物烟囱中取得的细菌在实验培养后，用特制钛容器和加热加压装置在 2.68×10^4 kPa、250℃以上的条件下培养成功，这不仅在对热液系统研究方面前进一步，而且对地球以外的星球上生命物质存在的可能性也有所启示。

4.3.4.3 营养级

自然界的食物链和食物网是物种间的营养关系，而且这种关系是极其错综复杂的。为了便于生态系统内物质和能量流动的研究，生态学家林德曼（Lindeman，1942）在食物链和食物网的基础上提出了营养级这一概念。

在生物群落中，许多食物链内的相应的食物环节所代表的层次即为营养级。林德曼将自然群落中的食性关系分为五个营养级：Λ_1 代表生产者（光合性植物），Λ_2 代表初级消费者（草食动物），Λ_3 代表次级消费者（肉食动物），Λ_4 代表异养细菌（食腐者），Λ_5 代表化能细菌（转化者）。每一营养级均依赖于其前一营养级作为能量来源，Λ_1 则以太阳辐射为能量来源。

根据这一划分，可以设想每一营养级均有一系列的种，而一个物种又有许多个体；如果以 S 代表物种，I 代表个体，T 表示时间因子，则整个群落可用下式表示：

$$\begin{bmatrix} I_1 \cdots\cdots I_n \\ S_1 \cdots\cdots S_n \\ \Lambda_1 \end{bmatrix}_{t_1} \begin{bmatrix} I_1 \cdots\cdots I_n \\ S_1 \cdots\cdots S_n \\ \Lambda_2 \end{bmatrix}_{t_1} \begin{bmatrix} I_1 \cdots\cdots I_n \\ S_1 \cdots\cdots S_n \\ \Lambda_3 \end{bmatrix}_{t_1} \begin{bmatrix} I_1 \cdots\cdots I_n \\ S_1 \cdots\cdots S_n \\ \Lambda_4 \end{bmatrix}_{t_1} \begin{bmatrix} I_1 \cdots\cdots I_n \\ S_1 \cdots\cdots S_n \\ \Lambda_5 \end{bmatrix}_{t_1} \rightarrow \Lambda_1$$

      光合植物   草食动物   肉食动物   异养细菌   化能细菌

上述各阶层的划分，一般在海洋、淡水和陆地生物群落皆可适用。但是，有两点须加以补充说明：① 杂食性动物实际上兼居两个食性层次（Λ_2 与 Λ_3）。② 在食肉性层次中，并非全以食草动物为食，事实上也分为若干级。

假设以 P 代表肉食性动物内的捕食关系，则 Λ_3 应以下式表示：

$$\begin{bmatrix} \Lambda_1 \cdots\cdots \Lambda_n \\ S_1 \cdots\cdots S_n \\ P_1 \cdots\cdots P_n \\ \Lambda_3 \end{bmatrix}_{t_1}$$

从图 4–42 可以清楚地看到林德曼的经典生态系统的营养动态。图中 λ_n 为从 λ_{n-1} 到 λ_n 正的能量流速率；λ'_n 为 λ_n 到 λ_{n+1} 负的能量损耗速率；R_n 为各营养级生物的呼吸速率。因此，各营养级的生产量可以用能量的转换表示：

$$\frac{d\lambda_n}{dt} = \lambda_n + \lambda'_n \tag{4–27}$$

据林德曼（Lindeman，1942）在美国塞达波格湖（Ceda Beg Lake）对营养级研究的结果，可以得出三点结论：

（1）在连续的各营养级中，距离能量来源愈远的营养级，对前一营养级的依赖性越小。

（2）由低营养级至高营养级因呼吸而消耗的能量逐渐增大，所以因生长而导致的呼吸损失的能量如下：生产者为 33%，初级消费者（食草动物）为 62%，次级消费者（食肉动物）则几乎接近 100%。

（3）消费者所居的营养级越高（即在食物链中的环节越向后）对食物的利用率越强。

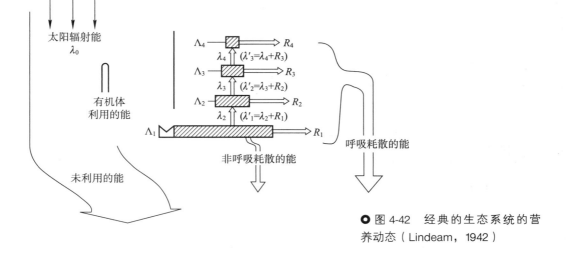

太阳辐射能
λ_0

有机体
利用的能

未利用的能

非呼吸耗散的能

呼吸耗散的能

Λ_4 $\longrightarrow R_4$
λ_4 $(\lambda'_3=\lambda_4+R_3)$

Λ_3 $\longrightarrow R_3$
λ_3 $(\lambda'_2=\lambda_3+R_2)$

Λ_2 $\longrightarrow R_2$
λ_2 $(\lambda'_1=\lambda_2+R_1)$

Λ_1 $\longrightarrow R_1$

○ 图 4-42　经典的生态系统的营养动态（Lindeam，1942）

4.3.4.4　生态金字塔

1. 数量金字塔

在自然界的生物群落中，不论是在湖泊、海洋、土壤或森林中，总是存在着很多个体小的有机体和少数个体大的有机体，其数量和大小恰好成反比，即个体越小、数量越多，反之，个体越大、数量越少。这种大小和数量关系构成一个金字塔形的几何图形，见图 4-43（a），金字塔的基础代表着许多小的有机体，金字塔顶部代表着少数个体大的有机体，这样大小和数量分布上的几何关系，即所谓"数量金字塔"（pyramid number）定律。

数量金字塔的形成有两个自然趋势：① 在一般情况下，小的生物具有较高的繁殖潜力。② 小的生物经常作为大的有机体的食物，即大的动物常居于食物链中较高的环节。数量金字塔在自然界群落中可有两种类型：① 完全以个体大小与数量关系的图形。② 以相连续的食性层次与数目关系的图形。

数量金字塔定律在捕食者食物链中表现得十分明显。在一般情况下，总是捕食者大于其捕获物，并且在食物链中个体大小随食物环节的增加而加大。这是因为捕食者必须体力强大才能获得食物，而要得到足够的食物必须适合于两个条件：① 食物是可利用的。② 须有适当的摄取食物的构造，且不需要消耗过多的能量。因此，可以想象，一条捕食性的大鱼是不可能直接以小的原生动物为食物的，而必须通过食物链中其他个体较小的食物环节才能间接作用于小的原生动物。

数量金字塔的形式在自然界中由于不同的因素可以改变，如食物的大小和数量、食物的分布、被食者的繁殖、捕食者的运动方式和取食构造及其效率等，都可以直接或间接的影响数量金字塔的形式。例如，滤食性的须鲸就是如此，由于其独特的滤食器官，虽然个体很大，但却只能摄取很小的浮游生物。

上述数量金字塔定律也有例外，例如寄生动物与食物之间的关系则恰恰是相反的，因此，数量金字塔定律不适用于寄生者食物链。

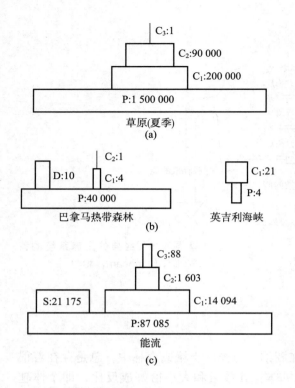

● 图 4-43　生态金字塔（Odum，1983）
（a）数量金字塔 [个体 /（0.1 hm²）]（b）生物量金字塔（以干重计，g/m²）；（c）能量金字塔 [KJ/（m²·a）]
P: 生产者；C1: 初级消费者；C2: 二级消费者；C3: 三级消费者；D: 分解者；S: 食腐者。数量金字塔数字未包括微生物和土壤动物

2. 生物量金字塔

生物量是指在单位面积内或单位体积内的生物群的总质量。指群落内的所有生物的总重量称为群落生物量；指某一阶层的叫做该阶层生物量；指某一种群则称为种群生物量，如底栖生物量、浮游生物量、鱼类生物量或桡足类生物量等。在自然界的所有食物链中，不仅位于较高营养级的有机体数目较少，而其总重量在食物链中相连的环节里也循序减少；从而也形成一个与数量金字塔相类似的生物量金字塔（pyramid of biomass），如图 4-43（b）所示。这种情况不论水生生物群落或陆地群落都是如此。在生物群落代谢作用中，最重要的还是生产量的尖塔形关系，我们将在以后有关章节中讨论。

3. 能量金字塔

能量金字塔是根据能量由低向高营养级流动过程中逐级变小而构成的几何图形，如图 4-43（c）所示，是用来表示能量通过营养级传递、转化的有效程度。能量金字塔的特点是不受个体大小差异和代谢速率的影响，是以热力学定律为基础，客观地反映了能量在生态系统中流动的本质关系。Price（1984）认为：营养级之间的能量关系不仅表明能量流在每一阶层的总量，同时也清楚地说明了各种生物类群在能量流中的作用和位置，并可以对各生物类群在生态系统中的重要性予以评价。

4.3.5　海洋生态系统的功能

海洋生态系统的基本功能包括能量流动，物质循环和信息传递，我们将从这三个方面详细论述海洋生态系统的功能。

4.3.5.1　能量流动

1. 能量及其流动途径

能量是一切生命的基础，所有生命活动过程都伴随着能量的转换。能量流动是生态系统的重要功能之一。在生态系统中，生命系统与环境系统的相互作用始终以物质作为载体，并伴随着能量的流动与转化。海洋生态系统接收来自太阳辐射的光能，通过浮游植物光合作用固定能量并转化为化学能储存在有机物中，成为生态系统的基本能量，然后沿着食物链从低营养级向高营养级单向的传递转化以保证生态系统的正常发展。

2. 能量流动的热力学定律

能量在生态系统中的流动实际上就是能量不断地以热能形式消耗的过程。能量传递规律和形式转化的规律是热力学定律（law of thermodynamic）的主要研究内容。事实也证明，能量的传递与转化是完全符合热力学定律的。其一，能量从一种形式转化为另一种形式是严格遵循热力当量比例进行，即能量既不能消灭，又不能凭空创造，即热力学第一定律或能量守恒定律。其二，能量流动是非循环的，它只能沿着单一方向传递转化，并且在传递与转化过程中（即从一种形式转化为另一种形式过程中），总有一部分能量转化为不能利用的热能，因此，任何能量都不可能百分之百地转化为可以利用的潜能，即热力学第二定律或熵律（law of entropy）。

在热力学中，熵这一概念可以用来量度生态系统的有序程度，通常熵值越大，表明系统的无序程度越高。反之，熵值越低，系统的非平衡程度就越高，有序程度就越大。随着熵值的增大，非平衡态逐步转化为平衡态，有序程度就越来越低，这一点在生态系统能量流研究中是非常重要和具有实践意义的。

3. 能量流动的生态效率

前文已经论述过能量沿着食物链由低向高营养级传递转化过程中有一定数量的消耗。虽然，能量在各个营养级传递转化时减少的数量不是绝对不变的，但能量在各营养级迅速减少却是一个普遍规律，存在着能量从营养级 A_n 到 A_{n+1} 之间的能量比例，这也是能量在各营养级之间沿着单一方向传递过程中迅速减少的必然现象和普遍规律。在各个营养级上能量各个参数之比值称为能量流动的生态效率（ecological efficiency）。如营养级（n）的生态效率可以为下公式表示：

$$营养级（n）的生态效率 = \frac{营养级（n）的生产量}{营养级（n-1）的生产量} \qquad (4-27)$$

林德曼（Lindeman，1942）对塞达波格湖生态系统中各类生物有机体的生物量，各类生物有机体之间的营养关系以及与环境之间的关系，即能量在各营养级传递转化过程中可利用数量与消耗数量间的比例进行了详细调查研究，从而得出了能量在各营养级间的转化效率为10%这一结论。即能量从一个营养级流向另一个更高一级的营养级时，其总能量的90%被损失，只有10%的能量传递被到更高一级的营养级。因而林德曼提出了"十分之一"这一能量转化定律，也称林德曼效率（图4-44）。

实际上，能量在各营养级间的转化过程中，其数量（转化效率）是有明显差异的，所以林德曼"十分之一"定律只是反映了水域生态系统中能量在各营养级传递

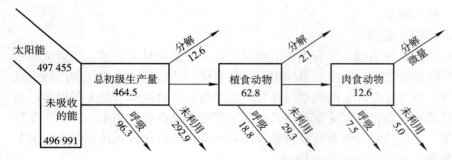

● 图 4-44　美国塞达波格湖生态系统的能量流动
（单位：J/cm²·a⁻¹）（引自 Lindeman，1942）

转化的一般规律，只是一个常数。如近年来对海洋食物链的研究其结果表明，能量在生态系统中各营养级中流动的生态效率远大于林德曼效率，通常为 15%～20%，甚至达到 30%；同时，也表明海洋生态系统能量的利用效率是随着营养级的不断地向更高一级传递时，其转化率也在不断地提高，通常是在 20%～25%，也就是说每一营养级的生态量将有 75%～80% 通向碎屑食物链（图 4-45）。

4.3.5.2　物质循环

1. 生命元素与物质循环

在维持生命有机体的生存和延续过程中，除了需要能量以外，同时还需要各种矿物质的供应与支持。在参与生态系统物质循环的物质中以氧、氮、氢和碳最为重要，这些元素在生命活动中起着重要的作用，它们在生态系统中既在生物之间循环，又在生物与无机环境之间沿着特定的途径不断地反复循环。因此，生命系统的整个过程都取决于这些元素的供给、交换和转化，因而被称为生命元素或能量元素。如氮和磷是形成氨基酸、核酸和其他一些重要生物分子的必需元素。在海洋生

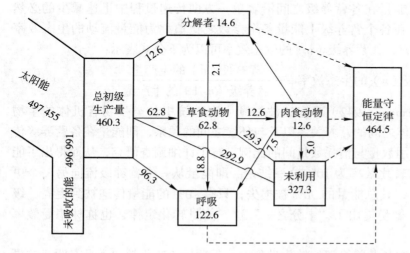

● 图 4-45　海洋生态系统能量的流动及转化
（单位：J/cm²·a¹）（引自蔡晓明，2000）

态系统中，这些元素通过以浮游植物为主的绿色植物吸收利用，沿着食物链并在各个营养级之间进行传递、转化，最终被微生物分解还原并重新回到环境，然后再次被吸收利用、进入食物链转化和传递进行再循环。这一通过有机体和无生命环境之间不断进行的物质循环过程即为生态系统的物质循环（cycling of material）。

能量流动与物质循环是生态系统的两个基本过程，正是由于这两个基本过程，使生态系统各营养级之间和各种成分（生物和非生物）之间组成一个完整的功能单元。能量在生态系统中各个营养级（食物链）中是沿着一定的单一方向流动（转换），并不断地被一定的有机体所消耗转化为热量而在生态系统中散失。然而，所有结合成有机物质的元素，在不同的时间内，最终还是要以可变又复杂的方式进行再循环。转换有机物质为元素的无机形式的过程被称为矿化作用（mineralization）。这一过程在整个水域中和大量有机碎屑聚集的海底都可以进行。

物质的再循环在真光层进行的速度相当快（在一定季节），但是，对难以分解的并已下沉聚集在海底的有机碎屑，其再循环的速度则非常缓慢（经过地质年代）。

2. 生物地球化学循环

（1）生物地球化学循环的基本概念

由于生态系统中的物质循环既涉及地球的化学组成又涉及地壳与海洋、河流以及其他水体之间各种元素的交换，所以，生态系统中的物质循环实际上也是生物地球化学循环（biogeochemical cycle）（图4-46）。生物地球化学循环中不仅在非生物成分中转移，而且物质也进入了食物链，在生态系统中的两大成分中循环。

从生态学观点来看，在海洋中最重要的是限制生长的营养物质再循环的速率。营养物质如硝酸盐（NO_3^-）、铁（生物所利用的铁）、磷酸盐（PO_4^-）和可溶性硅在海洋的浓度很低，往往低于浮游植物生长最快时所要求的半饱和的水平的一半，因此会限制浮游植物的生产。硅对浮游植物中的硅藻（diatoms）、硅鞭藻（silicoflagellate）和浮游动物中的放射虫（radiolarian）的主要限制作用是形成骨

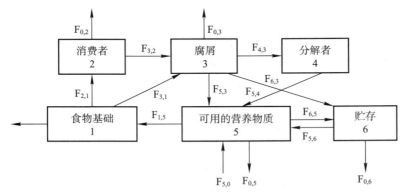

● 图4-46　营养物质生物地球化学循环模型（引自蔡晓明，2000）

箭头表示营养物质流动的方向（F），方框中数字表示分室号数，零（0）代表环境，$F_{2,1}$表示营养物质由第一分室流向第二分室；$F_{0,2}$表示营养物质由第二室流向环境，以此类推

架。硅的循环相对简单，因为它只有无机形式，生物利用可溶性硅去制造它们的骨架，而硅又随着生物的死亡而被溶解。从化学角度来看，磷（phosphorus）的循环通常在碱性的海水中，有机磷酸根相对容易被水解成无机磷，然后被浮游植物重新吸收利用，由于磷的循环在食物链中迅速地通过，所以磷在海洋环境中很少有限制作用。

与硅和磷比较，氮的再循环显然要复杂得多，是气体型循环的典型实例。物质在生物或非生物环境中都存在一个或多个贮存场所，其贮存数量大大超过结合在生物体内的数量，这样一些贮存场所通常被称为库（pool）。物质循环实际上就是在库与库之间的转移。库与库的容量差异很大，而且物质在各个库中的滞留时间和流动（转移）的速率也各不相同。一般库容量大，物质在库中的滞留时间长且流动速率慢，被称为贮存库（reservoir pool），多属于非生物成分；库容量小，物质在库中滞留时间短，流动速率快，被称为交换库（exchange pool），多属于生物成分。

另外，物质在生态系统中库与库之间流动的速率称之为流通率，用单位时间、单位面积（或体积）通过的物质数量来表示。在一定时间内，物质的流通量与库存中营养物质总量之比称为周转率，周转率的倒数即为周转时间。周转率越快，周转时间就越短。以上可用下式表示：

$$周转率 = \frac{流通量}{库中营养物质总量} \tag{4-28}$$

$$周转时间 = \frac{库中营养物质总量}{流通量} \tag{4-29}$$

通常情况是各个库之间的物质流动（输入和输出）总是处于平衡状态，否则，生态系统的功能就会发生障碍。

（2）生物地球化学循环的三种类型

从整个生物圈的观点出发，生物地球化学循环又可以分为水循环、气体型循环（gaseous type）和沉积型循环（sedimentary type）。

生态系统中物质循环的动力来自能量，它既是保证和维持生命系统进行新陈代谢的基础，还在循环过程中将能量从一种形式转变为另一种形式并成为能量流动的载体。如果不是这样，能量就会自由散失，生态系统将会不复存在，所以，生态系统中的物质循环和能量流动之间的关系是紧密联系在一起的，缺一不可且不可分割。

水循环：水是地球上含量最丰富的无机化合物，也是生态系统中生命活动所需的各种物质得以不断循环的介质，是连接地球上一切生命的链条。水还是生物组织中含量最多的一种化合物。水以液态、固态和气态分布于地面、地下和大气中，形成河流、湖泊、沼泽、海洋、冰川、积雪、地下水和大气水等水体，构成一个浩瀚的水圈。地球上各部分的水量分布是通过降水、径流和蒸发所构成的水循环而维持相对的稳定。地球上没有水，生命就无法维持，也就不存在生物地球化学循环。

气体型循环：气体型循环中，物质的主要储存库是大气和海洋，物质的气体型循环将大气和海洋紧密地联系起来，因此具有明显的全球性。气体性循环是最完善的循环，凡是气体型循环的物质，如氧、二氧化碳、氮等，无论是分子或其他化合物均以气体形式参与循环。

沉积型循环：岩石圈、沉积物和土壤是沉积型循环物质的主要储存库。这类物质有磷、硫、硅、钙、铁、钾、钠、碘和铜等。其中磷的循环为典型的沉积型循环。它们主要是通过岩石的风化和沉积物的分解转变为可被生态系统生物成分利用的营养物质。海底沉积物转变为岩石圈成分则是一个缓慢、单向的物质转移过程，时间需要以地质年代计。

3. 碳循环

碳对一切生命都是一种非常主要的基本构成元素。是一切有机物最基本成分，有机体干重的 45% 是碳。自然界中的碳绝大部分是以化合物形式存在的，其总量约为 2.7×10^{16} t，其中只有 0.1% 存在于海水中，绝大部分（99.9%）存在于陆地。从大气中进入海水中的二氧化碳很容易被溶解并以碳酸离子（CO_3^{2-}）和碳酸氢根离子（HCO_3^-）的形式作为二氧化碳的库存在海水中。其化学反应式如下：

$$CO_2 + H_2O \rightleftharpoons + H_2CO_3 \rightleftharpoons H^+ + HCO_3^- \rightleftharpoons 2H^+ + CO_3^{2-}$$

在大气圈、水、生物圈的碳循环是地球生态系统最基本，也是最微妙的物质循环之一。生态系统中碳循环基本上是伴随着光合作用和能流的过程而进行的。海水中的碳循环是由生物活动参与的一个极其复杂的生物地球化学过程。生态学以单位面积中的碳来衡量生态系统生产力的高低。生物的呼吸与分解作用成为"碳源"，光合作用为"碳汇"，前者向大气输送 CO_2，后者将大气中的 CO_2 汇集到碳库中。水圈是碳库的重要组分，碳库另外的组分是土壤岩石，它们在不同程度上参与碳循环。20 世纪末，在进行岩溶动力系统研究中发现许多断裂处都存在着明显的二氧化碳放气现象，其中有些来自地幔，这一发现具有重大意义，不仅重新解释了黄龙钙化的成因，而且预示着地球深部作用对温室效应有重要影响，有可能对现今碳循环模型做出修正和新的解释。

首先，二氧化碳是在大气圈与水圈之间的界面上通过扩散作用而相互交换。二氧化碳移动方向取决于界面两侧的相对浓度，它总是从高浓度一侧向低浓度一侧扩散。正是这类机制维持着碳的循环。

然而，大气中二氧化碳进入海水的条件必须是大气二氧化碳分压大于表层海水二氧化碳分压，而且进入表层海水的二氧化碳必须迅速地离开表层向下移动，只有这样大气中的二氧化碳才能不断地进入海水。否则，由于大气－海界面的二氧化碳很快就会趋向平衡，大气中的二氧化碳将不可能再继续不断地进入海水中。进入海水中的二氧化碳由生活在真光层的浮游植物通过光合作用予以吸收，并转化为颗粒有机碳，即浮游植物细胞，或称生命的颗粒有机碳（living POC）。另外，在光合作用过程中，还有相当数量的有机碳可被自由生活的异养细菌吸收、转化为溶解有机碳释放到真光层水中。颗粒有机碳被浮游动物所摄取、转化并沿着食物链从低营养级向高营养级不断地传递，并且通过生物的呼吸作用释放出二氧化碳，重新回到环境中再次被吸收利用，进行不断地循环。另外，在转化过程中产生的粪便、蜕皮、组织碎片以及尸体等大量颗粒有机碳不断地向下沉降，由微生物的生命活动分解形成二氧化碳，再次进入不断地转化循环过程；这一过程通常被称为生物泵（biological pump），是海洋垂直方向的三个碳泵中最重要的一个。与此同时，也有一些大的碎屑由于沉降速度快，尚未被分解即到达海底，这一部分碎屑物质最终也将进入再循环，只不过是被分解的速度则很缓慢，甚至要以地质年代来计算（图4-47）。

海洋是碳的一个重要的储存库，二氧化碳在海洋与大气系统间的循环，对调节大气中的含碳量起着非常重要的作用。海洋所能吸收和保存的二氧化碳约为大气的100倍。工业生产所排入大气的二氧化碳约为 23×10^{11} t/a，其中大部分被海洋吸收。目前，南大洋是全球最重要的吸收二氧化碳的海域，从大气中吸收的二氧化碳的数量占总量的15%。

但是，随着科学技术进步与社会经济的发展，人类活动对环境的干扰日趋加重，每年排向大气的二氧化碳数量急剧增加。二氧化碳既是生命的基本元素，同时又是造成全球气候变暖最重要的"温室效应"气体之一，二氧化碳通过辐射作用来影响地 – 气系统的辐射能量收支平衡导致气候变暖（图4-48）。目前，北大西洋吸收二氧化碳的数量只相当于20世纪90年代中期的1/2，其原因很可能是：① 海洋中二氧化碳已经饱和；② 气候周期性变化导致海洋表面水循环发生了改变，从而影响了对二氧化碳的吸收，而海洋吸收二氧化碳能力下降影响可长达1 500年。包括浮游植物在内，所有绿色植物只有在光照条件充分的真光层才能吸收二氧化碳，所以，植物的排氧的过程并非是不间断地进行，在光照不足或夜间条件下，绿色植物同样也需要消耗氧而排出二氧化碳。目前，许多问题尚未得到充分深入的解释，如海洋对大气中二氧化碳的吸收及其能力、全球海气界面二氧化碳的交换量、净通量（net flux）等。

4. 氮循环

在大气的成分中约79%是分子态氮，所以大气圈是最重要的氮贮存库。由于分子态氮的特性决定了很难与其他物质化合，所以分子态氮的贮存库对生态系统来说

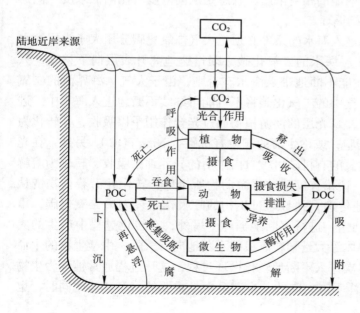

● 图 4-47　海洋生态系统的碳循环（引自 Valiela，1984）

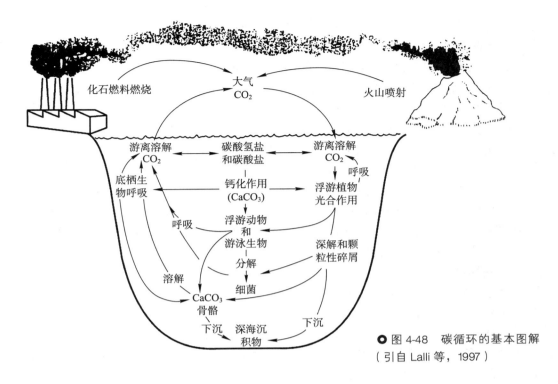

图中文字：
化石燃料燃烧　　大气 CO_2　　火山喷射

游离溶解 CO_2　　碳酸氢盐和碳酸盐　　游离溶解 CO_2

底栖生物呼吸　　钙化作用（$CaCO_3$）　　呼吸　　浮游植物光合作用

呼吸　　浮游动物和游泳生物

溶解　　分解　　深解和颗粒性碎屑

$CaCO_3$ 骨骼　　细菌

下沉　　深海沉积物　　下沉

● 图 4-48　碳循环的基本图解（引自 Lalli 等，1997）

并不重要。氮的无机形式（氨、亚硝酸盐和硝酸盐）和有机形式（尿素）、蛋白质和核酸是氮循环中起重要作用的交换库。

　　由于海洋中的氮是以多种形式出现，并且很难从一种形式转变为另一种形式，所以海洋生态系统中氮的循环是一个复杂的过程，却又是极为完善的气体型循环，海洋中的氮包括溶解的分子态氮（N_2）、氨离子（NH_4^+）、亚硝酸盐（NO_2^-）、硝酸盐（NO_3^-）和可溶性有机化合物，如氨基酸尿素［$CO(NH_2)_2$］和蛋白质等。硝酸根则是海洋中氮的主要形式，并且常以这种形式被浮游植物所利用。虽然有些种类同时还可以利用亚硝酸盐或氨，但浮游植物吸收氮的主要形式还是硝酸根离子。另外，还有少数浮游植物利用某些小分子的可溶性有机氮，如氨基酸和尿素。

　　氮既是海洋生态系统中生物地球化学循环的重要营养物质，同时又是初级生产力的限制因子，氮的再生与更新主要依靠细菌的活动和海洋动物的排泄，尤其是浮游动物对氨的排泄作用。

　　海水中的氨除了被某些生物种类所利用外，将被氧化成亚硝酸盐和进一步氧化成硝酸盐，这一过程被称为硝化作用（nitrification）。参与并调控这一化学变化过程的细菌称为硝化细菌（nitrifying bacteria）。氨被氧化成亚硝酸是由亚硝单胞菌属（*Nitrosomonas*）或亚硝化球菌属（*Nitrosococcus*）的细菌参与，而进一步被氧化成硝酸盐是与硝化杆菌属（*Nitrobacter*）或硝化球菌的细菌有关。其反应过程如下：

$$NH_3 \rightarrow NH_2OH \rightarrow N_2O_2^{2-} \rightarrow NO_2^- \rightarrow NO_3^-$$

　　相反，在缺氧的情况下，硝酸盐、亚硝酸盐形成还原的氮化物，这一过程被称为脱氮作用（denitrification）参与这一过程的细菌是脱氮细菌（denitrifying bactieria）这一过程在有机物来源丰富、溶解氧浓度低的内湾和河口附近海域较为强烈。根据脱氮作用的传统概念和"Redfield ratio"概念，Richards（1965）提出海洋脱氮作用包括以下两个方程式：

$$（CH_2O）_{106}（NH_3）_{16}H_3PO_4+84.8HNO_3 \rightarrow 106CO_2 + 42.4N_2 + 148.4H_2O + 16NH_3 + H_3PO_4$$

$$（CH_2O）_{106}（NH_3）_{16}H_3PO_4+94.4HNO_3 \rightarrow 106CO_2 + 55.4N_2 + 177.2H_2O + H_3PO_4$$

氮循环还包括固氮作用（nitrogen-fixation）。在这一过程中，溶解的氮气被转化为氮的有机化合物，海洋中的少数浮游植物，尤其是蓝细菌（Cyanobacterium）参与这一转化过程。固氮作用有三个途径：① 高能固氮；② 生物固氮；③ 工业固氮。生物固氮每年可达 $1 \times 10^6 \sim 2 \times 10^6 \, kg/m^2$，约占地球每年固氮量的90%，固氮生物可以分为自由固氮生物和共同固氮生物两大类。溶解有机氮（dissolved organic nitrogen，DON）和颗粒有机氮（particulate organic nitrogen，PON）都是细菌生长的营养物质。细菌破坏蛋白质分解为氨基酸和氨，氨在硝化过程中被氧化。最后释放的溶解无机氮可以被浮游植物再次吸收利用，从而进入再循环（图4-49、图4-50）。

5. 磷循环

磷是生命活动中不可或缺的营养物质，各种代谢作用都需要磷元素的参与。自然界中磷以化合态的形式存在，如磷酸盐等。磷循环（phosphorus cycle）始于岩石的风化，止于水中的沉积。海洋中的磷包括颗粒性磷（POP）、溶解性有机磷（DOP）和溶解性无机磷（DIP）。溶解无机磷大多是以正磷酸盐的形式存在于海中，而溶解有机磷主要是磷酸脂类物质。在海洋中浮游植物吸收无机磷的速率很快并合成为有机物质。因此，在寡营养水域无机磷滞留的时间很短，颗粒磷的含量较高。

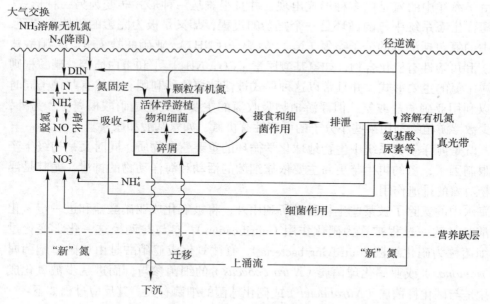

◉ 图4-49　海洋真光层中氮循环（引自 Lalli 等，1997）
图示在真光带中和营养跃层以上所发生的氮的再循环过程，以及"新"氮自深层水的输入过程。注意 DIN（溶解的无机氮）、PON（颗粒有机氮）和 DON（溶解的有机氮）三者之间的相互关系。营养跃层是营养盐浓度随水深迅速改变的水层

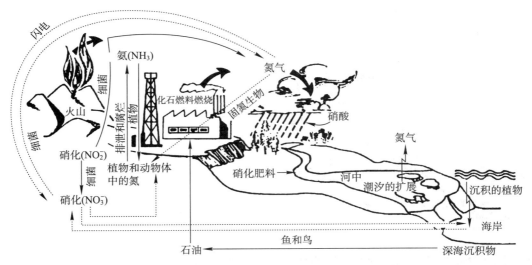

○ 图 4-50　氮的全球循环（引自 Southwick，1985）

浮游植物被浮游动物和食腐者所摄食，然后在各营养级中传递。浮游动物每天排出的磷几乎与储存在体内磷的数量相等。动物的尸体经过分解后释放出的磷酸盐，又重新被浮游植物所吸收利用进入循环。然而，死亡动物的部分尸体沉入海底，其体内的大部分磷则长期沉积下来，从而离开了循环。所以磷循环是不完全的循环（图 4-51、图 4-52）。沉积于浅海海底的磷只有部分是磷酸盐的形式，尽管数量不大，却仍然可以被释放到水域再次被浮游植物吸收重新参与循环。

　　正是由于磷的不完全循环，积累于深海海底沉积物的磷酸盐通常情况下不会再参与磷循环，除非发生较大的地壳变动。所以，在世界海洋中，尤其是寡营养的水域，磷就成了初级生产力的重要限制因素。一旦大量的磷进入水体，会促使浮游植

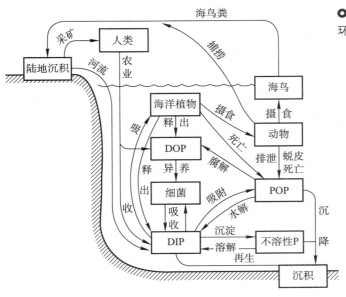

○ 图 4-51　海洋生态系统的磷循环（引自 Valiela，1984）

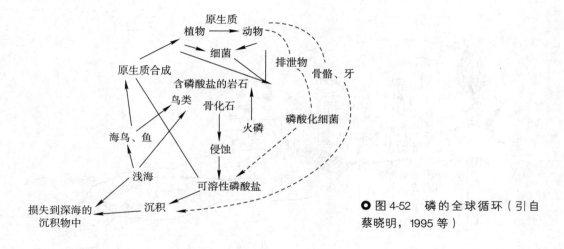

○ 图 4-52　磷的全球循环（引自蔡晓明，1995 等）

物迅速繁殖生长，从而导致水体的富营养化，最后形成赤潮灾难。

4.3.5.3　信息传递

信息传递是生态系统的另一个重要功能。生态系统的信息流不像物质流是循环的，也不像能量流是单向的，信息传递一般是双向的，是种群与种群之间出于某种目的，通过物理、化学和行为等多种形式传递信息和需求的过程。信息传递将生态系统各组分联系成一个整体，并具有调节系统稳定性的作用。信息传递有多种形式，主要包括：① 营养信息的传递，在某种意义上说，食物链、食物网就是一种信息传递系统；② 化学信息的传递，主要为生物代谢产生的物质，如酶、维生素、生长素、抗生素、性引诱剂均属于传递信息的化学物质；③ 物理信息的传递，比如声、光、色、吸引、排斥、警告、恐吓等；④ 行为信息的传递，比如生物之间的识别、威胁、挑战、炫耀等。近年来，海洋生态系统中的信息传递也取得了很多的研究进展，在此举两个例子：

1. 海洋生物间的化感作用（allelopathy）

化感作用是指一种生物释放特殊的化学物质（化感物应），从而影响周围其他生物的化生长和发育的现象，这种影响既可以是抑制，也可以是促进，它们所释放的这种化学物质通称为化感物质。化感作用在陆生植物、水生高等植物、藻类、细菌、珊瑚虫以及真菌中均有发现。目前发现的化感物质大多是生物的次生代谢产物，这些物质一般分子量较小，结构简单，容易挥发或溶解到周围环境中。1984 年，Rice 将植物的化感物质总结为 14 类：水溶性有机酸链醇、脂肪醛酮；简单的不饱和内酯；长链脂肪酸和多炔；苯醌、萘醌、蒽醌和合苯醌；简单酚、苯甲醛、苯甲酸及其衍生物；肉桂酸及其衍生物；香素类；黄酮类；丹宁；萜类和甾类化合物；氨基酸和多肽；生物碱和氰醇；硫化物和介子油苷；嘌呤和核苷（Rice，1984；黄京华等，2002；王峰等，2000）。其中，最常见的是低分子量有机酸、酚类和萜类化合物（俞叔文，1990；孙文浩，1990）。化感物质在自然界中并不是以孤立的方式单独起作用，它不仅受环境条件的影响，而且还与其他化学成分相互作用，共同对生物生长产生影响。化感物质主要通过蒸发，淋溶和分解等方式进入周围环境中。在海洋生态系统中，已知珊瑚虫与海绵动物之间，大型海藻与微藻之间，微藻与微藻之间，微藻与细菌之间都可以通过化感作用互相影响，以达到竞争有限的资源和空间的目的。

2. 海豚的声信号通信

海豚是海洋中的高等哺乳动物之一，与陆生高等动物一样，海豚可以通过声信号交流。声信号是海豚用来探测周围环境和信息交流的途径。根据信号的不同形式，海豚的声信号可分为回声定位信号（click），通讯信号（whistle）和应急突发信号（brust pulse）三种。其中，回声定位信号主要用于在运动和捕食中的回声探测，通讯信号主要用于不同个体间的互相联络和情感表达，而应急突发信号则一般在海豚受惊打斗等突发情况下发生。不同海豚种类声信号的频率和种类不同，具有种间差异性。随着日益发达的海上运输和海洋工程，海洋噪声污染也成了干扰海豚间声信号传递的重要威胁。声呐产生的噪声会干扰鲸和海豚利用自身声音捕食的能力，使某些鲸类（特别是突吻鲸）受到惊吓，促使它们冲出水面，造成危险的后果。另外，高强度的噪声还可能造成海豚和鲸的听力损伤和器官损伤，并使其产生焦虑情绪。研究表明，许多鲸类的集体自杀或与海洋中的噪声污染密切相关。

4.4 典型海洋生态系统

4.4.1 海草场生态系统

海草（sea grass）大规模聚集生长在海岸的中潮带至潮下带、浅滩、泻湖和河口等区域，有时可形成面积达数百公顷的海草场（sea grass bed）。海草场通常是由生长于近岸的海草植物与其他海洋生物群落所形成的一类生态系统（图4–53），和珊瑚礁、红树林并称为三大典型海洋生态系统。

4.4.1.1 海草与海草场概述

海草是海洋单子叶被子植物，能够开花、产生花粉和种子，具有高等植物的一般特征。海草植株由叶片、地下茎（水平茎和地下茎）和根组成。其叶片呈现束状，能够适应水流和波浪生境；利用大量的腔隙系统将氧气输送至缺氧的地下部分。根系从水体和海底吸收营养物质。与真正的高等植物一样，海草能够开花、产生花粉和种子。海草的生活史是在海水中完成：开花后，在水下撒播花粉；利用波浪作用，进行植株间的花粉传播；授粉后，受精的胚珠成熟形成种子。种子下沉至水底，进行发芽、植株生长等一系列生理活动，从而逐渐形成一片新的海草场。除此之外，海草还可以进行无性繁殖。

现存海草植物是在70 Ma～100 Ma前由单子叶植物进化而来的4个独立支系（Les等，1997）。与陆生高等植物相比，海草种类极其稀少，全世界共有5科13属74种，中国有4科10属22种，以鳗草属种类最多（表4–5）。

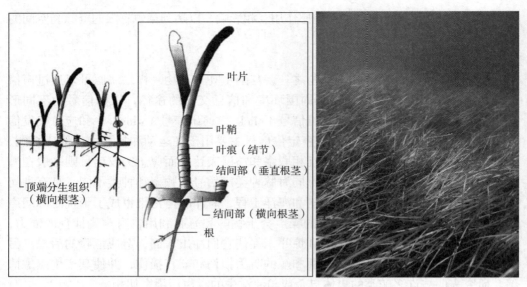

○ 图 4-53　海草及海草场

○ 表 4–5　部分海草种类在全球和中国分布情况（引自黄小平等，2018）

科	属	属内全球（中国）种数
丝粉草科 Cymodoceaceae	丝粉草属 Cymodocea	4（2）
	全楔草属 Thalassodendron	2（1）
	二药草属 Halodule	7（2）
	根枝草属 Amphibolis	2（0）
	针叶草属 Syringodium	2（1）
鳗草科 Zosteraceae	鳗草属 Zostera	14（5）
	虾形草属 Phyllospadix	5（2）
波喜荡草科 Posidoniaceae	波喜荡属 Posidonia	8（0）
川蔓草科 Ruppiaceae	川蔓草属 Ruppia	8（3）
角果藻科 Zannichelliaceae	鳞毛草属 Lepilaena	2（0）

　　海草叶的形状多种多样，有的呈卵圆形，如喜盐草（*Halophila ovalis*）；更多的呈狭长的带状，如虾形草属（*Phyllospadix*）和日本鳗草（*Zostera japonica*）等（图 4–54）。

4.4.1.2　海草分布

　　海草广泛分布于热带、温带和北极圈地区。根据 Short（2007）划分标准，当今海草分布主要有六大区系：温带北太平洋区系、温带地中海区系、温带北大西洋区系、温带南大洋区系、热带大西洋区系和热带印度太平洋区系。在我国，海草基本位于温带西太平洋区系，部分位于温带西太平洋区系和热带印度太平洋区系的重迭区。在地理分布上，可将我国海草分布区划分为南海海草分布区和黄渤海海草

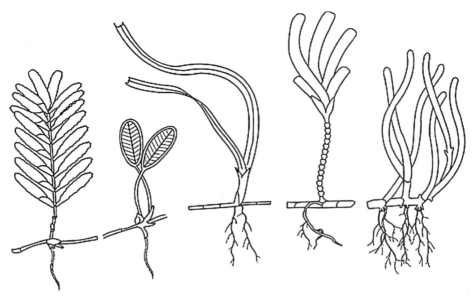

○ 图 4-54　常见的几种海草叶片形态

分布区。在南海海草分布区，海草共 9 属 15 种。海菖蒲属（*Enhalus*）、海龟草属（*Thalassia*）及波喜荡属（*Posidonia*）海草场多见于我国西沙群岛和海南岛；喜盐草（*Halophila ovalis*）和二药藻草（*Halodule uninervis*）海草场多见于广东和广西沿海。黄渤海海草分布区共有海草 3 属 9 种，其中以山东省面积最广，在种类上又以鳗草（*Zostera marina*）分布范围最广，是多数海草场的优势种类。

4.4.1.3　海草场的生境特征

1. 光照

海草的分布常常从潮间带直至植物所需最小光照量的深度。据统计，海草正常生长所需光照强度是水表面光强的 4%–29%。在水体较为清澈且透光度大的海域，生长情况最为良好。

2. 营养盐

在光照满足需求的情况下，营养盐过高或过低对海草的生长是不利的。如果营养盐浓度过低，则无法满足海草自身生长的需求，进而引起海草生长下降。如果营养盐浓度过高，大型海藻可能发生藻华，或者引起海草叶片附着植物过多，间接对海草生长起到消极的影响。

3. 水流

水流可以传递海草花粉以帮助授粉，同时在水流作用下，海草种子可散布到其他海区，可能形成新的种群。一定的水流可以消减叶片表面的不流动扩散边界层厚度，促进植物对营养盐和无机碳的利用；但水流速率过大会使得海草密度降低、叶片变短。例如鳗草生存能忍受的最大流速为 120 ~ 150 cm/s，而当水流流速大于 50 cm/s 时，鳗草的密度显著降低。

4.4.1.4　海草场的生物群落组成

海草场的存在使得环境的物理结构变得高度复杂，所能提供的空间生态位增

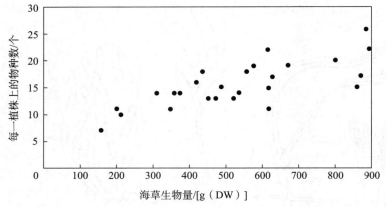

○ 图 4-55　海草生物量与物种丰
度之间的相关性

多，能够支持更多的物种。研究发现，海草生物量与物种丰度之间存在着明显的正
相关关系（图 4-55）。同时，丰富的海草碎屑能够为多种小型无脊椎动物提供食物。
所以海草场的生物种类数量明显高于其周边的生态系统。海草叶片外生长着附生藻
类，包含硅藻和绿藻，且随海草叶龄的增长，附生藻类的种类和数量也会增长。海
草叶片上还生活着原生动物、线虫、水螅和苔藓虫等，这些附生生物可被腹足类软
体动物、等足类、端足类和猛水蚤类等生物摄食。一些活动性强的螃蟹、头足类也
在海草场中出现。对于鱼类而言，海草场是许多经济鱼类的繁育场所，也是某些鱼
类重要的躲避捕食的隐蔽场所，据报道，在海草场出现的鱼类可达 100 种以上。此
外，与海草场有关的大型动物主要有绿海龟和海牛等；一些海鸟例如野鸭、天鹅和
大雁在迁徙过程中也会在海草床中停留。

4.4.1.5　海草场生物量和生产力

海草和藻类是海草床的初级生产者。常常用单位面积内海草植株的干重来表示
海草生物量（单位为 g（DW）/m² DW 为干重）。据估计，海草平均生物量可达 460 g
（DW）/m²，约占海洋植物总生物量的 1%。Fourqurean 等的研究表明，全球海草生
态系统的平均固碳速率约为 83 g（C）m^{-2}·a^{-1}，约为热带雨林 [4 g（C）m^{-2}·a^{-1}]
的 21 倍。海草的平均初级生产力平均值比浮游植物高出一个数量级。

影响海草生物量和生产力的因素有很多，可分为非生物因素和生物因素。非生
物因素包括光照、温度、盐度等。例如光照强度过高或过低都会影响海草的净光合
速率，水体的温度变化超出海草生长的最适温度范围就会对其生理生活过程产生负
面作用。现场调查结果显示，*Thalassia testudinum* 叶片的生产力和水体温度呈现明
显的正相关，具体表现在生物量和生产力最大值出现在夏季，最低值出现在冬季。
如果长时间暴露在不适宜的盐度下，海草细胞渗透压会改变，海草的光合效率下
降。生物因素中，附生藻类过多会引起遮光，且能够与海草竞争营养盐，对海草的
生长产生不利的影响。此外，能够直接摄海草的生物有儒艮等哺乳类、海龟、海胆
和腹足类以及鹦嘴鱼等鱼类生物（图 4-56）。适度的摄食可以促进海草的生长，过
度摄食会造成海草生产力和生物量明显下降。

（a）　　　　　　　　　　　（b）

● 图 4-56　部分摄食海草的大型生物
（a）海龟；（b）儒艮

　　尽管有部分动物能够直接摄食海草，但总的来看，仅有小部分的初级产量直接进入近岸牧食食物链，大部分进入碎屑食物链的能流途径。这些初级消费者又可以进一步被某些肉食性动物捕食和利用，后者又可能成为其他捕食者的食物，从而构成一个复杂的食物网结构（图4-57）。海草死亡分解后的碎屑不仅能够为海草场提供食物，还能向近岸海区甚至是遥远的深海底输送大量有机物。鱼类在海草场能量流动中扮演着重要角色。根据日本东北松岛的鳗草场的鱼类胃内含物，有以鱼类、甲壳类为食的肉食性鱼类，也有以鳗草为食的植食性鱼类，也有以碎屑为食的刺鰕虎鱼等。实际上鱼类将植物生产的食物极其合理地、互有区别地加以利用，围绕这些食物，生物间展开竞争，并有选择地摄食食物。

4.4.1.6　海草场的生态价值

1. 海草场是海洋动物的食物供给地

　　海草表面附着的藻类、碎屑和细菌，以及海底表面的微藻和有机碎屑，是甲壳纲动物的重要食物。这些甲壳纲动物又是海草场中一些鱼类的食物，因此在海草场生态系统中，形成了从微藻和有机碎屑到甲壳类和小型鱼类再到一些大型掠食性鱼类的食物网。水鸟也是海草的重要摄食者，其摄食一般只发生在潮间带或者较浅的潮下带。例如欧洲沿海鳗草属的海草可被越冬或者迁徙途中经过的黑雁、针尾鸭、

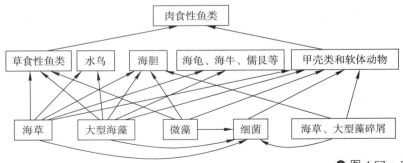

● 图 4-57　典型海草场生态系统食物网示意图

赤颈鸭和绿头鸭所摄食。在我国山东半岛东端的荣成天鹅湖，曾经生长着丰盛的鳗草，能够为来此过冬的天鹅提供良好的食物。海草能为我国珍稀动物儒艮和海龟提供食物资源。

2. 海草场是海洋动物的庇护所和栖息场所

海草场植被的三维框架，包括其地上部分（地上茎和叶子）和地下部分（底土内的茎和根），能够为海洋动物提供庇护场来躲避捕食者。此外，海草植被结构形成海草场水域特殊的理化环境，会吸引一些海洋动物聚集。在海草场中的优势种群往往是幼鱼。多种鱼类并非在海草场产卵，而是浮游期仔稚鱼随还留进入海草场中。例如在一项利用稳定同位素分析技术对鱼类胃含物的分析发现，珊瑚礁鱼类通常会有一段时间是在海草场或红树林中度过。

3. 海草场是海洋生态系统的"工程师"

海草场的存在可以明显减小海流和波浪的水动力。研究发现，鳗草草场下游一侧的水流流速约为上游的 10% ~ 50%（Gambi 等，1990）。在垂直方向上，海草也能够对波浪运动产生阻尼作用，从而降低水体固体颗粒物的携带能力，加速颗粒物的沉降。这种海底沉积物增加作用与海草密度成正相关，在海草高密度区域沉积物厚度明显高于低密度区。大多数海草具有较为发达的根系和根状茎，在底质内形成纵横交错的网络，进一步对海底底质起到固着作用。同时，由于水流和波浪得到抑制，海底沉积物的再悬浮明显减少。海草场对近岸非生物环境的改善，大大增强海岸环境对波浪和潮汐的抵御能力，因此海草场被称为"生态系统工程师"。

4. 改善气候变化

脱落的海草组织会埋藏在海底，且降解速率很慢，甚至可以在海底埋藏数百年，具有很强的碳汇功能。简单地说，蓝碳是指被世界大洋和沿海生态系统所捕获的碳，其中主要是由海草场、盐沼和红树林所完成的。因此，海草场与盐沼和红树林并称为三大蓝碳生态系统。因此，开展海草场的保护和受损海草场的修复，对于减少温室气体的排放、应对气候变化具有重要意义。

4.4.1.7 海草场现状及生态恢复

1. 海草场现状

迄今为止，由于受到全球海草地图测绘缺乏的限制，研究者对浊水系研究力度不够，以及科学界对一些地理区域不够重视等原因，全世界还没有一个整体地、全面地量化海草场退化面积的手段。但根据已有数据，从海草分布区系上来看，温带北太平洋区系的海草灭绝风险最高，几乎所有海草种都濒临灭绝；温带北大西洋区系和地中海区系海草，近 50% 的海草种的数量已经在下降，海草生长状况同样不容乐观。Waycott 等（2009）指出，自 1980 年以来，海草场面积正在以每年 110 km^2 的速度减少，至今已经有超过 17 000 km^2 的海草区消失，占全球已知海草场面积的 1/3，且年平均退化速度还正在逐年加快；如今海草场年退化速率已经接近 2%，是海草再生速度的 10 倍以上。引起海草场面积缩减的原因有全球变暖、海平面上升、台风的频繁侵扰等自然因素。同时，人类活动干扰给海草场带来巨大的威胁，例如人类活动引起的海水水质下降，主要表现有海水透光度下降和水体富营养化，均能阻碍海草光合作用，抑制植株生长；此外，随着海水中有毒重金属和有毒化学物质浓度增大，不可避免地会对海草生长产生毒害作用。

2. 海草场生态恢复

在世界各地海草场退化或消失的严峻形势下，针对海草场生态恢复的工作已逐步开展起来。首先，开展长期的和全面的海草监测工作，查明世界各地海草分布的现状，提升对海草的科学认识。目前，海草普查和全球海草监测网是规模最大的海草监测行动。可利用航空影像技术对海草场进行航拍，再通过地理信息系统手段对图像做地理信息系统分析。其次，开展海草恢复工程。可以通过保护、改善或模拟生境的办法，使得海草通过自然繁衍逐步恢复。目前，全球海草最有效的恢复方法是人工移植，但成功率取决于海草种类、移植地的选择等因素。总的来看，目前全球海草场生态恢复工程还处于起步阶段。

4.4.2 珊瑚礁生态系统

珊瑚礁是由腔肠动物中某些珊瑚虫在其生命活动中分泌的大量碳酸钙，经过多世代不断地交替堆积增长所形成的海底隆起地貌结构，也是独特的、美妙的海底景观，超出人类所能想象的美妙。

珊瑚虫是珊瑚礁形成的主要贡献者。腔肠动物中珊瑚虫纲的种类很多，按其形态特征，现代珊瑚虫可以分为造礁珊瑚（hormatypic coral）和非造礁珊瑚（ahermatypic coral）。造礁珊瑚常群体生活，与单细胞虫黄藻（*Symbiodinium microadriaticum*）共生，虫黄藻能吸收造礁珊瑚所排出的 CO_2，并为珊瑚虫提供钙质形成骨骼中的几丁质，因此钙化生长速度快，能造礁。造礁珊瑚主要分布在热带与亚热带浅海区域，包含很多种类，澳大利亚大堡礁有 500 多种，菲律宾有 400 多种，斯里兰卡记录的是 183 种，我国海南至少有 115 种。非造礁珊瑚通常以单体形式生长，在全世界海域均有分布，没有虫黄藻与之共生，钙化生长极慢，所以不能造礁（表 4-6）。

● 表 4-6　造礁石珊瑚和非造礁石珊瑚生态环境要素比较（引自邹仁林，2000）

生态要素	类别	
	造礁石珊瑚	非造礁石珊瑚
温度	18～29℃（18～20℃）	−1.1～28℃（8.5～20℃） （−150～−200 m）
深度	0～−60 m（10～20 m）	0～−6 000 m （−180～−360 m）
盐度	27‰～40‰（34‰～36‰）	＞34‰
共生藻（虫黄藻）	有（4～5 m）	无（个别种类）
年生长速度	5～8 mm/a	？
年增重	20%～80%/a	
生长型	群体（少量单体）	单体（少量群体）

生态要素	类别	
	造礁石珊瑚	非造礁石珊瑚
分布区	热带、亚热带、浅海	全球水域
附着区	硬底（沉积强烈区不能生长）	硬、软底都能生长
种属	86 属 500 ~ 100 种 （印度 – 太平洋区系） 26 属 50 ~ 68 种 （大西洋 – 加勒比海区系）	100 属，种数未知

中国目前已知的造礁珊瑚种类十分丰富，广东、广西沿岸有 21 属 45 种，香港沿岸水域有海洋生物及其生活方式 21 属 49 种，海南岛有 34 属 110 种和亚种，西沙群岛有 38 属 127 种和亚种，黄岩岛有 19 属 46 种，东沙群岛有 27 属 70 种，台湾水域有 58 属 230 种，南沙群岛现在已知有 50 余属 200 种左右。这一数字与菲律宾报道有 67 属 200 种极为相近（引自邹仁林，2000）。

4.4.2.1　珊瑚礁的分布

珊瑚礁分布于 20℃等温线的热带和部分亚热带水域。最佳生长温度为 23 ~ 29℃之间，水温低于 18℃造礁珊瑚则不能生存。珊瑚礁在世界海洋分布有不对称的特点，这主要是与世界洋流的分布有关。一般在大陆的东侧有暖流通过，珊瑚的浮游幼虫可随着暖流的携带而分布很广，并有机会迅速地生长发育；而在大陆的西侧有寒流通过，水温较低，不利于造礁珊瑚的造礁活动，所以珊瑚礁发育状况较差。

目前，已知珊瑚礁的面积约为 60 万 km^2，相当于世界海洋面积的 2%，或 0 ~ 30 m 等深线浅海水域的 15%。世界最大的珊瑚礁是澳大利亚昆士兰的大堡礁（Great Barrier Reef），位于澳大利亚东北部的珊瑚海中，沿澳大利亚向外延伸超过 2 000 km，宽度约为 240 km，最窄处只有 1.92 km，包括 600 多个岛屿，总面积 35 万 km^2，相当于中国台湾面积的 10 倍，组成珊瑚礁的种类多达 350 余种。珊瑚体最厚达 220 m，一般为 80 m。

在中国海，从台湾海峡（25°N 以西）、海南岛、东沙群岛、中沙群岛、西沙群岛和南沙群岛一直到曾母暗沙（4°N）均有珊瑚礁分布。中国南海的四大群岛主要就是由珊瑚礁构成的岛群。尽管台湾海峡地处相对高纬度海域，但其附近有强势的暖流通过，水温较高，具备适合造礁珊瑚造礁活动的环境条件，因此有珊瑚礁分布。

4.4.2.2　造礁珊瑚的限制因素

1. 温度

珊瑚礁主要分布在 20℃等温线的热带和部分亚热带水域。对造礁珊瑚来说，适宜温度为平均水温 25℃，最佳水温在 23 ~ 29℃。中美洲、南美洲以及非洲西海岸虽然地处赤道附近，但由于水域下层有强势的冷水上升致使沿岸浅海水域的水温较低，因此没有造礁珊瑚分布。

尽管某些珊瑚可以忍受40℃的高温，但其他一些环境因子却对造礁珊瑚的分布具有限制影响。如中国的海南岛和西沙群岛平均水温为25~27℃，属于造礁珊瑚生长最佳的海域，但是海南岛的水温变化范围较大且不稳定，对造礁珊瑚的生长表现出一定的抑制影响。所以，中国的海南岛和台湾海峡的珊瑚礁被称为"高密度珊瑚礁"。

2. 盐度

造礁珊瑚属于真正海洋性种类，其对盐度的要求较严格，通常为32‰~442‰。盐度变化范围较大，尤其是有河水冲刷的近岸水域不宜于造礁珊瑚生存。

3. 光照

由于与造礁珊瑚共生的虫黄藻需要光照进行光合作用。因此，一定的光照条件是造礁珊瑚生存所必需的环境因素之一。对大多数种类来讲，水深70~80 m是其生存的极限深度，但在透明大、海水清澈的海域，少数种类可以生活在水深100 m处。通常，造礁珊瑚是生活在水深25 m的浅海水域，并不断地生长发育，甚至可以向上延伸至大潮最低潮线；如果长时间暴露于空气中几个小时就会死亡。

在混浊水中珊瑚是不能生存的，因为它们对悬浮的沉积物非常敏感，这样会阻碍它们的摄食机制。另外，高混浊度会降低光照的透入，从而影响虫黄藻的光合作用，抑制造礁珊瑚的造礁活动。

4. 海平面变动

当海平面稳定时，珊瑚通常几乎是平铺发展，厚度不大；当海平面上升或海底下沉时，形成的珊瑚礁层厚度往往较大，礁体可以呈塔形、柱形，礁体也可以沉溺于海面以下成为溺礁。当海平面下降或地壳上升时，形成的礁体厚度不大，但也有礁体高出海平面成为陆起礁。

5. 地形和底质

珊瑚礁一般是生长在海底的正地形上，如大洋中的平顶海山、海底大山、大陆架的边缘堤以及构造隆起上。由于不同海底地形动力作用的差异，因此地形特征对礁体的发育和形状是有影响的。如在浅海平缓的海底往往形成离岸礁，而在坡度较大的岸坡，礁体则紧靠岸线发育。由于珊瑚在海底是营固着生活，所以在坚硬的岩石基底上往往发育较好，也有少数种类是生活在较软的沙坎上。

6. 与藻类的关系

除了虫黄藻与造礁珊瑚共生并参与造礁活动以外，红藻中的珊瑚藻是完全钙化藻，既可参与造礁形成层状骨架，又常在礁坪的外缘形成含有大量镁方解石的硬壳，以抵御海水的浸蚀和波浪的冲击磨蚀影响。当然，这一硬壳在一定程度上对造礁珊瑚的造礁活动还会产生阻碍作用。另外，钻孔藻（bring algal）对珊瑚礁也会产生一定的破坏作用。

4.4.2.3 珊瑚礁类型

1. 岸礁

岸礁（fringing reef）是由营自由游泳生活的珊瑚虫附着于岛屿或大陆边缘，并沿着岸边和环绕岛屿生长扩展而形成的珊瑚礁（图4-58），是形成环礁的一个阶段，故又称裙礁或边缘礁。对海岸和岛屿具有一定的保护作用。岸礁在西印度群岛（加勒比海）占优势，红海的岸礁是在世界海洋中延伸最长的岸礁，长达 2 000 km 以上。在中国海，岸礁主要分布在海南岛和台湾岛南岸。

2. 堡礁

如果岸礁处于正在下沉火山岛的边缘或陆地时，珊瑚礁继续向上生长时即形成堡礁（barrier reef）。堡礁往往被宽阔的深水湖所隔离。实际上，堡礁是许多珊瑚礁的集群（图 4-58）。长达 2 400 多千米的澳大利亚大堡礁是世界最著名的堡礁。

3. 环礁

直至 20 世纪 50 年代，达尔文沉降理论中关于环礁形成的原因才被进一步证实，即大部分珊瑚礁通过火山活动形成的玄武岛屿上发展形成的。而陆地下沉或海面上升则形成环礁（atoll）（图 4-59）。世界海洋中两个最大的环礁分别是马绍尔群岛的夸贾林环礁和马尔代夫群岛的苏瓦迪瓦环礁，面积都在 1 800 km² 以上。

按照达尔文的沉降理论，珊瑚礁最初是沿着新形成的火山岛屿周围以岸礁的形态逐渐生长（这也是为什么说岸礁是形成环礁的第一阶段），其后岛屿下沉珊瑚礁在中央潟湖的作用下继续不断地生长叠加增高。此时珊瑚礁已由岸礁发展成堡礁。当岛屿最后下沉完全被海水淹没时环礁即已形成，所以说环礁是这一地质过程中的最后阶段（图 4-60）。

环礁的形态变化很大，根据其差异可以分为台礁和点礁。① 台礁：是指高出附近海底之珊瑚礁，呈台地状故得名。台礁无潟湖和边缘隆起的大型珊瑚礁。台礁上有珊瑚沙、贝壳和钙藻碎片堆积形成的沙洲或小岛。中国南海西沙群岛中的中建岛就是一个典型的台礁。② 点礁（斑礁）：是堡礁和环礁潟湖中的礁群。最小的点

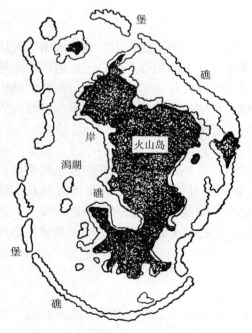

● 图 4-58　岸礁和堡礁

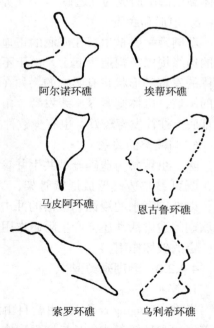

● 图 4-59　环礁及其不同形状（引自潘正莆等，1984）

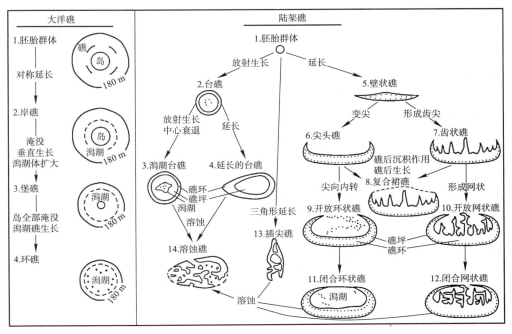

○ 图 4-60　珊瑚礁类型的形态演化（引自潘正莆等，1984）

礁又称珊瑚帽或珊瑚丘。点礁还可以划分为圆丘礁、塔礁、马蹄礁和层状礁等。另外，根据珊瑚礁与海平面所处位置又可以分为上升礁（隆起礁）和溺礁。上升礁又称隆起礁，是由于地壳上升或海平面下降的遗迹，这里没有活珊瑚。在中国海，上升礁分布较广，如台湾海峡、海南岛和西沙群岛等地均可以见到。溺礁是位于造礁石珊瑚生长极限深度以下的珊瑚礁。这主要是由地壳下沉或海平面升高速度快于造礁石珊瑚的生长速度，致使部分造礁石珊瑚不能生存而被溺死。所以溺礁往往被视为地壳下沉或海平面上升的标志。

4.4.2.4　珊瑚礁主要的生物群落

1. 主要生物类群

几乎所有海洋生物的门类都有代表生活在珊瑚礁中。珊瑚礁生物群落被誉为"最具有生物生产力的、分类上种类繁多的、美学上驰名于世的群落之一"。总的来看，目前已知的珊瑚礁物种大约有 100 000 种，但已记录的礁栖生物却占到海洋生物总数的 30%，而实际上珊瑚礁的生物种类还远不止这些，很多小型、微型的生物种类还未被记录描述。与此同时，珊瑚礁缝隙和珊瑚枝丛间生活着众多钻孔或穴居生物也不容易被观察到。此外，珊瑚礁生物具有明显的区域特征。如大西洋珊瑚礁区等足类甲壳动物中 90% 为地方特有种，印度洋、中 – 东部太平洋和西太平洋则分别为 50%、80% 和 40%。可以预测，随着研究的深入，会有更多的珊瑚礁生物种类被发现。

在种类组成上，除了造礁珊瑚外，珊瑚礁生物的主要生态类群有浮游植物、底栖植物以及共生藻类。常见的植食动物包括海胆、草食性鱼类。在珊瑚礁生态系统中经常发现肉食性鱼类等，这些顶级捕食者常常是渔业捕捞的主要对象。此外，在珊瑚礁生物群落中，还能够发现各种海龟、龙虾以及海蛇等。

2. 珊瑚礁生态带

栖息于珊瑚礁的生物与所有海洋生物一样，对环境的适应能力是不尽相同的。造礁石珊瑚在成礁过程中由于受水深、海底地形、基质、波浪冲击以及水动力等环境条件的影响，除了形成各种不同类型的珊瑚礁以外，还表现出明显的分带现象。而栖息生物的分布又与珊瑚礁的分带相吻合。因此，通常在进行珊瑚礁生态学调查研究时就非常重视珊瑚礁生态带的划分。珊瑚礁可以划分为以下几个生态带：

（1）礁坪

礁坪（reef flat），又称礁平台或称礁前区（back-reef），是指由珊瑚礁岩（coral rock）组成，表面有起伏状的平台。水深较浅，通常为 3～5 m，退潮时大部分暴露于空气中，宽度为几十米到几百米，是珊瑚礁生态学调查的主要活动范围。由于所处位置水深很浅，所以经常受到大幅度温度和盐度变化的影响。在珊瑚礁生态系统中，这个拥有许多小生境的区域栖息生存着种类繁多的各类生物。除了几种适应能力较强的珊瑚群体和海藻以外，也能发现软体动物，蠕虫和甲壳类动物。

（2）礁塘

在岸礁和海滩之间，在礁坪上经常出现与海滩平等的溶蚀洼地，被称为礁塘。其宽度与深度均有数米，底部为沙质。海南岛岸礁的礁塘水深约 1 m，底部为泥沙和珊瑚碎屑。较大的礁塘有时很难与堡礁环绕的潟湖区分开来。

（3）礁坪前坡

礁坪前坡 [或称礁前斜坡，有时还称向海坡或前礁（fore-reef）] 是在礁坪外缘，呈陡峻或缓倾的斜坡。从低潮线直至深海海底。这一区域通常是珊瑚生长分布最为茂盛和最繁密的生态带。环礁的礁坪前坡较陡，可达 70° 以上，向下一直到数百米深处，然后再逐渐平缓地过渡为一个坡脚岩屑堆，其后又以平缓的坡度继续下降。水深 15～25 m 处，珊瑚种类最丰富，其后随着深度的增大，种类明显减少。

（4）礁脊

礁脊（reef crest）是珊瑚礁的最高点。在大洋环礁外缘常有由珊瑚藻组成的、呈突起状的脊，即为礁脊或称藻脊。其宽度为几米到几十米，但礁脊通常高出礁坪 1 m 左右，也有极个别超过 2 m。组成礁脊的珊瑚藻的主要种类是孔石藻属（*Porolithon*），其次有石枝藻属（*Lithothamnion*）和新角石藻属（*Neogoniolithon*）等。

3. 造礁珊瑚与虫黄藻的共生关系

珊瑚通过触手捕捉周围海水中的藻类，这些藻类进而占据珊瑚的整个内胚层。珊瑚虫 – 藻类之间的紧密共生关系对二者均具有重要意义。一方面，尽管珊瑚虫能通过触手来捕食一些小型浮游动物，但这些食物并不能满足珊瑚虫正常能量需求，共生藻类通过光合作用制造的有机物能够通过二者之间形成的共生膜转移到珊瑚虫组织中。另一方面，珊瑚虫的代谢产物多是共生藻类所需要的营养物质，可直接被藻类利用；而且珊瑚虫捕食一部分小动物，这是获得珊瑚和藻类都需要的稀有营养物质（如磷）的途径。这些营养物质可在群落的植物和动物成分之间不断进行再循环，这种有效的再利用意味着尽管周围水中的营养物质浓度很低，仍能保持高度的生产力。

4.4.2.5　珊瑚礁生态系统的生产力与能量流动

珊瑚礁生态系统的生产者包括浮游植物、底栖大型水生植物以及共生虫黄藻，具有很高的初级生产力，数值范围在 1 500 ~ 5 000 g（C）/（m^2·a），被誉为海洋中的"热带雨林"。通常来讲，珊瑚礁周围水域的含氮量很低，很难维持极高的生产量，主要原因有：珊瑚礁本身可以抵御外部严酷的物理因素，能够为内生的生物群落保持相对稳定的生存环境；同时，虫黄藻和珊瑚的共生以避免营养物质在水中被"冲稀"是提高生产力的重要机制；此外，水生固着微型植物群对通过的海水中溶解有机物的利用、底栖滤食者对悬浮有机物的利用等对维持高水平的生产力均具有重要意义。在珊瑚礁生态系统中，珊瑚生态环境中的自身黏液、外周水体以及海底沉积物中的微生物共同组成了"珊瑚 – 微生物"共生体。近年来，研究发现微生物积极参与物质循环、能量流动以及各种氧化还原活动，调节珊瑚生态系统的平衡和稳定，是整个礁栖生态系统中最为基础和活跃的一环。

4.4.2.6　珊瑚礁生态系统的功能

在海岸带，珊瑚礁能够降低波浪和水流，创造一个低能环境，起到保护海岸的作用，与红树林和海防林并称为海岸线的"三道防线"。尽管全球珊瑚礁占全球海洋面积较小，但珊瑚礁生态系统拥有海洋中最多的物种，被称为海洋中的"热带雨林"。这种高的物种多样性归因于珊瑚礁（不同底质、礁盘和风浪大小等）为生物提供了众多不同类型的生境，此外，适度的干扰频率使得珊瑚礁生态系统具有较高的物种多样性。珊瑚礁生态系统包含着具有经济价值的鱼种，与沿海一些重要渔场的分布密切相关。珊瑚礁也是一些鸟类重要的生境，还能为人类提供各种生产原材料等。在造礁过程中，大量的二氧化碳被吸收，与全球碳循环密切相关。此外，作为海洋风光、海底风光、珊瑚花园与动物世界的集合体，一些珊瑚礁附近海区已成为旅游休憩以及教育研究的圣地。

4.4.3　红树林生态系统

4.4.3.1　红树林概述

红树植物均为木本被子植物，分布于热带、亚热带沿岸潮间带至潮下带近岸区域。其生活环境为港湾河口附近的泥沙质滩涂。由于受潮汐的影响，红树林是介于陆地与海洋过渡带之间一个非常独特的生态类群。红树林在结构与功能上既不同于陆地生态系统，又与海洋生态系统特性不同，但却又兼具两者特性的陆海边缘生态系统；能吸收大气中的碳从而延缓全球变暖的进程。因此，红树林在自然界生态平衡的调节中具有特殊作用与影响。

4.4.3.2　红树林生境特征

红树林生境特征是温度和盐度变化幅度大、潮汐作用强烈。但是红树林区域几乎不受波浪作用的影响。盘根错节的植物根系深深地扎入厌氧沉积物中把氧输送到根部，并进一步减缓了流速，致使悬浮的沉积物和有机物沉积于底部。由于高度的细菌活性和细微颗粒沉积中水流的不畅，沉积物趋于无氧状态而呈黑色。从红树林向海的一侧到陆缘明显地反映了环境理化条件从海洋向陆地的逐渐改变，这可以从不同种类红树植物垂直分布带现象表现出来（表4-7）。

● 表4-7　中国海红树林植物从海洋向陆地种类垂直分布带现象

垂直分布带	红树种类
低潮带上部	白骨壤、桐花树、海桑、秋茄
中潮带中下部	红树、红海榄、海莲、尖瓣海莲
中潮带上部至高潮带下部	角果木、榄李、红榄李、木榄
高潮带中上部	老鼠簕、瓶花木、水椰、木果楝、银叶树、海漆和玉蕊
特大高潮时可受到淹没，或潮上常可受到浪花飞溅，两栖性	海芒果、黄瑾、杨叶肖瑾、水芫花（都是半红树）

4.4.3.3　红树植物种类与分布

已知全世界真正的红树植物有60种，隶属12个属，并分为东方类群和西方类群，其交界处位于太平洋中部的斐济和汤加岛。东方类群主要分布于亚洲沿岸、东太平洋群岛、大洋洲沿岸和非洲东岸，西方类群主要分布于美洲东、西两岸和非洲西岸。在红树林中只有美洲红树（*Rhizophora mangle*）和红茄苳（*Rhizophora mucronata*）为两大类群的共有种，其他均为区域性地方种。

中国沿海红树植物属于东方类群。从植物区系特点来看，与马来西亚、菲律宾、印度尼西亚以及澳大利亚北部的关系极为密切。目前，中国海区发现红树植物为26种，约占全世界红树植物的43%，是红树植物多样性最高的区域。红树植物在中国沿海自然分布的北限是福建省福鼎市（27°20′N，引种最北端为浙江省乐清市），向南一直可以到达海南岛。其中海南岛出现的红树植物种类最多，共有24种，占中国沿海红树植物种数的92%。红树植物在中国沿海出现种类及其分布特点是：海南岛24种、广东沿海10种、广西沿海9种、台湾沿海9种、福建沿海7种，表现出随着纬度的增高和温度的降低种数逐渐减少的趋势，以及红树植物的植株高度逐渐变矮（福建沿海出现的红树植物植株高度只有1 m）的趋势（表4-8）。

● 表4-8　中国红树植物种类及其分布（引自林鹏，1993）

科名	种名	省份或地区							
		海南	香港	澳门	广东	广西	台湾	福建	浙江
1. 红树科	1. 柱果木榄（*Bruguiera cylindruca*）	+							
（Rhizophoraceae）	2. 木榄（*B. gymnorrhiza*）	+	+		+	+	+		
	3. 海莲（*B. sexangula*）	+						+	
	4. 尖瓣海莲（*B. sexangula*. var. *rhymchopetala*）	+	+		+	+	+		

科名	种名	省份或地区							
		海南	香港	澳门	广东	广西	台湾	福建	浙江
	5. 角果木（*Ceriops tagal*）								
	6. 秋茄（*Kandelia candel*）	+	+		+	+	+		
	7. 红树（*Rhizophora apoculata*）	+		+				+	+
	8. 红海榄（*R.stylosa*）	+	+		+	+	+		
	9. 红茄苳（*R.mucronata*）								
2. 爵床科（Acanthaceae）	10. 小花鼠簕（*Acanthus ebracteatus*）	+			+				
	11. 老鼠簕（*A. ilicifolius*）	+	+	+	+	+	+	+	
	12. 厦门老鼠簕（*A.xiamenensis*）							+	
	13. 海榄雌（*Avicennia marina*）	+	+	+	+	+	+	+	
3. 玉蕊科（Barringtoniaceae）	14. 玉蕊（*Barringtonia racemosa*）	+							
4. 使君子科（Combretaceae）	15. 红榄李（*Lumnitzera littorea*）	+							
	16. 榄李（*L. racemosa*）	+	+		+	+	+		
5. 大戟科（Euphorbiaceae）	17. 海漆（*Excoecaria agallocha*）	+	+		+	+	+	+	
6. 楝科（Meliaceae）	18. 木果楝（*Xyloceras corniculatum*）	+							
7. 紫金牛科（Myrsinaceae）	19. 桐花树（*Aegiceras corniculatum*）	+	+	+	+	+	+	+	
8. 棕榈科（Arecaceae）	20. 水椰（*Nypa fruticans*）	+							
9. 茜草科（Rubiaceae）	21. 瓶花木（*Scyphiphora hydrophyllacea*）	+							
10. 海桑科（Sonneratiaceae）	22. 杯萼海桑（*Sonneratia alba*）	+							
	23. 海桑（*S.caseolaris*）	+							
	24. 海南海桑（*S.hainanensis*）	+							
	25. 大叶海桑（*S.ovata*）	+							
11. 锦葵科（Malvaceae）	26. 银叶树（*Heritiera littoralis*）	+							
总计		24	9	4	10	9	9	7	1

4.4.3.4 红树林生物群落组成

红树林生态系统具有十分丰富的物种多样性，主要是因为红树林生态系统能够为陆生生物和海洋生物提供栖息场所，吸引众多生物到此生存。木本植物有真红树和半红树植物，还有不少藤本和草本植物。红树林包含着许多藻类，例如蓝藻、绿藻、硅藻和褐藻等。在红树林中生活着大量的昆虫，主要种类有蚂蚁、白蚁和蚊子。红树林中广阔的滩涂，为底栖生物提供生境，这些丰富的底栖生物，又能为水禽、陆生鸟类提供栖息和觅食等丰厚条件。红树林中的重要鱼类有弹涂鱼。两栖类、蜥蜴和鼠类等陆生脊椎动物能在红树林出没。在孙德尔本斯国家公园，能够发现孟加拉虎（*Panthera tigris*）、湾鳄（*Crocodylus porosus*）和亚洲岩蟒（*Python molurus*）的踪影。

在红树林生态系统中，独特而丰富的微生物类群是红树林生态系统中不可或缺的组成部分，扮演着分解者的重要角色。常见种类有固氮菌、溶磷菌、硫酸盐还原菌、产甲烷菌以及无氧光细菌，微生物类群组成常常与沉积物的深度相关。除此之外，不同红树植物间，细菌群落种类有着明显差异。在微生物的生命活动中，种类繁多的代谢物和丰富的酶类等生理活性物质保证了红树林生态系统物质和能量的平衡。

4.4.3.5 红树林生产力与能流特征

在红树林生态系统中，红树植物、海洋底栖微藻、海草、浮游植物以及附生植物均可进行光合作用，成为生产者，其中以红树植物的作用最为关键。与陆生森林相比，红树植物群落所蕴含的物质和能量均比较高。在红树林生态系统中，同时存在着海洋牧食食物链与碎屑食物链。也就是说，一部分由植物制造的有机物通过浮游动物、多毛类、双壳类、昆虫等初级消费者（草食性动物）传递弹涂鱼、寄居蟹等第一级肉食性动物，之后能量便沿着食物链进行传递。绝大部分碎屑是以红树植物掉落物的形式进入食物链，通过以细菌、真菌和放线菌组成的分解者将红树叶子掉落物分解成为有机碎屑，进而为浮游生物、底栖生物提供营养并传递至更高营养级。其中重要的食碎屑者有蟹类和腹足类等大型底栖动物。可将红树林区的碎屑食物链总结为：红树林树叶→菌类和真菌类→树叶消费者（食草动物和非偏食动物）→低等食肉动物→高等食肉动物。

4.4.3.6 红树林生态价值及现状

红树林具有极高的生态价值，体现在其能通过高度特化的根系来将扎根在滩涂上，形抗浪"城墙"。例如在 2004 年底发生的印度洋海啸中，有高大茂密红树林生长的地方，死亡人数和财产损失较少，而红树林被破坏程度较高的区域则是满目疮痍。红树林还可以从土壤中吸收重金属等污染物，从而起到减轻污染、净化环境的作用。红树林具有较高的初级生产力，以红树植物自然掉落物为起点的碎屑食物链为众多生物提供饵料。红树林也是许多鱼类的繁育场所。在红树林生态系统中，已经发现许多生物种类是红树林所特有的。

自 20 世纪 60 年代以来，全球范围内的红树林生态系统遭到严重破坏。根据国家林业局 2013 年发布的公告表明，在近 40 年的时间里，我国红树林因大规模的毁林围滩养殖、修筑海堤等围垦活动急剧衰退，面积仅为 3.4 万 hm^2，原生林（未经砍伐的）不足 10%，致使其生态服务功能下降，健康状况受到严重威胁。鉴于红树林在的综合价值，近 20 年来，一些国家逐步重视对红树林的恢复，通过建立保护区或人工栽植红树林等手段来挽救红树林。目前，全球范围内已建立 1 200 多个红树林保护区。

4.4.4 极地海区生态系统

4.4.4.1 极地海区概述

因其生态环境的特殊性，极地海区群落组成结构、生物生产和生态系统在整个海洋生态系统中具有特殊作用，在海洋科学、海洋生态学、海洋环境科学和全球生态系统等领域研究中具有重要意义。

很久以来，在人类的记忆和印象中，极地是随时都有可能危及人类生存和充满未知的白色大陆。位于地球最南和最北的南极和北极终年身披洁白的雪纱，它是那么遥远，那么神秘莫测、曲折离奇和险象环生，不时以暴风雪肆虐着整个空间，时而又显露出瑰丽的极光（aurora）（图4-61），极光是来自太空的带电粒子高速撞击高层大气以后出现的。带电粒子沿着磁力线流包围磁极（magnetic pole）的环状空间，这个空间称作极光带（aurora zone）。在极光带的下方是观察极光的最佳区域。磁极的位置并非固定不变，目前已知南磁极（south magnetic pole）的位置是在64°16′48″S，136°35′24″E的南大洋（2015年测定）。

● 图 4-61　极光

只有在极地地区才会有"极昼"和"极夜"自然现象即在南极圈（66°32′S）以南和北极圈（66°32′N）以北的区域，冬季24 h全是黑夜，而夏季24 h全是白昼（图4-62）。

正是由于极地充满了许多未知和变化莫测的神秘色彩，早在15世纪起极地就

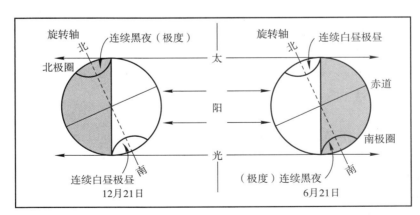

● 图 4-62　两极地区的极昼和极夜
（引自 King，1969）

吸引着一大批探险家和科学工作者的极大兴趣，并进行了近200年的前赴后继艰辛的探索和考察活动。今天，这块白色大陆已被人类撩起面纱，芳容初露。

本书主编范振刚于1988年10月至1989年3月参与中国第五次南极科学考察队在南极进行的海洋生态学调查研究，开拓了视野、增加了信息、并收集了大量丰富的极地生态学资料。

4.4.4.2　南极海区及其周边环境特点

南极是以66°32′S（根据地球自转轴与地球绕太阳运行轨道面之间的夹角确定，以前曾计算为66°33′S）连成一线，即南极圈（Antarctic Circle）以南的区域。包括南极洲（Antarctica）和南大洋（Southern Ocean）总面积为5 200万km²。南极洲包括南极大陆（Antarctic Continent）及其周围岛屿，面积1 420万km²。其中97%的面积为冰雪所覆盖并形成南极冰盖（antarctic icesheet），冰盖平均厚度1 900 m，最大厚度4 800 m。南极冰盖的一部分为大陆冰（Continental ice）流出浮于海面形成冰棚（ice shelf）。在罗斯海（Ross Sea）所形成的冰棚，面积达50万km²，是南极洲最大的冰棚。南极洲以位于罗斯冰棚东北向雄伟壮观的南极横断山脉为界（或以0~180°经线为界）分为东南极和西南极。

东南极亦称大南极，为厚度4 200 m、不规则的冰盾所覆盖。它的中心点位于南极点（South Pole）以东。南极洲现有的两座活火山，埃里伯斯火山（Mt. Erebus）和墨尔本火山（Mt. Melbourne）都地处东南极。已知南极−89.6℃的最低气温也是在位于东南极的俄罗斯东方站于1983年7月21日记录到的。西南极亦称小南极，向北延伸有南极半岛和连绵约3 000 km长的山脉。南极洲海拔最高（5 140 m）的文森峰（Vinson Massif）就地处西南极。

南大洋指南极洲周围海域，包括南太平洋、南大西洋和南印度洋，是唯一环绕地球，而未被大陆分开的大洋，面积3 800万km²。南大洋的北限尚没有一致意见，但大多数科学家认为应定在50°S~60°S的南极辐合带（Antarctic convergence）处。该区域表层水体分别向南、北辐散。在辐散带以南，由于受盛行东风的影响，表层水体自东向西流动，而在辐散带以北恰恰相反盛行西风，表层水体自西向东流动。南极辐散带与南极洲沿岸附近的环流、深层上升流的位置恰好吻合。南极表层冷水与向南流动的亚南极表层暖水在50°~60°S海域相遇，构成了南极辐合带，亦称南极锋面（polar front）。

离开南极大陆沿岸的冷水沿着大洋底部向北流动，表层却由来自印度洋、太平洋和大西洋深层上升流所补充，使这一海域营养物质极为丰富，为浮游植物生产提供了优越的环境和物质条件（图4-63）。

1. 南极生物

由于环境的低温酷寒、干燥、季节演替的特殊性，栖息于南极的生物充分表现出了身体结构复杂、生理异常、适应能力强的特点，它们以形态和生理上的特殊方式适应着这一严酷的环境条件并繁衍后代。

2. 大陆边缘沿岸区

这一范围是指仅占南极大陆3%沿岸狭长的裸岩区，包括潮上带和潮间带。这里以乔治王岛（King George Island）中的菲尔德斯半岛（Fildes peninsula）及其附近

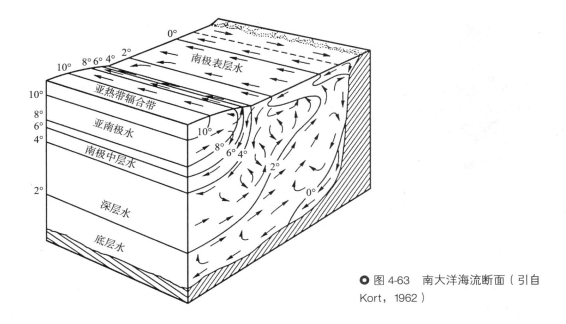

○ 图 4-63 南大洋海流断面（引自 Kort，1962）

海域为例。菲尔德斯半岛位于乔治王岛西南，半岛长 8～10 km，宽 2～4 km；海岸曲折，近岸有较高的峭壁，有 8 个裸露在地表面的淡水湖；南极夏季岸冰融化以后沿着小溪流入海中，对海水中的温度、盐度、营养盐等环境因子具有一定影响；岸边基质多为岩石、砾石、沙；潮汐属于不规则的半日潮，最大潮差为 2.02 m；由于受强风的影响涨潮时，潮水可以到达较高的位置；近岸浅海有强劲的海流。据报道，菲尔德斯半岛地衣类（Lichens）近 200 种（Inoue，1991）、苔藓（Moss）60 余种，淡水和附生藻类或半气生藻类 110 多种（Ohtanim，1992）以及小型被子植物 2 种。在悬崖峭壁、岩石经风化形成的山麓碎石上首先可以看到呈叶状、壳状和枝状地衣（图 4-64）。地衣类瓶口衣属（Verrucaria）中的一些种类是海水种，其垂直分布较低。

苔藓和气生藻类则主要分布在高潮区且水分相对较多的溪流附近，如镰刀藓属、湿原藓属、细湿藓属等沼生型苔藓和青藓属、真藓属、金发藓属、珠藓属和卷毛藓属等土生型苔藓。另外，黑藓属、紫萼藓属和檐藓属等石生型苔藓则分布潮位较高的岩石或岩面厚土上。沼生型苔藓常呈密集垫状，面积可达 1 000 m² 左右，而苔藓丛中常栖息有缓步类、弹尾类（Collembola）、螨类（Acarina）、线虫（Nematoda）、原生动物（Protozoa）和轮形动物（Rotifera）等小型动物（图 4-65）。

○ 图 4-64 极地地衣类（引自 Kort，1962）
(a) 叶状地衣（foliose lichens）；(b) 壳状地衣（crustose licheus）；(c) 枝妆地衣（fruticose licheus）

截面

● 图 4-65 极地苔藓类

由于生存环境的特殊和范围的狭窄，生物在空间的分布表现出了剧烈的竞争现象，如苔藓与地衣、苔藓与苔藓、苔藓与发草以及附生藻类与苔藓之间都出现由于竞争而造成的发育不良和死亡。

在沿岸海冰中常有大量营附着生活的微型单细胞藻类，通常被称为冰藻（ice algae）。它们在极地海洋生态系统组成结构和能量流动中具有一定的重要作用。所以在 20 世纪 60 年代以后越来越受到重视。据调查，目前已知南极冰藻有 82 种，其中硅藻 76 种、甲藻 2 种、金藻 1 种（俞建銮等，1986）。

南极磷虾和其他某些浮游动物在南极冬季食物缺乏时，常以冰藻为食物。冰藻在繁殖季节（南极春、夏季）可以形成约 10 cm 长的群体悬挂于海水中，夏季海水融化后，冰藻即慢慢沉入海底，成为海底底栖动物的食物来源之一。

在靠近岸边的卵石块区，可以看到企鹅的集群和巢地。已知栖息分布于南极辐合带以南的南极大陆和岛屿上的企鹅共有 7 种，而能够在南极大陆繁衍后代的只有 4 种，它们是帝企鹅（*Aptenodytes forsteri*）、阿德利企鹅（*Pygoscelis adeliae*）、巴布亚企鹅（*Pygoscelis papua*）、帽带企鹅（*Pygoscelis antarctic*），而王企鹅（*Aptenodytes patagonicus*）、喜石企鹅（*Eudyptes chrysocome*）和浮华企鹅（*Eudyptes chrydolophus*）只能在亚南极各个岛屿上繁衍后代。

根据范振刚在阿德莱德岛（Adelaide Island，亦称企鹅岛）连续数月对阿德利企鹅、巴布亚企鹅和帽带企鹅生活习性、筑巢、繁殖、育雏、觅食和声信号等生态学特点的观察、录音和研究结果表明，三种企鹅以阿德利企鹅种群数量最多，大约有 4 000 万只，约占南极企鹅总数量的 1/3；在巢地上一般是几百只至数万只，最大的巢地最多栖息有 25 万只。巴布亚企鹅种群总数约 100 多万只，巢地上一般是数百只或上千只；帽带企鹅种群数量最少，只有几十万只，巢地上一般为数十只或上百只。三种企鹅巢地分布界限清楚，互不干扰。南极夏季是它们的繁殖期，此时它们从越冬区来到南极大陆筑巢、择偶、交配繁衍后代。每只雌企鹅通常产两个蛋，一般要经过 30 d 左右雏企鹅即可破壳而出，而帝企鹅的孵蛋时间则要 60～65 d。企鹅主要以磷虾为食物，并食有少量端足类（图 4-66）。

3. 潮间带

关于潮间带生物组成种类及其生态学特点的研究，吴宝铃等（1985—1986，1987—1989）曾做过比较详细的调查研究，现以其结果与著者的调查研究所获材料予以综合论述。

（1）高潮区：小头虫属（*Capitella*）为优势种，常见种有光滨螺（*Laevillitorina caliginosa*）、菊苣紫菜（*Porphyra endiviifolium*）、羽状尾孢藻（*Urospora spenilliformis*）、绵形藻（*Spongonorpha arcta*）、丝藻属（*Ulothrix*）和前角涡虫属

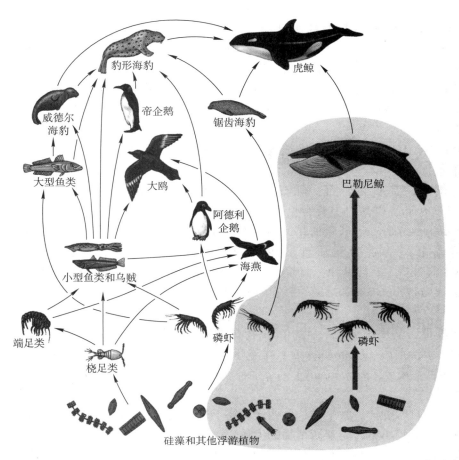

（*Procerodes*）。小头虫属种群平均栖息密度为 1 775 个 /m²。

（2）中潮区：优势种为光滨螺，平均栖息密度高达 3 438 个 /m²，平均生物量 6.5 g/m²；小红蛤（*Margarilla antarctica*）平均栖息密度高达 7 350 个 /m²，平均生物量 39.3 g/m²；小腺囊藻（*Adenocystis utriclaris*）平均生物量 158 g/m²（湿重）。常见种有南极帽贝（*Nacella concinna*），白玉螺（*Manganita antarctica*）、极地黑皿虫戚（*Patinigera polaris*）、螺旋虫属（*Spirorbis*）和桡足类的猛水蚤属（*Tisbe*），其他尚有小型等足类纽虫等。

（3）低潮区：优势种为香螺属（*Neptunea*），平均栖息密度 300 个 /m²，平均生物量 70.6 g/m²；帽贝平均栖息密度 250 个 /m²，生物量 709.9 g/m²；倒卵银杏藻（*Iridaea obovata*），平均生物量 65.0 g/m²（湿重）。常见种有黑玉螺（*Pellilitonita pellita*）、光滨螺、小腺囊藻、疣状杉藻（*Gigartina papillosa*）、*Enteromorpha bulbosa*，石叶藻属（*Lithophyllum*），另外还出现海葵、海星、海胆、蛇尾和瓜参等。

在大陆边缘沿岸区域生物组成种类及其食物关系，可以清楚地观察到它们之间的食物联系：能量从底栖硅藻到帽贝、甲壳类等生物再到黑背鸥（*Larus dominicanus*）。

由于菲尔德斯半岛地处南极，亚南极的过渡带环境因子变化明显，其生物组成结构既反映出了南极地区生态学的一般特点，又具有亚南极地区的一些生态学特征，生物多样性相对较高。

4. 浅海区

以吴宝铃等（1992）对中国南极长城湾浅海底栖生物调查结果，可以浅海区划分为三个群落。

（1）群落Ⅰ：基质为岩石、砾石、粗沙。海膜属（*Halymenia*）–长带海鞘（*Distaplia cylindrica*）群落。主要常见种：形似海带、倒卵银杏藻、疣状杉藻、海头红 *Plocaminum telfairiae*、长带海鞘、端足类和海葵等。

（2）群落Ⅱ：基质为泥质沙、沙质泥。小型红蛤–征节虫（*Nicomache lumbricatlis*）群落。主要常见种：鸭嘴蛤属的 *Laternula elliptica*，云母蛤属的 *Yoldia Aequiyoldia*，*Urticinopis antacticus*，螺旋虫属的 *Spirorbis levinseni*，端足类和小型腹足类。

（3）群落Ⅲ：基质为淤泥、泥，沉积物具有硫化氢气味。锥头虫（*Scoloplos marginatus*）–索沙蚕属（*Lumbrinereis*）群落环境已明显受到污染，出现种类较少，主要有内卷齿沙蚕属（*Aglaophamus*）的个别种类和 *Urticinopis antarcticus* 等。

5. 南大洋

正是由于来自印度洋、太平洋、大西洋深层上升流暖水的携带作用，使得这一海域营养物质相对较丰富，为浮游植物的大量繁殖提供了优越的理化环境条件和物质基础。南大洋浮游植物数量水平是很高的。据调查结果表明，南大洋浮游植物数量最高可达 30 mg/m³。正是以南大洋浮游植物及其初级生产为主，形成并支持着南大洋食物链（图 4–67）。

磷虾是南大洋种群数量最大、含有高质量蛋白质且脂肪含量很低的小型甲壳类动物（图 4–68），是南大洋食物链中重要的组成种类，并在整个南大洋生态系统中起着关键性的控制调节作用。

南极磷虾（*Euphausia superba*）系统是南大洋众多系统中的一个，以南极磷虾为主的短的食物链是南大洋食物网中的一部分。南极磷虾系统是在地理隔离中长期进化形成的最突出的产物。其特点是：一方面是光照和冰覆盖的剧烈的季节变化，另一方面是稳定的低温条件和丰富的营养盐的供应（Hemple，1985）。

南极磷虾游泳速度可达 60 cm/s，并以 10～15 cm/s 的速度进行长距离的游泳和觅食活动（Kills，1983）。与其他食草浮游甲壳类动物相比，南极磷虾个体较大，它的滤食篮（filtering basket）和口器使它的食物从几微米长的微细浮游生物到几厘米长的大型甲壳类，在质量上包括了数个数量级；它还可以从浮冰下刮食冰藻和其他异养生物（Kills，1981）。因此，南极磷虾的摄食机构是效率最高的能量捕食系统（ererngy-capturing system）之一。从图 4–69 中可以清楚地反映出从南极磷虾到鲸鱼之间跨越了数个数量级的营养级。这是一般食物链所罕见的，同时还应指出，南极磷虾是不少摄食者（如鲸、企鹅等）几乎专一的觅食种类，而南极磷虾觅食的种类

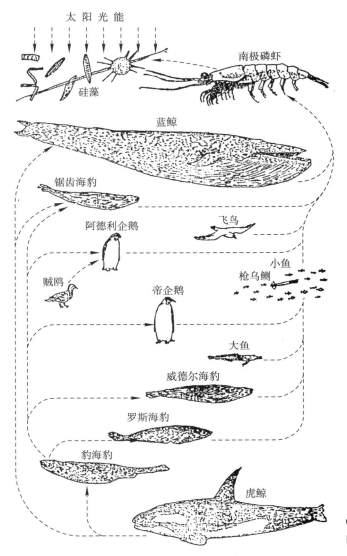

太阳光能

南极磷虾

硅藻

蓝鲸

锯齿海豹

飞鸟

阿德利企鹅

小鱼

枪乌鲗

贼鸥

帝企鹅

大鱼

威德尔海豹

罗斯海豹

豹海豹

虎鲸

● 图 4-67　南大洋食物链（引自 Murphy，1962）

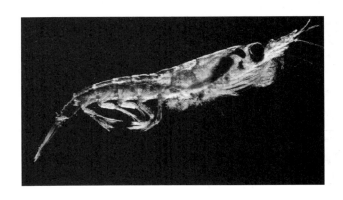

● 图 4-68　磷虾

都是广泛的。

已知南大洋共有 7 种磷虾，其中以南极磷虾为优势种，其他主要有冷磷虾（*E. frigida*）、瓦棱磷虾（*E. vallentini*）、冰磷虾（*E. crystallorophias*）等。

南大洋磷虾资源蕴藏量为 15～30 亿 t，每年的繁殖数量可达 2 亿 t，如果除掉维持南大洋哺乳类、海豹、企鹅等所消耗，可能尚有 7 000 万～1.5 亿 t 的数量可供捕捞，是人类所需动物蛋白的重要资源之一。据分析，磷虾体内蛋白质含量为 13%（湿重），与牛肉、龙虾含量相似。另外，还含有其他营养成分。

南大洋主要经济动物除了磷虾以外，尚有威德尔海豹（*Leptanychotes weddelli*）、食蟹海豹（*Lobodon carcinophagus*）、罗斯海豹（*Ommatophoca rossi*）、南象海豹（*Mirounga leonina*）、巨型枪乌贼和须鲸类的蓝鲸（*Balaenoptera musculus*）、鳍鲸。鱼类中的南极鳕（*Notothenia coriiceps*）、莫氏盘极鱼（*Dissostichus mawsonii*）、贝氏肩孔南极鱼（*Trematomus bernacchii*）、鲍氏肩孔南极鱼（*Trematomus borchgrevinki*）等。

4.4.4.3　北极海区及其环境特点

北极是指以 66°32″N 连线 ［即北极圈（Arctic circle）］以北的区域（或以夏季 10℃ 等温线作为北极的南限），它包括北冰洋（Arctic Ocean）、岛屿和欧洲、亚洲、北美洲部分大陆和岛屿，如格陵兰（Greenland）、西伯利亚、斯瓦尔巴群岛（Svalbard Archipelago）、新地岛（Novaya Zemlya）、斯堪的纳维亚半岛（Scandinavian Peninsula）等。总面积大约 2 100 万 km²，其中水域面积约 1 300 万 km²。

北冰洋的冰域面积为 1 000 万～1 100 万 km²，夏季会缩小至 750 万～800 万 km²，而冬季大部分海域被冰层覆盖，在 70°N 以北形成有永久性冰盖。而在南半球冬季，60°S 以南的海面全部被冰冻。

从南、北半球陆地和海域的分布情况来看，北极几乎位于大洋的中心，周围被欧洲、北美洲和亚洲大陆所包围；南极则位于几乎占据了南极圈以内全部面积的一块大陆的中央高原，受南大洋调节影响相对较小，所以北极气温较南极要高，北极点的年平均气温为 –23℃，而南极点年平均气温为 –49℃；根据记录北极最低气温为 –59℃，要比南极最低气温高出 30℃ 以上。尽管，国际上对北极地区科学考察已有 100 多年的历史，而我国首次北极科学考察是在 1999 年。

目前已知楚科奇海（Chunchi Sea）有浮游植物 103 种，白令海有 71 种，两海域共有种为 49 种（表 4–9）。

❍ 表 4–9　楚科奇海、白令海浮游植物种类组成（引自杨清良等，2002）

门类	楚科奇海	白令海	共有种	合计
硅藻门	28 属 94 种	20 属 57 种	11 属 44 种	32 属 104 种
甲藻门	2 属 6 种	3 属 12 种	1 属 3 种	3 属 14 种
金藻门	3 属 3 种	2 属 2 种	1 属 2 种	3 属 3 种
总计	33 属 103 种	25 属 71 种	13 属 49 种	38 属 121 种

表 4–9 可以清楚地反映出两海域浮游植物均以硅藻为主，占绝对优势。两海域的优势种和常见种有明显不同，楚科奇海主要有脆杆链藻（*Bacteriosira fragilis*）、聚生角刺藻（*Chaetoceros socialis*）、冕孢角刺藻（*Ch. Subsecundus*）、扁面角刺藻（*Ch. Compressus*）、柔弱角刺藻（*Ch. Debilis*）、旋链角刺藻（*Ch. Curvisetus*）、格鲁菱形藻（*Nitschia grunowii*）和尖刺菱形藻（*Nitschia pungens*）等；白令海主要有西氏细齿状藻（*Denticula seminae*）、尖刺菱形藻、柔弱菱形藻（*Nitschia delicatissima*）、长海毛藻（*Thalassiothrix longissima*）、佛恩海毛藻（*Th. Nitzschioides*）和甲藻类角藻属中的 *Ceratium lineatus* 和 *C. longipes* 等。已知，夏季楚科奇海共出现浮游动物 84 种（林景宏等，2001），白令海出现浮游动物 90 种（林景宏等，2002）。按照种类、地理分布等生态学特点，它们分别隶属：

（1）北极类群（种）：代表种有北极哲水蚤（*Calanus glacilis*）、长腹水蚤（*Metridia longa*）、大贫萤（*Boroecia maxima*）和北方刺泳水母（*Plotocnida borealis*）等。

（2）亚北极类群（种）：代表种有布氏真哲水蚤（*Eucalanus bungii*）、羽哲水蚤（*Calanus plumchrus*）、晶额哲水蚤（*Calanus cristatus*）、太平洋腹水蚤（*Metridia pacifica*）、墨氏胸刺水蚤（*Centropages mcmurrichi*）和火焰束水母（*Euphysa flammea*）等。

（3）外海（大洋）冷水类群（种）：代表种有大型刺哲水蚤（*Spinocalanus magnus*）、深海刺哲水蚤（*Spinocalanus abyssalis*）、深海真虫（*Eukrohmia bathypelagic*）、钩状真虫（*E. hamata*）、大型箭虫（*Sagitta maxina*）和北极单板水母（*Dimophyes arctica*）等。

（4）世界广温类群（种）：代表种有拟长腹剑水蚤（*Oithona similis*）和爪水母（*Beroe cucumis*）等。

从北极海区浮游生物垂直分布来看，主要集中在 <100 m 表层浅海水域。这与海域密度跃层位置相吻合，200 m 以下至深水区数量急剧降低。已知北极除了指标生物北极熊以外，尚有虎鲸（*Orcinus orca*）、角鲸（*Monodon monoceros*）、白鲸（*Delphinapter leucas*）、北极露脊鲸（*Balanea mystcetus*）、座头鲸（*Megaptera novaeangliae*）、抹香鲸（*Physetor catodon*）、蓝须鲸（*Balaenoptera musculus*）、长须鲸（*B. physalus*）、大须鲸（*B. borealis*）和小须鲸（*B. acutorostata*）等。北极和亚北极共有约 50 种海鸟（南极大约有海鸟 100 种），其中一些种类属于巨型海鸟。不少种类（如海鸥和海燕）终年在海上觅食，飞行距离很远。海鸥和燕鸥冬季是在岸边觅食，而夏季主要在沿岸浅海水域觅食。

由于潮汐类型的不同，南、北极潮间带生物组成种类同样表现出明显的差异。北极大部分地区，如哈德逊湾（Hudson Bay）和巴芬湾（Baffin Bay）等属于大潮汐范围类型（潮差约 4 m），而南极已知潮汐范围相对较小，如长城湾（潮差只有 2.02 m）。从现有调查结果来看，岩石岸潮间带优势种，北极巴伦支海（Barents Sea）滨螺属中出现有 *Littorina saxatilis*、*L. Obtusata*、*L. littorea*；而南极长城湾只有光滨螺。

4.4.5　河口区

河口（estuary）既是流域物质的归宿，又是海洋的开始。入海河口区是海陆过渡带中典型的一种生态系统，是生物多样性的富集区、关键物种的重要栖息地，是海岸带的重要组成部分，也与人类活动密切相关。

4.4.5.1 河口的定义

河口是河流生态系统和海洋生态系统之间的过渡区域。沈国英等提出的河口定义为"河口是海水和淡水交汇和混合的部分封闭的沿岸海湾，它受潮汐作用的强烈影响"（沈国英等，2009）。河口分界不易定义，常常将河口区自陆向海分成以河流作用为主、河海混合作用和海洋作用为主的三段。

4.4.5.2 河口的分布

世界上许多国家都拥有河口湿地生态系统，且种类繁多。我国地势西高东低，拥有许多外流水系，东南部有漫长的海岸线，形成了大量的河口区生态系统（约为 $1.2 \times 10^6 \ hm^2$）。据统计，中国沿海约有 1 500 多条大中河流入海，包括长江、黄河、怒江、黑龙江、淮河、辽河、闽江等等。这些河流与海水交汇处形成了我国河口生态系统。其中具有代表性的是长江口、黄河口、辽河口以及珠江口的河口生态系统（戴祥等，2001）。

4.4.5.3 河口区典型环境特征

1. 盐度

盐度变化是河口区的典型特征。盐度的区域性变化具体表现在河水端盐度接近于零，沿向海方向连续增加至正常海水的数值。

2. 温度

相比较于相邻的近岸区和开阔海区，河口温度变化幅度较大。在温带海区，河口水温呈现的季节变化幅度大于海水变化。在垂直方向上，河口底层水温变化范围较小。

3. 底质

因流速大小不同，河口上游、下游底质以粒径较大砂砾为主，而中游段则多为柔软、灰色的泥质浅滩。当然在中上游和中下游主要是粒径介于砂砾和泥滩之间的沙地。

4. 溶解氧

在河口区，表层以下的水体常常呈缺氧状态（hypoxia），这主要因为水体和沉积物有机物质在分解过程中消耗大量氧气，同时河口泥滩中的微细颗粒阻碍水层溶解氧向下传递。在世界很多河口都发现了低氧现象（ < 2 mg/L ）（Renaud，1986），例如美国的诺伊斯河口（Eby 等，2002）、密西西比河河口（Turner 等，2005）、我国的长江口（陈吉余，1988；李道季等，2002）等。针对全球 40 多个河口低氧区的统计分析发现，富营养化是导致河口低氧现象的直接原因（Diaz，2001）。

5. 浑浊度

河口区水体混浊度一般较高，且沿内陆方向水体混浊程度越发增加，这是因为水体包含大量的泥沙等悬浮颗粒。这些悬浮物大部分来自于陆地径流注入，其次是近岸上升流将底床泥沙掀起（图 4-69）。

4.4.5.4 河口生物群落

在地质学上，大多数河口区形成的年代较为短暂，被认为是新的生态系统。河口区的物理、化学、生物和地质过程耦合多变，为生物进化提供选择性压力，因

○ 图 4-69 黄河口（示水体混浊度）

此，河口区具有潜在的高物种形成速率。同时，河口既是流域物质的归宿，又是海洋的开始，生境类型丰富，具有较高的物种多样性。在大部分河口区，淡水会持续注入，与海水进行不同程度的混合。某给定体积的淡水从河口排出的时间称为冲刷时间（flushing time），是表征河口水体交换的重要物理量之一，较长的冲刷时间对维持河口浮游生物群落起到重要作用。

总的来说，河口区大部分生物种类起源于海洋（只有入海河口区上游段的生物主要起源于淡水），主要包括多毛类、线虫、甲壳类、鱼类和双壳类软体动物。河口中游段的泥滩多被数量很多的多毛类、寡毛类和端足类等小型甲壳动物所占据。河口下游段的滩涂上也经常出现大片的双壳类，如贻贝和牡蛎（图4-70）。

4.4.5.5 河口的生产力和能流特征

河口区是淡水与海洋之间的生态交错区，是最富有生物多样性和生物量的区域

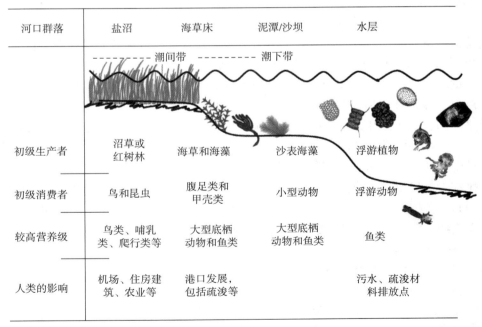

河口群落	盐沼	海草床	泥潭/沙坝	水层
初级生产者	沼草或红树林	海草和海藻	沙表海藻	浮游植物
初级消费者	鸟和昆虫	腹足类和甲壳类	小型动物	浮游动物
较高营养级	鸟类、哺乳类、爬行类等	大型底栖动物和鱼类	大型底栖动物和鱼类	鱼类
人类的影响	机场、住房建筑、农业等	港口发展，包括疏浚等		污水、疏浚材料排放点

○ 图 4-70 河口生态系统的生物群落图解

之一，是陆地和海洋之间物质和能量交换的重要场所（陈吉余等，2002）。入海河口上游段的食物网主要以淡水、盐沼和浮游植物中的碳源为基础，而在下游段则以海洋浮游植物和底栖藻类（可能还包括盐沼中的有机碎屑）最为重要。由于水体透明度低，河口区的植物总生物量和初级生产力都较低。

沉积物和水体中存在的大量有机碎屑，使得入海河口区呈现较高的次级生产力。有机碎屑一部分来自河口周围环境，包括陆地（如河流带入的植物叶片）、海洋（潮汐引入的藻类、大型海藻和动物）和半陆生的边界系统（如盐沼和红树林等）；另一部分则来自河口内部。河口区的碎屑食物链起点是来自陆地、海洋以及河口内部的有机碎屑，经过微生物分解作用后逐级传递至更高营养级。通常，河口区水体中有机物的含量可高达 110 mg（DW）/L，而外海仅为 1~3 mg（DW）/L。同样，由于河口泥滩有机碳含量十分丰富，使得其中食碎屑者的生物量可达近岸沉积物中的 10 倍。

4.4.5.6　我国代表性的河口湿地

1. 长江三角洲湿地

长江三角洲是长江泥沙充填古河口水域而成的陆地，受潮汐作用强烈。河口区表层水盐度多小于 5，有时高达 18，为微咸水。由近岸至远岸形成芦苇沼泽和蕉草沼泽，此外还有水花生、凤眼莲等野生植物。游泳动物以鱼类为主，有在生殖季节进入淡水产卵繁殖的鲥鱼、刀鲚和河鲀等；有在淡水中生活而去深海繁殖的鳗鲡；有属于河口生活的鲻鱼、鲮鱼、鲈鱼等。海域还有带鱼、鲳鱼、海蜇和乌贼，陆域有平胸龟、鳖、赤练蛇和蝮蛇等爬行动物。鸟类主要有八哥、杜鹃、绿啄木鸟和绿头鸭等。

2. 黄河三角洲湿地

黄河是世界上含沙量最大的河流，每年有约 1 亿吨泥沙输送至河口。由于黄河频繁改道，三角洲剧烈演变，河口处于不断淤积 – 延伸 – 改道的演变过程中。目前黄河三角洲面积约为 5 400 km²，沉积物多为较细的砂质黏土组成，海拔小于 3 m，盐渍化严重。自然植被以草甸为主，尤以盐生草甸占显著位置，群落优势种主要有白茅、芦草、樟茅和翅碱蓬等。潮间带生物有 190 余种，植物以芦苇和碱蓬为主，并有天然怪柳、天然柳和人工刺槐等。黄河与其他附近河流带来大量盐类和有机物入海，为鱼、虾和蟹类的产卵、生长和索饵提供了有利条件，主要有东方对虾、毛虾、鹰爪虾、梭子蟹、日本大眼蟹、三齿原蟹、毛蚶、肠红螺、凸壳肌蛤、文蛤、四角蛤蜊和近江牡蛎等，有鲬鱼、鲈鱼、梭鱼和黄蛄。黄河三角洲湿地鸟类有 187 种，其中丹顶鹤、白头鹤、金雕为国家一级保护鸟类，还有大天鹅、灰鹤和雁鸭等。海洋生物丰富，约有 517 种，其中浮游植物 116 种，浮游动物 6 种，经济无脊椎动物 59 种，底栖生物 191 种。

4.4.5.7　河口生态价值和现状

河口去为众多海洋和陆生生物提供食物和栖息地，通过碎屑食物链支撑其他营养级的生存。河口具有较强的成路造地功能，扩大城市面积；该系统可以通过生物净化和水体净化作用，将多余的营养物质和污染物从该区域去除，起到净化水质的作用。同时，河口区强大的渗透和蓄水能力，起到防洪的作用。另外，因其优美风光，河口区常常成为观光旅游的场所。目前，由于围垦、大型水利工程建设和环境污染等人为因素，以及全球变化等因素的影响，入海河口湿地减少，生态系统发生显著退化，受到沿海国家的重视。

第五章

海洋生物生产

5.1 导论

5.1.1 海洋生物生产及其重要意义

海洋生物生产是海洋生物重要的生物学过程，是海洋的一种性能和能力，也是海洋生态系统功能中食物生产服务的内容。海洋的这种能力越高，即所提供的生物产品（包括具有重要经济意义的食用和药用物质以及工业原料）就越多。海洋生物生产通常是以单位时间（月或天），单位水体（$1\ m^3$）生产的有机物质数量表示，可以用个体数量、质量、有机物中固定的碳量或叶绿素量表示。

海洋生物生产可划分为初级生产（primary production）和次级生产（secondary production）。次级生产包括二级、三级……终极生产（climax production）。而各营养级不同生物的同化效率和能量转化效率差异很大。

海洋生物初级生产是指由单细胞浮游植物、沿岸浅海水域大型藻类、海草等海洋植物以及光合细菌（photosynthetic bacterium）、化学合成细菌（chemesynthetic bacterium）等自养生物（autotrophic organism）将无机物（硝酸盐、磷酸盐等）转换为有机物（脂肪、蛋白质等）和异养生物（异养浮游细菌）二次生产的过程。

由浮游植物、海草等海洋植物和自养光合细菌、化能细菌等生产的有机物质为初级生产，其速率称为初级生产力（primary productivity）。

初级生产的有机物质是地球所有生命活动的能量来源，是构成海洋生物食物链的基础。这些有机物质的数量称总初级生产或称第一总生产量，即第一营养级。所谓净初级生产（net primary production）是指初级生产者在生产过程中扣除了自身消耗（呼吸作用）以后所剩下的生产总量。

海洋生态系统的能量流动即从第一营养级开始，通过利用初级生产量的生物类群（浮游动物）摄食、消化和转化为自身不同的组织形成次级生产或第二营养级，然后逐渐趋向食物链的更高的营养层次转换。在这一过程中，生产量越来越少，各营养级之间能量的转换率一般只有 5% ~ 20%。在生态系统中，能量转换与物质循环并存，能量依靠物质的搭载不断地进行单向和不可逆的转化，最后以热的形式全部散失返回空间。各营养层次的生物量、组成结构、转化效率和能量途径可以充分的反映出海洋生物的生产力、生态系统结构和功能，以及生物地球化学循环在能量流动中的作用与功能。

鱼类等重要水产资源是海洋生物生产的终极产品，也是处于生态系统能量营养结构的最高级。随着观测技术与分析方法的发展，科学家已清楚地观察到海洋初级生产力既与初级生产者种类有关，又与初级生产者个体大小（不同粒级）密切相连，尤其是与个体为 < 0.2 μm，0.2 μm 到 2.0 μm 的微微型，以及 2.0 μm 到 20 μm 的微型自养原核生物种类之间关系更为密切。由于它们具有营养吸收半饱和常数小和能量转换效率快等特点，在与其他种群竞争营养时，尤其是在营养盐浓度低的海域处于有利位置，构成生物量的优势，从而在生态系统能量转换流动中处于重要的一环（Probyn 等，1990）。

20 世纪 20—80 年代，科学家又发现了个体直径为 0.6 ~ 0.8 μm，能进行光合作用的原绿球藻，广泛分布于热带、亚热带和温带海域。它们属于超微型产氧原核光能自养生物，具有独特的二乙烯基叶绿素，是迄今已知唯一不以叶绿素 a 为主要光合色素的自养生物，可以利用极微弱的光在真光层底部进行高效率的光合作用，在海洋初级生产中占据重要位置。

海洋生产力是海洋生态系统能量和营养物质在各营养级流动循环过程中的生态效率问题，同时也是渔业资源开发利用、科学管理和提高生物生产的基础。由于微型生物食物环以及异养细菌二次生产在总初级生产中占有重要比例的发现，甚至有时会超过单细胞浮游植物等的初级生产力。因此，加强海洋生物生产研究，深入了解清楚海洋中不同营养级及其与环境因子之间的相互关系，及时提出改善与提高海洋生物生产力的确切措施，才能实现海洋渔业经济可持续发展。

5.1.2　海洋生物生产研究中的基本概念

5.1.2.1　现存量

现存量（standing crop 或 standing stock）指的是在某一时刻，单位面积或单位水体中所存的生物总量。现存量可用数量（number）、生物量（biomass）表示，生物量通常用活体重量表示，也可以用干重（dry weight，DW）、无灰分干重（ash-free dry weight）或生物体内某种成分表示（叶绿素 a、N、C、DNA 等）。现存量也是海域中单位面积或水体在某一时间内所蕴藏的生物总量。海洋植物多用 standing crop

5.1.2.2 生产量

生产量（production）是指有机体在单位时间和单位空间内所生产的有机物质的总量，是初级生产者生产能力或速率的重要指示；亦可以认为是单位时间和单位空间内新生产的生物量或新陈代谢量（分泌到水中可溶性有机物也应属于总量之内）。事实上，水域中有机体的生物量在不断地变化着，它的增减取决于一系列方向相反的作用。有机体通过同化作用生产着新的有机物质，同时由于呼吸作用（respiration）也消耗着一部分有机物质。呼吸作用在研究生产者光合作用中应予以重视，因为浮游藻类的呼吸耗氧可以占到光合作用放氧量的 20%；而另一方面，自然死亡以及因敌害或环境条件改变所引起的死亡，又使其数量减少。通常，观察到生物量的增减就是上述两种作用的结果，这样的增减可以通过间隔一定时间的两次取样所计算出的两个生物量数值相比较而获得。一般来说，有机体在生长季节可以观察到生物量的明显增加，在其他季节或某些特殊情况下则可能出现生物量的暂时"稳定"，乃至于明显地减少。

有学者就是将上述在单位时间内所观测到的生物量的增加作为生物生产量，但这样的生产量并不能代表生物所生产的全部有机物，而只是观察到的剩余部分，所以通常称之为净生产量（net production）；它是从总生物量［或称毛生产量（gross production）］扣除呼吸作用所消耗的有机物质（呼吸量）之后的生产量，而毛生产量是在一定空间和一定时间内生物所生产的全部有机物质的总量。

在测定生产量时，一些方法很难将小型或微型初级生产者、消费者、分解者区分开，难于计算出初级生产者自身的净生产量，所以出现了净群落生产量（net community production）这一概念。它表示从毛生产量中扣除植物、异养生物呼吸量之后的生产量，即毛初级生产量减去各类生物的总呼吸量，或净初级生产量减去异养生物呼吸量。

5.1.2.3 生产力

生产力（productivity）又称生产速率（production rate）是海洋生物在单位时间、单位空间内合成有机物质的能力或速率。与生产量不同，生产力强调的是生物在单位时间、单位空间内生产有机物质的总量，是反映生产力和速率的指标。

在研究海洋水域生物生产力、有机物质能量转换时，经常运用初级生产力、次级生产力的概念。

5.1.2.4 初级生产量

初级生产量是水域中自养生物（主要是浮游植物、沿岸浅海水域植物以及颗粒极小的原核生物）和异养生物（异养浮游细菌）的生产量。它是水域中有机物质生产的基础和水域生物生产力的重要指标之一。

5.1.2.5 次级生产量

所有消费者的同化过程即为次级生产过程，即消费者只利用已生产出来的食物资源，通过一个完整的同化过程将这些食物转换成自身的不同组织，并伴随着适量呼吸损失的过程。所以，次级生产量并不被分成总次级生产量和净次级生产量。在异养生物水平上，总能量与自养生物总生产力相似，所以，确切地说应定义为同化量而不是生产量。

次级生产量研究的主要内容是各营养层次异养生物的消费、转化、利用过程与速率。

5.1.2.6 生产量、生物量、呼吸量之间的相互关系

生产量、生物量、呼吸量之间的关系既密切又相互制约，是影响特定水域内生物生产数量和种群数量波动的重要因素，同时也可以反映出特定海域不同类生物种群数量及其生产力高低、代谢类型，代谢水平以及在生态系统能量转换中所处位置。

以 P_G 代表毛初级生产量（gross primary production），P_N 代表净初级生产量（net primary production），R 代表生物生产过程中的呼吸量（respiration），B 代表生物量（biomass），ΔB 代表特定海域单位时间内生物量的变化。它们之间的关系通常可以清晰地说明海洋生态系统中生物生产的一些现象：

$P_G = \Delta B + R$

$P > R$：生物量增加 $\qquad\qquad\qquad\qquad$ $\Delta B > 0$

$P < R$：生物量减少（降低） $\qquad\qquad\qquad$ $\Delta B < 0$

$P = R$：生物量不变 $\qquad\qquad\qquad\qquad$ $\Delta B = 0$

通常，P/B 系数越大，表明特定水域生物种群增长越快。P/B 系数表示生产量与呼吸量之间的比例，亦称周转率（turnover rate），是反映某一生物种群或群落生物的代谢类型和水平的指标之一。P/R 也可以反映某一生物种群对所栖息环境的适应程度（特定水域不同深度能反映出 P/R 状况）。通常，P/R 系数越大表明种群或群落代谢水平越高（自养代谢型），生物产力就越高。

$P/R > 1$ 表示种群增长，生态系统处于不稳定状态

$P/R = 1$ 表示种群不增不减，生态系统处于演化发展过程中稳定状态

$P/R < 1$ 表示种群减少，生态系统处于不稳定状态

通常，在环境中随个体的增长，其呼吸率也在增大，故 P/R 系数趋于减小。另外，在种群所栖息的特定水域环境质量遭到污染或破坏时，P/R 系数可能会出现负值，即 $P/R < 1$。

5.2 海洋初级生产

海洋初级生产是海洋生物生命活动所需能量的来源，是海洋生物食物链的基础，食物供给和能量在不同营养级的转换就从这里开始。

辐射能源（太阳能），水、二氧化碳是海洋真光层单细胞藻类和沿岸浅海水域大型藻类和海草等进行光合作用所需要的能量和物质。光合作用是海洋生物生产最基本和最重要的过程，也是生态系统能量转换最基础和最重要的环节。

据统计，地球生物圈初级生产量约为 320 g/（$m^2 \cdot a$）。海洋初级生产量平均为

155 g/（m² · a），在海洋初级生产者中，个体为 0.2 ~ 20 μm 的浮游植物和自养原核生物的生产量约占海洋初级生产量的 90% ~ 95%。

海洋初级生产是海洋真光层对大气二氧化碳净吸收的一种量度，也是全球二氧化碳收支的指标，并影响着全球气候变化。尤其是海洋初级生产研究中新生产力和初级生产力结构概念的提出，已使海洋初级生产成为海洋科学研究的前沿和热点之一。

20 世纪 80 年代后，在全球范围内开展的一些重大国际合作研究，如全球海洋通量（joint global ocean flux study，JGOFS）、海岸带陆海相互作用（land-ocean interactions in the coastal zone，LOICZ）、和全球海洋生态系统动力（global ocean ecosystem dynamics，GLOBEC）等项目中均已将海洋初级生产力、新生产力纳入研究计划，并已得到了迅速发展和取得不少可喜的研究成果。20 世纪 90 年代后，对海洋初级生产力、新生产力研究的范围和深度均有所扩大和加深。

5.2.1 海洋初级生产基本过程及其机制

5.2.1.1 光合作用

光合作用的科学原理是由美国生物学家卡尔文（Melvin Calvin）于 20 世纪 50 年代发现的，他也因此获得了 1961 年度诺贝尔化学奖。20 世纪 80 年代末，诺贝尔奖评选委员会又宣称光合作用是 "地球上最重要的化学反应"。

光合作用是生物体利用光能合成有机物质（主要是糖类）的过程，也是海洋初级生产的基本过程。能够进行光合作用的生物体被称为光合有机体（photosynthetic organisms）。包括单细胞藻类、绿色植物、蓝细菌等自养生物。

光合作用是将碳由二氧化碳（低能量）转化为还原态糖，在提高碳原子能量过程中由辐射光提供所需的能量。从定量关系来看，生产者每同化 1 g 碳就是要把 39 kJ 光能转化为糖类中碳的化学能。光合作用作为固定 CO_2 的主要手段，合成并为生物提供了糖类，同时又是大气中氧的主要来源。

对于具有叶绿素的单细胞藻类、沿岸浅海水域海草等大型藻类等绿色植物来说，光合作用被局限在叶绿体（chloroplast）中。叶绿体最重要的结构特征是其内部具有发达的、呈片状结构的膜系统，从而扩大了吸收光能的表面积。

尽管，蓝细菌和其他某些原核生物等光合有机体没有叶绿素，但它们的细胞质却含有光合色素、与光合色素相结合的蛋白质、电子传递体和 ATP 等与光反应相关成分的类似于类囊体的片层膜结构。

20 世纪 50—60 年代，科学家曾进行过叶绿体分离并在有光照条件下开展了二氧化碳转换为碳水化合物的试验，结果发现，整个光合作用是由两个相互独立的化学反应完成。即光反应（light reaction）产生 O_2、ATP 和 NADPH；碳还原循环反应亦称卡尔文循环（Calvin cycle），它利用光反应产生的 ATP 和 NADPH 将 CO_2 转换为碳水化合物（图 5-1）。

光反应开始是光能的捕获与吸收，是在类囊体膜（thylakiod membrance）上完成的。类囊体上具有与蛋白质结合在一起的吸光色素（light-absorbing pigment），这些排列分布在膜上的吸光色素具有合理的取向并能促使相邻色素间的正确排列，以减

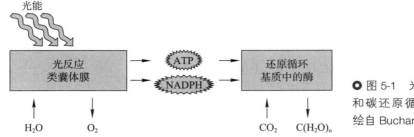

○ 图 5-1　光合作用中的光反应和碳还原循环反应模式图（重绘自 Buchanan 等，2000）

少光能在转移过程中的损失。吸光色素具有吸收不同波长光的装置，尽管不同吸光色素化学结构差异明显，但具有多个共轭的双键是它们共有的特征。类囊体膜上的吸光色素类似天线的功能，起着收集光能的作用，吸光色素又称天线色素（antenna pigment）或辅助色素（accessory pigment）。

　　光能被收集以后，通过共振形成被传递转移到位于特殊的蛋白质环境中的叶绿素 a，该叶绿素被称为中心色素（central pigment）。由此，能量转换反应即开始了。由中心色素和与之结合在一起的蛋白质构成的复合体称反应中心（reactional center），由天线色素和与之相结合的蛋白质共同组成的复合物称聚光复合体（light-harvesting complex，LHC）。由聚光复合体、反应中心和初级电子受体（primary electron acceptor）共同构成的光能吸收、传递转移和转换的功能单位被称为光（合）系统（photosystem，PS）。

　　产氧光合有机体（单细胞藻类、蓝细菌、高等植物等）体内具有两种光系统，即光系统 Ⅰ（PS Ⅰ）和光系统 Ⅱ（PS Ⅱ），而非产氧光合有机体体内只有 PS Ⅰ 而缺少 PS Ⅱ，所以不放氧。两种光系统的结构与功能具有高度的同源性，但其之间的差异也较明显，除了各自中心色素光吸收的波长最大值不同外，尚有其他差别。

　　生物体是由糖类、脂质、蛋白质以及其他生物分子组成。这些化合物含有化学键形成的能量，这些键主要位于碳原子之间。生物体通过反应断裂这些键能够释放出其中的能量。在生物系统中，最普通的一种反应是有机碳的氧化（oxidation）。氧化降低了碳原子中潜在的化学能，从而释放出部分能量。这部分能量在其他生化反应中用以构建细胞膜。这一过程称为呼吸作用（respiration）。与氧化相反的是还原（reduction），还原可以增加碳原子的潜在能量，使它可以和其他碳原子或氮原子发生反应，生成有机物。

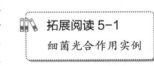

拓展阅读 5-1
细菌光合作用实例

　　所有生物的呼吸作用，实际上是光合作用的逆反应，也是氧化过程（即打开碳水化合物的高能键释放出代谢所需能量）在光亮和黑暗同期内均进行。

　　光合作用概括起来可分为三个阶段：

　　（1）从阳光中获取能量。

　　（2）叶绿体或其他光合作用活性色素吸收光时，色素分子中的电子获得的能量在一系列反应中被转移，其 ADP（二磷酸腺苷）变成较高能的 ATP（三磷酸腺苷）并形成具还原能力的 $NADPH_2$（一种还原型辅酶 Ⅱ 的化合物）。

　　（3）以 ATP 和 $NADPH_2$ 推动来自大气的 CO_2 合成为有机分子（碳的固定）。即还原型辅酶Ⅱ将 CO_2 还原，并需要 ATP 的化学能以产生高能碳水化合物。

光合作用产生的典型碳水化合物是六个碳原子的葡萄糖，所以完整的光合作用平衡方程式：

$$6CO_2 + 12H_2O \xrightarrow{\text{光能}} C_6H_{12}O_6 + 6H_2O + 6O_2$$

前两个阶段是在光存在的条件下进行，故一般称光反应。

第（3）阶段是以大气中 CO_2 合成有机分子的过程，称卡尔文循环（Clvin Cycle）。只要能获得 ATD、NADPH、卡尔文循环在无光条件下亦可进行。

5.2.2 新生产力

新生产力（new production）与海底热液口及其生物的发现被认为是 20 世纪生物学领域重大的发现之一，也是生物海洋学划时代的成就。新生产力是由达盖（R. C. Dugdale）和戈润（J. J. Goering）于 1967 年首次提出的一个新的概念。他们认为，海洋初级生产力可以划分为：利用真光层再循环营养（再生）的部分，利用通过混合和上升流物理过程新输入进真光层的营养盐（新生）部分。即海洋初级生力可以分为新生和再生两部分。

生物生命活动的基本营养元素，是初级生产不可少的营养元素，海洋初级生产力在很大程度受限于初级生产者同化时可获得的 N 源。新生产力概念是建立在 N 元素来源的划分。

进入初级生产有机体细胞内的任何一种元素都可以分为新结合的和再循环的两类。但并非每一种元素的划分都能够进行实测，而 N 元素则可以。N 是构成细胞的主要元素之一，相对稳定，且 N/C 比、N/P 比也相对稳定，所以用 N 来测定初级生产有机体的生长要比 C、P 更为精确可信；另外，N 还是海洋中的限制性元素，因此建立在 N 源基础上的生产力更有实际意义。真光层中再循环的 N（即有机 N 还原，或可被生产者利用，而以无机 N 形式重新进入营养循环）为再生 N，由再生 N 源支持的部分初级生产力称再生生产力；由真光层之外提供的 N 为新生 N，由新生 N 源支持的部分初级生产力称新生产力。

这一概念非常清晰地表达了从大气进入的"新"营养盐的观点。它不仅反映了真光层净群落生产力（即真光层有机物质的积累率和输出率之和），同时也是海洋真光层对于来自大气中 CO_2 净吸收的一种有效量度。

但当时达盖等人并没有完全认识到这一概念的重要性及其深远意义。随着研究的深入，这一概念已在不少研究领域，尤其是全球变化研究中引起了广泛重视。

1979 年，爱泼拉和彼得森（R.W. Eppley and B.J.Peterson）对新生产力概念又有了新的认识和进一步发展：为了维持真光层的生态平衡，外部的输入是必要的。新生 N 主要来自：① 上升流或梯度扩散；② 陆源径流；③ 大气沉降或降水；④ N 的固定。在稳定状态下，新生产力的大小与从真光层进入海洋内部的有机颗粒的通量相等，即新生产力是输出的生产力（export production），就是从真光层沉降输出的新生源颗粒通量，从而为新生产力增加了新的含义。爱泼拉和彼得森（1979 年）还估算出全球新生产力约为 40 亿千克，并指出这个数量大致等于有机碳的沉降通量。

新生产力概念将海洋初级生产力划分为新生和再生两部分，使海洋水层生态系统（pelagic ecosystem）的物质转移、能量流动和营养元素再循环研究进入了一个层次更深的领域，也使海域高营养级生产力的估算建立在科学和更加可靠的基础上，而且只有新生产力是向更高营养级的净输出。新生产力与总初级生产力的比值通常称为 f 比，f 比以及颗粒态营养元素下沉出真光层之前的循环次数 r 值 $[r=(1-f)/f]$ 概念的提出都进一步发展和完善了有关新生产力的理论（Eppley，1979）。

将混合和上升流的物理过程作为涉及新生产力、渔业生产或表层有机物输出的生态系统模型整体组成部分，使物理海洋学与生物海洋学之间建立起了联系，使物理海洋解读新生产力这一新的概念起到了非常重要的作用。

海洋是地球上最大的碳库。海洋中碳的生物地球化学过程在全球碳循环中具有重要意义，大气—海界面碳的净通量在很大程度上与新生产力有关。因此，新生产力能够较客观的反映出海洋真光层从大气中吸收 CO_2 的能力。新生产力概念直接与海洋吸收温室气体 CO_2 联系起来，对解决温室效应、海洋生物资源的可持续利用以及全球碳通量变化等问题都具有重要意义。所以新生产力已成为海洋生态系统动力学研究的热点之一。全球海洋通量联合研究（JGOFS）项目就是要在全球尺度上了解新生产力的规模、时空变化及其制约机制，以及在全球变化中海洋的调节能力。

从 ^{14}C 示踪法发展而来，稳定的同位素 ^{15}N 示踪法和质谱仪是唯一可现场精确观测新生产力的方法，也是在短时间内能够精确测量小尺度新生产力的可靠手段。

5.2.3　海洋初级生产力结构

尽管有科学家曾发现在初级生产力中存在着两个部分，而且是由不同类群初级生产者所提供，但是很长一段时期以来，科学家们还是认为海洋初级生产力是以个体大小为 $0.2 \sim 20\ \mu m$ 的单细胞藻类为主提供的，其所提供的初级生产量约占海洋总初级生产量的 90% ~ 95%，其余部分是由其他自养生物完成的。

随着观测技术和分析方法的发展，尤其是微型海洋生物的发现及其在生态系统中的重要作用的了解，除了新生产力概念的提出，科学家更进一步清楚地了解到海洋初级生产力不仅取决于初级生产者类群的不同，同时，还与初级生产者个体大小（不同粒级）有关，这些初级生产者可以划分为 <2 μm，2 ~ 20 μm，>20 μm 的微型和微微型生物。这些个体极小的微微型生物，由于其具有营养吸收半饱和常数小和在能量转换中效率高的特点，使其在营养竞争中处于有利位置，在海洋初级生产力中占有重要比例，从而构成生物量优势，在生态系统能量转换中处于非常重要的一环（Probyn，1990）。

在海洋生态学迅速发展与推动下，新生产力、海洋初级生产力结构概念相继提出（焦念志等，1993）。新生产力是总初级生产力的一部分，有着必然的联系，但两者又各有其特有的变化规律。初级生产力结构通常划分为：① 组分结构，即不同类群初级生产者（浮游植物、自养微生物）对初级生产力贡献的比例；② 粒级结构，即不同粒级（<2 μm、2 ~ 20 μm、>20 μm）生产者对初级生产力贡献的比例；③ 产品结构，即初级生产产品中颗粒有机碳（POC）和溶解有机碳（DOC）的分配比例；④ 功能结构，即新生产力占总初级生产力的比例。

新生产力、初级生产力结构概念的提出，实际上也是初级生产力物种多样性和功能多样性的划分。新生产力水平在很大程度上代表了海洋净固碳的能力，即海洋对大气中 CO_2 乃至对全球气候变化的调节能力。所以初级生产力物种多样性和功能多样性的划分具有非常广泛而深刻的意义。

研究表明，物种多样性和功能多样性与初级生产力之间的关系十分密切。通常，随着物种多样性的增加，初级生产力或许会随之增高，而功能多样性与初级生产力则呈负相关。功能多样性并非随物种多样性而变化；两者在一定程度上是相互独立作用于初级生产力，因此物种多样性不同于功能多样性，两者是独立的。由于组成群落物种间的差异，或其共存机制并不能解释种间功能多样性的分化，或可以认为物种多样性和功能多样性是群落性的两个不同的问题，所以在进行海洋新生产力和海洋初级生产力结构研究时，功能多样性和物种多样性应予以分别考虑。

5.2.4 海洋初级生产力测定

海洋藻类通过光合作用将光能转变为可以存储的化学能，这些化学能再通过呼吸作用释放为可以利用的活跃化学能，通过各种生物合成作用将无机物转化为构成生物体自身的各种分子，最终导致细胞的增长和繁殖，从而实现了初级生产的过程。

光合作用反应过程中形成含氮和磷的化合物，及其他由 CO_2 和水所组成的化合物。浮游植物同其他所有植物一样，对这些元素都有一个最小需求量。被海洋浮游植物所利用的 CO_2 可以是游离溶解的或结合态的碳酸氢根或碳酸盐离子。大洋水中 CO_2 总量（所有三种形式）大约是 90 mg/L，这一浓度对浮游植物的光合作用不起限制作用。氮通常以溶解态的硝酸盐、亚硝酸盐和铵盐的形式被浮游植物细胞所吸收；磷通常以溶解态的无机形式（正磷酸根离子）被吸收，但有时也以溶解态的有机磷形式被吸收。除了这些常见的大量营养元素之外，浮游植物也需要其他的一些元素，如溶解态的硅对硅藻形成硅质壁是不可或缺的。此外，浮游植物也需要一些维生素和微量元素，所需的这些化合物和元素种类与数量取决于浮游植物的种类。当光合作用过程中需要维生素或其他一些有机物的生长因子时，这种营养类型称作营养缺陷型。在海水中，以上所提及的所有化合物，都以相对低的浓度存在，其浓度大小取决于光合作用速率、呼吸以及其他生物的活动，如动物的分泌或细菌的分解，以及水动力因素的补充。当这些必要元素或化合物的浓度变的很低时，会限制初级生产力。

通过过滤海水样品中的浮游植物，在显微镜下进行细胞计数，可以估算出单位水体中的细胞数量，即浮游植物的细胞丰度（cell abundance）。由于浮游植物的个体大小变化极大，用细胞丰度表示生物量时，就会有较大的偏差。利用电子颗粒计数器可以对浮游植物进行细胞计数和测量其体积，然后根据细胞体积和质量的关系可估计出浮游植物生物量。

另一种用来估计浮游植物生物量的实验室内测量方法是测量海水中叶绿素 a 的

浓度。由于叶绿素 a 普遍存在于所有的浮游植物种类中且容易被测量，故能用其浓度估算浮游植物的生物量。过滤已知体积的海水，可用丙酮将保留在滤膜上的浮游植物色素萃取出来，计算萃取液在荧光计上测量的荧光值，或分光光度计测量的不同波长下的吸光值可以估算出叶绿素 a 浓度。这时浮游植物的生物量是用单位水体的叶绿素 a 的浓度，或在单位面积水柱所含有的叶绿素 a 含量来表示。还有其他技术可以测量叶绿素浓度并在较大尺度上估算浮游植物的相对丰度。如，一种产生一定波长的紫外光荧光计，会引起叶绿素激发红色荧光，可用于估测一定体积海水中的叶绿素浓度。该方法很灵敏，在研究船后拖曳该荧光计，能快速地记录海水大范围的叶绿素浓度。机载或卫星遥感能提供更大范围的浮游植物丰度的信息。该技术的原理是：从海表面反射的可见光谱（400～700 nm，PAR）的辐射强度与叶绿素的浓度相关，由于叶绿素是绿色的，海水因叶绿素浓度的增加而由蓝变绿，其相对色彩的差异可用来测量叶绿素的浓度。卫星测量不像其他技术那么灵敏，存在深度穿透方面的局限性，但它提供了全球尺度的浮游植物生产力的有用的测量模式。

研究浮游植物的生产速率——初级生产力，比测量瞬时的现存量或生物量，更有生态学的意义。测量海洋生产力的最通用的方法是 ^{14}C 法。该方法是将少量已知的放射性同位素加入两瓶含有浮游植物的海水中，一瓶曝露于日光下，可以进行光合作用和呼吸作用（光瓶）；另一瓶避光，只能进行呼吸作用（暗瓶）。经过一段时间培养后滤出浮游植物，测量其单位时间内吸收的放射性碳量。放射性碳量是用液闪计数器测量的，初级生产力用下列公式求得：

$$\text{初级生产力} = \frac{(R_L - R_D) \times W}{R \times t} \tag{5-1}$$

式中，R 为加入样品的总放射性；t 为培养的小时数；R_L 为光瓶样品的放射性计数；R_D 为暗瓶样品的放射性计数；W 为样品中所有 CO_2 类型的总含量 [（mg（C）·m^{-3}]，该值单独测定，用滴定法求出或由样品的盐度相关的特定 CO_2 含量估计出。

初级生产力可用单位时间内（h）单位水体积（m^3）内新增有机物中固定的碳量（mg）表示，即 mg（C）·m^{-3}·h^{-1}。该值变化于 0 至 80 mg（C）·m^{-3}·h^{-1} 之间，可以表示不同深度水层中的初级生产力。为了计算并比较整个真光层的生产量，可以将不同水层所得的生产力进行积分，获得每日每平方米水柱所固定的碳量 [g（C）/（m^2·d）]。若将单位时间内固定碳量与生物量中叶绿素 a 测量相除，就得到单位叶绿素 a 的生产能力 {mg（C）/ [mg（Chl a）·h]}，称作生产力指数（productivity index），若后者是在饱和光强下测得的，则称作同化指数（assimilation number）（表 5-1）。

初级生产力的测定往往着眼于颗粒态的光合产物（POC），而对溶解态的光合产物（PDOC）忽略，因而造成初级生产力的低估。

5.2.5　影响海洋初级生产力的因素
光合作用是海洋初级生产的基本过程。在海洋中有不少因素影响着光合作用的

○ 表 5-1　P_{max} 和 $\Delta P / \Delta I$ 的代表值

数值	备注
P_{max}（同化数）/mg（C）· mg（Chl a）$^{-1}$ · h^{-1}	
2 ~ 14	一般范围
2 ~ 3.5	低温，2 ~ 4℃
6 ~ 10	高温，8 ~ 18℃
0.2 ~ 1.0	低营养盐（如黑潮中）
9 ~ 17	高营养盐，高温（如热带沿岸水域）
$\Delta P / \Delta I$/mg（C）· mg（Chl a）$^{-1}$ · h^{-1} ·（μE^{-1} · m^2 · s）	备注
0.01 ~ 0.02	温带海洋
0.005 ~ 0.01	亚热带水域
0.02 ~ 0.06	微微型浮游生物（<1.0 μm）
0.006 ~ 0.13	温带年平均
年平均 = 0.045	沿岸水

注：$\Delta P / \Delta I$ 是图 5-2 曲线的初始斜率，按太阳辐射除以生产率表示；P_{max} 以同化指数的最大值给出。

量和速率。太阳辐射、温度、pH 和营养盐类（无机氮、无机磷、二氧化碳、硅酸盐）等，都直接或间接地影响到海洋初级生产力。浮游动物的摄食也是一个重要因素。另外，海洋病毒是海洋中最小最丰富的微型生物。浓度大约为 $10^3 ~ 10^9$ mL^{-1}，主要集中在近表层水域。实验研究表明，海洋病毒能够感染海洋细菌和浮游植物（包括硅藻和蓝细菌）影响其群落组成种类并显著地减少海洋初级生产力。在特定海域，水质污染也是一个不可忽视的影响因素。

5.2.5.1　太阳辐射

太阳辐射是海洋水域浮游植物等绿色植物进行光合作用重要的能源。太阳辐射波长范围为 150 ~ 4 000 nm。其中波长 380 nm 至 760 nm 为可见光，是绿色植物进行光合作用吸收利用的部分；波长 < 380 nm 为紫外光，对生物具有致命的伤害作用；> 760 nm 为红外光，可以转化成热量，所以主要以热的形式被感受到。

太阳光质在全球时空的分布具有一定的特点，波长短的光随纬度增加、海拔增高而增多；冬季长波长光增多，夏季短波长光增多；一天 24 h 中，早、晚长波长光较中午多，太阳辐射能量强度（光强度）与波长成反比，如波长较短的蓝光比长波的红外光能量更高。水对太阳辐射具有强烈的反射、散射和吸收作用，通常，水深 10 m 处，光强只有海洋表层光强的 50%，红光在几米深处即被完全吸收，紫光和蓝光（450 nm）极易被水分子散射，只有绿光（550 nm）可以到达较深的水层，此处往往只有红藻生存分布。

从图 5-2 可以清楚地显示出，在一定的光强范围内光合作用是随着光强的增加而增强。光合作用所需要的最大光强值（P_{max}），被称为最适光强度。当光

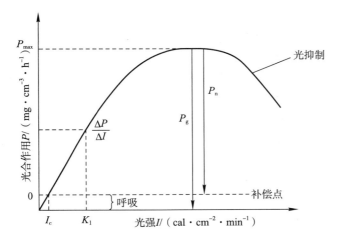

○ 图 5-2 光合作用（ P ）对光强（ I ）改变的反应（重绘自 Lalli 等，1997）

I_c 为补偿光强； K_I 为半饱和常数或 1/2 最大光合作用（ P_{max} ）时的光强； P_g 为总光合作用； P_n 为净光合作用

强度继续增加时，光合作用就会明显地下降，这种现象称为光抑制，这也是由初级生产者生理反应所引起的结果，如浮游植物的叶绿体在强光下会发生皱缩。硅藻最适光强度为 5 000~8 000 lx，蓝藻为 10 000~15 000 lx。光饱和强度一般为 10 000~23 000 lx，而 >23 000 lx 即为光抑制强度。

在图 5-2 中的曲线上，呼吸量与光合作用量相等（平衡）的点称作补偿点，这一点发生在补偿光强（ I_c ）处，即真光层的下界。在补偿点之下，能量平衡为负值，此时光合色素已被光饱和，光合作用速率不再对增加的光强度有反应。毛初级生产量（ P_g ）这一术语用来描述光合作用的总量，而净初级生产量（ P_n ）则表示毛初级生产量减去浮游植物呼吸的消耗。

图 5-2 的曲线可用两组相似的化学反应动力学方程来描述，一组是光合作用的光依赖型反应（用初始的斜率 $\Delta P / \Delta I$ 表示），另一组（ P_{max} ）是卡尔文循环反应，其反应方程（无光抑制）是：

$$P_g = \frac{P_{max}[I]}{K_I + [I]} \tag{5-2}$$

和

$$P_n = \frac{P_{max}[I-I_c]}{K_I + [I-I_c]} \tag{5-3}$$

式中：P_g 和 P_n 分别为毛初级生产量和净初级生产量；K_I 为半饱和常数或当 $P = P_{max}/2$ 时的光强，K_I 值范围为 10~50 μE m^{-2}s^{-1}；I 为水体中 PAR；$[I-I_c]$ 为有效光强减去补偿光强。

上述方程表咱生长在稳定生理条件下的所有浮游植物都有一个稳定的光反应，而且这种反应可以用两个常数 P_{max} 和 K_I 来描述。事实上，不同种类的浮游植物有不同的 P_{max} 和 K_I，即使在同一种内，细胞对光合作用反应也随时间而改变（如：对从近表层的高光照强度的环境到较深处的低光照强度环境的适应）。一般来说，图 5-2 中曲线的初始斜率（ $\Delta P / \Delta I$ ）反映了细胞光合作用的生理变化（即光依赖型反应）。曲线的上限（ P_{max} ）反映了环境参数的改变。如营养盐浓度和温度，它们影响了光合作用的卡尔文循环反应。由于不同种的浮游植物对海水表面辐射强度和现场光强的反应不同，改变这些环境条件将有利于不同种浮游植物的生长，并导致群落中不同优势种的演替。表 5-1 给出了不同环境下常见的 P_{max} 和 $\Delta P/\Delta I$ 值。注意 P_{max} 值一般在较高的温度和较高的营养盐下会增加，但光合作用曲线的初始斜率（$\Delta P/\Delta I$）更加依赖于细胞的本身的性质，如微微型浮游生物与大型浮游植物相比，一般有更高的 $\Delta P/\Delta I$ 值，因此微微型浮游生物能在光强小的较深水层处生长。

当浮游植物在海洋的表层上下混合时，知道真光层中的光的平均值（$\bar{I}_D$）是很有用的。$\bar{I}_D$ 可用下式表达：

$$\bar{I}_D = \frac{I_0}{kD}\ (1-e^{-kD}) \tag{5-4}$$

式中：I_0 为海水表面辐射强度；k 为消光系数；D 为深度。

上述方程的应用在于了解特定浮游植物种群的细胞向下混合到多深才能与呼吸的损失相平衡（即 $P_W = R_W$，图 5-3）。这一深度称作临界深度（D_{cr}）。若将式（5-4）重新排列，并用补偿光强（I_c）取代 $\bar{I}_D$，则得出计算临界深度的表达式：

$$D_{cr} = \frac{I_0}{kI_c}\ (1-e^{-kD_{cr}}) \tag{5-5}$$

若是 $D_{cr} \gg 0$，则式（5-5）可简化为：

$$D_{cr} = \frac{I_0}{kI_c} \tag{5-6}$$

图 5-3 说明了临界深度的重要性。该图指出，若浮游植物呼吸消耗的有机物数量（面积为 ABCD）与光合作用（面积 ACE）所获得的有机物数量相匹配时，则用作图法可得到式（5-6）计算的临界深度。若在强烈的风暴作用下，浮游植物被向

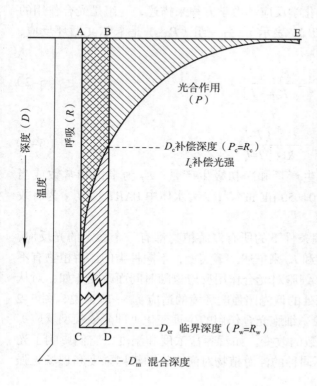

● 图 5-3　补偿光深度、临界深度和混合深度之间的关系（重绘自 Lalli 等，1997）

在补偿深度（D_c），其光强（I_c）提供的能量可以保持一个细胞的光合作用（P_c）获能等于它的呼吸（R_c）耗能；在此深度以上有光合作用的净输出（$P_c > R_c$），在此之下存在净损失（$P_c < R_c$）。当浮游植物细胞在补偿深度上下混合时，它们经历了水体中的平均光强（I_D）。$I_D = I_c$ 时的深度为临界深度（D_{cr}）。在此深度，整个水柱的光合作用（P_w）等于整个水柱的浮游植物的呼吸作用（R_w）。由点 A、B、C 和 D 界定的面积代表浮游植物的呼吸，由点 A、C 和 E 界定的面积代表光合作用，在临界深度，这两个面积是相等的；当临界深度 < 混合深度（D_m）（如本图所示），没有净生产，因为 $P_W < R_W$。浮游植物的净生产只出现于临界深度低于混合深度的情况下。

下混合至该深度以下，就没有净光合作用了；而只要保证混合深度是在临界深度以上，就会有净光合作用。这样，基于海水表面的辐射量（I_0），消光系数（k）和已知的补偿光强（I_c），就可利用这一简单的公式，估算在温带区浮游植物的春季水华的时期。

5.2.5.2 营养盐

初级生产力还可以用同化指数（assimilation index）来表达，即单位时间内固定的碳量与生物量中叶绿素 a 的量相耦联时，就是单位时间内初级生有机体的生长率。

另一种表示浮游植物生长率的方法是以细胞数的增加表示为生长。对单细胞生物而言，这是一种指数函数：

$$X_0 + \Delta X = X_e e^{\mu t} \tag{5-7}$$

式中：X_0 为实验开始时种群细胞数；ΔX 为 t 时间内产生的细胞数；μ 为单位时间内种群的生长量，又叫内禀增长率；

若 ΔX 以光合作用碳的量来计算，则 X_0 必须以浮游植物碳的总生物量来表达，而不是用细胞数表达。由式（5-7）可以得出倍增时间（种群数量增加一倍所需的时间），浮游植物的倍增时间可由以下式导出：

$$\frac{X_0 + \Delta X}{X_0} = 2e^{\mu d} \tag{5-8}$$

于是，倍增时间（d）可由下式计算：

$$d = \frac{\ln 2}{\mu} = \frac{0.69}{\mu} \tag{5-9}$$

倍增时间的倒数是世代时间，表示每日产生的世代数。

营养盐浓度对内禀增长率 μ 的影响，可以用计算光合作用中所用的同样的方程［式（5-2）和（5-3）］来描述。即：

$$P_g = \frac{\mu_{max}[N]}{K_N + [N]} \tag{5-10}$$

式中：μ 为在特定营养盐浓度［N］时的（单位时间）生长率，营养盐浓度通常以每升（L）的微摩尔（μmol）数来表示，μ_{max} 为浮游植物的最大生长率，K_N（以 μmol 表示）为营养盐吸收的半饱和常数，它等于营养盐在 1/2 μ_{max} 时的浓度。

式（5-10）成立的前提是浮游植物的生长率受控于海水中的营养盐浓度。然而，有些表层水的营养盐浓度极低，某些甲藻能迁移到营养盐比较丰富的较深水层。营养盐浓度随水深而快速增加的水层称营养跃层，该层可以在真光层之下。在营养盐（如硝酸盐）被吸收到细胞之后，这些甲藻又能回到光线充足的表层进行光合作用。在此情况下，浮游植物的生长率，与细胞质内的营养盐浓度成比例，而不是与周围水体中的营养盐浓度成比例。

海洋中浮游植物生长所需要的主要营养盐中，只有某些元素可能会缺乏。一般来说，镁、钙、钾、钠、硫和氯等的浓度对浮游植物的生长都是足够的，CO_2 在湖泊中可能是有限的，而在海水中则是足够的。然而有些无机物，如硝酸盐、磷酸盐、硅酸盐、铁和锰等的浓度可能很低，会限制浮游植物的生产。在主要的营养盐之间也可以出现协同效应。如铁盐浓度可以控制浮游植物对无机氮的利用，这是因为铁盐是亚硝酸和硝酸还原酶的合成所必需的，这些酶控制着将亚硝酸盐和硝酸盐还原成氨然后组成氨基酸的过程。大细胞的硅藻会受到铁盐的限制，小细胞的鞭毛藻则不然，因为它们可以在低浓度的铁盐环境中吸收铁盐。受铁盐限制的大洋，其特征是有高浓度的硝酸盐和低浓度的叶绿素，它们被称作高硝酸盐低叶绿素区（high-nitrate low-chlorophyll，HNLC area），它包括北太平洋亚北极区、赤道太平洋区和部分南大洋区。此外，有些有机物（如维生素 B_{12}、维生素 B_1 和生物素）是那些营养缺陷型浮游植物的生长所必需的，这些有机物如果在海水中不足也会限制它们的生长。

每一种浮游植物对不同限制性营养盐的吸收具有特定的半饱和浓度值（式 5–10 中的 K_N），每一种都有其特定的最大生长率（μ_{max}）。这种生长率和对营养盐吸收的种间差异性，使得各种各样的浮游植物在似乎是非常均匀的环境中可以共存。图 5–4 部分地说明了这一问题，该图表示不同的 K_N 和 μ_{max} 值的浮游植物对同一种营养盐浓度的变化所做出的反应。图 5–4（a）表示种 1 与种 2 相比有较高的最大生长率，由于两种有相同的 K_N，它们以同样的速率生长到某一水平；超过此水平，种 2 不再生长，而种 1 有较高的最大生长率，它可继续以同样速率生长。在图 5–4（b）中，两个不同的种有同样的 μ_{max} 值，但它们在不同的营养盐浓度下达到该值；种 1 的 K_N 值较低，因此它在较低的营养盐水平上达到最大生长率。在图 5–4（c）中，两个竞争种具有不同的 μ_{max} 和 K_N 值，随着营养盐浓度的变化，竞争优势发生转移。在较低的营养盐浓度下，种 2 因生长快而占优势；但在较高的营养盐浓度下，种 1 占优势，因它有较高的生长率。

若进一步考虑，两种、三种或更多种对生长率限制的营养盐会出现在一水体，而且该水体在光、温度和盐度等的其他物理性质上也有差别。显然存在一种不断改变的组合式的限制因素，控制着浮游植物的生长，每种浮游植物对这种组合式的限制因素响应不同，因此在同一水体中可以多个种共存，不同种的

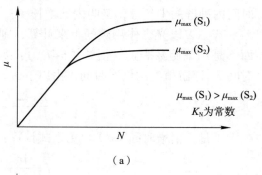

（a）

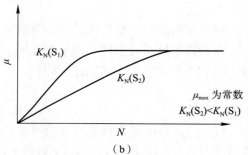

（b）

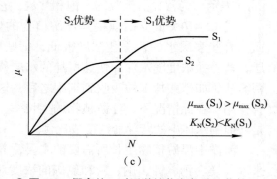

（c）

● 图 5-4　假定的一对浮游植物竞争种的营养盐 – 生长曲线（重绘自 Lalli 等，1997）

假定成对的 2 种浮游植物为营养盐竞争而可能出现的三种生长曲线 [（a）、（b）、（c）]

相对丰度也是不同的。

物理化学环境的组合性本身是不稳定的。光和温度时刻都在改变，营养盐浓度也在不断变化。这种变化本身会影响浮游植物的生长。例如，营养盐浓度会偶尔发生改变，这是由富含营养盐的底层水通过上升流，而形成脉冲式的营养盐输入所造成的。营养盐浓度的波动会对浮游植物群落的种类组成有不同的影响。另一方面，有毒的污染物会引起同营养盐相反的反应，在较高的浓度下，它们将选择性地抑制某些浮游植物种类的生长，以致最后只剩下对污染最具抗性的种类。还要补充的是，草食性浮游动物的选择性摄食也会改变浮游植物群落中不同种类的相对丰度。

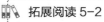

拓展阅读 5-2
多种营养盐与多种浮游植物之间的相互作用

表 5-2 给出了某些浮游植物的最大生长率（μ_{max}）和半饱和常数（K_N）。限制浮游植物生长的营养盐浓度（特别是硝酸盐和铵盐，这两种经常是限制性的）可作为划分水生环境的依据。主要营养盐浓度低，因而初级生产力也低的区域称为寡营养区。富营养区含有较高浓度的营养盐，因而浮游植物光合作用快，生产力高。中等营养区的营养盐浓度介于两者之间。富营养水域倾向于 1 或 2 种快速生长的 r 选择型的浮游植物种类占优势。相反，寡营养水域倾向于拥有许多竞争性的，k 选择型种类，每个种的丰度取决于不同的营养盐限制情况，因此群落根据营养盐的供给达到平衡。

○ 表 5-2　某些浮游植物的最大生长率（μ_{max}）和半饱和常数（K_N）

μ_{max}/d^{-1}		备注
0.1 ~ 0.2		寡营养水域，热带水域
0.4 ~ 1.0		富营养的沿岸水域，温带水域
1.0 ~ 3.0		富营养水域，热带上升流和高温条件下的微微型生物
K_N / μm		备注
硝酸盐或氨	0.01 ~ 0.1	寡营养水域
	0.5 ~ 0.2	富营养大洋水域
	2.0 ~ 10.0	富营养沿岸水域
硅酸盐	0.5 ~ 5.0	硅藻的一般范围
磷酸盐	0.02 ~ 0.5	寡营养→富营养水的一般范围

5.2.5.3　物理因素

光是控制海洋中浮游植物生产的两个主要物理因素之一，另外一个就是把深水富集的营养盐带到真光层的物理强制作用。这两个物理因子共同决定了世界海洋的任一区域内会形成什么类型的浮游植物群落及其潜在的初级生产力水平。这两个因素也决定着海区海洋动物的数量和类型，包括商业上捕获的各种鱼类。

光强从赤道向两极递减，而另一方面，把营养盐带向表层的风的混合量，从赤道向两极增加。因此，在真光层内光强和营养盐浓度形成了相反的关系（图 5-5），这种关系主要决定着不同纬度浮游植物生产的分布模式。在两极地区，当夏季光强充足时，净初级生产增加，出现了浮游植物丰度的单一峰值。在温带地区，当可利用的光强和高营养盐浓度相耦合时，浮游植物出现水华，初级生产力通常在春、秋季达到最大。在热带和赤道地区，强的表面辐射产生永久性的温跃层，浮游植物将终年受营养盐浓度限制，只是由于局部条件的改变，初级生产力才有微小而不规则的波动。

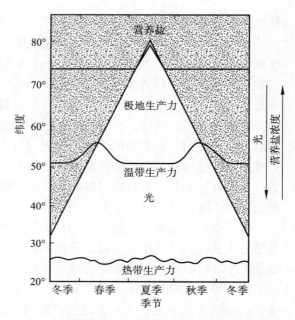

○ 图 5-5　海洋表面辐射（空白区）和营养盐（阴影区）的相对量以及初级生产力在三种不同纬度的相对季节变化（生产力表示为任意垂直比例）（重绘自 Lalli 等，1997）

　　然而，在真光层有许多影响营养盐浓度的物理因素，因而能较大地改变这一综合分布模式。这些物理因素包括锋面和涡流，锋面具有相对狭窄的区域，其特征是温度、盐度和密度等变量形成明显的水平梯度；涡流可以形成涡流环和大尺度的环流。这些变化的物理因素可以有几千公里宽（如环流）或仅有几公里宽（如潮汐和河口卷流锋面），其大小取决于任一特定地点的地形和海洋气候。所有这些物理因子的共同特征是它们涉及把营养盐从富集的较深水层带向贫瘠的真光层的机制，从时间跨度上可从几天到几个月。这些机制与季风混合相重叠，导致了图 5-5 所表达的全球性的浮游植物初级生产力的分布格局。有些营养盐增加过程会导致年周期内原本是浮游植物较低初级生产力的时段突然升高。

1. 海洋环流和涡流

　　全球海洋的表层海流首尾相接形成几个独立的环流系统。辐聚环流在北半球呈顺时针方向，在南半球呈逆时针方向。北半球的顺时针流形成辐聚式涡流，其水的环流方向是将表面水引向中心。如图 5-6 所示，可以看出，北半球的辐聚式环流由于环流的辐聚趋势将加深温跃层。在这种情况下，就不会有新生的营养盐从深水层到达表层，如北大西洋的马尾藻海多辐聚式涡流影响，是海洋初级生产力的相对"沙漠区域"。在南半球，涡流的旋转方向相反，其逆时针环流也形成了世界生产力相对较低的辐聚涡流（表 5-3、图 5-6）。

○ 表 5-3　北半球和南半球涡流和流环中的水流

地区	辐散式涡流	辐聚式涡流
北半球	冷核流环	暖核流环
南半球	辐散导致高生产力	辐聚导致低生产力

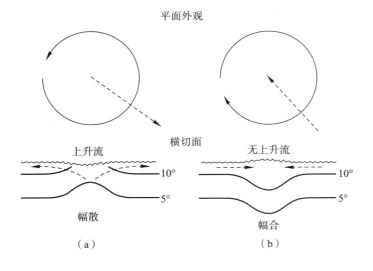

平面外观

横切面

上升流　　　　　　　　　无上升流

10°

5°

幅散　　　　　　　　　　幅合

（a）　　　　　　　　　　（b）

○ 图 5-6　在北半球气旋（a）和反气旋（b）的涡流的平面和横断面（重绘自 Lalli 等，1997）

虚线箭头分别指明水流的方向是远离或靠近中心。同样的环流模式也适用于暖核流环和冷核流环，但尺度要小

　　辐散式涡流在北半球是逆时针流向的，在南半球是顺时针流向的，它们趋于将水由温跃层之下引向表层，导致表层水营养盐的大量补充，使这部分海域成为高生产力水域。阿拉斯加湾的阿拉斯加涡流就是一个辐散式涡流，据估计在该涡流中，水自温跃层下向上的实际垂直运动速度是大约每年 10 m。尽管它可能会是导致高生产力的涡流，但它的地点在 50°N 以北，这意味着这一海域冬季是受光限制的，实际上，涡流的生产力与大洋环流相比，更多地受限于季节性的物理过程。

　　海洋中的环流具有同涡流一样的形态，但它们要小得多，直径为几百公里而不是几千公里。它们是从主要的海流系统中分离出来的漩涡（eddy）。这些大的海流蜿蜒曲折，其结果会从环流水系抛出大型的涡动或环，作为独立的环流水系，它们可存在几年（即足够长的时间以影响环内的初级生产力）。图 5-7 表示了两种环的类型，暖核流环（反气旋）和冷核流环（气旋）。每一种环类型的横断面看上去如图 5-6 所示的气旋式和反气旋式涡流，只是尺度更小。环内各自的垂直水流（表 5-3、图 5-6）可以保持着较冷（气旋环流）或较暖（反气旋）的温度。虽然冷核流环会产生气旋式涡流（图 5-6），且冷核流环中间的等温线向上弯，可是这不一定预示环中会有上升流。冷核流环内高生产力的产生是由于蜿蜒曲折的主海流已经具有了富集的营养盐。类似地，暖核流环的中心不一定下沉。

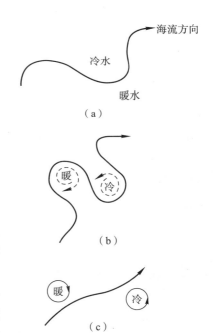

海流方向

冷水

暖水

（a）

暖　冷

（b）

暖　冷

（c）

○ 图 5-7　在北半球，由 1 个主要海流系统（如湾流）形成暖和冷核流环的顺序（重绘自 Lalli 等，1997）

当海流流经有温差的海水时，开始蜿蜒曲折（a）在边缘形成涡漩。当海流弯曲地更显著时（b），涡漩最终被抛出形成独立于环流系统的"环"（c）。注意，这一过程导致在冷水区隔离形成暖水环，而冷水则越过主海流被转移至暖水占优势的海域

2. 大陆辐聚和辐散 📧

3. 行星锋面系统 📧

4. 陆架坡折锋面 📧

5. 河口卷流锋面 📧

6. 岛屿效应和兰米尔锋面区 📧

5.2.5.4　浮游动物

　　浮游动物对浮游植物的摄食可以减少浮游植物种群的数量，直接对初级生产力进行控制。自然海区中会存在营养盐充足，而浮游植物生物量却不高的现象，这往往是海区中的浮游动物摄食，影响了浮游植物的生长。浮游动物的摄食不仅可以影响浮游植物的细胞丰度，而影响初级生产力，而且可以通过选择性摄食，控制浮游植物的群落结构而影响初级生产力。由于浮游动物对浮游植物的摄食受到诸多因素的影响，所以很多的研究是通过模型的方法去研究浮游动物对初级生产力的控制。式（5-11）是浮游动物摄食在初级生产力过程中的一个简单数学模型，其参数列于表5-4中。可以看出在所有浮游植物初级生产力的输出项中，浮游动物的摄食都是很重要的一个环节。

$$\frac{d（浮游植物生物量）}{dt} = 初始浮游植物生理量 \cdot （内秉生长率 - 平流输运 - 混合 - 沉降 - 摄食） \tag{5-11}$$

◉ 表5-4　浮游植物初级生产力方程中的参数（单位：d^{-1}，引自 Banse，1992）

	最大内禀增长率	平流输运	混合	沉降	摄食
亚南极区（夏季）	0.25（0.5）	0.04	0.05	≤0.02	0.15
亚北极区（夏季）	0.50（0.80）	<0.01	~0.03	0.01	~0.45
副热带环流	1.20（1.70）	<0.01	<0.01	≤0.01	1.20
赤道上升流	1.00（1.40）	0.04	0.02	0.01	0.90

5.2.6　海洋初级生产力的分布

　　世界大洋各个海域的初级生产力受太阳辐射、温度、营养盐等因子的影响，并随季节和地点而有变化。大洋初级生产力的最高值 [$>1\,g（C）\cdot m^{-2}\cdot d^{-1}$] 分布在上升流区，最低值出现在亚热带的辐合涡流区 [$<0.1\,g（C）\cdot m^{-2}\cdot d^{-1}$]。夏季在太平洋和大西洋亚北极区域，日初级生产力 $>0.5\,g（C）\cdot m^{-2}\cdot d^{-1}$；在冬季，有几个月没有净初级生产力。表5-5给出了全球海洋不同地区年初级生产力变化范围，它是以周年资料为基础综合而绘制成的。世界海洋的初级生产力约为每年 $40\times10\,t（C）$。这一数字和陆生植物的光合作用初级生产量为同一数量级，但生产力的分布模式却十分不同。

○ 表 5-5　全球海洋不同地区年初级生产力变化范围

地点	平均年初级生产力 /g（C）· m⁻² · a⁻¹
陆架上升流 （如：秘鲁海流，本格拉海流）	$500 \sim 600$
陆架坡折 （如：欧洲陆架、格兰德浅滩、巴塔哥尼亚陆架）	$30 \sim 500$
亚北极海洋 （如：北大西洋、北太平洋）	$150 \sim 300$
反气旋式涡流 （如：马尾藻海、亚热带太平洋）	$50 \sim 150$
北冰洋（冰覆盖）	<50

　　在陆地生态系统，高生产力会出现在相对较小的区域，例如，热带雨林的初级生产力估计值为 $3\,500$ g（C）· m⁻² · a⁻¹，相当于浮游植物最高生产力的 6 倍。另一方面，陆地的很大一部分是沙漠，很少或缺乏光合作用生产量。相反，海洋生产力实际上分布在海洋真光层的每一处（覆盖地球表面的 70% 以上），甚至出现在极地冰下。正是世界海洋的这种海洋初级生产力的累积效应，使得光合作用碳的年生产总量约等于陆地的生产量。

　　由于辐射光和营养盐可利用量的差异，导致海洋生产力具有纬度和季节差异（图 5-5）。这些物理强制作用，可能在很大程度上决定着各海域的最大浮游植物生产力。同时，还有一些生物过程也在改变着区域初级生产力的水平。由于浮游植物生长，减少了真光层内营养盐的浓度，同时，它们自身数量的增加会形成"自遮蔽"，减少了光的通过，从而使真光层变浅。对上述初级生产力的负面影响起到平衡作用的是草食性浮游动物的摄食活动，它们消耗了部分浮游植物生产力，同时，浮游植物群落被浮游动物利用的程度存在着一些区域性的差异。

　　当初级生产力增加时，通常伴随着浮游植物现存量的增加。在沿岸海域浮游植物水华期间，在几天之内叶绿素 a 的生物量可从小于 1 mg/m³ 增加到超过 20 mg/m³。然而，在有些海域，浮游动物对浮游植物的摄食速度和浮游植物的生产一样快，其结果表现为初级生产力的增加并未伴随着浮游植物生物量的显著增加。

　　图 5-8 还显示了浮游植物和浮游动物的另外两个年周期（初级生产力的季节变化）。一个是北冰洋的分布模式，海水融化后不久，会出现浮游植物单峰值，稍后缓慢地跟随着浮游动物生物量的单峰值；浮游动物对食物增加的滞后反应，是由于极地冷水中相对缓慢的生长率所致。热带环境中浮游植物和浮游动物的生物量全年都无显著的变化，然而风暴的活动能破坏本来稳定的环境，因此浮游生物生物量全年会出现一些不规则的小波动；在温暖的热带水中浮游植物生物量的任何增加都会被快速生长的浮游动物迅速摄食。

 拓展阅读 5-3
　　浮游动物与浮游植物相互作用——
　　以北太平洋与北大西洋为例

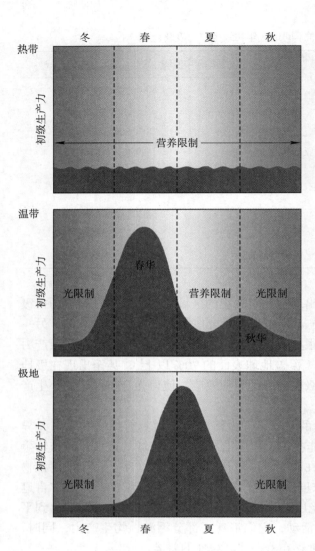

● 图 5-8　不同温度带初级生产力的
季节变化（引自 Castro 等，2008）

　　初级生产力随深度而变化，且浮游植物的垂直分布可以有季节变化。在温带冬季，浮游植物将在表层充分混合，任何光合作用将遵循光衰减曲线。除近表层的某些光抑制外，随春季逐渐到来，近表层的初级生产力就会增加，这可以伴随着浮游植物生物量的增加。在夏末，当近表层的营养盐被耗尽时，最大初级生产将向水体较深处转移，导致叶绿素 a 在次表层最多（图 5-9）。

　　在稳定的水域（即多数热带和亚热带海洋），营养盐、初级生产力和叶绿素 a 的垂直分布与图 5-9 所示夏末的情况相似，且是该水域全年的特征。在这一水域从 20 m 到 100 m 以上的水层都可发现叶绿素 a 的最大值，这依赖于水团的长期稳定性。在这种条件下，真光层可垂直地分成两个群落：顶部群落是营养盐限制型，主要受该层内生物的和使营养盐再生的化学过程的控制；底部群落是光限制型，但它位于营养盐跃层，这里的营养盐浓度变化最大，另外的营养盐可以由深层水进入该系统。因为有些浮游动物和鱼类垂直洄游穿过两个群落，在两个垂直分层的环境之间就存在着某种程度的生物运输现象。

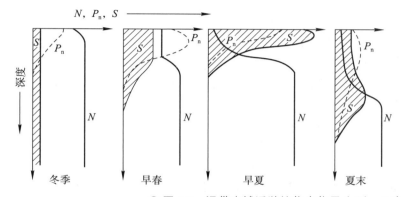

○ 图 5-9 温带水域浮游植物生物量（S）、日净光合作用速率（P_n）和营养盐浓度（N）垂直剖面分布的季节变化（重绘自 Lalli 等，1997）
S（阴影面）通常以 mg（Chla）$\cdot$ a^{-1} $\cdot$ m^{-3} 表示，P_n（虚线）以 mg（C）$\cdot$ m^{-2} $\cdot$ d^{-1} 表示，N（实线）以 μmol（NO$_3^-$）表示。图中忽略了浮游动物摄食所引起的变化

5.2.7 中国海海洋初级生产力

人类祖先滩涂采集、贝藻养殖、沿岸捕捞、驾舟迁徙、航海贸易等海洋活动都是从沿岸海湾开始的。沿岸海湾和浅海海域自古以来就是人类生存和社会经济发展的重要环境并受到重视，进而开展了包括海洋初级生产力研究在内的许多有益的研究工作。

据统计，中国沿海 10 km^2 以上的海湾约有 150 个，5～10 km^2 海湾约有 200 多个。由于环境优越，营养物质丰富，有利于浮游植物生长繁殖，因此中国沿岸海湾初级生产力较高，其数量分布有自北向南逐渐降低的变化趋势。

1. 海湾

（1）胶州湾（暖温带）

位于黄海西北部的胶州湾略呈扇形、湾口狭窄，宽仅为 3.38 km；腹部宽阔，东西宽 28 km，南北长 33 km，总岸线长约 239.1 km，海湾面积 388.1 km^2，是一中型半封闭的浅海湾，也是长江口以北较典型的暖温带海湾。青岛人民誉她为母亲湾。正是对胶州湾的开发利用才造就了经济发达的青岛。

根据 1984 年逐月调查结果（孙鸿烈，2005），胶州湾初级生产力（以 C 计）平均为 421.96 mg $\cdot$ m^{-2} $\cdot$ d^{-1}），全年初级生产量为 6.5 万 t。另据 1984 年、1991—1999 年连续调查的结果表明：胶州湾 35 个季度月（每年 2 月、5 月、8 月、11 月）的月平均初级生产力（以 C 计）为 376.68 mg $\cdot$ m^{-2} $\cdot$ d^{-1}。调查期间，各个年度间初级生产力存在一定范围的波动，但年度变化并无明显规律，其中 1992 年、1997 年初级生产力较低，月平均仅为（以 C 计）为 191.58 mg $\cdot$ m^{-2} $\cdot$ d^{-1} 和 262.68 mg $\cdot$ m^{-2} $\cdot$ d^{-1}；1993 年、1998 年日平均初级生产力分别为 791.36 mg $\cdot$ m^{-2} $\cdot$ d^{-1} 和 559.38 mg $\cdot$ m^{-2} $\cdot$ d^{-1}，为高峰年。

由于光照、水温具有明显的季节性，所以胶州湾初级生产力季节变化明显。以 1984 年调查结果为例，冬季水温低、风浪大、水体垂直混合强烈，海水透明度较低，光照时间相对较短、太阳辐射弱，这些环境条件均不利于浮游植物进行光合作用，因此，胶州湾冬季（1月份）的初级生产力最低；其后，2—5月随着水温升高，太阳辐射加强，浮游植物光合作用速率提高，初级生产力也逐月增高；夏季初级生产力为一年中最高值，以6月最高，6—10月保持着相对高的水平；10月以后随着水温的降低，光照时间缩短，初级生产力明显下降。

按季度月统计，1984年、1991年~1999年的10年中，胶州湾初级生产力（以C计）在8月（夏季）最高，范围为120.89~1 963.22 mg·m^{-2}·d^{-1}，平均为861.88 mg·m^{-2}·d^{-1}；2月（冬季）最低，范围为36.56~430.96 mg·m^{-2}·d^{-1}，平均为141.12 mg·m^{-2}·d^{-1}；11月（秋季）和5月（春季）范围分别46.22~511.56 mg·m^{-2}·d^{-1}，平均为246.92 mg·m^{-2}·d^{-1}和59.59~367.60 mg·m^{-2}·d^{-1}，平均为203.33 mg·m^{-2}·d^{-1}。

胶州湾不同水域，同样也显示出初级生产力分布不均衡的特点（表5-6）。

◎ 表5-6　胶州湾不同年份各季度月初级生产力平面分布的比较
（郭玉洁，1992；吴玉霖，1995；吴玉霖，2000）

年份	2月	5月	8月	11月
1984	湾北、湾中和湾外高，湾南和湾口低	湾东北最高，黄岛北近海次之，湾西北、湾中、湾口和湾外低	湾东北、湾中最高，湾西北和东南大港外次之，湾北、湾口和湾外低	湾西北、湾西南、黄岛北和湾外高，湾北、湾中和湾口低
1992	湾中和黄岛北最高，湾东最低	湾东北和黄岛北最高，湾中、湾东和西南次之，湾西最低	湾北最高，西北和东北次之，向南、湾口和湾外递减	湾中最高，北部、东部和南部次之，向湾口和湾外递减
1999	湾西南和西北高，黄岛北最高，北部、东部、西部和湾外低	湾西最高，湾东南大港外和湾口次之，湾北和湾中最低	湾东和东北部最高，并由东北向西南、湾口和湾外递减，西南部最低	湾西南和西部高，北部、湾中次之，湾东北、湾口和湾外最低

（2）大亚湾（亚热带）

大亚湾位于珠江口以东，是一南亚热带溺谷海湾。海域宽阔，面积约600 km^2，海岸线曲折，长约150 km。湾内拥有许多小海湾，如西南部的大鹏湾，西北部的哑铃湾和东北部的范和港等；岛礁和岛屿主要有大辣甲、黄毛洲、马鞭洲等；另外，还有由30多个岛礁成列分布在海湾中部偏西北水域的中央列岛。

大亚湾沿岸河流短小，径流和携沙量均不大，海湾底部地形平缓稳定，海湾水深流小，水体变换良好、盐度较高、变化幅度小。由于环境条件优越、营养物质丰富、生物种类繁多、生物生产量高，大亚湾于1983年被广东省列为水产资源保护区。

据1984—1985年调查结果表明（孙鸿烈，2005），大亚湾海区叶绿素a周年变化为双峰型。最高峰出现在12月（冬季），平均值为3.68 mg/m^3；其次是3、4月份，平均值分别为2.98 mg/m^{3}和2.36 mg/m^3；5月最低，平均值仅为0.64 mg/m^3。表底层叶绿素a含量平均值为1.76 mg/m^{3}和2.29 mg/m^3。

初级生产力变化范围 $32 \sim 1\ 176$ mg·m^{-2}·d^{-1}，周年变化亦呈双峰型，最大值出现在 12 月（冬季）为 426 mg·m^{-2}·d^{-1}，其次是 3、4 月份，5 月份最低为 139 mg·m^{-2}·d^{-1}。

1998—1999 年调查结果显示，调查期间由于环境因子、营养盐类等因素的变化，会造成年度间叶绿素 a 和初级生产力分布的变化。如，1998 年叶绿素 a 浓度的最大值出现在秋季，为 3.94 mg/m^3，而 1999 年则出现在冬季，为 5.0 mg/m^3；1998 年叶绿素 a 最小值出现在夏季，为 1.44 mg/m^3，1999 年则出现在春季为 2.30 mg/m^3。初级生产力（以 C 计）最大值，1998 年出现在秋季，为 440 mg·m^{-2}·d^{-1}，1999 年则出现在夏季为 667 mg·m^{-2}·d^{-1}；最小值 1998 年和 1999 年均出现在春季，分别为 209 mg·m^{-2}·d^{-1} 和 384 mg·m^{-2}·d^{-1}。

叶绿素 a、初级生产力是浮游植物通过光合作用实现繁殖生长的指标之一。通常，随着季度的推移，叶绿素 a、初级生产力也随之显示出其数量分布的改变及其变化的一般规律。但是，由于环境因子、营养物质的时空变化也受其他一些因子的影响，有时也会出现一定程度的异常变化，但仍属正常现象。据调查，10 多年来大亚湾海域叶绿素 a、初级生产力变化并不十分明显，近年来则出现上升的趋势，尤其是大亚湾西北部升高的趋势更明显些。

2. 河口

中国漫长的海岸拥有众多和形态各异的河流入海口，它们是陆地和海洋之间的过渡带。由于河口携带大量营养物质随泥沙一起进入河口附近的浅海水域，为浮游植物光合作用提供了丰富的营养物质，因此河口区域的初级生产力较高，生物种类繁多、生物生产力也明显较高，河口区往往是沿岸浅海渔业作业区。

（1）黄河口

黄河全长 5 464 km，入渤海，属于圆弧状径流型三角洲，河面宽度从几千米至十几千米，河口门宽而浅，友汉纵横有拦门沙，其纵向约为 10 多千米。当径流携带大量泥沙时，有可能形成游荡型三角洲。它的平面外形接近圆弧形，可能有几个汊入海，但含沙量多时多汊易改变并形成不稳定单股入海态势，或在出口水道上游处改道另辟入海口，故河道改变频繁。

黄河口区总初级生产量约 90 万 t（以 C 计），年平均日初级生产力约 272 mg（C）·m^{-2}·d^{-1}。河流径流与海水汇合峰区水透明度高，营养物质丰富，初级生产量高，碳含量平均为 530.0 mg。据能量流动转换效率为 15% 计算，河口区域鱼类年生产潜力约为 7 万 t。

（2）珠江口

珠江全长 2 320 km，由西江、北江、东江、增江等众多水系构成，最后注入南海，年径流量为 9 250 亿 m^3。珠江水量充沛，多沙，属中等潮汐强度的分汊河口，呈喇叭形三角洲，受潮汐影响明显。径流含沙量较多，故形成三角洲，在河口门外水下泥沙扩散范围较大。

珠江口区初级生产力含碳量以夏季最高，达（674 ± 899）mg·m^{-2}·d^{-1}，冬季初级生产力含碳量为 13 ± 11 mg·m^{-2}·d^{-1}。珠江口区冬季叶绿素 a 表层含量平均为（0.23 ± 0.09）mg/m^3，夏季为（2.03 ± 1.96）mg/m^3，较冬季高出约 10 倍。

珠江口内叶绿素 a 含量具有明显的季节变化。丰水期较低，平均为 1.98 mg/m³；枯水期较高，平均为 11.87 mg/m³。调查结果表明，叶绿素 a 含量的分布变化与水温、盐度、pH、COD 以及营养盐类等因素的变化密切相关。

3. 上升流区域

风、海水密度、海底地形是引起近岸浅海水域上升流的主要原因。通常，海洋表层流是以水平方向运动，致使表层以下的海水作垂直上升运动，故称上升流。它属于海洋环流的一部分，与水平流一起构成海洋环流。

营养盐下沉至真光层以下往往会被矿化，并随垂直上升的海水一起再次进入真光层，成为真光层浮游植物光合作用的物质基础。因此，上升区域的初级生产力往往较高，并形成生物生产的热点区域。不少著名渔场都出现在上升流海域。

中国台湾东岸、浙江沿岸、台湾浅滩、粤东近海、海南岛东岸和南海东部、西部都存在季节性上升流区域。台湾浅滩南部上升流是我国著名的上升流区之一。由于深层海流沿陡坡向台湾浅滩爬升，再加上风的作用使海流绕台湾浅滩流动，从而诱发为地形上升流。由于受黑潮（暖流）的影响，该海域上升流区终年出现。

该海域年平均初级生产力（以 C 计）为 550 mg·m⁻²·a⁻¹，该值高于全球世界大洋沿岸水域初级生产力的平均值（270 mg·m⁻²·a⁻¹），但低于全球上升流区域初级生产力平均值（820 mg·m⁻²·a⁻¹）。夏季上升流区初级生产力平均为 740 mg·m⁻²·a⁻¹，接近世界上升流区初级生产力的水平。初级生产力以 8 月份最高。该海区叶绿素 a 含量平均为 1.2 mg/m³，7—8 月（夏季）为 2.06 mg/m³，为最高值。这与台湾海峡中北部海域出现的春秋双周期型不同。

4. 近浅海

渤海初级生产力研究始于 20 世纪 70 年代末和 80 年代初，几次大规模调查所获得的结果基本相似。渤海叶绿素 a 浓度和初级生产力以莱州湾较高，渤海中部较低；季节变化似无一定规律，1982—1983 年的调查在初春和秋季出现两次高峰，冬季最低；而 1984—1985 年调查在夏季出现最高值，春与秋季相当，冬季最低。1998—1999 年调查结果表明，渤海中部及其临近海域叶绿素 a 的分布与水文要素和营养盐有关。叶绿素 a 浓度剖面分布春季是自渤海湾→渤海中部→渤海海峡依次增高，而秋季刚好相反；莱州湾→渤海中部→辽东湾的变化趋势在春季和秋季都是依次降低的。由于黄河断流期的延长和富营养化等人为作用的结果，渤海生态系统已经发生了较大的改变。

由于黄海水深较浅，受沿岸低盐水，中部低温，高盐水和从东南部侵入的黄海暖流的影响，水文特征复杂，再加上黄海冷水团等环境因素，对黄海初级生产力均有一定影响。1984—1985 年的调查资料表明，黄海的初级生产力平均值为 425 mg·m⁻²·d⁻¹，季节变化春季 > 夏季 > 秋季 > 冬季，东海北部的初级生产力平均值为 689 mg·m⁻²·d⁻¹，季节变化与黄海相同。黄海与东海初级生产力的分布特征与该海域的水系特点密切相关。受黑潮水系影响的东部和南部海域初级生产力终年较低，而且年际间差小，季节变化不显著，这与寡营养型的黑潮水系理化性质相对稳定有关；黄海、东海西部近岸区及冷暖水系交汇的中部海域初级生产力相对较高，年际间差较大，季节变化较显著，这与大陆沿岸水系，特别是长江冲淡水的消长密切相关。此外，黑潮沿大陆坡流动，次表层水沿坡爬升，形成稳定的上升流。在九州西南的对马暖流源区、五岛列岛附近海域、30°N 附近对马暖流水与陆架水交汇区以及台湾以北海域，均有次表层水逆坡涌升的现象，上升流把深层水中丰富的营养盐带至陆架的真光层，促进了浮游植物的增长，形成高生产力区。在黄海暖流与黄海冷水团交汇处的海洋锋区也出现初级生产力的高值，而在黄海中部的深水海区叶绿素和初级生产力较低。

南海地处亚热带和热带，大部分为热带深海，温度低，变化范围为 16～29℃；盐度高，年际变化较小不明显。该海区环流系统主要由季风所控制，表层海流方向随季风而变，深层流方向则与表层流方向相反的补偿平流。流入南海的河流有中国沿岸的珠江、赣江以及中南半岛的红河、湄公河和湄南河等。南海的初级生产力及其分布有以下几个主要特点：叶绿素 a 含量和初级生产力都比较低；在水平分布上，除沿岸和岛群附近海域叶绿素 a 和初级生产力较高外，开阔海域一般较低，且分布均匀；在垂直分布上，初级生产力的高值通常不出现在表层，而大多出现在次表层，这与表层的强光抑制作用和水体稳定度有关；叶绿素 a 的最大值常出现在真光层的底部约 100 m 处，受上升流的影响，其季节变化极为显著。

5.2.8　海洋初级生产力研究历史与进展

5.2.8.1　海洋初级生产力研究历史

生物生产力研究可以分为初级生产力和次级生产力两个方面。有关初级生产力研究，可以划分为三个时期：

（1）亚里士多德时代到李比希时代：公元前 4 世纪至 1840 年）。

（2）李比希时代至"国际生物学规划"之前的时代（International Biological Program，IBP）：1840 年—1964 年。

（3）"国际生物规划"时代至今

作为一门独立学科，初级生产力研究开始于 20 世纪 20 年代以后。从 Garrder 和 Gran（1927）发表了"奥斯陆海湾浮游生物生产力"调查报告，即标志着海洋初级生产力研究的开始。他们所建立的方法是在容器中进行一段时间的藻类培养，通过测量容器中的氧含量和二氧化碳含量的变化来估算初级生产力。在早期，初级生产力的测定，是以测量溶解氧浓度变化为主，也有通过测量溶解无机碳和 pH 变化进行初级生产力估算的。

苏联学者 Winberg，加拿大学者 Vollenweider，丹麦学者 Steemann–Nilsen，英国学者 Talling、Westlake，以及美国学者 Wetzel、Ryther 等都是 20 世纪初级生产力研究的主要代表人物。1952 年，Steemann Wielsen 引入了放射性同位素 ^{14}C 示踪法测量浮游植物光合作用，由于其灵敏度和准确度较溶解氧测量法要高，从而使海洋初级生产力研究出现了长足的发展。其后，海洋生物学家们开始用新生产力观测来推测不同海域海洋生产力的差异和估算，得到了全球世界大洋不同海域生产力的数据和全球海洋初级生产力分布图（Ryther，1959）。

1970 年，Koblentz–Mishke、Volkovinsky 和 Kabanova 在综合了世界各大洋 7 000

多个测站的数据（C 示踪法测定结果）的基础上绘制了全球海洋初级生产力分布图。其后，Bunt 和 Berger 等又各自依据其所获得数据资料也绘制了全球海洋初级生产力分布图。这些图与海洋浮游植物现存量的分布是相似的。

尽管，海洋初级生产力和浮游植物现存量具有密切的相关性，但它又受其他环境因子的影响，再加上不同海域环境条件存在着差异，所以开展不同海域初级生产力及其对次级生产力的影响研究是十分必要的。

20 世纪 70—80 年代，除了研究初级生产力本身规律外，不少学者如 Melack（1976 年）、Hr-bacek（1969）、Oglesby（1977）、Wolny 和 Grygierek（1972）、McConnell 等（1977）、Liang（1981）等还开展了海洋初级生产力与鱼产量之间关系的研究。

20 世纪 50 年代，我国学者也先后开始了初级生产力的研究。1981 年举办的"西太平洋海洋生物学研究方法研讨会"、1982 年由中国生态学会青岛分会在福建厦门召开的学术讨论会暨"中国生态学学会海洋生态专业委员会"成立大会均推动了中国海洋初级生产力研究进一步发展。不少学者在会上介绍了世界海洋初级生产力研究概况，并对中国海洋初级生产力研究提出了上具有建设性的意见。

5.2.8.2　海洋初级生产力研究进展

海洋初级生产力研究一直是海洋学的研究核心与热点之一，尤其是在生物海洋学中，几乎所有的过程都与初级生产过程相关。当今海洋初级生产力的发展非常迅速，主要有以下几个方面：

1. 应用海洋水色卫星进行海洋初级生产力估算

海洋水色卫星遥感是从 1978 年 10 月美国国家宇航局成功发射"雨云 7 号（Nimbus-7）"卫星装载的海岸带水色扫描仪（coastal zone color scan，CZCS）开始的，这是第一次向人们展现了海洋生物的类型、可变化性、复杂性和相关性，使生物海洋学成为一门全球性的学科。其后经过近 20 年的实验分析研究，1997 年 8 月由美国发射的 SeaWiFS（sea-viewing wide field of view sensor）将这一研究推向了高潮，德国、印度、日本、法国、韩国和中国台湾等国家和地区都相继发射了水色卫星。2002 年 5 月，中国发射了第一颗海洋水色卫星——"海洋一号"，它以可见光、红外谱段遥感探测海洋水色、水温。中国已发射以微波遥感探测可全天获取海面风场、海面高度和海表温度等为主的"海洋二号"系列卫星；还将发射以同时配备光学遥感器、微波遥感器等，实现对海洋环境综合监测的"海洋三号"系列卫星。

应用海洋水色卫星遥感，可以通过反射光定量进行海面叶绿素 a 和相关色素浓度的反演和初级生产力估算。由于可以在短时间和大面积上获取这些信息，所以各国都非常重视此类研究。

海洋水色卫星进行基于空间分析的叶绿素浓度揭示了：① 海洋学未能连续充分采样问题；② 中尺度物理过程在影响浮游植物空间分布中的控制作用。③ 海底地形对生物量的影响。④ 浮游植物水华季节性演替的复杂性。⑤ 年际变化。

2. 全球海洋初级生产力和区划研究

Ryther、Koblentz-Mishke 等、Bunt 和 Berger 等应用已有世界各地观测数据绘制了全球初级生产力分布图，但是海洋水色遥感卫星技术的应用使这一领域的研究向广度和深度上有了长足的发展。Longhurst 根据 CZCS 的资料，结合全世界各区域的实测资料，形成了全球海洋初级生产力区划，分为 12 生物群系和 51 各区，中国是被划分在中国沿海区（china sea coastal province，CHIN）。

3. 微型生物食物环

1974 年，Pomeroy 将异养浮游细菌和 DOM 引入了食物链的讨论，第一次建立了异养浮游细菌、DOM 与食物链之间的联系。随后，异养浮游细菌的生产力也被证明在总初级生产力中占有 10%～30% 的比例，而细菌可消耗总初级生产力的20%～60%。

Azam 等（1983）在总结以往研究的基础上，提出了微型生物食物环（microbial food coop）概念。即浮游植物光合作用产生的 DOM，浮游动物摄食和来自其他过程的 DOM 并非进入海洋就一去不复返。DOM 可以通过异养浮游细菌吸收利用形成自身的 POM，尽管这部分 POM 颗粒很小而不能被后生动物直接摄食，但可以通过原生动物的摄食和传递再次返回到主食物链中去，从而构成了微型生物食物环。

微型生物食物环概念澄清了以前比较模糊和难以解释的一些生态学现象。例如，以往在野外观测到细菌消耗的有机碳超过初级生产力时，常常归咎于自养生物初级生产力的测定有负误差（Sorokin，1971），或者认为细菌消耗的多余部分的有机物（碳）是浮游植物先期固定下来到的（Scavia 和 Laid，1987）。

微食物环揭示异养细菌可以利用生态系统中所有生物生产的 DOM，因而异养细菌的生产力超过初级生产力是可能的。异养细菌通过吸收海水中的 DOM 并转化为自身的 POM，将已"丢入"水中的有机碳再捞回来，并传送到主食物链成为二次生产。微型生物食物环概念让人们清楚地认识到浮游植物—浮游动物—游泳生物经典食物链只是海洋食物网的一部分。

另外，有关海洋微型生物食物环中摄食者与被摄食者之间个体大小的比例；物质转换途径和产品的配比以及对海水中颗粒物的聚集体（即"海雪"）的形成、结构及其生态学意义都进行不少研究。

近些年来，海洋生态学家就海洋微型生物食物环结构与功能，包括各营养层微型生物种类组成、营养关系、种群增长速率及其被摄食速率以微型生物食物环中物质循环和能量转换及其效率都开展了较深度的广泛研究，这些研究成果将会大大地丰富海洋生态学的内容。

4. 铁盐假说

在 John Martin 提出铁盐假说（Iron Hypothesis）（Martin，1990）以前，海洋学家普遍认为海水中的铁盐是充足的。铁盐假说认为铁也是海洋中限制浮游植物生长的主要微量营养盐，它的补充途径为陆源输送或大气的干沉降。这一假说解释了由铁盐驱动的海洋新生产力如何引起全球气候的变化，使人们认识到即使铁盐这样的微量元素在海洋初级生产过程中也有着举足轻重的作用。自从铁盐假说被现场实验证实以来，其研究也有了长足发展。

5. 海底热泉生物群落的化能合成作用

自从 1976 年海底热泉被发现以来，科学家们发现在这种极端环境下还存在这另外一种初级生产形式——化能合成作用。此后又相继在大陆架、大陆坡和大陆隆，甚至鲸鱼身上等处发现这种化能合成作用。这是一种将硫化氢或甲烷还原获取能量的过程，尽管它在整个海洋初级生产中占很少的组分，但对它们的研究对人们理解光合作用机制和海洋的生物地球化学循环有重要意义。

6. 海洋初级生产力模型

最早的海洋初级生产力模型是从 Riley 的模拟乔治湾浮游生物动力学零维模型开始的，此后 Riley 等又将过程方程引入了北大西洋的浮游植物动力学模型中。海洋初级生产力模型真正的发展是 20 世纪 60 年代以后，Steele 提出了光——光合作用过程方程；Dugdale 和 Goering 提出了浮游植物营养盐动力学方程；Steele 和 Mullin 描述了浮游动物的动力学方程；Radach 和 Maier-Reimer 将扰动过程耦合入海洋初级生产力模型中；Walsh 和 Wroblewski 将环流过程耦合入海洋初级生产力模型中；Fasham 等将简单的食物网概念模型引入海洋初级生产力模型；Moloney 和 Field 将粒级食物网概念模型引入海洋初级生产力模型；Radach 和 Moll 将实时气象强迫函数引入海洋初级生产力模型；Moll 实现了耦合物理模型的三维海洋初级生产力模型。这些模型的发展可以使人们用计算机研究复杂的生物过程及生态学相互作用，减少了研究经费，提高了研究效率。

7. 海洋初级生产力的现场（*in situ*）新技术研究

实验室分析与模拟和拖网固定后的样品永远不能完整地告诉我们海洋中正在发生的事情，随着技术的发展，现场的监测手段和工具都促进了海洋初级生产力研究。海洋调查中使用活体荧光快速检测叶绿素 a、1Hz 荧光和藻胆素，以及现场流式细胞仪的使用令人们可以快速检测浮游植物的生物量，而细胞浮筒（cyto buoy）的出现更使得在快速获得生物量的同时浮游植物种类的同步鉴定得以实现。围隔实验和追踪实验使得海洋初级生产力的研究更接近自然的状态。

5.3　海洋次级生产

5.3.1　海洋次级生产量的生产过程

净初级生产量是生产者以上各营养级所需能量的唯一来源。净初级生产量中被动物吸收用于器官组织生长与繁殖新个体的部分，被称为次级生产量。在动物的摄食生产过程，有相当一部分能量以各种形式流失。肉食动物捕到猎物后往往不能全部同化吸收，其能量从一个营养级传递到下一个营养级时往往损失很大。对一个动物种群来说，其次级生产量等于动物吃进的能量减掉粪尿所含的能量和呼吸代谢过程中的能量损失。

5.3.2　海洋动物的次级生产量

在所有生态系统中，次级生产量都要比初级生产量少得多。表 5-7 列出了地球表面各种不同类型生态系统中的年次级生产量估算值，表中的数据并不是实际测得的，而是依据净初级生产量资料，并参照各地域动物的取食和消化能力推算出来的。推算结果表明，海洋生态系统中的植食动物有着极高的取食效率，海洋动物利用海洋植物的效率约相当于陆地动物利用陆地植物效率的5倍。正是由于这一点，海洋的初级生产量总和虽然只有陆地初级生产量的1/3，但海洋的次级生产量总和却比陆地高得多。海洋中只有少数经济鱼类是植食性的，而大多数鱼类都以高位食物链上的生物为食。

○ 表5-7　地球各种生态系统的年次级生产量估算值（引自 Whittaker 等，1973）

生态系统类型	净初级生产量 /10^9 t（C）·a^{-1}	动物利用量 /%	食植动物取食量 /10^6 t（C）·a^{-1}	净次级生产量 /10^6 t（C）·a^{-1}
热带雨林	15.3	7.0	1 100.0	110.0
热带季林	5.1	6.0	300.0	30.0
温带常绿林	2.9	4.0	120.0	12.0
温带落叶林	3.8	5.0	190.0	19.0
北方针叶林	4.3	4.0	170.0	17.0
林地和灌丛	2.2	5.0	110.0	11.0
热带稀树草原	4.7	15.0	700.0	105.0
温带草原	2.0	10.0	200.0	30.0
苔原和高山	0.5	3.0	15.0	1.5
沙漠灌丛	0.6	3.0	18.0	2.7
岩面、冰面和沙地	0.04	2.0	0.1	0.01
农田	4.1	1.0	40.0	4.0
沼泽地	2.2	8.0	175.0	18.0
湖泊河流	0.6	20.0	120.0	12.0
陆地总计	48.3	7.0	3 258.0	372.0
开阔大洋	18.9	40.0	7 600.0	1 140.0
海水上涌区	0.1	35.0	35.0	5.0
大陆架	4.3	30.0	1 300.0	195.0
藻床和藻礁	0.5	15.0	75.0	11.0
河口	1.1	15.0	165.0	25.0
海洋总计	24.9	37.0	9 175.0	1 376.0
全球总计	73.2	17.0	12 433.0	1 748.0

底栖动物的次级生产量随着海水深度增加而呈明显下降（表5-8）。从表上看，在0~200 m水深的底栖动物的总生物量占全部海洋82.6%，而大于3 000 m水深的底栖动物的总生物量仅占0.8%。

● 表 5-8　海洋底栖动物生物量的分布（Zenkevitch 等，1960）

深度 /m	占大洋面积 /%	面积 /$10^6 km^2$	平均生物量 /$t \cdot km^{-2}$	总生物量 /$10^6 t$	占比 /%
0 ~ 200	7.6	27.5	200.0	5 500.0	82.6
200 ~ 3 000	15.3	55.2	20.0	1 104.0	16.6
>3 000	77.1	278.3	0.2	56.0	0.8
全球海洋	100.0	361.0	18.5	6 660.0	100

5.3.3　影响海洋次级生产量的因素

任何能影响动物新陈代谢、生长、繁殖的因素都与动物的产量有关。其中，温度、食物和个体大小等是影响动物种群产量的重要因素。温度与动物的新陈代谢速率有密切关系，在适温范围内，温度提高虽然会增加呼吸消耗，但同时也加速生长发育，从而提高次级生产量，特别在最适温度范围内，动物有最高的生长率。但是当自然海区出现反常的高温时，可能造成动物大量死亡。食物的质量与动物的同化效率有密切关系，食物质量越高，动物的同化效率也随之提高，其生长效率就高。再者，消费者个体大小与次级生产量有关，一般的规律是较小的个体有较高的相对生长率，因为较大个体用于维持代谢消耗的食物能量比例较高，而较小个体的相对呼吸率较小。此外，从 P/B 比值（或称周转率）来看，个体越小的种类，P/B 比值越大，虽然生物量小，但周转时间短，次级生产量高，意味着是重要次级生产者。除上述 3 个因素之外，初级生产量、营养级数目和生态效率等食物网结构对次级产量也有影响。

5.3.4　海洋动物次级生产力的测定方法

生物群落次级生产量的测定比较复杂，尚未找到简便而有效的直接测定群落次级生产量方法。因为要测算一个生物群落中的次级生产量，首先必须对其组成的种群的生产量进行测定。其中又必须了解其怀卵量、胚胎发育时间、胚后各个发育阶段的时间、种群出生率、种群死亡率、种群增长率、种群数量变化。20 世纪 70 年代以后，次级生产力研究得到了迅速发展，尤其是淡水此次级生产力的研究趋于成熟和完善。以下简要介绍几种次级生产力的研究方法，它们大部分也可以应用于海洋生物次级生产力的研究。

5.3.4.1　运用种群动态参数计算次级生产力

（1）差减法（removal-summation method）

$$P = B_e + B_2 - B_1 \tag{5-12}$$

$$B_e = (N_1 - N_2) \cdot \frac{\dfrac{B_1}{N_1} + \dfrac{B_2}{N_2}}{2} \tag{5-13}$$

式中：P 为生物量；B_e 为差减生物量；B_1 为 t_1 时刻的现存量；B_2 为 t_2 时刻的现存量；N_1 为 t_1 时刻的密度；N_2 为 t_2 时刻的密度。

（2）增长累加法（increment-summation method）

$$P = \sum n_i \cdot \Delta W_1 \tag{5-14}$$

式中：i 为采样次数；n 为密度；ΔW 为相邻两次采样间体重的增量。

（3）瞬时增长率法（instantaneous growth rate method），又称 Ricker 法（Ricker method）。

$$P = G \cdot \overline{B} \tag{5-15}$$

$$G = \frac{\ln \overline{W}_2 - \ln \overline{W}_1}{t_2 - t_1} \tag{5-16}$$

$$\overline{B} = \frac{B_0(e^{G-Z} - 1)}{G - Z},\ （当 G > Z 时）;\ 或 \overline{B} = \frac{B_0(e^{G-Z} - 1)}{Z - G},\ （当 G < Z 时） \tag{5-17}$$

$$Z = \frac{\ln \overline{N}_2 - \ln \overline{N}_1}{t_2 - t_1} \tag{5-18}$$

式中：Z 为瞬时死亡率；G 为瞬时生长率；t_1 为取样起始时刻；t_2 为取样终末时刻，B_0 为采样起始时的生物量（$N \times W$）；$\overline{B}$ 为平均生物量；W 为体重；N 为密度。

（4）Allen 曲线法（Allen curve method）

$$P_t = \int_{W_0}^{W_t} N_t dW \tag{5-19}$$

式中：W_0 为采样起始时的体重；W_t 为 t 时刻的体重；N_t 为 t 时刻的密度。当取样时间间隔（$\Delta t = t_2 - t_1$）很短时，可采用下列公式

$$P = \frac{(N_2 - N_1) \cdot (\overline{W}_2 - \overline{W}_1)}{2} \tag{5-20}$$

式中：N_1、N_2 为采样始、末密度；W_1、W_2 为采样始、末平均重量。

（5）体长频度法（the size frequency method）

$$P = ib \sum N_{j+1} - \sqrt{N_j \cdot \quad W_{j+1}} \times W_j \tag{5-21}$$

或

$$P = \left[i \sum N_{j+1} - N_j \cdot \sqrt{W_{j+1} \times W_j} \right] \times \frac{P_e}{P} \times \frac{365}{CPI} \tag{5-22}$$

式中：i 为体长组数；b 为周年所完成的代数；j 为采样次数；W 为体重；N 为密度；P_e/P 为发育时间矫正系数；CPI 为同龄组生产时段。

（6）线性法（linear method）

$$P_N = N_0 \cdot B \cdot T \tag{5-23}$$

$$B = \frac{E}{N_0 D} \tag{5-24}$$

式中：N_0 为起始种群密度；E 为卵的密度；D 为卵的发育时间；B 为日出生率；P_N 为生产量（个体数）；T 为采样间隔时间。

（7）Baldock 法（Baldock method）

$$P_t = \frac{24}{G} \cdot \frac{B_t - B_0}{\ln \dfrac{B_t}{B_0}} \cdot t \tag{5-25}$$

$$G = \frac{\ln 2}{r} \tag{5-26}$$

$$r = \frac{\ln N_t - \ln N_0}{t} \tag{5-27}$$

$$P = \sum_{t=1}^{n} P_t \tag{5-28}$$

式中：P 为总生产量；P_t 为 t 时间内某种原生动物的生产量；G 为该种的世代时间；t 为间隔时间；B_0，B_t 分别为起始时和 t 时刻生物量。N_0，N_t 为起始时和 t 时刻动物的个体数。

（8）指数法（exponential method）

$$P = N_0 e^{bt} - N_0 \tag{5-29}$$

$$b = \frac{\ln\left[1 + \dfrac{E}{N}\right]}{D} \tag{5-30}$$

式中：P 为生产量；b 为瞬时增长率；N_0 为采样起始时的种群密度；t 为相邻两次采样时间间隔；E 为卵数；D 为卵的发育时间。

（9）改进 Edmondson 法（modified Edmondson method）

$$P = N_e + \frac{1}{t}\left(N_t - N_0\right) \tag{5-31}$$

$$N_e = \frac{\overline{N}M}{t} \tag{5-32}$$

$$M = 1 - e^d \tag{5-33}$$

式中：P 为日生产量；N_t、N_0 为 t 时和起始时的种群密度；t 为采样间隔时间；N_e 为在单位时间损失的个体数；N 为采样期间平均密度；d 为瞬时死亡率。

（10）世代时间法（generation time method）

$$P = \frac{\overline{N} \cdot M}{t_{e+p}} \tag{5-34}$$

式中：P 为生产量；N 为采样期间生物平均密度；W 为平均体重；t_{e+p} 从卵孵化到成体怀卵又孵化所需的时间。

（11）补充时间法（recruitment time method）

本法根据多度和周转率的乘积估算稳定种群生产量。

$$P_d = \frac{N\overline{W}_N}{T} \tag{5-35}$$

$$T = \frac{1}{B} \qquad\qquad (5-36)$$

$$B = \frac{E}{DN_0} \qquad\qquad (5-37)$$

式中：P_d 为日生产量；B 为周限出生率；N 为种群个体数；$\overline{W}_N$ 为种群每个个体的平均质量。

在以上研究方法或计算公式中，（6）、（7）、（8）、（9）、（10）较适用于小型、生命周期短、连续增长种群的次级生产力测定。其余各法则较适用于较大个体、生命周期较长非连续增长种群的次级生产力测定。具体来说，异养微生物生产量常用指数法；原生动物常用 Baldock 法和世代时间法；轮虫常用线性法、改进 Edmondson 法和世代时间法等；甲壳动物常用增长累加法和补充时间法；大型底栖无脊椎动物常用体长频度法和瞬时增长率法；鱼类生产量测算则常用 Allen 曲线法、瞬时增长率法（Ricker 法）和增长累加法。

瞬时增长率法和体长频度法亦可用于测算非同龄组种群生产力，只是在运用瞬时增长率法时，必须求出每一时间间隔的瞬时增长率（ε_g），即 $P = \varepsilon_g \Delta t B$

5.3.4.2　生理学方法

根据能量收支方程来计算生产量，即生物生长能的积累。

$$P = C - F - U - R \qquad\qquad (5-38)$$

式中：P 为生长获取的能量；C 为摄食获取的能量；F 为排粪失去的能量；U 为排泄失去的能量；R 为代谢失去的能量。生理学法主要用于鱼类和大型无脊椎动物次级生产力研究。

5.3.4.3　*P/B* 系数法

即依据生物量 B 和该种 P/B 系数计算生产量。尽管 P/B 系数对同一物种并不是一个常数，常随环境条件和生物自身生理状态变化而变化，但在环境条件等因素基本相似的区域，物种的 P/B 系数一般比较稳定。因此，年次级生产量 P 可以由下式求出：

$$P = B_m \cdot P/B \qquad\qquad (5-39)$$

式中：P 为年次级生产量；B_m 为周年平均生物量；P/B 为 P/B 系数。

5.4　海洋生态系统中生物生产过程和反馈调节

现代海洋生态学的发展已重点向全面、综合的方向发展，即多学科联合研究复杂的海洋生态过程，同时研究大海洋生态系统和全球变化。生物生产过程是其中一个重要研究方面，因为研究海洋生态系统的生物生产过程有重大意义。首先，海洋生物生产过程决定了生物资源的产生、发展和转变。人类一旦掌握了生物生产过程与机制，就可以预测生态系统的生产潜力，调整资源的生产结构，维护资源的再生，达到可持续利用的目的。其次，海洋生态系统与环境、气候变化过程是紧密耦合的，其中生物生产过程对全球气候变化的作用不容忽视，如生物生产所利用的大气 CO_2 的量，直接影响着温室效应。近年研究发现，海洋植物的生物生产过程中产生的二甲基硫（dimethylsulfide，DMS），是全球生态系统中硫循环的一个组成部分，它关系到云的形成、太阳散射、温室效应以及酸雨、酸雾等气候、环境问题。三十多年来，生物生产过程研究内容主要集中在三个方面：生物生产力、营养结构和能量转化效率。到目前为止，已得到广泛认可的海洋生物生产过程模式见图 5–10，它具有以下特征：① 初级生产被分为新生产和再生产两部分；② 微型生物食物环是将溶解有机物传递到后生动物食物网的一个重要途径；③ 浮游动物在初级生产转化为渔业资源方面起到关键作用。④ 碎屑食物网对物质能量的垂直输送和底栖生物资源的维持极为重要。

　　海洋生态系统的另一个普遍特性是存在着反馈现象。当生态系统中某一成分发生变化的时候，它必然会引起其他成分出现一系列的相应变化，这些变化最终又反过来影响最初发生变化的那种成分，这一过程称为反馈。反馈有两种类型，即负反馈（negative feedback）和正反馈（positive feedback）。负反馈是比较常见的一种反馈，它的作用是抑制和减弱最初发生变化的成分所发生的变化，反馈的结果是使生态系统达到和保持平衡或稳态。例如，在某一生态系统内，如果植食性贝类因为养殖而无限增加，植物就会因为受到过度摄食而减少；植物数量减少以后，反过来就会抑制贝类生长，引起单位产量下降或病害死亡。正反馈是比较少见的，它的作用恰好与负反馈相反，即生态系统中某一成分的变化所引起的其他一系列变化，反过来不是抑制而是加速最初发生变化的成分所发生的变化。因此，正反馈的作用常常使生态系统远离平衡状态或稳态。例如，一个养虾池受到了污染，对虾的数量就会因为死亡而减少，虾体死亡腐烂后又会进一步加重污染并引起更多对虾死亡；因此，污染会越来越重，对虾死亡速度也会越来越快。可见，正反馈往往具有极大的破坏作用，但是它常常是爆发性的，所经历的时间也很短。从长远看，生态系统中的负反馈和自我调节将起主要作用。

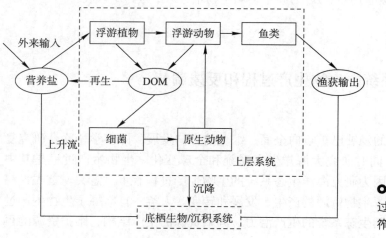

● 图 5-10　海洋生物生产过程模式图（重绘自冯士筰等，1997）

由于生态系统具有自我调节机制，所以在通常情况下，生态系统会保持自身的生态平衡。生态平衡是指生态系统通过发育和调节达到一种稳定状况，它包括结构上的稳定、功能上稳定和能量输入输出上的稳定。生态平衡是一种动态平衡，因为能量流动和物质循环总在不间断地进行，生物个体也在不断地进行更新。换句话说，能量和物质每时每刻都在生产者、消费者和分解者之间进行移动和转化。在自然条件下，生态系统总是朝着种类多样化、结构复杂化和功能完善化的方向发展，直到使生态系统达到成熟的最稳定状态时为止。

　　当生态系统达到动态平衡的最稳定状态时，它能够自我调节和维持自己的正常功能，并能在很大程度上克服和消除外来的干扰，保持自己的稳定性。这种既能忍受一定外来的压力，而压力一旦解除又能恢复原初的稳定状态，实质上就是生态系统的反馈调节的结果。但是，生态系统的这种自我调节功能是有一定限度的，当外来干扰因素（如人类修建大型工程、排放有毒物质、喷撒大量农药、人为引入或消灭某些生物等）超过一定限度时，生态系统自我调节功能就会受到损害，从而引起生态失调，甚至导致发生生态危机。生态危机是指由于人类盲目活动而导致局部地区甚至整个生物圈结构和功能的失衡，从而威胁到人类的生存。因此，我们必须认识到整个人类赖以生存的自然界和生物圈是一个高度复杂的具有自我调节功能的生态系统。保持这个生态系统结构和功能的稳定，是人类生存和发展的基础。在人类活动中除了要讲究经济效益和社会效益外，还必须特别注意生态效益和生态后果，以便在利用自然的同时能基本保持生物圈的稳定与平衡。

海洋生物资源

6.1 导论

从世界海洋特点来看，深海区约占世界海洋总面积的 90%，但是初级生产效率只有 50 g（C）·m^{-2}·a^{-1}，初级生产力为 24×10^9 t（C）·a^{-1}，生态系统中营养级数目为 5~6；深海区目前只有上层大型鱼类，如金枪鱼、鲸类等渔业生产，平均生态学效率为 10%，所以年渔获量只有 0.2×10^6 t（C）·a^{-1}。而大陆架浅的沿岸浅海水域虽然只占世界海洋总面积的 10%，但由于环境条件优越，营养物质丰富，生态系统中营养级少，平均生态学效率高（15%~20%），所以渔获量占到了全球海洋渔获量的 93%（Nybakken，1997）。

中国海大陆沿岸北起鸭绿江口，南至广西的北仑河口，海岸线曲折，全长 18 000 km，南北跨越 23 个纬度，包括热带、亚热带和温带三个气候带。10 m 等深线以内的浅海面积为 73 400 km^2，滩涂面积（不含岩石基质潮间带）为 19 660 km^2（图 6–1）。海域内拥有 500 m^2 以上的岛屿 6 500 多个，其中 85% 的岛屿分布在长江口以南，岛屿岸线为 14 000 km。流入浅海水域的河流主要有黄河、长江和珠江等，大量泥沙和营养物质随河水携带进入近岸浅海，因此中国近岸浅海水域环境优越，营养物质丰富，生物种类繁多；其中不少是重要的经济种类，如中国明对虾、小黄鱼（*Pseudosciaenapolyactis*）和带鱼（*Trichiurus japonicus*）等。许多鱼类每年繁殖季节都进入浅海各河口附近进行产卵繁殖和发育生长，所以在近岸浅海形成了不少生产力很高的渔场，如渤海的辽东湾、滦河口、渤海湾和莱州湾等，面积约为 6.2 万 km^2；黄海的海洋岛、海东、烟威、威东、石岛、石东、青海、海州湾、连青石、吕泗、大沙和沙外等，面积约为 25.8 万 km²；东海的长江口、舟山、鱼山、温台、温外、闽东、闽外、闽中、闽南、台北和台东等，面积约为 41.4 万 km²；南海的汕头、汕尾、甲子、台湾浅滩、东沙群岛、中沙群岛、西沙群岛、南沙群岛、珠江口、电白、陵水、三亚、莺歌海、昌化和北部湾等渔场，面积约为 137.2 万 km²。因此，近岸浅海是渔业生产的主要作业区之一。

由于中国海与邻近大洋之间在水文物理因素等方面存在着不同程度的差异，加之其封闭性特点，从而在一定程度上限制了生物的交换。因此，中国海拥有一定数量的地方种（endemic species）。另外，由于中国海所处地理位置和环境条件的复杂，加之其

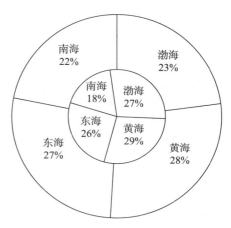

● 图 6-1　中国浅海、滩涂面积分布（引自《中国浅海滩涂渔业区划》）

属于印度西太平洋热带区系和北太平洋温带区系范围，所以出现种类既包括有热带种、亚热带种和温带种，甚至还有少数冷水种，因此生物多样性很高，但以暖水种为主，冷水种很少。同时，在沿岸和浅海水域还拥有珊瑚礁、红树林、潮间带、海草场、河口三角洲和上升流等生产力很高的生态系统。正是上述原因，中国海是生物种类多、生物资源极其丰富和开发利用基础条件非常优越的海域。

6.2　浅海生物资源

6.2.1　鱼类

根据中国海岸带和海涂资源综合调查（1980—1987 年）结果，等深线 15～20 m 的浅海水域共获得生物 589 种，其中鱼类 480 种，头足类 29 种、甲壳类 79 种和肢口类（鲎）1 种。

从各个海区出现鱼类种数来看，渤海有 109 种，占总种数的 22.7%，与渤海鱼类历史记载（156 种）相比已出现了明显减少的趋势（杨纪明，1992）；黄海有 199 种，占 41.5%；东海有 305 种，占 63.5%；南海有 307 种，占 64.0%。鱼类种数从渤海至南海表现出明显增多的趋势，渤海、黄海、东海和南海的共有种为 45 种，占总种数的 9.4%；出现在渤海—黄海、黄海—东海或东海—南海两个相邻海区的共有种分别是 104 种、140 种、184 种；出现在渤海—黄海—东海或黄海—东海—南海三个相邻海区的共有种分别为 85 种和 83 种。从出现在各海区鱼类的组成种类来看，渤海与南海之间的差异最大，而渤海与黄海之间差异最小，充分表现出渤海游泳动物区系与黄海的相似性。东海与南海及黄海之间的差异和黄海与渤海及东海之间的差异处于中间状态，从而表现自渤海至南海组成种类和区系组成性质的

过渡状态（表6–1）。

● 表6–1　中国海岸带各海区鱼类种数及其区系结构
［引自《中国海岸带和海涂资源调查（1980—1987）》］

海区	暖温种		暖水种		冷温种		合计	
	种数	%	种数	%	种数	%	种数	%
渤海	25	22.9	65	59.6	19	17.4	109	22.7
黄海	76	38.2	88	44.2	35	17.6	199	41.5
东海	189	62.0	108	35.4	8	2.6	305	63.5
南海	250	81.4	57	18.6	0	0.0	307	64.0
全国	309	64.4	135	28.1	36	7.5	480	100.0

从捕捞种类来看，渤海主要有黄鲫（*Setipinna taty*）、日本鳀（*Engraulis japonicus*）、赤鼻棱鳀（*Thryssa Kammalensis*）、焦氏舌塌（*Cynoglossus joyneri*）和小黄鱼等，其资源量均分别超过1 000 t。黄海鱼类种数明显增加。主要有斑鰶（*Clupanodon punctatus*）、赤眼梭鲻（*Liza soiuy*）、青鳞鱼（*Harengula zunasi*）、褐牙鲆（*Paralichthys olivaceus*）、黄鲫、白姑鱼（*Argyrosomus argentatus*）和长绵鳚（*Ernogrammus elongatus*）；东海主要有大黄鱼（*Pseudosciaena crocea*）、小黄鱼、带鱼、龙头鱼（*Harpodon nehereus*）、黄鲫和斑点马鲛（*Scomberomorus guttata*）等；南海主要有二长棘鲷（*Paragyrops edita*）、圆腹鲱（*Dussumieria hasseltii*）、棕斑腹刺鲀（*Gastrophysus spadiceus*）、短吻鰏（*Leiognathus brevirostris*）、中华青鳞鱼（*Harengula nymphaea*）和斑点马鲛等。

6.2.2　头足类

中国海已发现头足类91种。渤海与黄海有20种，占总种数的21.9%，针乌贼（*Sepia andreana*）和毛氏四盘耳乌贼（*Euprymna mordei*）为该海区的特有种，其他18种均为与东海的共有种；主要捕捞种类有日本枪乌贼（*Loligo japonica*）、太平洋斯氏柔鱼（*Ommastrephes sloani-pacificus*）、短蛸（*Octopus ocellatus*）、火枪乌贼（*Loligo beka*）和双喙耳乌贼（*Sepiola birostrata*）等；东海有69种，主要捕捞种类有曼氏无针乌贼（*Sepiella maindroni*）、杜氏枪乌贼（*Loligo duvaucelii*）、火枪乌贼等；南海主要有火枪乌贼等。南海与渤海、黄海、东海的共有种分别为6种、9种、17种。

6.2.3　游泳甲壳类

目前已知中国海虾类有300多种、蟹类有600多种和口足类多种。

渤黄海虾类约有30种，其中主要种类有中国明对虾、鹰爪虾（*Trachypenaeus*

curvirostris）、周氏新对虾和戴氏赤虾（*Metapenaeopsis dalei*）等，蟹类主要有三疣梭子蟹（*Portunus trituberculatus*）和双斑鲟（*Charybdis feriatus*）等，口足类有口虾蛄（*Oratospuilla oratoria*）。东海虾类有 100 多种，主要有中国毛虾（*Acetes chinensis*）、长额仿对虾（*Parapenaeopsis hardwickii*）、中华管鞭虾（*Solenocera sinensis*）等，蟹类有三疣梭子蟹、红星梭子蟹（*Portunus sanguinolentus*）等，口足类仍然有口虾蛄。南海北部海域虾类明显增多约有 500 种，其中对虾类至少有 100 种，但是南海对虾类种群数量少、密度低、没有年产量超过 10 000 吨的种类；蟹类中仅游泳蟹类就有 40 余种，如三疣梭子蟹、矛形梭子蟹（*Portunus hastatoides*）、长刺梭子蟹（*P. longispinosus*）和锯缘青蟹（*Scylla serrata*）；另外珊瑚礁中的蟹类也很多，主要是扇蟹科（Xanthidae）、玉蟹科（Leucosiidae）和梭子蟹科（Portunidae）中的一些种类。

中国浅海水域游泳动物资源以洄游性类群为主，定居或活动范围小的类群较少。从各个海区主要捕捞种类性质来看，渤海和黄海以暖温性种为主，暖水性种次之，冷温性种只有高眼鲽（*Cleisthenes herzensteini*）、太平洋鲱（*Clupea pallasi*）和太平洋真鳕（*Gadus macrocephalus*）等少数种类。东海以暖水性种为主，种数明显多于渤海和黄海，冷温性种只限于东海北部海域，东海的温带种种数和数量都很小。南海以暖水性种为主，少数浮游动物温带种可以到南海北部，没有出现冷温性种。

6.3　滩涂生物资源

中国海沿岸滩涂总面积为 19 660 km²，有 1 544 种生物，其中无脊椎动物 1 173 种，占总种类的 73%；鱼类 51 种，占 3%；植物 320 种，占 21%（其中藻类占植物总种数的 98%）。滩涂生物中具有经济价值种类的总资源量约为 230 万 t，其中资源量超过 20 万 t 的有毛蚶（*Arca subcrenata*）和蛤仔；超过 10 万 t 的有文蛤（*Meretrix meretrix*）和四角蛤蜊（*Mactra veneriformis*）；超过 1 万 t 的有缢蛏（*Sinonovacula constricta*）和泥蚶（*Arca granosa*）等。其他还有日本镜蛤（*Dosinia japonica*）、光滑蓝蛤（*Aloidis laevis*）、褶牡蛎（*Ostrea plicatula*）、西施舌（*Mactra antiquata*）、大竹蛏（*Solen grandis*）和双齿围沙蚕（*Perinereis aibuhitensis*）等，藻类有肠浒苔（*Enteromorpha intestinalis*）、鼠尾藻（*Sargassum thunbergii*）和石莼（*Ulva lactuca*）等。

由于环境的不同，各个海区出现的滩涂生物种类、结构以及数量均表现出明显的差异。从出现种类来看，软体动物在各个海区出现的物种数中均占 30% 以上，因此处于优势地位；甲壳类和多毛类次之；在南海，藻类种数却急剧增加，仅少于软体动物，占据了次要地位（表 6–2）。数量分布及其变化除了与环境条件不同有关外，与人类的开发利用程度亦密切相关。

● 表6-2　中国海滩涂生物种类组成
[引自《中国海浅海滩涂渔业区划（1980—1985）》]

海区 \ 门类	软体动物 种数/占比（%）	节肢动物 种数/占比（%）	环节动物 种数/占比（%）	棘皮动物 种数/占比（%）	腔肠动物 种数/占比（%）	鱼类 种数/占比（%）	藻类 种数/占比（%）	其他 种数/占比（%）	总计（包括重复种）种数/占比（%）
渤海	90/31	85/29	53/18	11/4	8/3	10/3	23/8	11/4	291/100
黄海	199/33	120/19	99/16	38/6	20/3	22/3	110/17	19/3	627/100
东海	206/31	171/24	81/12	17/3	17/3	41/6	105/16	34/5	672/100
南海	321/35	150/16	99/12	54/6	28/3	41/4	210/23	10/1	913/100

《中国渔业资源调查和区划（1980—1985）》表明，除了黄海南部和东海沿岸滩涂的生物量低于 100 g/m² 以外，其他各海区均高于 100 g/m²，尤其是海南岛沿岸由于潮间带是以珊瑚礁和岩石基质为主，所以生物量高达 507 g/m²。尽管渤海滩涂生物栖息密度最大（1 223 个/m²）但由于组成种类中以个体小的种类（如海螂）为主所以生物量并不高（表6-3）。

● 表6-3　中国海滩涂生物数量分布及其种类组成
[引自《中国浅海滩涂渔业区划（1980—1985）》]

海域	滩涂范围	年平均值 平均生物量/（g·m⁻²）	年平均值 栖息密度（个·m⁻¹）	生物量组成/% 软体动物	节肢动物	环节动物	棘皮动物	藻类	其他
渤海	辽东湾、渤海湾、莱州湾	111	1 223	76	10	4	—	6	4
黄海北部	山东半岛、辽东沿岸	432	336	56	7	—	2	35	—
黄海南部	江苏沿岸	57	204	92	4	2	—	0	2
东海	上海沿岸	38	431	84	13	2	0	0	1
	福建、浙江沿岸	63	256	76	—	2	2	3	6
南海	广东、广西沿岸	327	309	67	11	1	3	15	3
	海南岛沿岸	507	391	30	6	—	—	63	1

6.4 药用海洋生物资源

丰富的海洋生物资源除了可供人类食用外，不少种类兼有药用价值。药用海洋生物是中国药物学宝库的重要组成部分和发展的物质基础之一。药用海洋生物的应用在中国有着悠久的历史，尤其在中医药中具有广泛的应用历史记载。很早，人们就知道利用海藻制作食品、制药和美容。《黄帝内经》就有使用乌贼内壳（俗称海螵蛸）和鲍鱼汁配方治病的记载。

在《神农本草经》《海药本草》《本草纲目》和《本草纲目拾遗》中就记载了大约 70 多种药用海洋生物。至今，昆布（*Ecklonia kurome*）、鹧鸪菜（*Caloglossa leprieurii*）、海龙属（*Syngnathus*）、海马属（*Hippocampus*）等都是经常使用的和比较重要的药用海洋生物种类。

进入 20 世纪 50 年代后，随着社会经济的迅速发展，人类健康越来越受到人们的广泛关注。世界各国，尤其是发达国家纷纷斥巨资开展海洋药用生物的调查与研究。到了 20 世纪 70 年代，深海热液口生物，尤其是原核生物古菌的发现更加引起了海洋生态学家、化学家和药物学家们的重视。生活于极端环境中的生物为了能够生存、竞争，在其生命过程中代谢产生了某些结构特殊、生物活性多样化的物质。药理学研究表明，这些活性物对保障人类健康具有重要的药用价值和深远的意义。

当前，为了保障人类生命安全与健康，积极地开展海洋生物毒素、海洋药物和海洋化学生态学研究，从海洋生物中寻找高效、低毒的新药已成为科学家们的共识。药用海洋生物研究已经成为一个新的创新领域和前沿学科，并已取得了不少令人鼓舞的进展和可喜的成果；但是，与陆地药用生物研究比较，其无论是广度或深度均相差甚远，药用海洋生物研究与开发利用尚处于开始发展阶段，但其潜力是巨大的。《世界有毒和有毒腺的海洋生物》一书的主编 Halstead 教授曾指出"海洋中存在着大量有效的生物活性的生化制剂"。所以说，海洋（尤其深海）是未来医药的重要宝库。

《中国中药资源》记载，目前已知具药用价值的海洋生物约有 1 500 多种，其中海洋动物 1 400 多种，海洋植物 120 多种。药用藻类中的 50% 属于褐藻门，马尾藻科（Sargassacea）又是其中最大的一个科。

目前，有关海洋药用生物所含有效成分及其在抗肿瘤、抗炎、抗附着与自我保护等方面的作用已经有了初步了解与掌握，并已在预防、治疗威胁人类生命的重大疾病和保障健康方面取得了不少可喜的成果。

6.4.1 抗炎、抗肿瘤药用生物

6.4.1.1 海洋动物

目前已知软体动物硬壳蛤（*Mercenaria mercenaria*）的提取物对小白鼠肉瘤 180 具明显的抑制作用，该提取物被称为蛤素，其进一步浓缩物对 Krebs-2 肿瘤同样具有较强的活性。用蛤素对体外培养的人类 Hela 细胞株系（Atl）——子宫颈肿瘤也显示出其溶瘤活性。另外，还发现硬壳蛤肝（消化育囊）含有很高的抗病毒活性成分。

根据实验室与野外生态观察结果，硬壳蛤提取物的抑瘤活性以冬季（11 月、12 月、1 月）最低。此季节由于水温低，生命活动缓慢。如果在实验室提高水温、硬壳蛤提取物的活性及其抑制肿瘤作用则明显提高。

试验表明，用 20%～25% 饱和浓度硫酸铵，提取蛤仔中的抗肿瘤活性物质时不产生沉淀，而且活性物质最多；如果继续提高硫酸铵饱和浓度，则会降低上清液活性物质的数量，但饱和度大于 50% 时活性物质又会增加，这一特性与蛤仔提取物的试验结果有一定的相似性（表 6-4）。当提取物置于 4 倍体积的甲醇中（甲醇冷却至 -20℃），并将提取物冷却在 2℃ 来处理时，就可以从上清液中提取 70% 的活性物质。硬壳蛤的提取物在 37℃ 以下时，其活性物质 100% 有效；在 50℃ 条件下，其活性物质的活性明显下降；在 100℃ 条件下，活性物质即遭破坏。

◉ 表 6-4　不同饱和度的硫酸铵溶液盐析的蛤仔提取物的疗效比较
（引自中国科学院海洋研究所药用组等，1976）

动物模型	提取物批号	抑制率 /%　$(NH_4)_2SO_4$ 饱和度	0 —A	10 —B	22 —C	33 —D	45 —E	60 —F[①]
S_{180}	V73–4		55.3	63.2	65 .4	24 .6	（—）	10.0
	V73–6		69.0		42.4	（—）		
EAC	V73–4		148		58.0	201		
HepA	V73–6		102	—	63.9	89.9	—	—

① 系 V72–4–F

菲律宾蛤仔（*Ruditapes phillippinarum*）是中国大陆沿海的常见种，且数量很大。试验表明（中科院海洋所等，1976 年），蛤仔提取物对艾氏腹水癌、肝癌腹水型、肝癌实体型和肉瘤 180 均具较高的抑制作用。在 Hela 细胞实验中也表现出较好的抑制作用。蛤仔提取物的某些生物学和化学特性与硬壳素有一定的相似性，但却不完全相同。连续两年的试验结果表明，蛤仔提取物的活性物质具明显的季节变化（表 6-5）。4 月份蛤仔提取物对肿瘤的抑制率最高。生态学调查表明，4 月份是蛤仔性腺发育的生长期，肝处于最旺盛时期；但随着温度的上升，蛤仔提取物对肿瘤的抑制率却逐渐降低，至秋季其抑制率降低至最低，此时蛤仔正处于性腺发育的生殖期，肝变小，也是蛤仔出肉率最低的时期。以上研究说明，蛤仔的可食用率和提取物活性物质对肿瘤的抑制作用与其生活条件及其变化密切相关（图 6-2）。

海参体内所含的酸性黏多糖和酸性多糖亦具有抗炎抗肿瘤作用。另外，已知苔藓动物中尖颚托孔苔虫（*Thalamoporella gothica*），腔肠动物的黄海鞘（*Anthopleura xanthogrammica*），棘皮动物砂海星（*Luidia guinaria*）、紫海胆（*Anthocidaris*

表 6-5　蛤仔提取物各月疗效比较

S₁₈₀（△）、肝癌实体型（○）							EAC（▲）、肝癌腹水型（●）						
疗效　年　月	1972		1973				疗效　年　月	1972			1973			
抑制率/%	4	10	4	6	8	10	抑制率/%	4	9	10	4	6	8	10
40	○		△ ○				200	▲ ▲			▲ ▲			
30							150				●			
20	△ △		△				100	▲						
10				△	△		50	●	▲				▲	
0		○		△			0		▲ ▲	▲				▲

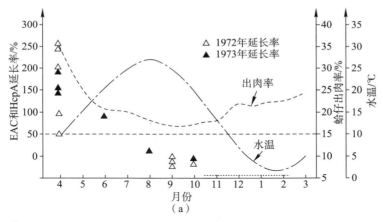

（a）

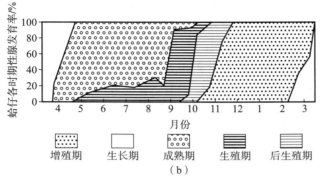

增殖期　　生长期　　成熟期　　生殖期　　后生殖期

（b）

○ 图 6-2　蛤仔提取物对动物腹水癌疗效的季节变化与蛤仔各月出肉率、性腺发育周期和胶州湾水温年变化的比较（引自中国科学院海洋研究所药物组等，1976）

crassispina），软体动物圆鲍螺（*Haliotis ovina*）、仙女蛤属（*Callista*）、蝶螺属（*Turbo*），脊索动物被囊类的 *Clavulina picta*、皱瘤海鞘（*Styela plicata*）等都具抗肿瘤活性成分。

6.4.1.2　海洋植物

随着药用生物活性研究的深入，科学家们对海藻在医学领域中的作用与用途越来越多的予以关注。甚至认为海藻将是 21 世纪未来医学材料的重要来源。爱尔兰海藻研究中心称，目前世界海洋中大约有超过 3 万种海藻，其中 1 万种为大型藻类，其余为微型藻类。海藻的结构不同，其用途也广泛。海藻研究中心的斯蒂芬·克兰教授认为日本女性患乳腺癌的比率低与她们经常食用褐藻有关，因为褐藻中含有丰富的碘和其他天然性产物。科学家还发现海藻含有能抵抗某些被认为对男性生殖健康有害的细菌的有效活性物质。

海藻中含蛋白质、氨基酸、维生素和矿物质等营养成分十分丰富。钝顶螺旋藻（*Spirulina platensis*）所含蛋白质约占干重的 56%，远超过酵母（48%）、大豆粉（48%）、干乳（30%）和小麦（12%）的蛋白质含量。从螺旋藻提取的螺旋藻多糖是抗辐射和抗肿瘤的有效活性物质。

此外，羊栖菜（*Sargassum fusiforme*）所含两种多糖对小白鼠肉瘤 180 具明显的抑制作用。鹿角菜（*Pelvetia siliquosa*）、墨角藻属（*Fucus*）所含硫酸脂多糖对乙肝病毒具一定作用。马尾藻中的马尾藻素是一种广谱抗菌活性物质，在藻体表面能够抑制多种细菌和霉菌生存。另外，刚毛藻属（*Ctadophora*）含抑制小白鼠脑膜炎、肺炎病毒的活性物质，其提取物对荧光假单细胞菌和包皮垢分枝杆菌具明显的抑制作用；红藻类粗枝软骨藻（*Chondria crassicaulis*）提取的软骨藻素经体外试验对革兰氏阳性菌、耐酸菌和真菌具明显的抑制作用。

6.4.1.3　海洋微生物

目前已知，海洋微生物代谢过程中产生的活性物质包括新型抗生素、抗肿瘤药物、不饱和脂肪酸、多糖、酶、酶抑制剂、维生素、氨基酸和毒素等。这些活性物质结构特殊。嗜热、嗜酸、嗜碱、耐高压和抗毒等都是药用生物资源中最具应用价值的部分。

从与苔藓动物多室草苔虫（*Bugula neritina*）共生的细菌中分离提取的大环内酯类化合物（Amphidinalide B 等）具抗病毒、抗肿瘤及细胞毒性。从黏球菌属（*Chondromyces*）发现的一类新型缩酚酸肽 Chondramides A–D 对多种癌细胞具极强的细胞毒性。1991 年采自靠近巴哈马海域沉积物中的放线菌（Actinobacterium）产生的分子能够形成其赖以在海洋中生存的化学物质，从这些化学物质提取的新放线菌素 A 对多发性骨髓癌和肺癌具良好的抑制作用。实验表明，放线菌产生的一种酶是阻止病毒分子繁殖的关键。从而阻断了不必要甚至有害蛋白质的形成。从短裸甲藻（*Gymnodinium breve*）提取的双鞭甲藻毒素 B（Grevetoxin B）和甲藻毒素（Maitotoxin）等，尽管其结构各异，但同属环聚醚类毒素均是抗癌活性很强的化合物。

6.4.2 抗附着与自我保护

海洋生物中不少种类在其代谢过程中产生的活性物质，其中包括有机酸、无机酸、内酯、萜类、类萜类、脂蛋白、糖脂、肽类、多酚、甾类化合物、吲哚类和生物碱等。这些物质对营固着生活的种类（藤壶等）具有明显的抗附着（antifouliug）作用，对其浮游幼虫也具有毒性，它们以此保护自身表面光滑可以进行正常的生命活动。海藻除了利用其产生的抗生素外，有时还以快速增殖的方式来保护自己不受病原体的侵害。

腔肠动物中的水螅纲（Hydrozoa），其生活环境中有时会发现多种病原体，但没有保护性体表包被物的水螅却不被感染，身体表面经常保持光滑并几乎没有细菌。试验表明，水螅主要是靠自身的免疫系统抵御病菌而保持健康。水螅可以分泌多种蛋白质杀灭微生物。其中有一种肽具有类似抗生素的抗菌作用，让科学家惊异和受启发，这种肽甚至可以杀灭威胁人类健康的细菌。尽管水螅所分泌的具有抗菌作用的肽源于与人类基因不同的基因，但其结构与作用却与人类所分泌的多种肽相类似。

另外，传统抗生素使用时间久了，对其产生抗性的细菌就会越多，即抗生素对许多细菌将不起作用。而水螅所分泌的肽所攻击的是病原体的整个细胞壁，它们进入细胞壁，在那里结合成复杂的分子，把细胞壁挤出一个"洞"来消灭细菌。目前，科学家正依据这种肽研制新一代水螅抗生素。

大型哺乳动物江豚（*Neophocaena phocaenoides*）则利用表皮所分泌的特殊黏液以形成亲水性低表面能的表面，从而使附着生物难以附着。即使能暂时附着上，也很容易在水流或其他外力作用下脱落。褐藻类中不少种类含有多酚毒素，也是体内主要活性物质。其单体间苯三酚具明显的抗附着作用，可以抑制微生物在藻体表面生存与繁殖。

马尾藻的分支末端表面从未发现或很少有附着生物附着生存的现象，就是因为其所含多酚（鞣酸）化合物具抗附着作用。从绿藻类育枝蕨藻（*Caulerpa prolifera*）提取的萜类，从大叶藻属（*Zostora*）中分离提取的 P– 肉桂酸硫酸酯和红藻中的栉齿藻属（*Delisea*）提取的卤代呋喃酮化合物等均能有效地抑制附着生物和细菌的附着。有研究表明，海洋微生物自身分泌所形成的生物膜除了是一种保护性的生长模式外，对附着生物附着亦具有抑制作用。海藻中的许多种类其表面所共生的微生物群落具有明显的防附着作用（Guenther，2007）。

海洋药用生物调查研究涉及分类学、生态学、生物工程学、分子生物学、化学、药物学和医学等领域，其中生态学是非常重要的基础工作。从研究过程中可以充分体会到了解海洋生物与其生存环境（非生物性的和生物性的）之间关系的重要性。事实证明，也只有通过生态学观察与研究，才有可能发现海洋生物中具药效作用的种类。对海参毒素的了解以后获得了海参素（Holothurin）的分离提取和临床试验。企鹅肠道中从未发现细菌，从而使科学家从企鹅与其主要饵料磷虾，联想到了食物链的另一环球形棕囊藻（*Phaeocystis pouchetii*），并从其中提取了丙烯酸。丙烯酸除了抑制细菌生存以外，对家禽的饲养具一定促进作用。丙烯酸是科学家第一次从海洋生物提取的抗生素。随着深海和深海海底热液口生态学调查研究的不断深入，科学家们发现存活于这一极端环境的生命系统具有特殊的生理学和生态学特点，并形成了独特的生物结构和代谢机制，体内产生了特殊的活性物质。这些都是药用生物资源中最富有潜在应用价值的部分，也是当前海洋生态学研究的前沿和热点。海洋中将会有更多的药用生物被发现，并用于人类健康的保障。

6.5 海洋生物资源开发利用及其存在问题

渔业生物资源属于再生资源，如何正确认识和运用渔业生物资源更新过程中种群的生产力是渔业捕捞生产的重要科学依据，在渔业生物资源开发潜力以内，渔业生产可以得到很好的发展；反之，就会导致渔业生物资源枯竭，生产下降。

中国近海渔业生物资源开发利用大致经历了三个时期：① 稳定发展时期（20世纪50年代至70年代末）。这一期间由于渔业生物资源得到了充分恢复与稳定发展，渔业资源潜力较大，渔业生产总量随着科学技术的进步和捕捞力量的增加处于不断增加的状态（表6–6）。② 生产徘徊时期。这一时期渔业生物资源已被充分开发，此后渔业生产量与捕捞力量之间开始出现不平衡状态，单位产量逐年下降趋势明显，渔获物趋向低龄化和个体小型化。传统捕捞种类数量衰退现象越来越明显（表6–7）。③ 捕捞过渡时期。经过20世纪70年代中期，总产量基本处于停滞状态以后，随着捕捞力量大幅度增加，1987年以后总产量又开始明显增加，但是单位产量下降急剧，渔获物严重低值化。

● 表6–6 中国历年海洋渔业产量
［引自《中国海岸带和海涂资源综合调查（1980—1987）》］

年份	1955	1960	1965	1970	1975	1980	1985	1990	1993
海洋渔业总产量	1 656	870	2 014	2 281	3 347	3 257	4 150	12 370	17 600
捕捞产量比例/%	93.5	93.5	94.8	91.9	91.7	36.4	83.1	44.4	50.0
养殖产量比例/%	6.5	6.5	5.2	8.1	8.3	13.6	16.9	55.6	50.0

黄海小黄鱼在20世纪50—60年代占总渔获量40%～60%，到90年代仅占5%左右；与此同时，黄鲫、鳀鱼等低质鱼类所占比例则明显上升，从50—60年代不足20%，至80年代上升到60%以上。

捕捞力量的发展主要表现在机动船只数量和作业渔轮的动力上。1989年，我国沿海机动船只数量超过20 000艘，作业渔轮动力达到了730×10^6马力（1马力≈735.499 W），尤其小型渔轮发展失控，这就明显地超过了渔业生物资源的再生补充能力。再加上过分追求产量，又连续采取了增加网具数量、扩大网具尺度、缩小网目尺寸和扩大生产作业范围，甚至进入幼鱼保护海区，实行轮流作业并延长生产作业时间等措施，对浅海渔业生物资源造成的压力越来越大，最后出现捕捞过度—单位（单船、单网）产量下降—渔获物种类劣质化、个体小型化、产值低质化—资源类型由高级向低级转化的恶性循环。

○ 表6-7　主要捕捞种类历年产量变化

[引自《中国海岸带和海涂资源综合调查（1980—1987）》，单位为万吨]

年份	1956	1960	1965	1970	1975	1980	1984	1985
大黄鱼	87	66	103	159	140	89	45	26
小黄鱼	136	136	44	30	55	33	15	31
带鱼	168	280	378	392	484	473	450	459
马面鲀	—	—	—	—	225	161	324	273
鲥	21	20	28	9	—	15	17	17
鲳	—	—	—	—	—	43	55	67
马鲛鱼类	—	—	—	27	34	51	75	90
鲐鲹类	—	11	35	173	84	247	324	326
乌贼	45	57	67	57	—	80	54	53
对虾	37	11	22	14	29	36	16	33
毛虾	130	127	46	93	—	133	188	209

　　根据最近一份海洋渔业报告称，世界上大宗商业性捕捞鱼类中，大约90%都是在过去50年中消失，包括金枪鱼、箭鱼、鳕鱼和鲽类。如此高的比例实在让人震惊。加拿大一项为期10年的研究报告指出，渔获量下降的原因是人类对海产品需求量持续不断的增加以及由高科技高效率捕鱼船组成的商业性捕捞船队在全球范围的扩张。科学家们已断言，世界捕鱼量已经达到顶峰了，在许多海区甚至是过度捕捞。

6.6　海洋生物资源的保护与管理

6.6.1　鱼类种群数量变动理论的应用

　　为了实现渔业生物资源的可持续开发利用，现已有不少关于加强渔业生物资源的保护与科学管理的相关研究和建议。这里，首先仅就鱼类种群数量变动理论在渔业生产中对资源保护和科学管理上的重要意义予以叙述。

　　作为捕捞对象的海洋生物资源，由于其本身具有不断补充更新增殖的特性，所以只要捕捞适度，资源不一定会逐年减少。不但如此，若能从种群的世代关系中推算种群数量变动，或通过数理模型导出种群动态的变动规律，既可以取得最大持续渔获量（maximum sustainable yield），且又能持久地将资源维持下去。由此可见，研究和掌握资源数量变化动态，能为渔业生物资源的开发利用和科学管理提供科学依据。海洋生物资源数量变化研究工作也是在某些渔业资源因捕捞过度而数量急剧下降的情况下，不得不采取对策时才开始的。20世纪50年代以后，由于受到数理统计学发展的影响，采用数理模型的方法研究海洋生物资源数量变动规律有了很大的发展，特别是20世纪70年代引进了电子计算技术和系统分析方法，工作面貌正在起着急剧的变化，到目前为止，应用较广的数理模式大致上可分为五大类：①分析模式（analytic model）；②综合模式（pooled yieed model）；③繁殖曲线模式（reproduction curve model）；④模拟模式（simulation model）；⑤系统分析模式（system analysis model）。

下面只简单介绍分析模式及其应用。分析模式又称动态综合模式或单位补充群体产量模式，这一模式的出发点是把种群作为个体的总和，并把同年出生的一个世代（图6-3）在一生中可提供的产量，作为一年中各个年龄组所能提供的产量为前提，探讨可以被捕的同一年出生的鱼，在补充率、自然死亡率和外界条件恒定条件下，每一补充量用不同的捕捞强度，各能提供多少产量。

令 $N(t)$ 表示在时刻 t 时种群的残存数（即残存的鱼的尾数），则从最初初捕年龄 t_c 到最大年龄 t_λ 期间存在的可捕的群体总尾数为：

$$P_N = \int_{t_c}^{t_\lambda} N(t)\, dt \tag{6-1}$$

假定 F 为从种群中可捕获的鱼的概率，相当于捕捞死亡系数，则可捕群体的渔获尾数 Y_N 为：

$$Y_N = F \cdot P_N = \int_{t_c}^{t_\lambda} F \cdot N(t)\, dt \tag{6-2}$$

为了得到种群年平均资源重量 Pw 和种群年平均渔获质量 Yw，必须在式（6-1）和式（6-2）中的右端积分号内乘上一个各年龄平均体重参数 $W(t)$，即 t 时刻每尾鱼的平均体重，所以：

$$P_W = \int_{t_c}^{t_\lambda} W(t) \cdot N(t)\, dt \tag{6-3}$$

$$Y_W = \int_{t_c}^{t_\lambda} F \cdot W(t) \cdot N(t)\, dt \tag{6-4}$$

因此，为了求得种群年平均资源量 P_w 和渔获量 Y_w，必须首先给每尾鱼瞬时平均质量函数 $W(t)$ 和 t 时刻鱼类种群的残存个体数 $N(t)$，下面将分别给予讨论。

鱼的生长、体长、体重一般都是开始徐缓、逐渐变快、最后又变慢，多呈 S 形

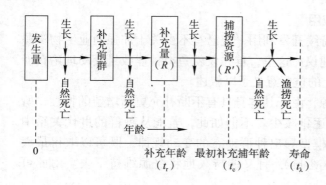

● 图6-3 一个世代种群减少过程的模式图

水平箭头所指表示质量的增加（生长），向下箭头表示数量的减少

向左、右拉长的形状。应用伯塔兰菲（Bertalanffy）生长公式给出瞬时增重公式有许多优点，它符合生理学，且给资源量和渔获量的计算带来方便，故现在使用最广。伯塔兰菲的体重生长函数如下：

$$W(t) = W_{max}\left[1 - e^{-k(t-t_0)}\right]^3 \tag{6-5}$$

式中：W_{max} 为理论上最大（或极限）质量；t_0 为理论上开始生长的年龄；k 为渐近生长参数。对于所讨论的每一种鱼群，只要测出各年龄时的平均体长，则用沃尔福德（Walford）给出的定差图的方法，便可以计算出 W_{max}，t_0 和 k 这些参数。

把（6-5）式的右端展开，得到：

$$W(t) = W_{max}\sum_{n=0}^{3} Q_n e^{nk(t-t_0)}$$

其中：$\theta_0 = 1$，$\theta_1 = -3$，$\theta_2 = 3$，$\theta_3 = -1$

鱼的死亡概率用瞬时死亡系数来表示，在未到达被捕年龄的鱼，只受自然死亡系数 M 的作用，到了可以被捕年龄以后，除了受到 M 的作用外，还要受到渔捞死亡系数 F 的作用，两者合成总死亡系数 Z，即：

$$Z = M + F \tag{6-6}$$

鱼类种群的个体数在 t 时刻受到 M 或 Z 的作用而减少时，用微分方程来表示则分别为：

$$\frac{dN(t)}{dt} = -MN(t) \tag{6-7}$$

和：

$$\frac{dN(t)}{dt} = -ZN(t) = -(M+F)N(t) \tag{6-8}$$

将上两式积分得：

$$N(t) = ce^{-Mt} \tag{6-9}$$

和：

$$N(t) = c'e^{-(M+F)t} \tag{6-10}$$

积分常数 c 和 c' 的确定法如下：在未到达最初被捕年龄之前，由于网目尺寸和其他原因，$F=0$，所以式（6-9）和式（6-10）一样，但是到被捕最初年龄之后，因受 F 的作用，式（6-9）和式（6-10）就不同，因而 c 和 c' 也随之不同。因为分析模式是讨论可以被捕的同年出生的鱼，在补充率、自然死亡率和外界条件恒定下，每一补充量用不同捕捞强度各能提供多少产量的问题，所以初始条件为：

当 $t = t_r$ 时：

$$N(t_r) = R \tag{6-11}$$

式中：t_r 为进入渔场的补充群体年龄，R 为补充量。

因此，当 $t_r < t \leqslant t_c$ 时，应用初始条件式（6-11），由式（6-9）可得：

$$R = ce^{-Mt}$$

即：

$$c = Re^{Mt} \tag{6-12}$$

故得当 $t_r < t \leqslant t_c$ 时，种群个体数随时间的变动规律为：

$$N(t) = Re^{-M(t-t_r)} \tag{6-13}$$

由此得知，当到达最初被捕年龄 t_c 时，即 $t = t_c$ 时，有：

$$N(t_c) = Re^{-M(t_e - t_r)}$$

利用这一初始条件，由式（6-10）可得：

$$N(t) = Re^{-M(t_e - t_r) + (M+F)t_e} e^{-(M-F)t}$$

$$= Re^{-M(t_e - t_r)} e^{-(M+F)(t-t_c)} \qquad (6-14)$$

把已得的 $W(t)$〔见式（6-5）〕和 $N(t)$〔见式（6-14）〕代入式（6-4）中，得到种群年平均渔获重量为：

$$Y_W = \int_{t_c}^{t_\lambda} F\left[W_{\max}\sum_{n=0}^{3}\theta_n e^{nk(t-t_0)}\right]\left[R_E^{-M(t_c-t_r)}e^{-(M+F)(t-t_c)}\right]dt \qquad (6-15)$$

将上式积分，得到：

$$Y_W = FRe^{-M(t_e - t_r)}W_{\max}\sum_{n=0}^{3}\theta_n e^{-nk(t_e - t_0)}\frac{1 - e^{-(M+F+k)\lambda}}{F+M+nk} \qquad (6-16)$$

在实际工作中，因补充量 R 不能确切知道，所以常用 R 除式（6-16）两边，求出每单位补充的渔获质量，即

$$\frac{Y_W}{R}FW_{MAX}e^{-M(t_e - t_r)}\sum_{n=0}^{\infty}\theta_n e^{-nk(t_e - t_0)}\frac{1 - e^{-(M+F+k)\lambda}}{F+M+nk} \qquad (6-17)$$

由此可见，应用分析模式求得的每单位补充量的渔获质量，需要预先知道以下各参数：① 进入渔场年龄 t_r；② 最大年龄 t_λ；③ 理论上开始生长的年龄 t_0；④ 自然死亡率 M；⑤ 最大质量 $W_{\max}$；⑥ 渐近生长参数 K；⑦ 最初被捕年龄 t_c；⑧ 捕捞死亡系数 F。前 6 个参数对于每一个种群来说是固定不变的，而最后两个参数则是可变的。

分析模式的应用：用分析模式来判断生物资源的状况，是通过改变最初被捕年龄 t_c 和捕捞死亡系数 F，来算出这两个变量在各种条件配合下所获得的每单位补充量的渔获量，然后把捕捞死亡系数作横坐标，最初被捕年龄作纵坐标，把各个变量相配合求得的单位补充量的渔获量在方格纸上作点，并标上数值，再用内插或外推法找出等值点连成等值线；若干等值线合成一幅等值线群图。叶昌臣（1964）用上述的分析模式考察了辽宁湾小黄鱼的种群动态。

在不同 F 值下，每单位补充量的渔获量 Y_w/R 曲线，又用不同最初被捕年龄 t_c 与不同渔捞死亡系数 F 相配合下，所获得的每单位补充量的渔获量的 Y_w/R 值，可绘出产量等值曲线群图（图 6-4），图中点 P 为 1963 年当时的最初被捕年龄 $t_c = 2.0$ 和捕捞死亡系数 $F = 0.62$ 时的 Y_w/R 的值。图中 A 和

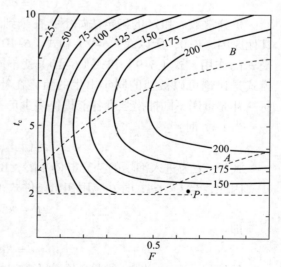

● 图 6-4　小黄鱼产量等值线图
$Y_w \mid R = f(t_c, F)$

B 两条虚线称为持续产量线。A 的虚线近似地表明各 t_c 断面上出现最大产量点所连成的曲线，B 虚线为断面 F 上出现的最大产量点连成的曲线。最初捕捞年龄的大小代表网目的大小；渔捞死亡系数的大小代表捕捞强度即投入生产的力量的大小。因此，等值线图指出网目及投入生产的力量是否合理，和当时的网目及投入生产的力量所能取得的产量是否与最大持续产量有距离。从图 6–4 中所示的情况，P 点与两条持续产量线有距离，与等值线最大值圈的距离也大，如果按当时的拖网网目，最初被捕年龄 $t_c = 2.0$ 不变时，随 F 值的变化而出现的 Y_w/R 值，在 $F = 0.5$ 左右达到最大，而当时的 $F = 0.62$，说明不是最适合的捕捞死亡系数，而是偏高了。再从最初被捕年龄来看，以 $6 \sim 7$ 龄的年龄产量最高，所以在理论上扩大网目来增加最初被捕年龄是可以增产。即使不扩大网目（因实际上与企业或集体渔民的眼前利益可能有一些矛盾），在原有的 $t_c = 2.0$ 的基础上稍降低，即降低到 $0.45 \sim 0.50$，这样虽只增加 1%，但捕捞力量可以减少 20%，因而成本降低，在经济收益上是有利的。

以上只是简要地介绍水产资源数量动态的信息，目的在于说明其在渔业生物资源保护与科学管理中的重要性。最后，从数学的角度对上述的讨论作两点进一步说明：① 应用函数求极值的方法，似乎可以不必通过作图的方法绘制出持续产量线，而只需将 Y_w/R 分别对 t_c 和 F 求偏导数，并令其等于零（当然还要检验一下是否达到极大值），便可得两条持续产量线的方程式；②以上考虑的鱼类种群动态模式是确定性的，但我们也可以用类似纯死过程的讨论方法，研究鱼类种群的随机模式。

6.6.2　大海洋生态系统的管理

20 世纪 50 年代以来，随着人类加大了对海洋生物资源的开发利用和过度捕捞，促使生物资源日趋衰退和生物资源结构发生了明显变化，严重地影响了海洋生物资源的可持续利用。

在生态系统的营养结构中，鱼类处于关键种的位置，鱼类组成种类结构的改变必然会影响到整个社会生态系统的不同营养级种类组成的结构。如处于高营养级的鸟类、哺乳类以及处于低营养级的浮游植物和浮游动物均受鱼类组成结构改变的影响。而生态系统又由彼此相互作用和影响的生物群落和环境条件两个部分组成。

1975 年，国际海洋考察理事会（International Council for Exploration of the Sea）专门讨论了北海渔业管理问题。20 世纪 60 年代以前，北海的底层和中上层鱼类在总渔获量中一直维持着相对平衡的动态之中；20 世纪 60 年代以后到 70 年代中期，底层鱼类所占的比例急剧上升，致使渔获物组成比例发生明显变化。但是，由于以往的调查研究缺少对北海海域生物资源组成结构及其变化的全面了解，所以就很难对鱼类组成结构的这一变化原因予以客观和确切的解释。

事实证明，正是由于一个海域的生物资源之间是处于相互影响和相互作用的动态之中，所以仅仅了解某一种或少数种鱼类资源的变动状况，是很难对资源状况及其变动趋势予以正确判断的，更不可能为资源的保护和开发利用以及科学管理提供科学依据。因此，为了对海区的生物资源状况有一个全面而正确的评价，提出一个合理的和科学的管理措施，必须以海区周边国家共同协作，以生态学基本理论为依据对一海域的生态系统进行全面的调查研究。

20世纪80年代，美国生物海洋深受谢尔曼（K.Sherman）和海洋地理学家亚历山大（L.Alexander）首先提出了大海洋生态系统（large marine ecosystem，简称LME）的概念影响。其实质是将一定的海域作为一个整体系统水平进行研究和管理的单元。这一概念被具体确定为：①面积大于或等于20万km^{2}的海域；②具有其本身的深度、海洋学和生产力特征；③其海洋生物种群具有适宜的繁殖、生长、摄食策略以及营养依赖关系；④受控于共同要素的作用，如污染、人类捕捞和海洋环境条件等。

大海洋生态系统是加强对海洋生物资源保护和实行科学管理的一项新概念，与此同时，它还涉及濒危物种的保护，避免因筑堤建坝和截流而造成经济动物产卵场的消失和洄游路线的改变。因此，它得到了渔业学家、海洋地理学家、生态学家和海洋法学家的支持，同时不少沿岸国家和国际有关组织也予以了相应的重视。目前全球已确认边界的大海洋生态系统有49个，其中包括中国的黄海。黄海大海洋生态系统海上调查研究已于1994年与韩国共同开展，为期10年。预期目的是增加对黄海生态系统结构和功能的认识，培养研究、保护和管理生态系统的人才，建立相应的监测系统，避免环境和资源的损害，保护生物多样性，奠定生物资源可持续利用的基础。

大海洋生态系统有属于单国边界的海区，如澳大利亚大堡礁大海洋生态系统就是其中之一，并已开展了不少研究工作。南大洋生态系统是大海洋生态系统科学管理比较好的海域。各个国家在该海域的渔业生产都能严格的遵守"保护南极海洋生物资源公约"。

另外，由于大海洋生态系统处于沿岸大陆架范围以内，所以容易受到各种因素的干扰和影响，如沿岸工程、海岸的改变和变迁、沿岸河流河口的改道和径流量的变化和污染等，再加自然环境条件本身的变化都会对大海洋生态系统产生一定的影响。因此，大海洋生态系统研究是一项比较复杂的工作。

6.6.3 海洋经济动物增养殖农牧化

海洋农牧化是以海水增养殖手段发展海洋水产业的过程。此过程可以在短时间内提高海洋生物生产力，增加海洋生物生产力，增加海洋生物资源以满足人类对海洋水产品的需求。

积极开展近岸浅海水域和滩涂养殖，实现海洋经济动物增养殖农牧化是合理开发利用海洋生物资源和发展水产业的重要途径。从历年来海洋渔业产量组成结构来看，自20世纪70年代起，养殖业的产量在渔业总产量中所占比例逐年增大，至1993年养殖业产量已占到渔业总产量的1/2（表6-8，表6-9）。这充分说明，我国水产业结构的及时调整，促使了水产养殖业的迅速发展。但是，目前用于养殖的面积却只占可供进行养殖滩涂面积的1/3，因此发展水产养殖业的潜力还是很大的（图6-5）。

● 表6-8　世界主要渔业国家及1993年渔获量统计

[包括养殖，数据源自联合国粮农组织（FAO）]（引自 Lalli 等，1997）

国家	1993年渔获量/10^6 t
中国	*17.6
秘鲁	8.5
日本	8.1
智利	6.0
美国	5.9
俄罗斯	4.5
印度	4.3
印度尼西亚	3.6
泰国	3.3
韩国	2.6
挪威	2.6
菲律宾	2.3

* 中国渔获量的近50%来自水产养殖。

● 表6-9　联合国粮农组织统计的鱼类、软体动物和甲壳类的世界渔获量（单位：10^6t）

（引自 Castro 等，2008）

渔获物	1975	1980	1985	1990	1995	2000	2004
鲱鱼，沙丁鱼等	13.43	16.14	21.10	22.32	22.01	24.90	23.26
各种水层鱼类	—	—	—	—	13.93	10.64	11.17
鳕，狗鳕，青鳕	11.85	10.75	12.46	11.58	10.74	8.68	9.43
金枪鱼，鲣鱼，旗鱼	2.06	2.55	3.18	4.43	4.89	5.82	6.02
鲑，胡瓜鱼	0.55	0.80	1.17	1.51	1.15	0.80	0.88
鲽鱼，比目鱼	1.16	1.08	1.35	1，23	0.92	1.01	0.87
鲨类，鳐	0.59	0.60	0.62	0.69	0.76	0.87	0.81
浅水鱼类	5.96	6.17	8.74	12.23	5.80	6.80	7.85
海洋鱼类总量	51.93	55.73	64.40	69.36	72.00	71.84	74.55
乌贼，头足类	1.18	1.53	1.79	2.36	2.94	3.66	3.77
蛤，乌蛤	0.94	1.20	1.51	1.53	0.96	0.80	0.85
扇贝	0.29	0.37	0.60	0.87	0.54	0.66	0.80
贻贝	0.53	0.62	0.97	1.34	0.24	0.26	0.19
牡蛎	0.85	0.97	1.09	1.00	0.19	0.25	0.15
海洋软体动物总量	4.03	4.91	6.18	7.73	6.38	7.25	6.89
虾类	1.33	1.70	2.12	2.63	2.44	3.08	3.60

渔获物	1975	1980	1985	1990	1995	2000	2004
蟹类	0.75	0.82	0.89	0.89	0.95	1.09	1.36
龙虾	0.10	0.10	0.20	0.21	0.22	0.23	0.23
磷虾	0.04	0.48	0.19	0.37	0.12	0.11	0.12
海洋甲壳类总量	2.35	3.20	3.42	4.50	4.77	5.91	5.70
世界海域捕捞总渔获量	61.22	64.46	75.68	82.25	85.04	86.80	85.79

注：表中所列渔获量与总渔获量并不相等

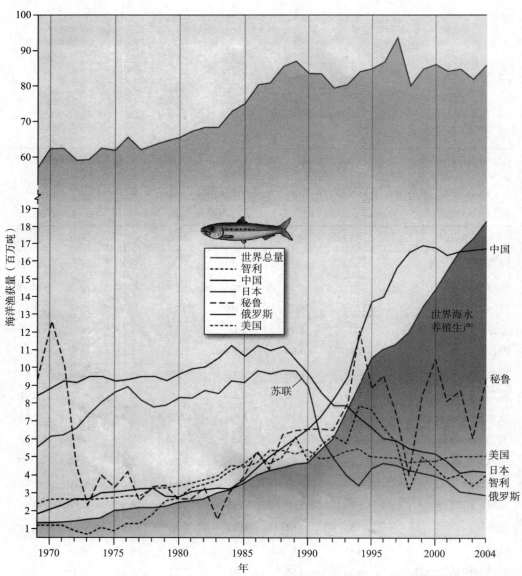

● 图6-5　世界六个主要渔业国家海洋渔获量和世界海水养殖生产量（深灰部分）

20 世纪 80 年代起，日本也开始了海洋农牧化计划，措施之一是选择环境条件优越的半封闭性海湾，采用电脉冲方法建造"声栅"用以进行海洋经济动物增养殖，用 10～15 年的时间，将日本沿海改造和建成发展海水养殖业的"海洋牧场"。

中国沿海海草资源丰富，在沿岸潮间带和潮下带浅海水域常形成十分宽阔的海草场。海草场生态环境优越、营养物质丰富、栖息生物种类繁多，是海洋经济动物栖息与繁殖生长的天然渔礁，同时也是陆地与海洋之间重要的过渡地带，以及生产力很高浅海生态系统和海洋经济动物增养殖农牧化的重要环境。

本专著主编（范振刚，1986）在中国生态学学会和中科院海洋研究所的资助与支持下，在以往生态学调查研究的基础上开展了海草场生态学专题调查。对中国北方沿海海草种类、数量分布、季节变化、群落组成结构以及大叶藻生态习性和繁殖生长特点等有了更加深入的全面了解。在此基础上，1987 年申请并获得国家自然科学基金的资助，系统的开展了海草场生态系统保护与开发利用的研究，填补了我国海草场生态学研究的空白。通过连续数年（1987—1993 年）分别在威海和青岛等地开展的海草场生态系统经济增养殖试验研究的结果表明，由于海草场生态环境优势，饵料生物丰富，对经济动物的诱集与增殖作用明显，经济效益显著，并进一步证明海草场是实现海洋经济动物增养殖农牧化的重要途径之一。

6.6.3.1 海草的一般生态学特点

海草是可以在水域中完成整个生命周期的被子植物（图 6-6）。据调查表明，中国北方沿海海草场的主要优势种是大叶藻，其他还有虾形藻（*Phyllospadix iwatensis*）。和丛生大叶藻（*Zostera caespitosa*）。大叶藻生物量以春季最高，平均 1 031 g/m^2；夏季次之，平均 663.8 g/m^2；秋季最低，平均为 131.4 g/m^2；冬季平均 186.5 g/m^2。

海草地上茎和叶片长度为 1～2 m，但随着栖息环境与分布深度不同叶片长度最长者可达 3 m 以上。海草通过叶片进行光合作用，进行着能量的固定与积累，是浅

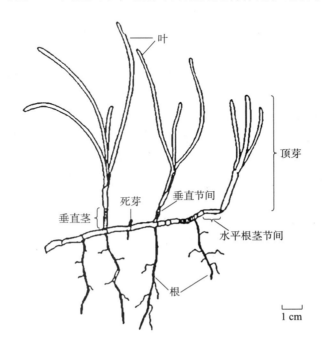

叶

顶芽

死芽　垂直节间

垂直茎

水平根茎节间

根

1 cm

● 图 6-6　典型海草生长模式

海水域初级生产力的主要生产者。根据 Westlake 的海草碳固定量换算公式计算，大叶藻碳的固定量春季是 386.6 g（c）/m²，夏季 243.6 g（c）/m²，秋季 49.3 g（c）/m²，冬季 70.1 gc/m²，几乎可以与热带雨林相比。Vermaa 等（1997）曾运用 Michaelis-Menten 双曲线方程描述了海草（以 *zostera marina* 为例）光合作用——辐射曲线（图 6-7）：

$$P = \frac{P_{max} I}{K_m + I} - R \qquad (6-18)$$

式中：P 为在辐射 I 下的净光合作用速率 $[mg(O_2) \cdot g(DW)^{-1} \cdot h^{-1}]$；$P_{max}$ 为最大总光合作用速率；K_m 为半饱和常数（$mol(PAR) \cdot m^{-2} \cdot s$）；R 为呼吸速率。

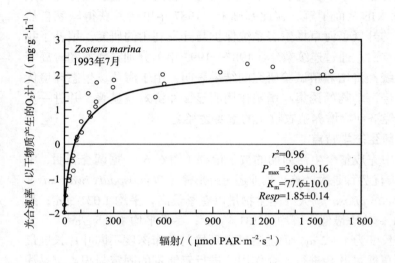

● 图 6-7　海草光合作用 – 辐射曲线

对已有的曲线，这些参数给出了 ±1 个标准差。结果表明，光照或辐射以光合作用有效辐射（PAR）表示，波长 400 ~ 700 μm。海草在光合作用过程中，释放出大量氧，对保护与改善特定海洋环境起着一定的作用。

通常海草多出现在多磷少氮的海区。海草是通过根和地下茎从沉积物中吸收养分。Partriquin 等（1972）指出，海草生长在营养盐贫乏的热带海域可以得到所需要的最大量的氮。Mann（1975）曾估算海鼋草场固氮量为 100 ~ 150 kg/（hm² · a）。虽然海草生活和分布范围比较狭窄，但却是一个具有很高生产力的海洋边缘地带。

由于海草具有发达的根系和生长繁茂的叶片，因此能够牢固地固定底质，对海岸起着重要的保护作用。Mortog（1970）曾报道一次飓风的袭击影响下，海草场几乎没有受到破坏，而周围的珊瑚却被毁坏了。1988 年，在威海进行的海草场增殖试验过程中，曾遇到一次 9 ~ 10 级台风的袭击，当时海上养殖、海参诱集器材均受到不同程度的破坏，而附近码头、沿岸设施海草场试验内的刺参生活正常。

另外，有研究对大叶藻叶片、地下茎等不同生长部分近 20 种元素的含量进行了分析并与褐藻类相比较，结果表明，大叶藻所含元素种类多、含量高。大叶藻种子粗蛋白含量为 6.1%，粗脂肪为 2.3%；与大米、小米、玉米相比较，粗蛋白含量略低，而粗脂肪的含量却高出 1 ~ 2 倍。

6.6.3.2 经济动物增养殖实验研究

1987年，在威海市水产研究所的协作下，在威海杨家湾约500 m² 范围内进行了大叶藻移植试验。根据大叶藻的生态习性，于3月底开始移植。移植的横向丛距4 m，纵向丛距2 m。试验期间，通过水下观察取样表明，海草场对海参的诱集作用明显，海参在海草场内觅食与生长情况良好。于5—6月中旬海参采捕期内进行了试捕，共采获海参30 kg，亩产为39.6 kg；空白对照区没有采到海参。试验区亩产量接近和超过同一海域相邻近的人工投石和人工渔礁实验区的亩产量。经核算，移植大叶藻每亩成本为300元，是人工投石试验成本的1/3，人工渔礁试验成本的1/5。试验结果表明，移植大叶藻可以改造海底生态环境，可以为海参提供丰富的饵料生物，诱集海参的作用明显，增殖效果显著。

1990年、1993年，分别在荣成大泊子、青岛黄岛区进行了养虾池海草场生态系统经济动物增养殖试验研究。大叶藻移植方法同前，进行大叶藻移植的同时在池底撒播了幼小个体的蛤仔。试验结果表明，养虾池内移植的大叶藻生长正常，并能在较短时间内改善和提高养虾池的环境质量。据取水样分析，养虾池水域溶解氧的含量与对照池比较，一直处于良好状态。试验池内对虾和蛤仔的成活率高、生长情况良好。试验池对虾胃含物的饱满程度也明显高于对照池。对虾收获季节，试验池对虾的平均亩产量达到了104.8 kg，取得了令人满意的结果。

中国沿海海草场面积辽阔，但大多数尚处于未被开发利用状态，相信随着浅海渔业生产的发展，海草场将会被充分开发利用并成为经济动物增养殖农牧化的重要场所。

第七章 人类活动对海洋生态系统的影响

7.1 导论

生命诞生于海洋，人类的生存与发展依赖于海洋，海洋是生物进化的重要环境。环境因素是直接参与人与有机物循环和能量转换的重要组成部分，环境条件则是连续不断地提供物质和能量来源的生命支持系统的组成部分；环境因素是不可替代的，而环境条件则是相互影响、相互制约并具有综合性的。因此，海洋环境现状是人类改造和利用自然的佐证，它无时无刻不关系到人类的生存和发展。

海洋作为人类进行生产活动和科学试验的场所，很久以来就有不少人为探索、了解和利用海洋付出了艰辛的劳动，海洋也为人类做出了巨大和无私的奉献。今天，人类食物中的动物蛋白质有 22% 是来自海洋。据调查，海洋中石油的蕴藏量多达 1 000 亿 t，约占地球石油总蕴藏量的 1/3，是人类当前和未来开发利用海洋资源的主要目标之一；海洋已经提供给人类广泛应用的化工资源有铀、溴、碘和镁等 30 多种。生物资源与人类生活的关系就更为密切，其中鱼类是主要组成部分，是人类可以直接利用的动物性蛋白质的主要来源之一。据估计，世界海洋潜在的鱼类资源约为 2 亿 t，目前人类对海洋生物资源的利用状况与之相比，还只是沧海一粟。

另外，研究结果表明，海洋生物还是海洋药物资源的重要来源，不少海洋生物体内的成分具有明显的医疗作用和对人类健康具有保健作用。

人类以海洋作为从事生产活动和科学试验和广阔天地，不断地了解和认识自然界的客观规律和改造及利用海洋，海洋也为人类的生存发展提供了各种各样的资源。但是，在一定时期内，由于受历史条件的限制，人类不可避免地在认识自然界的客观规律中带有局限性。尽管，人类依靠科学知识在一定程度上已经能够估算出这种局限性可能会带来的不良后果，但是在利用海洋资源的同时还是经常自觉或不自觉地违背了自然界的客观规律，人为地改变了海洋的局部环境，从而对海洋生态系统造成不同程度的负影响。

20世纪60年代以后，随着科学技术的进步和社会经济的迅速发展，伴随着迅速增长的人口对资源需求量的增加，人类为了获取更多的自然资源，利用业已掌握的科学技术手段以前所未有的规模和强度向海洋任意索取。与此同时，人类又将生产和生活中的废弃物和污水未经处理即直接排入海洋，把海洋当成废弃物的收集场所，从而导致海洋环境破坏，质量下降，海洋生物受到危害，生物资源日趋枯竭。

当前，正是由于人类违反生态规律的活动日趋频繁和增加，海洋生态系统受到人类活动所带来的干扰与破坏越来越严重，并已经在一定程度上限制了海洋产业的可持续发展。人类也已清楚地认识到在未来生存发展过程中，海洋将是一个非常重要的环境空间，必须加以保护。

7.2　筑堤建坝和围填海

7.2.1　筑堤建坝

正是由于海岸的曲折及其性质的多样化，形成了许多自然生态环境条件十分优越的内湾和港口，再加上河流携带着大量泥沙和营养物质进入海域，因此在河口区形成不少生产力很高的三角洲和滩涂，为水产业、海上运输业和旅游业等海洋经济的发展提供了良好的环境和物质条件，并起到了极为重要的促进作用。因此海岸是海洋资源的重要组成部分之一。从历史角度来看，人类之所以在海岸定居是因为这里的生活环境非常适宜，同时又可以提供丰富的食物资源。

海岸始终处于变化之中，其变化速率既取决于海浪、海流、潮汐和径流等自然因素，同时又与人类活动，尤其是在缺少科学论证情况下的任意采沙、海岸施工和筑堤建坝等活动密切相关。泥沙的不断补充供给是沉积海岸地貌和保持海岸稳定的必要物质基础。海岸泥沙来源的减少或破坏均会使原本极为脆弱的海岸受到威胁和破坏。

20世纪50年代以前，除了受自然因素变化而引起的苏北古黄河口环境有所改变以外，中国沿海绝大部分海岸基本处于相对稳定的状态。然而20世纪50年代以来，随着社会经济的发展，人类活动日趋加剧，尤其是在河流上和港湾内筑堤建坝，致使补充海岸的泥沙数量急剧减少，水体交换能力减弱，从而导致海岸的侵蚀与破坏、生态环境改变、功能作用降低和生产力下降。

目前已知，世界海岸已不同程度地受到侵蚀，沙质海岸已有70%正在受到侵蚀与破坏。中国黄河连续多年的频繁断流而造成的泥沙量急剧减少、三角洲岸线全面蚀退其主要原因就是河流的上游筑堤建坝和引水所致。

最典型的案例是埃及于 1959 年在尼罗河上兴建，并于 1970 年完工的阿斯旺水坝。尼罗河源于布隆迪，浩浩江水携带着大量泥沙和营养物质流径苏丹和埃及进入地中海。水坝兴建以前尼罗河每年携带 1.24 亿 t 泥沙入海，其中约 1 000 万 t 堆积在洪泛平原，形成了宽约 100 km 的肥沃的三角洲。常年的河水不仅使沉积中的盐分得到清洗，同时又将盐分和营养物质带入河口附近水域，这大大有利于浮游生物的繁殖，从而形成了著名的沙丁鱼（*Sardinops caerulea*）渔场。阿斯旺水坝建成以后河水是不再泛滥，但尼罗河水中所携带泥沙的 98% 和有机物质却沉积于水坝内的水库坝底，从而使尼罗河下游两岸耕地失去肥源，三角洲流域因没有河水洗盐使得土壤盐渍化程度日趋加重并向内陆收缩。与此同时，河口附近的地中海近岸水域因缺乏河水携带的有机物质的补充而使水域营养成分变得寡少，因此浮游生物数量明显下降，使原有的 47 种经济鱼类只剩下了 17 种，减少了约 64%，其中沙丁鱼的产量从 1965 年水坝未建成之前时的年产量 15 000 t 到 1968 年时减少到 500 t；水坝建成后的 1971 年，尼罗河河口附近海域的沙丁鱼已几乎绝迹。另外，自从水坝建成以后，原来奔腾不息的尼罗河下游变成了静止的湖泊，这一环境为病原体中间宿主钉螺（*Oncomelania nupensis*）和疟蚊的繁殖提供了有利和必要的环境条件，结果使尼罗河流域血吸虫病的发病率高达 80% ~ 100%，疟疾患者也明显增多。这一事实充分说明尼罗河流域阿斯旺水坝的建成固然有利于农业的灌溉和工业现代化的发展，但却破坏了尼罗河流域的生态平衡，最后导致一系列自然界对人类的惩罚。

> 拓展阅读 7-1
> 筑堤建坝对海洋环境影响的实际案例

对于在河流上筑坝这一人类活动其正面效益，如发电、防洪、灌溉等应予以肯定，但其负效应更不可忽视，有时甚至是主要的。因为违反自然规律的人类活动确实存在着长期的危害。

7.2.2 围填海

近几十年来，随着人口的剧增和对自然资源需求量的增加，而陆源资源又日趋匮乏，这就增加了对海洋和海岸资源利用的需求，甚至在一段时期内"向大海要地"的口号响遍了中国大地。据统计，至 20 世纪 80 年代末，中国沿海围（填）海造地面积约有 $120 \times 10^4 \ km^2$。如中国北方沿海著名的内湾胶州湾，它形成于距今 10 000 年之前，经过几次较大的自然因素变化引发的海侵、海退等现象以后，逐渐趋于相对稳定状态。在海湾形成过程中使原有的古河道逐渐形成四条水道，其中沧口水道最为著名并具有应用价值，成为进出青岛港的主要航道。胶州湾水域总面积变化情况见表 7-1。

胶州湾水域面积减少的原因可以归纳为自然因素变化和人类开发利用活动两个方面，但不同时期应具体分析。根据历史资料表明，数十年以来，胶州湾地壳活动基本上处于相对稳定状态，所以自然因素变化主要还是来自河流携带泥沙进入湾内的数量变化。在胶州湾十余条河流中，以大沽河携沙量最大，因而对胶州湾水域面

年份	总水域面积 /km^2	年度平均潮差 /m	平均纳潮量 /10^8 m^3	资料来源
1928	560	—	—	《胶澳志》
1958	535	—	—	山东省水利厅
1971	452 ± 1	2.59	9.89	1971 年版地形图
1977	423	—	—	1977 年版地形图
1986	403 ± 1	2.68	9.23	TM861105 卫星图像
1988	390 ± 1	2.74	9.21	TM881025 卫星图像

积的变化具有一定影响。将大沽河历年平均携沙量与胶州湾水域面积递减率进行对比（表 7–2）可以明显地看到，1958 年以前尽管进入胶州湾内的泥沙量较大，但水域的总面积呈现缓慢变化状态。胶州湾形态变化主要还是受自然因素变化的影响。

○ 表 7–2　大沽河年均输沙量与胶州湾水域面积年均递减率

统计年限	年均输沙量 / (10^{4}t·a^{-1})	胶州湾水域面积年均递减率 /%
1928–1958	170.03	0.15
1959–1971	101.64	1.29
1972–1977	21.37	1.10
1978–1986	5.48	0.54
1987–1988	0.04	1.63

1958 年以后，除了在河流上实施了拦河蓄水工程以外，再加上连续多年来降水量明显减少，河流携带进入湾内的泥沙量锐减，水域总面积的年递减率明显加快。其主要原因还是人类活动干扰的压力日趋加重。如 1971—1978 年，由于填海造地用于盐田扩建、水产养殖、扩建工厂、仓储和码头，从而使胶州湾的西北部水域减少了 28.6 km^2，东北部减少 15.1 km^2，东部减少 6.6 km^2，西南部减少 9.8 km^2。水域面积急剧减少的直接原因完全是由于人类活动所致。

胶州湾水域面积减少的直接后果是纳潮量的明显减少（表 7–1），从而减弱了海域水动力的强度和水体交换能力，最后增加了海域的污染程度和泥沙的进一步淤积。

又如广东湛江港的斜麻湾由于填海造地，已使湾内纳潮量减少了 1/4，航道水域缩小；汕头湾由于填海造地，已使湾内水域面积和纳潮量比 50 年以前减少了 1/2，最后导致港口淤积，水体交换能力减弱，自净能力降低；福建厦门港受九龙江输沙的影响，致使三角洲陆地每年以 150 m 的速率向海延伸，目前其东湾面积已缩小 40%，湾内纳潮量降低了 38%；江苏苏北部射阳县十年填海造田 6 666 km^2，海岸线迅速向海推进；黄河自 1976 年改道进入莱州湾以后，经过人为控制河口沙嘴已向东南海域延伸了 32 km，平均年延伸速率约为 2.4 km，致使原来平缓地向海突出的三角洲海岸在沙嘴南部形成了一个凹入陆地的海湾。

7.3　海洋污染

7.3.1　海洋污染定义、类型及特点

　　根据政府间海洋学委员会（Intergovernmental Oceanographic Commission，IOC）的定义，海洋污染（marine pollution）是指人类直接或间接地把一些物质或能量引入海洋环境（包括河口），以至于产生损害生物资源、危及人类健康、妨碍包括渔业活动在内的各种海洋活动，破坏海水的使用质量和舒适程度的有害影响。除了各种物质流入海洋，海洋污染还包括能量的输入，比如热能（例如从核电厂排放冷却水）和声能（噪音）污染。海洋污染有两个限制条件：第一，物质和能量是人为地引入海洋的；第二，这些物质和能量进入海洋的数量多到足以造成有害的影响。

　　海洋污染的类型可以按照污染源和污染物的不同进行划分。

　　首先，根据污染物的来源地点来分，海洋污染可分为陆源型（排污入海、海岸建设）、海洋型（船舶污染、海上事故、海洋倾废）和大气型三类。其次，根据污染物的入海方式来分，则可将海洋污染分为点源和非点源，污染源单一可识别，从陆地或海上人类活动（例如航运）直接入海的污染是点源污染，可将入海排污管道、海港、船舶、海上设施等看作点源。通过径流和大气沉降入海的污染是非点源污染，指溶解的或固体污染物从非特定的地点，在降水和径流冲刷作用下，汇入海洋所引起的污染。表 7–3 总结了点源与非点源污染的区别。有数据表明，非点源污染（来自城市、工农业径流与空气污染）占海洋污染的 77%，而点源污染（如海洋运输、减压和石油开采）只占 23%（Zafirakou，2018）。

● 表 7–3　点源与非点源污染的区别

	点源污染	非点源污染
污染源	是由特定的污染源引起的	不是由单一的特定污染源造成的
扩散距离	污染局限于污染点	污染广泛扩散
控制难度	容易控制，因为污染源是可以识别的	不易控制，因为污染源无法识别
污染稀释度	集中在污染源附近	比点源污染稀释度高
预防措施	在单个社区内采取行动来阻止点源污染	通过大范围包括全球行动来解决

　　根据污染物性质，海洋污染可划分为化学污染、生物污染和能量污染等类型，主要污染物及主要来源见表 7–4。

　　海洋污染具有广泛性和复杂性，体现出以下特点：①污染源广、数量大。人类活动所产生的污染物质除直接排放入海外，还可以通过江河径流、大气沉降而进入

◎ 表7-4　根据污染物性质划分的海洋污染类型及其来源（改自沈国英，2009）

污染类型	主要污染物	污染物的主要来源
化学污染	石油烃（原油和从原油分馏出汽油、柴油、润滑油等产品）	事故性溢油；船舶航行；海上油气生产；通过径流和大气进入的陆源石油烃
	塑料（聚苯乙烯、聚丙烯、聚氯乙烯等难以被生物降解的塑料产品、碎片和微粒）	浅海水产养殖漂浮设施；渔网；水产品容器；沿海和海上生活垃圾
	有机质和营养盐类（糖类、脂类、蛋白类等有机物质和氮、磷等营养盐）	城镇污水和工业废水；农业面源污染；大气沉降；海水养殖自身污染
	持久性污染物（杀虫剂、除草剂、多环芳烃、多氯联苯、二噁英等）	农业面源污染；工业废水；海水养殖活动；通过大气沉降带入的垃圾和燃料燃烧的中间产物
	重金属（包括汞、镉、铬、铜、铅、锌等金属元素和硒和砷等类金属元素）	工业污水、矿山污泥和废水；石油燃烧生成的废气；船舶的防污损涂料；含金属的农药和渔药
	放射性同位素（包括 ^{239}Pu、^{90}Sr 和 ^{137}Cs 等放射性物质）	大气沉降；核武器爆炸、核工业和核动力船舰的排污
生物污染	病原物（包括本地和外来的病毒、细菌、真菌和寄生虫等）	由海水养殖引种和饵料携带进入；养殖逃逸动物携带扩散；船舶携带
	非病原物外来种（海水养殖外来种、赤潮生物外来种等）	海水养殖引种；远洋船舶及其压舱水携带
	基因（为提高养殖生物生长率、抗病力、品质和环境适应能力而人为转入外源基因）	转基因养殖动物逃逸；转基因海藻孢子扩散
	生物毒素（如多种贝毒和鱼毒）	有害赤潮
能源污染	热能	核电厂、火电厂和各种工业冷却水
	噪声	船舶航行；海上和海岸爆破

海洋，最终造成进入海洋的污染物数量巨大。②持续性强。由于海洋是地球上位能最低的区域，只能接受来自大气和陆地的污染物质，而很难将污染物转移出去。不能溶解和不易分解的物质在海洋中持续存在，对海洋环境会造成持续性的危害，即使原本在非生物环境中含量较低，但经过食物链的传递和放大，就会对高营养级的海洋生物和人类造成潜在威胁。③污染物扩散快、范围广。世界海洋是相互连通且不停地运动的整体，污染物可以在海水中小范围快速扩散，还会在海流的携带下长途迁移。④清除和防治难度大。由于海洋污染的以上三个特点，决定了海洋污染清除和防治难度较大。要防治和清除海洋污染，必须进行长期的检测和综合治理研究工作。

7.3.2　污染物的迁移与转化

存在于工业生产废水中的重金属等有害物质经过排污口或河流排放入海，它们在入海前后的存在形态及其在海洋环境中的分布、迁移转化和最后归宿，无论是对污染物质地球化学的理论研究，还是评价水体的自净能力或了解水体污染程度或污染海域的治理以及海洋环境保护均具有非常重要的意义。

污染物进入海洋环境以后必然参与和经历空间位置的移动，以及从一种存在形态转变为另一种存在形态的迁移与转化过程。迁移是污染物在环境中所发生的空间位置的移动及其所引起的富集、分散和消失的过程。而在这一物理过程中必然会伴随着污染物通过物理的、化学的和生物的作用改变其存在形态，或者说从一种形态转变为另一种物质的过程。因此，污染物在海洋环境中的迁移与转化是在同一过程中相互伴随在不同营力作用下，同时发生的两个不同性质的过程。

以胶州湾为例，历次调查的结果均表明，不论是水域或沉积物中，重金属铬（Cr）是含量较高的污染物，对环境和栖息生物均造成一定的危害。这里，以含重金属铬工业废水通过娄山河进入胶州湾水域后迁移与转化为例予以说明。

含 Cr（Ⅵ）的工业废水自排污口进入海域以前，由于这段河流中的工业废水中含有制革废水中的硫化物和单宁。所以 Cr（Ⅵ）首先被硫化物和单宁还原为 Cr（Ⅲ）。因此，Cr^{3+} 在进入海域时即已有 80% 以上被还原。然后，被河流携带进入海域的悬浮颗粒被海水中的悬浮颗粒所吸附而沉降于海底沉积物中。这是溶解态 Cr（Ⅲ）从水体转移到沉积物的一个途径。另外，工业废水与海水混合后，pH 发生变化，可形成 Cr（ON）并产生胶体絮凝。

根据含有 Cr（Ⅵ）的工业废水自排污口流经娄山河然后进入胶州湾水域的迁移与转化过程可以绘制图 7-1。

7.3.3 海洋污染的生态效应

海洋环境受到污染后，会对栖息于环境中的生物（包括个体、种群、群落和生

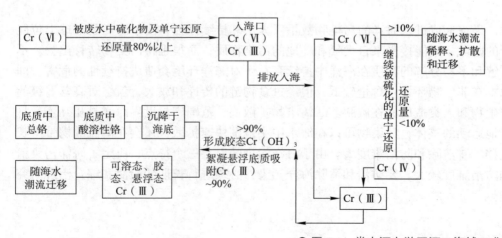

● 图 7-1 娄山河上游至河口海域工业废水中重金属铬的迁移转化模式图［引自山东海洋学院（现中国海洋大学）化学系，1982］

态系统）造成危害，即为海洋污染的海洋污染生态效应（ecological effect of marine pollution）。通常，海洋生物（或生态系统）通过新陈代谢与周围的无机环境不断地进行物质和能量交换，使其保持动态平衡，从而维持生命的正常活动。但是，海洋污染可以在短时间内改变或破坏环境的理化条件，从而干扰或破坏生物与环境之间的动态平衡，引起生物（或生态系统）发生一系列改变和破坏。

海洋污染的生态效应与造成海洋污染的污染物的性质有关，同时亦因生物种类的不同而表现出差异。污染的生物效应有直接的，也有间接的；有急性危害，也有亚急性或慢性危害。污染物浓度与效应之间的关系有线性的和非线性的。另外，海洋污染对海洋生物的危害与特定海域的环境特点以及生物对污染物的富集能力等有关。总之，污染物对生物的危害影响是一种综合的和复杂的作用过程，而生物对不同污染物，即使同一污染物在不同的环境条件下其适应程度和反应特点也各不一样（图 7-2）。

下面从生物个体、种群和生物群落等不同层次分别叙述有关海洋污染的生态效应。

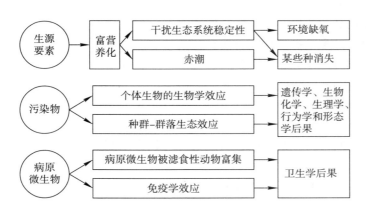

○ 图 7-2　海洋污染的生态效应

7.3.3.1　个体层次的生态效应

高浓度或剧毒性污染物的暴发性污染可以立即引起海洋生物个体中毒和死亡。然而低浓度的污染物和慢性污染对生物个体的效应主要是通过生物内部正常的生理和代谢机能、形态和行为的变化以及遗传变异来表现。如 $1 \sim 5 \times 10^{-9}$ mol/L 的 Hg^{2+} 即能抑制某些海洋单细胞藻和营固着生活藻类的光合作用。将海胆（*Lytechimus pictus*）的受精卵置于含 6×10^{-8} mol/L Zn^{2+} 海水溶液中，与对照试验组进行比较，就会发现胚胎发育速率明显减慢。将紫贻贝（Mytilus edulis）置放于低浓度的原油溶液中，结果紫贻贝在生理反应（如氧耗率、摄食率、分泌率）、细胞反应（消化细胞大小、溶酶体潜伏期）和生化反应（几种酶的比活性）等方面均出现了异常变化，而且生长速率明显降低（Widdows，1982）。江鲽鱼属的 *Platichthys flesus* 用以被 DDT 污染的食物喂养后，很快就出现了过量的活动现象，4 年时间内，其游泳活动总计比对照组高出 20 多倍，大大增加了能量的消耗（Bengtsson，1981）。Cook 原油的水溶性烃能伤害银大麻哈鱼（*Oncorhynchus kisutch*）的捕食能力，并降低其生长速率（Folwar，1982）。

7.3.3.2 种群、群落层次的生态效应

不同种类生物对污染影响的敏感性有很大差异。海洋环境受到污染以后，那些对污染抗性弱的种类首先死亡或消失，而那些抗性强的种类却具有一定的忍受能力，有的种类则会出现暴发性的繁殖，从而改变了原来的种群结构，导致生态平衡失调。如有机污染严重的水域，多毛类环节动物小头虫（*Capitella capitata*）的种群数量就会明显增多，可占污染水域总生物量的 80% ~ 90%，致使生物群落组成生物多样性明显降低，生态平衡失调。

生物测试（bioassay）是实验室内一种重要的实验方法，目的是以此解释在自然环境中污染物对生物的影响和生物对不同污染物的敏感程度。20 世纪 70 年代以来，人们对各种潜在的污染物，特别是重金属对海洋生物的影响进行了大量研究。由于多毛类环节动物的特性及其在海洋环境中的重要位置，目前它们已成为被普遍采用的测试生物之一。美国加利福尼亚州大学 Reish（1979）教授曾用小头虫，Pesch 和 Haffman 曾用沙齿刺沙蚕（*Neathes arenaceodentata*）为材料进行过室内生物测试。Oshida 等（1976）在观察测试重金属铬对刺沙蚕的实验室繁育种群和野外种群的效应时，没有发现两者有统计意义的差异。至今，我们还没有见到有任何人就同一污染物对地理上隔离很远的同一种多毛类的两个自然种群的效应进行过生物测试实验研究。范振刚于 1983 年与吴宝铃、Reish 等人共同进行了重金属镉和铬对多毛类环节动物小头虫两个种群的效应的实验研究。结果表明，小头虫两个自然种群青岛种群和美国加利福尼亚州长滩种群铬的 96 h 半致死浓度分别为 0.63 mg/L 和 1.7 mg/L，数据分析表明两个实验结果的差异具有统计意义。就镉的 96 h 半致死浓度而言青岛种群为 1.0 mg/L，加利福尼亚州长滩种群为 0.6 mg/L，数据分析表明两个半致死浓度的差异没有统计意义（表 7-5、表 7-6）。

Parsons 和 Grice 等人通过受控生态系统试验证明，低浓度的汞、铜、镉和多氯联苯能改变受控生态系统的生物群落结构，使以硅藻为基础的食物链转变为以鞭毛藻为基础的食物链，前者最上层的捕食者是鱼类，而后者最上层的捕食者则是水母和软体动物。事实表明，低浓度汞和铜等造成的海洋污染能改变初级生产者的种类

● 表 7-5 铬（CrO_4^{2-}）作用 96 h 小头虫两种群的存活数

浓度 / （mg·L^{-1}）	青岛种群			加利福尼亚州长滩种群		
	起始时个体数	96 h 时个体数	存活率 /%	起始时个体数	96 h 时个体数	存活率 /%
对照	40	27	68	42	37	88
0.05	40	22	40	40	29	73
0.1	41	17	45	45	30	67
0.5	41	20	40	40	30	75
1.0	40	17	40	40	24	60
5.0	40	1	40	40	2	5

○ 表 7-6　镉（$CdCl_2$）作用 96 h 小头虫两种群的存活数

浓度 / ($mg \cdot L^{-1}$)	青岛种群			加利福尼亚州长滩种群		
	起始时个体数	96 h 时个体数	存活率 /%	起始时个体数	96 h 时个体数	存活率 /%
对照	20	15	75	20	14	70
0.5	20	14	70	20	12	60
1.0	20	10	50	20	4	20
5.0	20	1	5	20	0	0
10.0	20	0	0	20	0	0

组成，并进而改变食物链的类型。

有试验证明，许多海洋生物对重金属、有机氯农药和放射性物质具有很强的富集能力，它们可以通过直接吸收或食物链（网）的积累、转移，参与生态系统的物质循环，另一方面干扰或破坏生态系统的结构与功能，另一方面危及人类的健康。

7.3.4　海洋环境容量与自净能力

7.3.4.1　海洋环境容量

在讨论人类活动对海洋环境造成污染时，必然会涉及海洋环境容量和海洋环境自净能力。

所谓海洋环境容量（marine environmental capacity）是指特定海域对污染物质所能接纳的最大负荷量。通常，海洋环境容量愈大，对污染物容纳的负荷量即愈大；反之愈小。海洋环境容量的大小可以作为特定海域自净能力的指标。

环境容量的概念主要应用于质量管理。污染物浓度控制的法令只规定了污染物排放的容许浓度，但却没有规定排入环境中污染物的数量，也没有考虑环境的自净和容纳能力。因此，在污染源比较集中的海域和区域、尽管各个污染物源排放的污染物达到（包括稀释排放达到的）浓度控制标准，但由于污染物排放总量过大，仍然会使环境受到严重污染。因此，在环境管理上只有采用总量控制法，即把各个污染源排入某一环境的污染物总量限制在一定数值之内，才能有效地保护海洋环境以及消除和减少污染物对海洋环境的危害。

某一特定的环境（如一个自然区域、一个城市、一个水体等）对污染物的容量是有限的。其容量大小与环境空间各环境因素特性以及污染物的物理、化学性质有关。从环境空间来看，空间越大，环境对污染物的净化能力就越大，环境容量也越大。对污染物来说，其物理、化学性质越不稳定，环境对它的容量也就越大。

环境容量包括绝对容量（WQ）和年容量（WA）两个方面。

绝对容量是指某一环境所能容纳某种污染物的最大负荷量。它与环境标准的规定值（WS）和环境背景值（B）有关。数学表达式可以用浓度单位和质量单位两种表示形式。以浓度为单位表示的环境绝对容量的计算公式为：

$$WQ = WS - B \tag{7-1}$$

以质量单位表示的计算公式为：

$$WQ = M(WS - B) \tag{7-2}$$

式中：M 为某环境介质的质量。

年容量是指某一环境在污染物的积累浓度不超过环境标准规定的最大容许值的情况下，每年所能容纳某污染物的最大负荷量（WA）。年容量除了与环境标准的规定值和环境背景值有关外，还与环境对污染物的净化能力有关。如某一污染场对环境的输入量为 A（单位负荷量），经过一年以后被净化的量为 A′，则（A'/A）× 100% = K，K 为某污染物在某一环境中的年净化率。以浓度单位表示环境年容量的计算公式为：$WA = K(WS - B)$。以质量单位表示环境年容量的计算公式为：$WA = K \cdot M(WS - B)$。年容量与绝对容量的关系：$WA = K \cdot WQ$。

对某一特定海域环境容量，由于污染物不同，通常是依据污染物的地球化学行为进行计算：

（1）可溶性污染物是以化学耗氧量（COD）或生化需氧量（BOD）为指标计算其污染负荷量。通常采用数值模拟中的有限差分法。即通过潮流分析计算 COD 浓度物。

（2）重金属的污染负荷量是以其在沉积物中的允许累积量 $M1$ 表示。即：

$$M1 = (Si - So) \cdot A \cdot B \cdot Wc \tag{7-3}$$

式中：Si 为沉积物中重金属的标准值；So 为沉积物中重金属的本底值；A 为重金属在沉积物中扩散面积；B 为沉积物的沉积速率；Wc 为沉积物的干容量。

（3）轻质污染物（此处以原油为例）的环境容量 $M2$ 则通过换算水的交换周期求得。即：

$$M2 = 1/T \cdot q \cdot Si + C \tag{7-4}$$

式中：T 为海水交换周期；q 为某海域水深 1~2 m 的总水量（原油一般漂浮于 1~2 m）水深；Si 为海水中原油浓度的标准值；C 为同化能力（指化学分解和微生物降解能力）。

7.3.4.2　海洋环境的自净能力

海洋环境存在着许多因素能对进入海洋环境中的污染物通过物理的、化学的和生物的作用使其浓度降低乃至消失达到自然净化的过程，即称为海洋环境的自净能力（marine environmental self-purification）。海洋环境自净能力对合理开发利用海洋资源、为保护海洋环境污染物排放标准以及监测和防治海洋污染具有重要意义。海洋环境自净能力按发生机制可以分为物理净化、化学净化和生物净化。

物理净化是海洋中最重要的自净过程。它通过扩散、稀释、沉淀和混合等降低污染物的浓度从而使水域得到净化。物理净化能力的强弱取决于海洋环境中温度、盐度、酸碱度（pH），海面风力、潮流和海浪等物理条件和污染物的形态、比重等理化性质。如温度升高可以有利于污染物的挥发，海面风力有利于污染物的扩散，水体中黏土矿物颗粒有利于对污染物的吸附和沉淀等。20 世纪 80 年代以来，中国科学院海洋研究所、青岛海洋大学、国家海洋局环保所等单位的科学家运用数值模拟的方法对胶州湾（王化桐，1980；俞光跃，1983；陈时俊，1983）、锦州湾（王同华，1982）、渤海湾（于天常，1982）以及渤海（窦振兴，1981，1982）的物理自净能力进行了研究，并已取得一些成果。

化学净化是指通过氧化和还原、化合和分解、吸附、凝聚、交换和络合等化学反应实现的海水自净。影响化学净化的环境因素有酸碱度、氧化还原电势、温度和化学组分。污染物本身的形态和化学性质对化学净化也有重大影响。

生物净化是指通过微生物和藻类等生物的代谢作用，将污染物质降解或转化为低毒或无毒物质的过程。如将甲基汞转化为金属汞，将石油烃氧化成二氧化碳和水。

不同种类生物对污染物的净化能力存在着明显的差异。如微生物能降解石油、有机氯农药、多氯联苯以及其他有机污染物，其降解速率又与微生物和污染物的种类及环境条件有关。如某些微生物能转化汞、镉、铅和砷等金属和有毒物质。微生物在降解有机污染物时需要消耗水中的溶解氧，因此，可以根据在一定期间内消耗溶解氧的数量来表示水体污染的程度。

7.3.5　海洋环境质量监测与评价

7.3.5.1　海洋环境质量监测

海洋环境质量监测是指对海洋环境要素或指标按规定进行监测，它是控制海洋污染、保护海洋环境和资源的重要措施，主要内容是定期地监测海洋环境各种污染物的分布、浓度及其变化。应及时了解和掌握特定海域污染物的状况与动态，以便按时做出污染对海洋环境与海洋生物可能产生的危害程度的预测。

海洋环境监测可以分为水质、底质、大气和生物监测。这里，我们将重点讨论生物监测。

海洋生物监测（biological monitoring）是利用海洋生物个体（或机体某一部分）、种群或群落组成结构对海洋环境污染或其变化可产生的反应来判断海洋污染状况的一种海洋环境污染监测方法，为评价污染对海洋环境质量的影响和海洋环境管理提供依据。

自从 20 世纪初（1916）德国学者首先发现多毛类小头虫可以作为海洋底质污染的指示生物以来，由于应用生物来监温暖环境污染具有综合、历史、直观简便和经济等优点，其逐渐受到重视。进入 20 世纪 50 年代以来，随着海洋污染日趋严重，有关生物监测的研究得到了较快的发展。目前海洋污染生物监测已由采用单种生物个体数量变化，发展到用各种生物指数揭示群落组成种类的变化；由采用个体形态、生理和生化变化的指标，进展到用染色体等亚显微结构的变化；由局部水域的生物监测发展到地区乃至全球的生物监测。

用海洋生物监测环境污染，首先要根据监测目的、污染物和时空条件然后确定生物种类或生物指标；其次是进行条件试验，以确定监测指标与环境污染之间的关系以及海洋环境、生物本身内外因素的影响，再按计划进行监测。鉴于海洋环境的动态性以及生物本身的适应性等，用生物监测的同时还应与化学的、物理的方法相配合，以便更及时、更确切地反映出特定海洋环境质量状况。

7.3.5.2　海洋环境质量评价

在监测与评价某一特定水域环境质量、污染程度与性质时，调查或发现某些藻类和微生物的存在和数量是比较确切、迅速可行的方法之一。每一种生物对环境因素（如氧、氮、有机或无机物）都有自己的需求，通过关键生物种的数量调查即可以检验污染的性质与程度。

海洋环境质量评价主要是指人类活动对特定海域（港湾、河口等）影响的评价。它又分现状评价和长期影响评价。其根据不同的要求和环境质量标准，按照一定的评价原则和方法，对特定海域环境要素（水质、底质、生物）的质量进行综合评价和预测，为海域环境规划和管理以及污染防治提供科学依据。

海洋环境现状评价是对海域环境污染的目前状况进行评价，按照环境要素又可以分为水质、底质和生物现状评价，评价方法有指数法和聚类分析法。如油轮搁浅触礁溢油对特定海域造成污染及其对海洋生物产生不利影响的评价即为现状评价。

海洋环境长期影响评价是评估和预测某一重大工程（建设水坝、核电站等）在建设过程中和建成使用后可能对海洋环境造成的长期影响。它是在大量占有和分析历史资料和现状资料的基础上，根据特定海域环境特征选用模型试验和数据模拟的方法进行。如三峡工程不同蓄水位对生态与环境影响的评价就属于此类。

7.3.6　常见的海洋污染及其生态效应

7.3.6.1　石油烃

随着社会经济的迅速发展，石油的开采利用和海上运输日趋增多与频繁，与此同时石油生产过程中的跑、冒、滴、漏和海上油轮触礁事故时有发生，从而对海洋环境和海洋生物带来危害。据统计，在海洋污染中，石油对海洋环境造成的污染次数最多（约占 80%），危害影响最重，并潜藏着长期污染影响。

从 20 世纪 60 年代至 20 世纪 90 年代世界各大洋发生的油轮触礁溢油事故来看，最严重的一次是 1978 年 3 月发生的阿莫戈·卡迪兹号（Amoco Cadiz）油轮在法国西北部布里塔尼海湾搁浅触礁溢油事故，这次事故溢油量达 220 000 t，致使附近 300 多千米海岸受到油污染，约 30% 的底栖生物被窒息死亡和 200 多万只海鸟因身体羽毛沾满原油不能飞翔觅食而饿死。

另外，根据对阿莫戈·卡迪兹号油轮溢油事故地点附近的两个海湾比目鱼（*Pleuronectes platessa*）进行的组织学检查结果表明，油污区内出现鱼鳍、尾部坏死数量显著增多，鳃的黏液细胞增生和徒长，肾腺变性，肝脏巨噬细胞的数量增多，肌肉纤维退化以及肾小球肿大等现象（Haensly 等，1982）。

位于胶州湾西岸的黄岛油码头于 1974 年建成。自开始使用以来，由于油轮搁浅触礁、油罐破裂和操作失误等原因而发生的溢油事件也是相当严重的。1974 年以来，胶州湾内共发生溢油事故 200 余起，其中以油轮搁浅触礁溢油事故占 2/3。尤以 1983 年 11 月东方大使号在中沙礁搁浅溢油事故最为严重，共溢油 3 343 t。事故发生后由于当时天气情况和海况等原因溢油沿着西岸流向湾口，污染范围除了在团岛湾沿岸堆积形成了长 1.4 km、宽为 0.3 km 的油污染带，在薛家岛、后叉湾沿岸形成长 3.3 km、宽 0.25 km 大范围的油污区以外，溢油被海流带出湾外，继续沿青岛南海岸一直向东延伸，油污范围扩大至崂山头至白马河沿岸一带。对海洋环境造成了比较严重的污染。沿岸海上养殖器材因沾满油污也会受到一定程度的油污染影响，从而造成经济损失。如 1973 年香港一个油库漏油 40 000 t，严重污染了 100 多家沿岸浅海水域家用网箱，造成 120 万美元的损失。

石油烃污染不但危害海洋环境，还对海洋生物产生影响。研究结果表明，不同种类的海洋生物受石油烃污染的影响程度存在显著差异（表 7-7）。吴宝铃等调查分析了海洋生物体内石油含量，其结果表明，以帽贝（*Nacella concinna*）含量最高，为 345.82 mg/kg，比水样含量高出 620 倍，并且明显高于鱼类体内的含量（49.22 mg/kg）。这一现象可能与其生活方式有关（表 7-8）。

◉ 表 7-7 石油烃对不同种类海洋生物的危害浓度（田立杰等，1999）

海洋生物种类	危害浓度 /mg · L⁻¹	海洋生物种类	危害浓度 /mg · L⁻¹
异养微生物	0.3–1000	鱼类	0.01–2000
单胞藻	0.5–1000	贝类	0.1–105
大型藻	100–1000	环节动物	0.1–5000
甲壳类	0.01–1000	棘皮动物	0.1–5000

◉ 表 7-8 南极菲尔德斯半岛南部邻近海域生物体内石油含量

海洋生物种类	采样地点	含量 /mg · kg⁻¹
帽贝（*Nacella concinna*）	长城站位前	354.82
幅贝（*Nacella concinna*）	西海岸	250.22
椭海螂（*Latornula elliptica*）	长城湾	205.10
南极鱼（*Notothenia coriiceps*）	长城湾口	49.22

1. 原油污染对海洋环境的影响

原油（石油烃）溢入海面后会在天气和海流等作用下立即扩散形成范围很大的油膜，从而阻断了大气与海水的一系列交换。因此被油膜覆盖的海域首先会出现严重的缺氧状态。有试验证明，海表面油膜厚度为 0.5 mm 时，氧的吸收率将降低 15%（Boswell，1950）。覆盖在海表面并呈乳块状的原油其体积不断膨大并随海流到处漂流，不时会黏附到其他物体上或沿海岸边的建筑物上，对美丽的海滨环境造成污染。如 1983 年 11 月在胶州湾发生的东方大使号搁浅触礁溢油事故，就对美丽的青岛海滨和海水浴场环境造成了较严重的危害。时至 1984 年春、夏之季，每当人们漫步在海滨的沙滩和在海中游泳时，稍不注意就会有石油沾在身上或衣物上。

覆盖在海面的油膜会吸收太阳辐射的热量，从而促使海水温度升高，其升高的程度与油膜的厚度和颜色有关。另外，由于海水中的潜热不能及时释放出来也会导致水温的急剧升高。

根据吴宝铃等（1992）对南极菲尔德斯半岛南部邻近海域进行的原油污染调查结果表明，自从 20 世纪 80 年代以来随着南极科学考察大规模开展以后，由于油轮搁浅触礁溢油事故和陆上考察站储油库漏油事故的频繁发生，致使南部邻近海域原油污染问题日趋严重和突出，并已引起人们的重视。经过取样分析结果表明，调查范围内水样中原油的最低含量为 512.25 μg/L，这已越过了中国制定的远海水水质标准中第三类水质最高容许浓度（500 μg/L）；最高石油含量 4 169.72 μg/L，出现在帽贝山下（表 7-9）。与世界海洋水中原油含量（表 7-10）比较，已清楚地反映出南极菲尔德斯半岛南部邻近海域已受到严重的原油污染。从调查水域原油含量最高值出现的站位来看，可以推测造成局部水域严重的油污染主要与陆上考察站油库和发电机房漏油排污有关。

◎ 表 7-9　南极菲尔德斯半岛南部邻近海域水体中原油含量分布（吴宝铃等，1992）

站位	站位代号	含量 /μg·L^{-1}	站位	站位代号	含量 /μg·L^{-1}
长城站前	A	624.95	无名岛东南角	H	665.93
长城站前	A	512.25	无名岛西边	I	686.42
智利、前苏联站前	B	4 149.23	半山脚下	J	686.42
乌拉圭站前	D	655.68	海峡东口	K	788.87
油库	C	563.48	2#	S_1	3 995.55
油库	C	1 208.91	5#	S_2	4 067.27
平顶山下	E	522.50	9#	S_3	4 005.80
帽贝山下	F	4 169.72	12#	S_4	3 995.55
海豹滩	G	553.23	17#	S_5	3 995.55
无名岛东南角	H	665.93	增 2#	S_6	3 995.55

◎ 表 7-10　海水中石油烃的浓度（引自 Johnson，1984）

海域	浓度 /μg·L^{-1}	说明
乔治滩	0.2 ~ 9.8	气相色谱（GC）
德克萨斯州南部	0.1 ~ 2.0	仅链烷烃
墨西哥湾流	0 ~ 75	GC
西非沿岸	10 ~ 95	GC
法国沿岸	46 ~ 137	GC
大西洋外海	1 ~ 50	红外
	<6	荧光
	20	1 ~ 3 mm 荧光
地中海	2 ~ 200	表层（红外）
	2 ~ 8	
波罗的海	50 ~ 60	次表层（红外）

海域	浓度/μg·L^{-1}	说明
墨西哥湾（沿岸）	1～0.6	非芳烃
加尔维斯敦湾	8	仅正链烃
纽约湾	1～21	
委内瑞拉湾	50	
贝德福水域	1～60	
罗伦斯湾	1～15	GC
Narragansert 湾	8.5	GC
	5～15	
伍兹霍尔湾	11	GC
大西洋	0.5～6	

2. 原油对海鸟和鱼类的影响

原油对海鸟的危害很久以来就受到人们的关注。由于海鸟的羽毛具有隔热作用，所以具有较高的恒定体温。再加上羽毛具有疏水亲油特性，所以原油对海鸟的羽毛的最大危害是破坏了羽毛紧密和不透水的细致结构。因此，海鸟身体一旦接触原油时就很容易被油黏附而且不易清洗，尤其是刚刚溢于海面上的原油非常容易地渗透到羽毛中去。原油沾满身体的海鸟其体重增加了，大大影响了其在海水中游泳的速率和在天空中飞翔的能力，进而影响了其觅食能力。据观察，由于海面上原油污染严重，迫使海鸟不得不吞食油污或用嘴梳理羽毛时吞入原油。试验结果表明，一只成鸟只要平均吞食 6.3 g 的原油就会死亡。

1970 年 1 月在英国东海岸发生的一次原油污染就造成 50 000 只海鸟死亡。目前，每年因慢性原油致死海鸟的数量要比一次事故性溢油所致死海鸟的数量还要多。据 Lemmetyinen（1966）统计，波罗的海自 1952 年至 1962 年 10 年内，每年有 10 000～40 000 只海鸟死于原油污染。

2000 年 5 月，一艘载有 1 300 t 燃料油和 13 万 t 铁矿石的巴拿马籍油轮在距离南非开普敦海岸大约 10 km 的海域因故沉没。燃料油全部溢入海面，形成了一片波及罗本岛附近海域的油膜。罗本岛是一个生活有 20 000 只企鹅、环境优越的自然保护区。油轮溢油事故发生对罗本岛附近生态环境造成了严重的影响，致使企鹅周身沾满了油污，影响了其正常生活。

另外还有试验表明，原油黏附于鱼类鳃腔的表皮细胞，会影响鱼类的正常呼吸，尽管鱼类可以分泌一种黏液以清洗轻微的原油，但最终还是会被窒息死亡。当原油浓度为 10 mg·L^{-1} 时，就会影响鱼、虾类幼体血液的正常循环，从而使其不能正常吸取水中的氧和及时将二氧化碳排出体外，最后导致生长发育变态。对大多数动物来说，原油对其影响主要是窒息死亡。

3. 原油对浮游生物的影响

溢油事故发生后，漂浮在海面上的油膜很快就隔断了海水表面对太阳辐射的吸收，从而影响了浮游植物的光合作用，使水域的生产力明显下降。Gordon 和 Prouse（1973）曾在新斯科舍（Nova Scotia）海域进行了原油对浮游植物光合作用影响的试验研究，其结果表明当原油浓度在 0.1 mg 以上时，光合作用大大减弱，但油浓度低于 0.1 mg 时光合作用则有所增加。南黄海北部原油污染调查（1974—1976）也发现类似现象。

关于海面油膜对浮游植物生长的影响，还有试验证明，原油对 Olisthodiscus 属的细胞繁殖具有明显的阻碍作用。原油浓度 2 $mg \cdot L^{-1}$（油膜厚约为 0.35 μm）时，24 h 就使其细胞全部死亡。而对骨条藻细胞繁殖的影响则较小，即使 200 mg（油膜厚约为 35 μm）时其细胞繁殖仍能正常进行。实验结果发现，原油对三种海洋微藻的急性毒性剂量 96h EC_{50} 依次为青岛大扁藻 13.84 mg/L，球等鞭金藻 18.83 mg/L，小新月菱形藻 6.73 mg/L（表 7-11）。三种海洋微藻毒性敏感性大小顺序为：小新月菱形藻 > 青岛大扁藻 > 球等鞭金藻（张聿柏，2013）。由此可见，原油对不同种类浮游植物的影响是明显不同的。

○ 表 7-11　石油烃对 3 种海洋微藻的急性毒性剂量 96 h EC_{50}

微藻名称	概率单位模型	R^2	96 h EC_{50}/mg $\cdot L^{-1}$	95% 置信区间 /mg $\cdot L^{-1}$
青岛大扁藻	y=−1.467+1.285x	0.992	13.84	12.11 ~ 18.14
球等鞭金藻	y=−1.243+0.975x	0.995	18.83	17.22 ~ 22.39
小新月菱形藻	y=−1.407+1.699x	0.977	6.73	2.76 ~ 14.11

南黄海北部石油污染调查结果还表明，在石油高含量的海域曾出现斜尖根管藻、钝根管藻细棘变形，藻体屈曲变形，色素体退色、断裂和散失现象。该种在数量上为高含油量海域的优势种。另外，刚毛根管藻也出现过类似的现象。

4. 原油对潮间带大型海藻的影响

自从黄岛输油码头建成使用以后，由于连续发生几次重大溢油事故对该地区及其附近潮间带生物群落组成产生了明显的影响。根据范振刚等自 20 世纪 50 年代至 80 年代末进行的胶州湾潮间带生态学调查的调查研究结果表明，由于原油大部分被海浪冲击聚集在高潮带，致使某些种类（特别是营固着生活的种类）被窒息死亡；中潮带油污程度相对较轻；低潮带生物群组成的主要优势种与往年比较，20 年世纪 80 年代末发生了明显的演替，即原来以鼠尾藻为优势种的群落已由浒苔 - 刚毛藻为优势种的生物群落所替代，生物量也表现出明显下降的趋势（表 7-12）。

野外涂油试验表明，营固着生活生物的死亡率要比营爬行生活生物高；高潮带比中潮带、低潮带死亡率高。藻类表面一旦被原油覆盖，在较短时间内就会出现死亡。

5. 原油对海洋哺乳动物的影响

原油污染最明显的生态效应是造成海洋哺乳动物的死亡。这些动物需要定期与海面接触，海面上的油膜玷污海兽的皮毛，溶解其中的油脂，使它们失去保温、游泳的能力，因失温或溺水死亡。海兽当中，海獭对石油泄漏非常敏感。因为海獭会

○ 表 7-12　黄岛、薛家岛岩石岸潮间带低潮带生物群落优势种和常见种的更替和数量变化（g/m^2）

地点 种类 时间	黄岛			薛家岛		
	优势种	常见种	群落总生物量	优势种	常见种	群落总生物量
1972 年秋	鼠尾藻 250 珊瑚藻 130	利心菜 100 刺海松 30 浒苔 50	620	鼠尾藻 150 孔石莼 100	浒苔 30	280
1974 年秋	浒苔 83 刚毛藻 30	水云 10	123	鼠尾藻 80 孔石莼 150	浒苔 40	270

长时间待在海面上，完全依靠皮毛来隔热和漂浮，原油会导致其皮毛失去了保温的能力。并且，吸入原油组分蒸气和摄入原油造成海獭的肺损伤、神经损伤以及肝和肾损伤。1989 年 Exxon Valdez 号溢油事件据信造成 3 500 至 5 500 只海獭死亡。有案例表明，原油污染造成的某些海洋哺乳动物种群的损害在几十年后仍未恢复。

7.3.6.2　富营养化

过量的营养物质进入海洋以后，可能造成藻类大量繁殖、水体透明度和溶解氧含量下降、水质恶化的等后果，形成海洋污染，把有机质和营养盐对海洋的污染称之为海水富营养化（eutrophication）。

营养物质污染的来源包括：生活污水和工业废水等形式的水污染排放进海洋，农业中化肥的灌溉、畜牧业产生的排泄物造成水污染而后流进海洋，海水养殖投喂饲料，以及大气的沉降。

富营养化是导致海洋生态环境破坏的首要因素，这已被世界各国科学家普遍接受。富营养化会破坏水域的生态平衡，使原有生态系统的结构发生变化导致一些功能的退化，并引起有害藻华的爆发。

1. 海水富营养化促进致灾藻类大量繁殖，导致有害藻华发生

当近岸海区营养盐过剩，再加上适宜的环境条件（温度、光照等），致灾藻类会大量繁殖，当其达到一定密度时就会导致赤潮等有害藻华爆发。虽然赤潮在自然条件下也会发生，但由海洋富营养化诱发的赤潮规模和频率在近几十年来逐年增加。

2. 海水富营养化造成水体缺氧。海水富营养化可能导致水体缺氧

首先，藻类暴发和消亡过程中会消耗水体中的氧气，并且由于其漂浮在海面，阻挡了水体和大气的交换，使得水体缺氧，浮游动物及其他高等水生生物无法生存。其次，与此同时，漂浮在海面上的藻类会阻挡光照，降低了水体的透明度，使得底栖的藻类和海草生长受到影响，降低底层水体氧含量。第三，藻类自身的死亡和藻类爆发所造成的其他生物死亡之后，水体中的有机物开始向海洋底层转移，在底层进行氧化分解，消耗大量的氧气，影响了其海底动植物的生长，使海底的生态平衡受到破坏；在一些水体交换不良的区域内，这种氧气的供应就会出现不足，导致水底产生厌氧环境。缺氧造成水体不能支持海洋生物生存的海区被称为死区（dead zones），全球发现了超过 400 个死区，总面积超过 245 000 km^2，包括波罗的

海，卡特加特海峡，黑海，墨西哥湾和中国东海部分区域，它们都是主要渔业区。

3. 海水富营养化导致群落结构发生变化

由于人类排放入海的营养盐比例与原来海洋生态系统的比例不同，并且浮游植物对氮、磷的需求也各不相同，导致了浮游植物种间竞争加剧，浮游植物群落结构发生变化。通过对长江口东海海区氮、磷、硅三种营养盐的通量长期变化进行分析，发现由于营养盐的改变赤潮优势种中肋骨条藻所占比例由80年代33%下降到24%，而甲藻比例由12.5%上升到36%。

4. 海水富营养化引起物种多样性降低

富营养化往往使生态系统结构朝退化的方向发展，物种多样性降低。有研究表明：在寡营养环境中，R-策略海藻的幼体竞争力和种群繁殖力都受到制约，占据的空间生态位有限，为其他种类的生存提供了条件，K-策略海藻则表现出更强的竞争力，在竞争中取得优势，底栖海藻的多样性丰富。在富营养环境中，营养盐浓度的上升提高了R-策略海藻幼体的竞争力和种群繁殖力，使其占据了大量的生态位，形成优势种群，导致底栖海藻多样性较低。有研究报道了底栖大型动物群落结构（物种丰富度，优势度和总丰度）与有机物富集之间的相关性：对中度有机物富集的响应是底栖动物物种丰富度，数量丰富度和生物量的增加。有机物富集程度进一步增加，物种的丰富度就会降低，底栖动物群落中只有少数机会物种具有高丰度，造成物种多样性下降。

5. 海水富营养化可导致重要海洋生境退化

严重的富营养化还会导致海草场、珊瑚礁等重要海洋生境的丧失。过去几十年中，全世界范围内都出现了海草场的灾难性损失，富营养化，尤其是氮和磷的富营养化，被认为是全世界海草场消失的主要原因。在营养物质过度富集的情况下，导致海草场消失的最常见机制是高生物量藻类被刺激发生过度生长而减少光照，这些藻类包括附生植物和大型藻类（浅水区）以及浮游植物（深水区）。水体富营养化引起附生藻类大量繁殖，覆盖了海草的叶片表面，使得海草可利用的光能大大减少。研究发现，附生藻类并不是单纯地覆盖在海草表面遮挡阳光，而是显示出像叶绿体一样的吸收特性，即附生藻类优先吸收蓝光和红光，这就形成了与海草叶片表面竞争可利用光能的局面。富营养化会促进某些大型海藻以及浮游植物爆发性生长，形成光衰减，进而对海草场产生显著的负面影响。

7.3.6.3 重金属

重金属通常指某些密度较大的金属［相对密度大于5 g/cm³的元素，包括汞（Hg）、镉（Cd）、铬（Cr）、铅（Pb）、铜（Cu）、锌（Zn）、锰（Mn）、铁（Fe）等］。重金属本是自然环境中地壳岩石中的天然组成成分，天然来源的重金属构成了海洋重金属的本底值。人类活动导致过量重金属进入海洋造成污染就是海洋重金属污染。海洋重金属污染的来源主要包括：工业污水、矿山废水的排放及重金属农药的流失，煤和石油在燃烧中释放出的重金属经大气的干湿沉降进入海洋。据不完全统计，由于人类活动每年排入海洋中的重金属大约有25万吨铜、390万吨锌、30多万吨铅；全世界每年生产的汞中大约有5 000吨最终流入海洋。根据我国国家海洋公报公布的数据表明，2010年经由全国66条主要河流入海的重金属污染物总量为 4.2 万吨。进入海洋的重金属，一般经过物理、化学及生物等过程进行迁移化。由于重金属污染来源和迁移转化的特点，一般认为其在海洋环境中的分布规律如下：①河口及沿岸水域高于外海；②底质高于水体；③高营养级生物高于低营养级生物；④北半球高于南半球。

1. 重金属在海洋生态系统中的生物富集、生物放大和生物转化

重金属多为非降解型有毒物质，当它们被吸收和储存的速度快于被分解（代谢）或排泄的速度，重金属便在海洋生物中发生富集。重金属的生物富集程度取决于在环境介质中的总量和生物利用率（bioavailability）以及被吸收、储存和排泄机制的途径。重金属的生物放大作用存在争议，在由初级生产者，大型无脊椎动物和鱼类组成的海洋食物链中，镉和铅等金属通常不会发生生物放大（Ali 和 Khan，2019）。但是有机重金属比如甲基化的重金属会更大程度地积聚在生物系中，并由于其亲脂性而在食物链中被生物放大。例如，甲基汞（MeHg）在海洋食物链中具有明确的生物放大作用。海洋重金属经过生物转化可能发生蓄积性的增强和毒性的放大。例如，沉积物中的细菌可以将二价汞离子转化为甲基汞。甲基汞具有更高的生物利用度，可以很容易地穿过生物膜，其生物蓄积性和毒性相比无机汞放大了 10 倍。

2. 海洋重金属污染的生态效应

部分重金属是生物进行正常生理活动所需的必需元素，有些重金属是高毒性的，并且原本是生命所必需的重金属元素，超过一定的阈值也会对环境及生物产生危害。重金属毒性和稳定性取决于它的存在形态，其随水环境条件改变，各种存在形态之间可相互转化。重金属海洋污染的生态效应表现在分子、生理、种群、群落各水平上。

首先，部分重金属（汞、铬、铜、铅等）与某些生物大分子（例如氨基，亚氨基和巯基）具有较高的亲和力，能够与之结合，影响大分子的结构和功能，导致酶系统失活以及细胞膜/细胞器膜上的蛋白质结构损伤。因此，重金属污染会影响海洋生物的生理生化过程，如叶绿素合成、光合作用、呼吸作用等。另外，重金属会诱导生物体内活性氧增多，造成机体氧化应激。

其次，重金属能抑制海洋生物种群增长，特别是海洋动物的胚胎和幼虫，具有较高的敏感性，在评估污染事件的生态影响时不能忽视。例如，海洋无脊椎动物的幼体对汞毒性的敏感性比成体高几个数量级（表 7-13）（Connor，1972）。

◉ 表 7-13　汞对三种海洋生物成虫和幼虫的急性毒性

物种	成虫	幼虫	成虫/幼虫比值
青蟹 *Carcinus maenas*	1.2	0.014	86
褐虾 *Crangon crangon*	5.7	0.01	570
欧洲平牡蛎 *Ostrea edulis*	4.2	0.003	1400

第三，重金属污染改变海洋底栖生物群落结构和物种多样性。海洋底栖生物物种对重金属污染的耐受性不同导致群落结构改变。有研究表明，底栖桡足类对沉积物重金属具有相对较高的敏感度，底栖桡足类的丰度以及海洋线虫和底栖桡足类

密度之比（nematode-copepod ratio，N/C 值）与重金属含量相关，对重金属污染有指示作用。重金属污染还会造成底栖群落的多样性降低。有研究表明，与对照峡湾（Korsvikfjord）相比，铜污染 [205 mg/kg（DW）] 的峡湾（Orkdalsfjord）里底栖生物群落的物种丰富度大幅下降，铜污染不仅影响了低丰度类群，而且影响最高丰度类群以外的所有底栖生物类群。

7.3.6.4　微塑料

通常将环境中粒径 < 5 mm 的塑料颗粒称为微塑料。微塑料的化学性质稳定，可在环境中长期存在，被认为是一种新型环境污染物。微塑料可分为初生微塑料和次生微塑料。初生微塑料是指工业生产过程中起初就被制备成为微米级的小粒径塑料颗粒，比如牙膏和化妆品中添加的塑料微珠等；次生微塑料则指大型塑料碎片在环境中分裂或降解而成的塑料微粒（图 7-3）。微塑料进入海洋环境造成海洋微塑料污染。海洋环境中常见微塑料的化学组成主要有热塑性聚酯（Polyester，PET）、高密度聚乙烯（High-density polyethylene，HDPE）、聚氯乙烯（Polyvinyl chloride，PVC）、低密度聚乙烯（Low-density polyethylene，LDPE）、聚丙烯（Polypropylene，PP）、聚苯乙烯（Polystyrene，PS）、聚酰胺（Polyamide，PA）等。

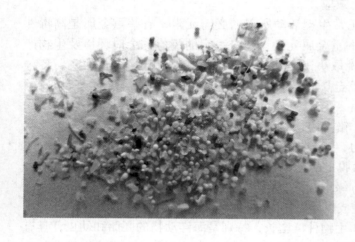

● 图 7-3　微塑料的形态可以是颗粒状、片状、线状等等（引自俄勒冈州立大学）

1. 海洋中微塑料的来源及分布

海洋环境中的微塑料污染来源：①陆源输入。陆源输入是海洋环境中微塑料的主要的来源，据估计约占 80%。家庭、工业废水及垃圾堆放渗滤液等是微塑料的主要来源。②海源输入。海上作业、船舶运输和海岸带人类活动可带来微塑料污染，例如海上作业的船只本身船体及其装置、塑料渔具、沿海码头浮筒和水产养殖设施等在遭损害后可形成的微小塑料颗粒。微塑料能够在陆地环境、淡水环境和海洋环境之间进行迁移活动，主要的迁移路径如下图 7-4 所示。

微塑料可以被远距离运输，已经遍及包括两极、深海在内的全球海洋环境。但是，尽管在整个海洋环境中都可能发现塑料垃圾，但这些垃圾的分布是不均匀的。模型和实际调查表明，微塑料在亚热带环流区（比如北太平洋环流、北大西洋环流、南大西洋环流等）形成堆积。高浓度的微塑料首先是在北太平洋中部环流中发

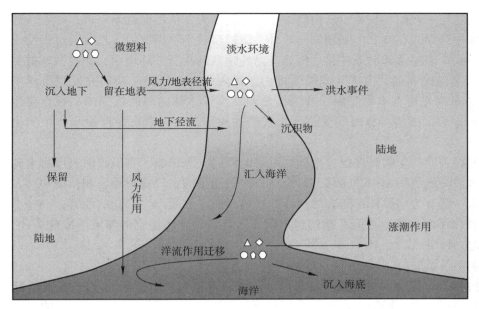

● 图 7-4 微塑料在自然环境中的
迁移（王彤，2018）

现的，并被称为"海洋垃圾带"。

2. 海洋微塑料污染的生态效应

海洋微塑料污染的生态效应主要来自以下四方面：

（1）微塑料本身的生态效应

微塑料已经对海洋生物的代谢、生存和繁殖都产生了不同程度的影响，对微塑料的单独生态学效应的研究从基因、分子、细胞、组织、个体、种群、群落到生态系统水平上都有所涉及。目前在从基因到种群水平上的研究较多，微塑料对藻类的影响表现在：微塑料的存在会造成微藻细胞内与糖蛋白合成有关的基因的过度表达，使糖蛋白含量升高，还会造成细胞内活性氧含量的增加，进而破坏叶绿体、线粒体和细胞膜结构，影响细胞的正常代谢。微塑料被海洋动物摄取后通过划伤和阻塞动物的消化道、影响系统平衡和正常代谢等方式降低动物的身体机能，如微塑料会影响贻贝体内氧化 - 抗氧化系统的平衡，造成活性氧含量升高并导致氧化损伤，影响血液循环，提高了血细胞的死亡率；粒径小的微塑料能够进入鱼的肝脏，引发肝脏炎症，进而影响脂质和能量的代谢，造成脂质的累积；低浓度的微塑料就能造成桡足类的死亡，并明显降低其繁殖能力。在群落水平上对微塑料对生物的影响进行的研究表明，高含量的微塑料会降低海洋底栖生物群落的丰度。微塑料在生态系统层面上的影响还没有开展具体的研究，目前认为可能产生的影响有：飘浮微塑料对太阳光的反射作用阻碍了藻类的光合作用，降低了整个海洋生态系统的初级生产力；底栖生物作为海洋生态系统工程师，微塑料对底栖生物的影响不仅会危害底栖生物的健康，还会影响整个底栖生态系统的正常运转。

（2）微塑料表面会形成生物膜

海洋环境中的微塑料会迅速被微生物附着形成微生物生物膜，进一步使藻类和无脊椎动物定居在塑料表面，从而使微塑料密度增大，从海面逐渐下沉，导致微塑料在水体中悬浮或在海底不断积累。此外，微塑料被生物摄取后，也可通过粪便或海雪的形式从表层水体向下迁移。例如，已经观察到在野外环境中，塑料微球被海鞘摄食后会随废弃的"房子"或粪便排出，沉入海底。另外一项研究发现海洋中超过70%的海雪中含有微塑料，成为微塑料从海洋水体向海底沉降的一条重要途径。另一方面，微塑料在海底受到生物扰动的作用，又会重新悬浮被水体中的生物摄食。

微塑料表面的生物膜在促进微塑料沉降的同时，也影响了有机碳由表层海水向底层海水或海底沉积物中的转移，对全球海洋碳通量的估计有重要影响；微塑料表面会附着一些有害病原体，随着微塑料的迁移对海洋水质产生广泛的危害；一些小型的藻类和浮游动物也可能在微塑料上附着，迁移到环境适宜的海域形成优势种，改变当地物种组成。

（3）塑料添加剂

塑料制造过程中，往往掺入塑料添加剂（通常称为"增塑剂"）以改变其性能或延长其使用寿命。增塑剂包括多溴联苯醚、壬基酚、三氯生等物质，被证明具有生物毒性。增塑剂不仅延长了塑料的降解时间，而且还可能浸出，从而将潜在的有害化学物质引入到生物区系中。微塑料本身含有的增塑剂会向海洋环境中不断释放，向生物体中转移，影响生物生存，如研究表明塑料沥出物会造成海洋桡足类动物死亡。摄入微塑料后，海洋生物直接暴露于浸出的添加剂中，可能导致其内分泌紊乱，影响繁殖和发育等。

（4）微塑料与污染物的联合效应

由于微塑料的比表面积大，容易从环境中吸附污染物，包括水性金属和持久性有机污染物。生物摄取微塑料后，塑料表面吸附的污染物会向生物体中转移，影响生物生存。当微塑料与污染物共同作用于生物时，可能产生协同效应、拮抗效应和无关效应。微塑料与芘共存时，会显著降低虾虎鱼的乙酰胆碱酯酶和异柠檬酸脱氢酶的活性，从而增加鱼类死亡率，此时微塑料和芘表现为协同效应；但也有研究表明微塑料的存在推迟了由芘诱导的鱼的死亡时间，可能原因是微塑料和鱼体对芘产生了竞争吸附，降低了芘在生物体内的浓度，此时两者表现为拮抗效应。但是也有研究者指出与生物通过水体、摄食和有机质等其他悬浮颗粒物接触污染物相比，生物通过微塑料接触污染物对其产生的影响可以忽略不计。微塑料与污染物对生物的联合毒性效应也在不同物种、污染物及微塑料的种类和含量、作用时间和生理指标上有所不同，对整个海洋生物的影响程度也未知，仍需要进一步探究。

7.3.6.5 放射性核素

1. 海洋放射性核素污染种类、来源与特征

海洋中存在的放射性物质可以分为两大类：天然存在的放射性核素和人为引入的放射性核素。前者称为天然放射性物质（天然放射性本底），后者是由人类活动造成的，被称为放射性核素污染物。放射性核素种类繁多，其中以 ^{239}Pu、^{90}Sr 和 ^{137}Cs 的排放量较大。海洋放射性核素污染的来源有：①核武器试验或使用时核爆产生的放射性沉降物；②原子能工业和核动力船舰排出的放射性废物和废水；③核污

染的大气沉降及核污染的土壤沥滤。另外，由事故产生的核泄漏也成为了不可忽视的放射性核素污染来源，如 2011 年 3 月日本福岛核电站发生核泄漏事故，放射性核素直接泄漏还有受核污染的水和大气最终进入海洋，造成严重的海洋放射性核素污染。事故发生前，日本东部沿海海域的 ^{137}Cs 浓度水平与其他地表海水处于同一数量级，在 1~3 Bq m^{-3} 之间，四月初在核电厂附近海域海水中 ^{137}Cs 浓度达到 68 Bq m^{-3}。据法国放射防护与核安全研究所的估计，到 7 月中旬前，约有 27 PBq 的 ^{137}Cs（约 8.4 kg）进入海洋，这是有史以来最大规模的人工放射性物质向海洋释放的通量。在 2016 年，美国的西海岸海水样品中首次发现 ^{134}Cs，表明福岛核事故的海上辐射首次到达太平洋东岸。

2. 海洋放射性核素污染生态效应

海洋放射性污染会造成海洋生物的遗传突变、细胞损伤，影响海洋生物的繁殖、生长和发育，进而造成死亡。例如影响精子的形成、胚胎的发育、幼鱼的成活率和造成畸形等。俄罗斯学者认为，低浓度（10^{-10}~10^{-7} Ci/L）的 ^{90}Sr 就对海洋生物具有上述影响，而美国、英国和日本的一些研究者认为，较高浓度（10^{-4}~10^{-3} Ci/L）才会有如上影响。目前，对该问题的认识还不一致。但放射性污染有使鱼储量减少的危险是可以肯定的。放射性物质可通过海洋生物富集和食物链传播，扩大分布范围，迁移到深海或其他原来没有放射性污染的区域。同时，经生物富集增加的核素浓度及电离辐射造成生物遗传物质损害和杀伤，导致敏感生物种群消失，以至食物链断裂，从而损害生态系统健康。

7.4 海洋生态灾害

据调查统计，全球海洋生态灾害的暴发频率、暴发规模和危害程度都呈现出逐年上升趋势，对人类社会发展带来了不利影响。以下主要介绍了海洋生态灾害的定义和类型、海洋生态灾害的成因以及海洋生态灾害的生态效应。

7.4.1 海洋生态灾害的定义与类型
7.4.1.1 海洋生态灾害的定义

当海洋自然环境发生异常或剧烈变化，导致在海上或海岸发生的灾害称为海洋灾害（marine ecological disaster）。海洋生态灾害作为海洋灾害的其中一类，是指因海洋生物数量或行为发生异常变化造成事发海域生态系统严重失衡，结构和功能退化，进而危害经济、社会和人类健康的现象，典型的海洋生态灾害有赤潮、绿潮、褐潮、金潮、白潮、生物入侵等（图 7-5）。这些灾害与海洋环境污染和富营养化等环境问题有关，但不包括海洋富营养化和环境污染事件本身（唐学玺，2019）。

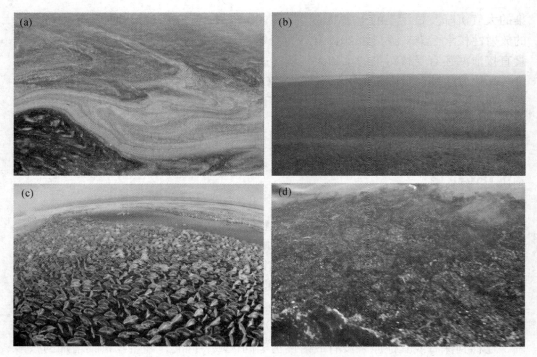

● 图 7-5　典型海洋生态灾害
（a）赤潮；（b）绿潮；（c）白潮；（d）金潮

7.4.1.2　海洋生态灾害的类型

1. 赤潮灾害

赤潮（red tide）是由海水中某些浮游生物或细菌在一定环境条件下，短时间内暴发性增殖或高度聚集，引起水体变色，影响和危害其他海洋生物正常生存的灾害性海洋生态异常现象。赤潮的暴发具有一定的连续性，即在同一海域往往连续多年暴发同种赤潮。

赤潮灾害是海洋生物、化学、物理、气象等多种因素综合作用产生的，发生机制复杂多变。依据赤潮的成因、发生海域、范围、频率及引发赤潮的生物种类等要素，可以将赤潮分成多种类型。根据赤潮灾害发生时赤潮生物的种类组成，通常将赤潮分为单向性、双向型和复合型赤潮 3 种（表 7–14）。根据赤潮生物自身的特性及其对人类和其他生物的影响差异，还可以将赤潮分为有毒赤潮、鱼毒赤潮、有害赤潮和无害赤潮 4 种类型（表 7–15）。根据赤潮生物暴发式繁殖的海域和由其引发的灾害发生的海域是否相同，可将赤潮分为原发型赤潮和外来型赤潮两种类型。此外，还可以依据赤潮发生海区的环境特征将赤潮划分为河口型、海湾型、养殖型、上升流型、沿岸流型及外海型 6 种赤潮类型。

2. 绿潮灾害

绿潮（green tide）是指大型定生绿藻脱离固着基后，在一定环境条件下，漂浮增殖或聚集达到一定水平，导致海洋生态环境异常的一种现象。绿潮的暴发具有一定的周期性，即每年的春夏季节，绿潮有暴发的可能。

● 表7-14　根据赤潮诱发种对赤潮分类（引自张有份，2000）

类型	赤潮生物种类组成
单向型	单一赤潮生物引发，赤潮发生时只有1种生物占绝对优势。
双向型	两种赤潮生物引发，赤潮发生时有两种生物同时占优势。
复合型	多种赤潮生物引发，赤潮发生时有3种或3种以上生物，且每种都占有总数量的20%。

● 表7-15　根据赤潮生物特性及其对人类和其他生物影响的差异对赤潮分类
（引自江天久等，2006）

类型	特性描述
有毒赤潮	此类赤潮可产生赤潮毒素，其毒素可通过食物链积累放大，当人类误食染毒的水产品后可引起消化系统或心血管和神经系统中毒
鱼毒赤潮	对人类无毒害，但对鱼类及无脊椎动物有毒的赤潮
有害赤潮	引发赤潮的生物本身没有毒性，但是由于赤潮生物的机械窒息作用或赤潮生物在死亡分解时产生大量有毒的物质，同时消耗水体中的溶解氧，造成其他生物损伤甚至大量死亡
无害赤潮	海洋中的某些赤潮生物数量增加，但是对其他生物和人类没有毒性，未对海洋生物造成不利影响甚至可能促进生长

　　绿潮不同于赤潮，绿潮暴发种本身是无毒的，不存在对人类健康造成危害的可能，但是与赤潮相似的是，绿潮也可分为原发型和外来型（表7-16）。我国秦皇岛绿潮灾害就属于原发型，而黄海绿潮灾害则属于典型的外来型。按照引发绿潮的绿藻门的大型海藻，将绿潮分为石莼绿潮、刚毛藻绿潮、硬毛藻绿潮和混合型绿潮等（表7-17）。

　　3. 褐潮灾害

　　褐潮（brown tide）是由微微型浮游藻类在一定环境条件下暴发性增殖或聚集达到一定水平，导致水体变为黄褐色并危害其他海洋生物的一种生态异常现象。1985年，褐潮灾害首次出现于美国东北部的一些沿海海湾，后来又于1997年在南非的

● 表7-16　根据绿潮生物增殖海域和绿潮灾害发生海域是否相同对绿潮分类

类型	特性描述
原发型	某一海域具备了绿潮灾害发生的各种理化条件，导致绿潮生物就地暴发性增殖形成绿潮灾害，绿潮生物增殖海域和绿潮灾害发生海域是同一海域，地域性明显，持续时间长，周期性出现
外来型	绿潮生物在一海域暴发繁殖，由于外力的作用而被带到另一海域并形成绿潮灾害，绿潮生物增殖海域和绿潮灾害发生海域不是同一海域，外来型绿潮漂移路径长，发生规模大，周期性暴发

○ 表 7-17　根据绿潮诱发的对绿潮分类

类型	绿潮生物
石莼绿潮	石莼属（*Ulva*）
刚毛藻绿	刚毛藻属（*Cladophora*）
硬毛藻绿潮	硬毛藻属（*Chaetomorpha*）
混合型绿潮	两种或以上并发

萨尔达尼亚湾暴发。2009 年秦皇岛海域褐潮的暴发使中国成为世界上第三个受其影响的国家。

褐潮灾害由微微型藻类引发，目前已知的引发褐潮的主要藻类为抑食金球藻（*Aureococcus anophagefferens*）及潟湖秋影藻（*Aureoumbra lagunensis*）（图 7-6）。所以褐潮灾害按照诱发种分为两种类型：一种是由抑食金球藻引起的褐潮；另一种是由潟湖秋影藻引起的褐潮。

4. 金潮灾害

金潮（golden tide）是指漂浮状态的马尾藻属海藻，在一定环境条件下暴发性增殖或出现高生物量聚集，进而导致海洋生态失衡的一种海洋生态异常现象，是最近几年受到广泛关注的一种海洋生态灾害。2017 年 4 月至 6 月，我国黄海海域出现了罕见的绿潮和金潮灾害的共同暴发现象（图 7-7）。作为一种新型的海洋生态灾害，金潮灾害已引起普遍关注，但金潮的形成机制、生态影响以及防范措施等方面的研究，目前仍处于起步阶段。

5. 白潮灾害

有别于上文中所提到的赤潮、绿潮、褐潮以及金潮灾害，白潮（white tide）是由海洋动物引起的一种海洋生态灾害。海洋中的一些大型无经济价值或有毒的水

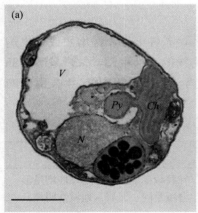
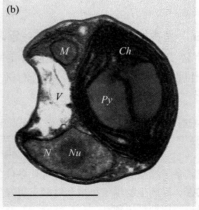

○ 图 7-6　潟湖秋影藻（a）和抑食金球藻（b）透射电镜图（引自 Gobler and Sunda，2012）细胞核（N），核仁（Nu），叶绿体（Ch），淀粉核（Py），线粒体（M）和液泡（V）。图中标尺为 1 μm

○ 图 7-7　我国黄海海域绿潮金潮同时暴发现场照片

母，在一定条件下暴发性增殖或异常聚集，形成对近海生态环境和渔业生产造成危害的一种生态异常现象，因此白潮灾害又称为水母旺发。白潮既不像赤潮暴发时具有连续性，亦不像绿潮暴发时具有周期性。

通过致灾生物是否具有毒性，可将白潮分为有毒白潮和无毒白潮。一般来说，如海月水母（*Aurelia* spp.）、海蜇（*Rhopilema esculentum*）、沙蜇（*Nemopilema nomurai*）和霞水母属（*Cyanea* spp.）等带有刺细胞的水母，均带有毒性；而如侧腕栉水母（*Pleurobrachia pileus*）和瓜水母（*Beroe cucumis*）等均不具有刺细胞，其不具有毒性（图 7-8）。白潮也可以依据暴发海域分为外来型和原发型。

6. 生物入侵

生物入侵（biological invasion）是指当某种生物通过外地自然传入以及有意或无意的人类活动进入非本源地，在当地的自然或人造生态系统中存活繁殖且形成种群，并进一步扩散已经或即将造成生态破坏的事件。生物入侵被公认是造成生物多样性丧失的第二大因素，仅次于生境丧失。随着经济全球化进程的不断加快，生物入侵因其巨大的危害性而引起了广泛关注，海洋生物入侵已成为威胁海洋生态环境的主要问题之一，对我国海洋生态环境构成严重损害。

7.4.2　海洋生态灾害的成因

海洋生态灾害的成因主要包括生物与环境两方面，一方面致灾生物能够暴发成灾与其具有的独特的生物学基础与生态学特征密不可分。另一方面孕灾环境中主要环境特征及其动态变化对海洋生态灾害的发生、发展、消亡均具有显著的驱动作用。

○ 图 7-8　几种主要的白潮致灾生物
（a）海月水母；（b）海蜇；（c）栉水母；（d）瓜水母
资料来源：https://baike.baidu.com/

7.4.2.1　海洋生态灾害的生物学基础与生态学特征

首先来看生物学基础。致灾生物具有独特的形态结构特征。种群数量的暴发性增长离不开致灾生物简单的细胞形态；利用气囊或类气囊结构致灾生物能够调节自身在水体中浮沉，对于其在营养摄食、繁衍避害具有重要意义（图7-9）；鞭毛结构的产生，使得生物体受环境限制更小，致灾生物可以主动趋向有利环境，规避有害环境。

致灾生物具有的独特的生理特征，为其最终成灾提供源动力。极强的光合作用能力和光合适应性为海洋藻类致灾生物生物量急剧扩增提供基础；致灾生物在长期的进化过程中形成了比较完善的抗氧化系统以提供氧化应激活性，保障自身能够更好地适应来自于环境的胁迫压力；强大的营养元素吸收能力保障了致灾生物的生长和繁殖必需的物质基础；通过激素调节，致灾生物能够产生特定的活性物质以刺激自身的生长、发育、繁殖抗逆性等多种活动；致灾生物也可以通过分泌次生代谢产物（化感物质）对其周围的植物或微生物产生影响。致灾生物还具有强大的生殖、生长和发育能力，主要体现在具有多样化的生殖方式、较高的生殖频率、高效的生殖产率以及惊人的生长速率上。

其次来分析在生态学特征。海洋生态灾害的暴发不仅与致灾生物自身的生物学基础密切相关，在自然状态下，任何生物都不可能孤立存在，而是由不同物种种群之间以食物联系和空间联系聚集在一起。致灾生物能够在某一特定空间、特定时间大规模暴发，其自身也必然具备独特的生态学特征，这些生态学特征在致灾生物成灾过程中发挥重要作用，具体包括生活史策略和种间关系两部分。

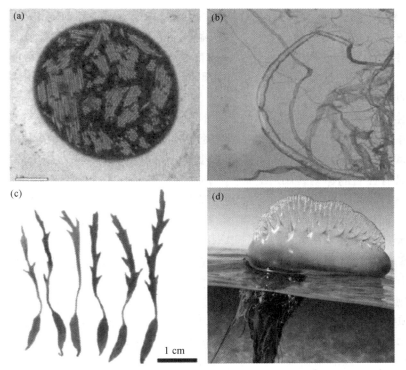

● 图 7-9　致灾生物独特的气囊结构
（a）蓝藻；（b）浒苔；（c）铜藻；（d）僧帽水母

致灾生物各自有其不同的生活史策略，主要可以分为休眠策略、生殖策略和迁移策略。利用休眠策略致灾生物可以进入发育暂时延缓的休眠状态以越过不利的环境条件；在生殖策略方面，许多物种具备 $r-$ 选择物种的特点，可以快速发育，同时可以在有利的环境中快速繁殖，在有限的时间内迅速扩增其生物量（图7–10）；迁移策略是指许多致灾生物为了满足自身的生理生态需求，可以通过自身的运动而实现种群聚集。

不同物种种群之间的相互作用所形成的种间关系是构成生物群落的基础。具体

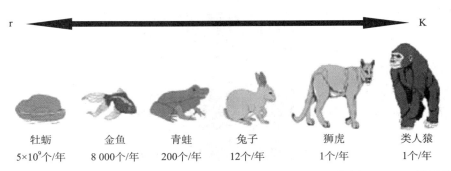

● 图 7-10　r/K 选择策略在自然界中的分布示意图（引自 Brand, 1995）

可以表现为竞争、捕食、附生等。当海洋生态灾害发生时，在有限的区域内致灾生物大量聚集，能够在受灾地区内成为优势种，致灾生物自身必然具备某些特征使其得以在与当地其他生物的竞争过程中占据优势；捕食过程是水母等致灾生物获得能量来源的重要途径，而良好的捕食策略对于其适应环境具有重要的意义；通过附生有利于致灾生物的种群扩散。

7.4.2.2　海洋生态灾害的环境驱动

除了自身具有的独特的生物学基础与生态学特征外，致灾生物能够最终成灾离不开适宜的孕灾环境。孕灾环境中主要环境特征及其动态变化对海洋生态灾害的发生、发展、消亡均具有显著的驱动作用。

物理环境是自然环境的一部分，温度、盐度、光照和水文是影响生物生长和繁殖的重要环境因子，而致灾生物暴发成灾也需要合适的温度、光照、盐度、水文条件以促使致灾生物大规模暴发。

海水的温度是影响生物生长的重要环境因子，在海洋生态灾害发生过程中也起到了重要的推动作用。温度对赤潮、绿潮、褐潮、白潮均有显著的影响，其中，赤潮灾害发生的适宜温度范围为 20～30℃，季节的交替导致海水温度发生规律性变化，进而导致赤潮灾害的发生呈一定的规律。绿潮生物同样受温度显著影响，以黄海绿潮为例，优势种浒苔最适温度为 20～25℃，而在我国黄海绿潮暴发期，黄海海域海水温度刚好在 20～25℃范围内（图 7–11）。抑食金球藻的最适生长温度为 20℃，且其对温度的适应能力很强，能在 0～25℃海水中生长。水母分为暖温性水母（如霞水母属）、热带水母（如仙女水母和硝水母）和广温性水母（如沙海蜇），温度的变化会影响水母的无性生殖速率，而无性生殖产生芽体和水母幼体的过程则决定了水母的数量（王建艳等，2012）。

光照条件对藻类引发的海洋生态灾害和浮游动物引发的海洋生态灾害均有极大影响。在适宜的光照条件下（图 7–12），赤潮生物利用氮、磷等营养元素的能力达到最强，生长最快；绿潮生物对光照强度的适应范围非常广，同时光照对绿潮生物繁殖体的附着率有较大影响；褐潮典型生物抑食金球藻基因组中含有较多涉及捕光

赤潮生物适宜温度：20~30℃

绿潮生物适宜温度：20~25℃

◉ 图 7-11　赤潮生物及绿潮生物适宜温度比较

的基因，其较其他浮游植物更能适应低光强环境；水母体内有与感应光线相关的感觉体，可为协助水母辨别上下位置，因而水母能发生昼夜垂直迁移现象，同时光照强度对水母的无性生殖速率和横裂生殖也有不同程度的影响。

>9 μmol · m^{-2}.s^{-1}
即可生存

● 图 7-12　光照与绿潮生物的关系

　　盐度是驱动海洋生态灾害发生的重要环境因素。盐度对赤潮灾害发生有重要影响，以我国为例，赤潮海域的盐度为27°～37°，在我国4个海域中，东海受赤潮灾害影响最大，这是由于东海位于长江和杭州湾近岸水团东侧与外海水团的混合过渡带，低盐淡水与高盐海水东西向混合，加上上升流的影响，使海域水体盐度特征异常，这些异常与所发生赤潮密切相关；季节更替进而导致水体盐度差异，也易引发赤潮生物种类的更替；绿潮生物普遍具广盐性，使其具有极强的环境适应能力。

　　水文条件比较特殊，温度、光照、盐度可以直接对致灾生物产生影响，水文既可以对致灾生物产生直接影响，还可通过导致温度、光照、盐度的变化而间接对致灾生物产生影响，而浪、潮、流等为水文条件的主要体现形式。

　　对生物产生影响的化学环境可以分为两部分，即营养盐和其他化学要素。

　　海水中的营养盐含量是影响海洋生物生长的重要因素，同时海洋生物的生长状况也会影响各种营养盐数量的变动，当致灾生物开始增长时，其发展范围和生物量就会受到环境所提供营养物质的限制。氮、磷、硅等营养盐经大气沉降、河流输入、上升流抬升、底质释放等途径进入海洋水体，而这些营养盐的生物地球化学循环在海洋生态系统中起重要作用，可显著影响致灾生物的种群变化，加之致灾生物均为机会主义生物，在营养盐充足的情况下，会大量扩增形成灾害（宋伦，毕相东，2015）。

　　其他化学要素指对致灾生物有显著影响的化学要素，主要指微量营养物质，包括微量金属元素和某些生物体自身无法合成而需要从外界摄取的特殊化合物，例如维生素。这类化学物质在海水中含量极低，但是对生理功能和形态起非常重要的作用，例如铁元素为藻类形成光合色素的重要成分，维生素对致灾生物的生长与繁殖起促进作用。

　　人类的生产生活过程往往会对环境造成影响，进而引发海洋生态灾害的发生，其具体体现包括过度捕捞、近海养殖以及全球海洋贸易三方面。

　　过度捕捞：过度捕捞对于白潮的发生有直接的推动作用。人类过度捕捞使水母的捕食者减少，引发"下行效应"。例如亚得里亚海中的夜光游水母（*Pelagia noctiluca*）的增加与一些捕食水母鱼类的过度捕捞有关；我国东海的过度捕捞导致了渔场的营养级严重下降，鲳鱼的捕捞增加，减少了水母的捕食者，增加了白潮发生的可能性。过度捕捞使水母的竞争者数量减少，水母同以浮游动物为食的饵料鱼类竞争食物，对生态平衡造成损伤，引发生态灾害。

　　近海养殖：过度的近海养殖是海洋生态灾害发生的另一个重要诱因。在近海养殖过程中，贝类养殖生物会产生大量的排泄物，这些排泄物沉积到海水底层；而在鱼类养殖过程中，例如投饵式网箱，投饵活动使相关海域氮、磷等营养元素含量迅速上升。营养盐类和生源可降解的有机废物会造成相关海域海水富营养化或缺氧问题，相关海域极易发生海洋生态灾害。

全球海洋贸易：全球经济一体化使得国际贸易往来越来越频繁，这也增加了全球海洋生态灾害发生的概率。船舶附着生物和压载水是某些赤潮生物以及入侵生物重要的引入途径。由于许多海洋生物物种并不只是通过一种途径单次被引入，可能通过多种途径或多次被引入，因此频繁的全球海洋贸易大大提高了外来海洋生物物种在新的栖息地获得生态位长期定居的可能性。

7.4.3　海洋生态灾害的生态效应

海洋生态灾害的暴发既会影响暴发海域的生源要素循环，改变海洋生态环境，还会影响其他海洋生物的生长、存活、繁殖，从而改变海洋生物组成，影响海洋生态系统的结构及稳定。因此海洋生态灾害的生态效应表现为对暴发海域生源要素的影响以及对当地生物群落结构的影响。

7.4.3.1　赤潮灾害对海洋生态系统的影响

赤潮灾害初期，相对适宜的环境条件，有利于赤潮生物的大量增殖，在此过程中，赤潮生物经光合作用产生养分供其自身利用的同时，也会大量吸收水中的二氧化碳，使水体二氧化碳平衡遭到破坏，水中 pH 值也逐渐升高。随着赤潮生物的不断生长繁殖，大量的赤潮藻漂浮在海面，会降低光线透过率，影响海洋植物的正常生长。而在大规模赤潮消退之后，死亡的藻细胞向下沉降，会造成水体底层溶解氧的大量消耗，使海底出现低氧甚至无氧区，威胁底栖生物的生存。

某些有毒赤潮藻种产生的毒素能够经由海洋食物链传递到较高营养级，导致高营养级海洋生物中毒和死亡，如石房蛤毒素、短裸甲藻毒素、软骨藻酸等都曾造成海洋哺乳类或鸟类中毒事件（图 7-13）。赤潮藻毒素在某些在滤食性贝类及植食性鱼类体内累积会造成水产品污染，由麻痹性贝毒、腹泻性贝毒等造成的中毒事件在北美、西欧和亚太海域非常普遍，对人类健康构成了很大威胁。除产生毒素之外，也有部分微藻通过藻体本身具有的特殊结构或者产生具有溶血活性或细胞毒性的物质，能够伤害鱼类及其他无脊椎动物的鳃（周名江和朱明远，2006）。

7.4.3.2　绿潮灾害对海洋生态系统的影响

绿潮藻自身无毒，但其过度生长或聚集同样会给当地的海洋生态系统带来一系列影响，甚至引发次生生态灾害。绿潮暴发主要通过代谢产物的分泌以及改变相关海域环境理化性质等方式对海洋环境以及海洋生物群落结构产生影响。

浒苔藻体具有快速富集营养盐的能力，会对与其处于同一生态位的浮游植物类群形成营养竞争；浒苔在生长过程中向环境中释放大量的藻源物质，一方面会影响水体环境的溶解有机物含量，进而引发微生物和浮游生物群落结构变化，另一方面浒苔分泌的某些化感物质能够对某些浮游生物群落的生长和繁殖产生很强的抑制作用。

我国黄海浒苔绿潮的暴发过程中，浒苔藻体漂浮聚集形成一定厚度的密集藻垫

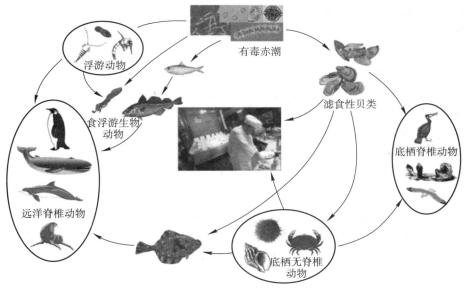

◉ 图 7-13　赤潮毒素在食物链中的转移途径

覆盖在海面，在遮蔽光照的同时，也阻碍了大气与表层水体之间的气体交换，削弱了海洋自养生物的光合作用。浒苔绿潮的消亡沉降过程中，藻体的腐烂过程加剧了溶解氧的消耗，引发水体环境的局部缺氧，与此同时浒苔藻体的腐烂会向环境中释放大量有毒物质，包括重金属、硫化氢和胺氮类等，会对底栖动物产生毒害，引发底栖动物群落结构改变。而绿潮的消亡分解同样会释放大量营养盐，这可能刺激浮游藻类对营养盐的再利用，导致赤潮等次生灾害的暴发（王宗灵等，2018）。

7.4.3.3　褐潮灾害对海洋生态系统的影响

褐潮灾害的发生范围虽然不及赤潮和绿潮灾害，但是其危害不容小觑。褐潮藻能够在无机营养浓度低的条件下达到高生产率与其能够利用水体中的有机碳、氮、磷等营养有关，因此随着褐潮的持续发展，水体环境中的有机营养浓度会逐渐下降（Gobler 等，2011）。当褐潮藻大量繁殖时能够造成严重的光衰减，导致大面积的海草以及其他海藻的死亡，破坏了扇贝等底栖生物的栖息环境。与有毒赤潮藻类似，有专家推测褐潮藻中含有某些具毒素作用的物质，能够对双壳类动物产生细胞毒性（Liu 等，2000）。而褐潮藻产生的大量多聚糖能够降低原生动物的摄食和生长速率并改变其运动性。

7.4.3.4　金潮灾害对海洋生态系统的影响

近几年来，金潮灾害在我国沿海影响加剧，对沿海地区生态环境和海水养殖业造成了严重的影响。金潮灾害的致灾藻铜藻在其腐烂分解过程中会释放大量的铵氮和磷酸盐并可能造成局部海水 pH 的变化以及溶解氧含量的降低。因此大量的铜藻在堆积腐烂过程中对海水 pH、溶解氧和营养盐浓度的改变，可能会对环境造成十分严重的危害。对于铜藻的进一步研究表明，高浓度的铜藻腐烂液与培养液均能够对绿潮藻浒苔以及部分赤潮藻和浮游动物生长产生影响（蔡佳宸，2019）。

7.4.3.5 白潮灾害对海洋生态系统的影响

水母作为一个大的养分泵在海水与沉积物的 C、N、P 循环中起着重要作用。白潮的暴发与消亡过程首先影响了海水中生源要素的分布形态与含量。水母通过捕食而摄取的营养物质向水体中释放，使 C、N、P 重生，同时水母消亡产生的含 C、N、P 残骸汇入海洋底部，一部分直接富集成为沉积物，一部分经微生物的矿化作用进入水体。此外，水母旺发消亡过程还会在水体中产生局部低氧环境及海水酸化现象（曲长风等，2014）。

水母作为一类种类多、数量大、分布广的浮游物种，既可通过食物链与其他海洋生物间进行相互作用又通过对海洋环境的改变间接影响其他海洋生物的生存发展。水母重生的无机物质为浮游植物的初级生产提供了重要的养分来源，间接导致浮游植物的增加，影响海洋初级生产，甚至引发次生生态灾害；而溶解有机物质被浮游细菌等微生物吸收利用返回生物圈同时改变微生物群落的组成与生物量。水母旺发可导致某些鱼类与浮游动物生物量的减少与重新分布，严重者可破坏生态平衡。

7.4.3.6 生物入侵对海洋生态系统的影响

生物入侵对海洋生态环境的影响体现在生物入侵后，凭借其超强的繁殖能力，形成野外种群，且种群扩散、漫延，挤占本土生物生活空间、抢夺食物，破坏本海域生态系统结构，影响群落生物多样性，生物生境破碎化。其危害具体表现为：①侵占生物生存空间，改变生态结构。入侵物种凭借其超强的繁殖能力，挤占其他物种生存空间，切断生物食物链，造成生态结构变化。例如大米草在我国沿海的肆意蔓延，通过取代本土植物形成密集的单一大米草群落，严重破坏了近海生物的栖息环境，造成生物多样性下降。②造成遗传污染。外来海洋生物物种还可能与本土生物杂交，造成严重的遗传污染。③导致生态灾害加剧。外来赤潮生物是导致我国近海赤潮灾害不断加剧的重要原因之一，同时外来海洋物种入侵的同时携带病原生物，容易引起病毒流行，甚至可能对人类健康构成威胁（黄莉，2013）。

7.5 海洋生态系统服务

人们开发和利用海洋的过程主要就是利用海洋生态系统提供的各种服务的过程，因此，生态系统服务的内涵也随着人们对生态系统的认识而逐渐加深（张朝晖，2007）。对海洋生态系统服务的研究，不仅能够调节、指导各类海洋开发活动，而且可以从海洋生态系统的实际出发，在人们开发利用海洋的同时，保护海洋生态系统。

7.5.1 海洋生态系统服务概念与功能

7.5.1.1 海洋生态系统服务概念

生态系统服务从概念的提出到今天只有 40 余年的历史。1981 年，Ehrlich 和

Ehrlich 在《灭绝：物种消失的原因和后果》一书中首次提出了"生态系统服务"（ecosystem service）这一概念。在这之后，生态系统服务的概念也逐渐为人们所接受。特别是 1997 年 Costanza 等的研究结果在 Nature 发表，引发了全世界对生态系统服务的关注。联合国在 2001 年启动了千年生态系统评估项目（见插文），把生态系统服务研究推上了一个新的高度。

海洋生态系统服务包括人们已经获得的服务和系统潜在提供的服务。图 7-14 中虚线箭头表示潜在的服务的产生过程和实现途径，其可能和已知的途径相同，也可能存在未知的过程，但是其物质基础和服务对象均未发生改变。这其中的物质基础包括有各种海洋生物组分和非生物组分。海洋生物群落的组成和数量的变化、海洋非生物环境的改变都影响着海洋生态系统服务的种类和质量。没有生物组分参与的海洋过程所提供的"服务"不归为海洋生态系统的服务。例如，海洋对人类提供的航运服务，由于没有生物过程参与，不能称为海洋生态系统服务，但属于海洋的服务。此外，单纯由海洋环境要素之间的相互作用产生的功能也不属于生态系统服务。例如，就气候变化的影响而言，海洋表层 3 m 所含的热量就相当于整个大气层所含热量的总和（宋金明等，2008），可通过海气的热交换对气候产影响，但由于没有和生物发生联系，故不能算作生态系统服务。

海洋生态系统服务是通过海洋生态系统和海洋生态经济复合系统来实现的（如图 7-14 椭圆框中的内容）。有些服务（例如气候调节服务和氧气生产服务）直接

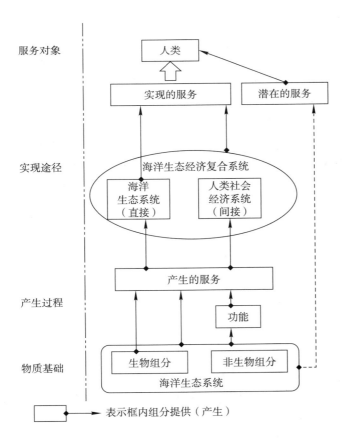

○ 图 7-14　海洋生态系统服务的内涵（引自李永祺等，2016）

由海洋生态系统产生并发挥作用，它们的产生过程就是其实现过程。另外一些服务（例如食品生产服务和教育科研服务）如果没有人类社会经济系统参与，这些服务就是通过海洋生态经济复合系统间接实现的。

综上所述，海洋生态系统服务是以人类作为服务对象，以海洋生态系统自身为服务产生的物质基础，由生物组分、系统本身、系统功能产生，通过海洋生态系统和海洋生态经济复合系统实现的人类所能获得的各种惠益。同时我们应该注意到，这些惠益包括人们已经获得的服务和海洋生态系统潜在提供的服务两部分。潜在提供的服务，其产生过程和实现途径可能是我们已知的，也可能是目前我们所未知的。但可以明确的是其物质基础仍然是海洋生态系统自身，服务对象依然是我们人类。

7.5.1.2　海洋生态系统服务功能

海洋一直以来都是人类最重要的自然资源之一。除了海洋生态系统为人类提供食品、提供初级生产和次级生产资源，提供生物多样性资源这些传统的重要作用之外，海洋在全球物质循环和能量流动中的作用越来越被人们所重视（Costanza，1999）。国际地圈生物圈计划（International Geosphere-Biosphere Programme，ICBP）初步揭示出海洋在大气气体和气候调节、水循环、营养元素循环、废气物处理中扮演重要的角色。如图 7-15 所示，我们将海洋生态系统服务功能分为供给功能、调节功能、文化功能和支持功能 4 大类，共计 15 项，并在这里对每一项给出了相对明确的定义性描述。

1. 供给功能

（1）食品生产

是指海洋生态系统为人类提供可食用产品的服务。据统计，人类消费的动物性蛋白中约有 16% 是海洋渔业提供（FAO，2004），这相当于海洋初级生产力的 8%，而且集中在上升流区和浅海陆架（Ryther，1969）。

（2）原料供给

是指海洋生态系统为人类提供工业生产性原料、医药用材料、装饰观赏材料等产品的服务。工业生产性原料包括非直接食用的可食性海产品、化工生产中的可食和不可食用的海产生物原料及其他工业原料；医药用材料包括海洋天然药物、具有

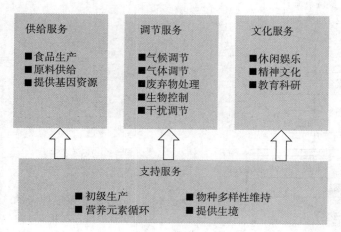

● 图 7-15　海洋生态系统服务功能的基本分类（引自李永祺等，2016）

提取特定药物成分的海产原料，以及作为医药用添加剂的海产原料（如以甲壳类生物为原料提取几丁质）；装饰观赏材料包括各种贝壳装饰品、珊瑚装饰品、建筑装饰材料等。

（3）提供基因资源

是指海洋动物、植物、微生物所蕴含的已利用的和具有开发利用潜力的遗传基因资源。该项服务不仅包括已被人类利用的海洋基因资源所带来的效用，更侧重于海洋生态系统为人类提供后备的具有开发利用潜力的遗传资源的能力。

2. 调节功能

（1）气候调节

是指海洋生态系统通过一系列生物参与的生态过程来调节全球及地区温度、降水等气候的服务。这一服务主要体现在两个方面：一方面是通过海洋生物泵和初级生产者的光合作用，吸收 CO_2 等温室气体；另一方面是海洋浮游植物通过释放二甲基硫化物 $[(CH_3)_2S]$ 来触发云的形成，增加太阳辐射的云反射，减少热量吸收。

（2）气体调节

主要是指海洋生态系统维持空气化学组分稳定、维护空气质量以适宜人类生存的服务。气体调节主要包括海洋初级生产者（包括浮游微藻、大型海藻等）通过光合作用向大气中释放 O_2；通过生物泵等作用吸收 CO_2；维持臭氧层稳定；调节 SO_x 水平等内容。

（3）废弃物处理

是指海洋生态系统对人类产生的各种排海污染物的降解、吸收和转化功能，即对人类废弃物的无害化处理功能。人类产生的各种排海污染物按其来源可分为两大类：一类是陆源污染物，主要包括：生活污水、工业废水、有害气体的大气沉降；另一类是非陆源的污染物，主要包括：养殖废水、船只产生的生活污水、垃圾、石油及其他有害化合物。

（4）生物控制

是指通过生物种群的营养动力学机制，海洋生态系统所提供的控制有害生物，维持系统平衡和降低相关灾害损失的服务。各营养级生物之间的相互作用既是产生这一服务的基础，也是这一服务实现的主要途径。孙军等（2004）的研究发现在自然海区中，浮游动物的摄食不但控制或延缓了浮游植物水华或赤潮的发生，而且可以控制浮游植物群落的演替方向，从而控制赤潮的类型，进而影响整个潮的消长过程。

（5）干扰调节

是指海洋生态系统提供对人类生存环境波动的响应、调节服务。例如，红树林和珊瑚礁都能减轻风暴潮和台风对海岸的侵蚀等。

3. 文化功能

（1）休闲娱乐

海洋生态系统向人类提供旅游休闲资源的服务。海洋生态系统及其景观以其独有的特点向人类展示了大自然的另一种美，并向人类提供了旅游休闲和其他户外活动的另一种选择机会。已经被人类开发利用的服务包括各种海边垂钓、观光、潜水、渔家乐等。

（2）精神文化

海洋生态系统通过其外在景观和内在组成部分给人类提供精神文化载体及资源的非商业性用途服务。这一功能可以分为两大部分：①海洋生态系统可以给人类在艺术、文学、标志（图、商标等）、建筑、广告等方面提供灵感及素材。②海洋生态系统能够使人们形成特有的生活习俗、文化传统、社会关系和宗教。例如我国东南沿海地区盛行的妈祖文化也是靠海而生、依海而兴的。

（3）教育科研

海洋生态系统为人类科学研究和教育提供素材、场所及其他资源的服务。人类通过对海洋生态系统运行过程、组分等的调查、研究及预测，能够丰富自身的知识，为教育提供资源，更好的谋求自身的福利。

4. 支持服务

（1）初级生产

海洋生态系统固定外在能量（太阳能、化学能及其他能量），制造有机物，为系统的正常运转和功能的正常发挥提供初始能量来源和物质基础的服务。

（2）营养元素循环

海洋生态系统对营养元素的储存、循环、转化和吸收服务。这一服务主要包括两个方面：①碳、氮、硅等营养元素在海洋环境和生物体之间的循环，为海洋生态系统自身的正常运转和功能发挥提供服务；②海洋生态系统的营养元素循环是全球生物地球化学循环的重要组成部分，为生物圈的物质循环和能量流动提供服务。

（3）物种多样性维持

海洋生态系统通过其组分与生态过程维持物种多样性水平的服务。这一服务主要包括海洋生态系统维持自身物种组成、数量的稳定，为系统内物质循环和能量流动提供生物载体，并对其他服务的供给提供支撑。

（4）提供生境：

海洋生态系统为定居和迁徙种群提供生境的服务，也包括为人类提供居所。例如盐沼、海藻（草）床、红树林、珊瑚礁等为其他海洋生物提供了丰富的异质性生存空间和多样化的庇护场所。只占海洋面积0.2%的珊瑚礁为1/3的海洋鱼类和其他大量生物提供了息地（图7-16）。

● 图 7-16　珊瑚礁、海草场为海洋生物提供了生存空间和庇护所（引自 Arkive）

7.5.2　海洋生态系统服务价值计量方法

在不同的学科、文化观念、哲学观点与思想学派中，它们对生态系统的重要性或"价值"的认识与表达各不相同（Goulder 和 Kennedy，1997）。对海洋生态系统服务评估的一个重要目的是了解海洋生态系统的变化对人类福祉的影响。开展经济价值评估的目的，是使得海洋生态系统提供的各种完全不同的服务可以利用共同的度量体系进行比较（Ma，2003）。

7.5.2.1 海洋生态系统服务价值的构成

在考虑生态系统服务的效用价值时，通常以总经济价值概念（total economic value，TEV）来建立价值框架（Pearce 和 Warford，1993）。根据这一概念，海洋生态系统服务的总经济价值可以分为使用价值（use value）和非使用价值（non use value），非使用价值通常也称为存在价值（existence value）、保存价值（conservation value）、被动使用价值（passive use value）。存在价值是人们对海洋生态系统及其服务存在状态的认同，这种存在的状态也会使人们得到满足，从而产生价值。需要注意的是评估这一价值最为困难，也最具争议。其分类及描述情况见表 7–18。

⊙ 表 7–18　海洋生态系统服务功能价值分类及描述

使用价值	是指人类为了满足消费或生产目的而使用的海洋生态系统服务的价值，它包括有形的服务与无形的服务	直接使用价值：一些海洋生态系统服务可以被人类直接使用。根据使用目的的不同，可以分为两种情况：一种使用是为了满足人们消耗性目的；另一种则是为了满足人们非消耗性目的。直接使用价值主要对应于海洋生态系统的供给服务和文化服务。这些服务包括了人们正在利用的和潜在利用的，其中潜在利用的服务包括当代可以实现的和未来实现的两类
		间接使用价值：许多海洋生态系统服务是被用作生产人们使用的最终产品与服务的中间投入。此外，还有一些生态系统服务是对人们享受其他最终的消费性愉悦产品具有间接的促进作用
		选择价值：日前，对于许多海洋生态系统服务，人们可能还没有从它们当中获得任何效用，但是在为人类保存未来使用这些服务的选择机会方面，它们仍然具有价值。换句话说，一些服务可能现在对人类来说没有任何价值，但未来人们可能会从这些服务中获得价值
非使用价值	是指人们对生态系统及其服务的存在所确定的价值，即使永远也不会利用这些生态系统及其服务	生态价值：是从纯自然科学角度对生态系统及其服务具有价值的一种表述。这一价值体现在生态系统具体的生态过程、功能和组分之中
		社会文化价值：对于许多人来讲，海洋生态系统与他们心中根深蒂固的历史、民族、伦理、宗教及精神价值是密切相关的
		内在价值：生态系统及其服务的内在价值概念是建立在许多不同的文化和宗教的基础之上的。内在价值处于人们对内心世界的感悟，对自然界各种事物的体会

海洋生态系统服务价值的经济学评估方法主要可分为直接市场评估（direct marketvaluation）、间接市场评估（indirect market valuation）、意愿调查评估（contingent valuation）和群体价值评估（group valuation）和成果参照评估（benefits transfer）五种（图 7-17）。

7.5.2.2 海洋生态系统服务价值的评估方法

基于服务的真实市场交易，评估海洋生态系统服务的价值可以使用直接市场评估和间接市场评估方法。当海洋生态系统服务的市场交易完全不存在时，对其价值进行评估可以采用意愿查值评估和群体价值评估方法。

1. 直接市场评估

这种方法是根据海洋生态系统服务在现实市场交易中的价格对其价值进行估算，它利用标准的经济学技术方法，基于消费者在不同的市场价格下所购买的服务的数量，以及生产者所供给的服务的数量，来估算服务的消费者剩余和生产者剩余（彭本荣等，2006），这两者之和就是海洋生态系统服务的价值（图 7-18）。只有那些私有化的，可以在有效市场上进行交易的海洋生态系统服务才可以使用这种方法。

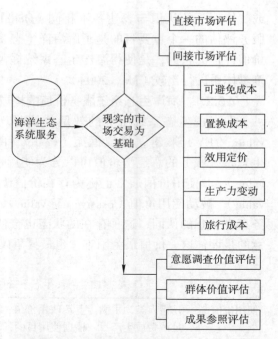

● 图 7-17　海洋生态系统服务经济价值评估方法（引自李永祺等，2016）

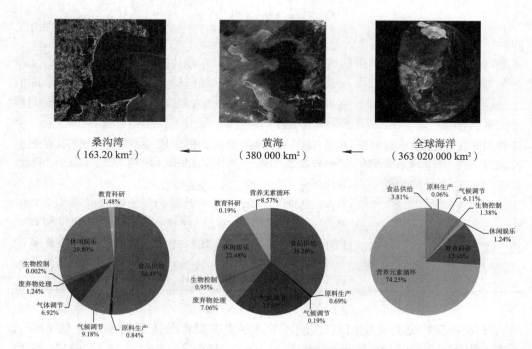

桑沟湾
（163.20 km²）　←　黄海
（380 000 km²）　←　全球海洋
（363 020 000 km²）

● 图 7-18　不同尺度海洋生态系统服务经济价值评估的对比（引自王其翔，2009）

2. 间接市场评估

这类评估方法也是利用实际观测到的市场数据，来间接地计算海洋生态系统服务的价值。主要手段如表7-19。

○ 表7-19　间接市场评估的主要方法（改自王其翔，2009）

间接市场价值的主要手段	解释	举例
可避免成本	海洋生态系统服务的存在能够使人类社会避免因缺少这些服务而造成损失	珊瑚礁、红树林对海岸的保护服务可以避免沿岸人员、财产损失
置换成本	某些海洋生态系统服务可以通过人工系统或其他服务来替代，对这些服务可以采用重置这些服务的成本来估算	人工修建海堤可以全部或部分替代红树林等的海岸保护服务，对这一服务的价值可以采用修建人工海提的费用来代替
效用定价	又称为内定价法、资产价值法，是指海洋生态系统服务的价值能够被反映在人们为相关产品买单的价格上	能够欣赏沿海风景的房屋价格通常比内陆相同的房屋价格要贵，这样滨海景观的价值就内含在房屋的价格中
生产力变动	海洋生态系统服务作为中间投入，用其对最终市场交易的产品和服务的贡献来评估服务的价值	海洋环境的改善使得渔业捕获量增加，从而可以用增加的渔获量价值来反映相关海洋生态系统服务的价值
旅行成本	通过计算人们参观利用海洋生态系统及其服务付出的费用（旅行的费用），对该服务进行估价	人们滨海旅行所花费的时间和金钱就是在购买生态系统的休闲娱乐服务

3. 意愿调查价值评估

该方法又称条件价值评估法、或然价值评估法。它是一种典型的陈述偏好评估法，是在假想市场情况下，直接调查和询问人们对某一环境效益改善或资源保护措施的支付意愿（willing to pay，WTP）、或者对环境或资源质量损失的接受赔偿意愿（willing to accept compensation，WTA），来估计环境效益改善或环境质量损失的经济价值（张志强等，2003）。据获取数据的途径不同，意愿调查价值评估可细分为投标博弈法、比较博弈法、无费用选择法、优先评价法和德尔菲法（李金昌等，1999）。

4. 群体价值评估

作为对生态系统服务评估的另一种尝试，群体价值评估越来越受到人们的关注（Jacobs，1997；Sagoff，1998；Wilson和Howarth，2002）。与意愿调查相似，群体价值评估的实施也是通过使用假设的情景和支付工具。所不同的是它的价值诱探过程（value elicitation）不是通过私自的询问，而是通过群组讨论达成共识（Ma，2003）。有许多海洋生态系统服务属于公共服务，对这些服务的决策会影响很多人。因此许多学者认为评估这些服务的价值不能基于个人偏好的集合，而应基于公共辩论，得到的价值应该是群体（社会）支付意愿或群体（社会）接受意愿，通过这种方法得出的结果可以带来更好的社会公平和政治合法结果（Wilson和Howarth，2002）。

5. 成果参照评估

该方法是应用已完成的其他区域的研究结果，来评估将要研究区域的生态系统服务价值。成果参照法通常是在评估工作所需费用较大，或时间较短而无法进行原创性评估的情况下，所采用的一种替代评估方法。成果参照方法节省费用，节约时间，但其合理性也颇具争议。一般认为满足以下条件，该方法可以提供有效的和可靠的估算结果，这些条件包括下述 3 个方面：在得到估算结果的地点和需要应用估算结果的地点，被评估的服务必须一致；同时受到影响的人群必须具有一致的特征；用来参照的原始结果其自身必须是可靠的（Ma，2003）。

7.5.3 海洋生态补偿内涵与实施
7.5.3.1 海洋生态补偿内涵

生态补偿，在国际上通常称为"生态服务付费"（paymentsfor environmental services，PES）或"生态效益付费"（payment for ecological benefit，PEB）。通常，研究者们对生态补偿内涵的理解主要是从生态学、经济学以及法学这三个研究视角进行探讨。因此，有学者认为海洋生态补偿是为了实现海洋生态环境保护和海洋资源的可持续利用，以海洋生态保护成本及机会成本、海洋生态系统服务价值为依据，运用政府手段和市场手段来协调各利益相关者之间利益关系的一项公共制度（曲艳敏等，2014）。为了保护海洋环境，我国也在 2017 年颁布实施了《中华人民共和国海洋环境保护法》，从而建立了健全的海洋生态保护补偿制度（李国平等，2018）。

1. 海洋生态补偿内容

海洋生态补偿具体包括以下内容：①由海洋生态系统服务受益者向海洋生态系统服务提供者因保护生态环境而放弃发展机会的补偿；②由海洋生态环境破坏者向受害者的补偿。其中的利益相关者主要包括政府、渔民、沿岸企业、沿岸居民等。海洋利益相关者在海洋的开发和保护过程存在很多矛盾。协调海洋利益相关者之间的利益关系，促进海洋的可持续发展，生态补偿是一个极其重要的措施。海洋生态补偿通过财政、税费等手段调节政府、渔民、沿岸企业、沿岸居民等相关者的经济利益关系，有利于促进人海关系和谐，确保海岸带可持续发展（郑伟等，2011）。

2. 海洋生态补偿的类型

根据海洋生态补偿发生的缘由，可将其分为以下几类：①事故性生态破坏补偿。由于突发性事故（如溢油）造成生态环境破坏，由破坏者向受害者提供的补偿；②海洋工程生态补偿。由于海洋工程造成生态环境破坏而给予的生态补偿；③跨区域间生态补偿。不同区域之间由于共同或相关联资源的开发利用相互影响产生的区域利益改变，如海洋开发活动对其他海区的影响；④区域开发生态补偿。由于区域开发模式的改变造成当地利益相关者生态、经济和社会利益的改变，如保护区的设立会使当地居民放弃部分开发活动而造成的损失。相应地，从海洋生态补偿者与被补偿者之间的关系、补偿标准、补偿方式等不同角度也可对其分类。

7.5.3.2　海洋生态补偿实施

1. 海洋生态补偿的原则

在海洋生态补偿中应遵循以下原则：① PGP 原则（provider gets principle）。即为提供者补偿。例如，在海洋保护区的建立过程中，保护区沿岸的居民为了保护区的建立就要放弃其在保护区的开发活动，如养殖或捕捞活动，因此根据 PGP 原则，这些居民应该获得一定的补偿。② BPP 原则（beneficiary pays principle）。即受益者付费。如海洋保护区的游客由于享用了保护区生态系统服务而给予保护者的补偿。③ DPP 原则（destroyer pays principle）。即破坏者补偿。人类的开发活动（如围填海、海洋油气开发等）一定程度上破坏了海洋生态系统的结构和功能，开发者也应根据其造成的生态损失进行补偿。

2. 海洋生态补偿的标准

生态补偿标准的确定是构建生态补偿机制的关键问题。海洋生态系统服务价值、海洋开发的机会成本和恢复治理成本的评估，是确定海洋生态补偿标准的科学依据。海洋生态补偿的最低标准为海洋开发的机会成本或恢复治理成本，最高标准为海洋生态系统服务价值。此外，海洋生态补偿合理补偿标准应是历史、动态和相对的。海洋生态补偿标准的确定，应综合考虑不同时期、不同区域的生态需求、支付意愿、支付能力等各种因素，确定补偿主客体都能接受的，又能增进整体社会福利的补偿标准。

3. 海洋生态补偿的方式

按照补偿实施主体和运行机制，海洋生态补偿分为政府补偿和市场补偿两大类。政府补偿的主要方式是财政转移支付、生态友好型的税费政策、生态补偿基金等。政府补偿的政策方向性强、目标明确，但存在体制不灵活、管理成本高、财政压力大等不足。市场补偿包括产权交易市场、一对一贸易和生态标记等，市场补偿的方式灵活、管理运行成本低，但也存在补偿难度大、盲目性和短期行为严重等问题。根据我国的实际情况，政府补偿是比较容易启动的方式。

7.6　全球变化与海洋生态系统

从 20 世纪末期至今，全球变化已经成为影响海洋生态系统的主要因素之一。全球变化（global change）是指地球生态系统在自然和人为影响下所导致的全球问题及其相互作用下的变化过程。全球变化对海洋的影响主要表现在海洋暖化、海洋酸化、大气洋流系统的改变、海平面上升、紫外线辐射增强等方面。现就全球变暖、紫外线辐射增强、海水酸化等全球变化过程对海洋生态系统的影响分别进行介绍。

7.6.1 全球变暖与温室效应

7.6.1.1 全球变暖的定义和现状

全球变暖（global warming）是指自工业革命以来，由于温室效应增强，导致地－气系统吸收与发射的能量不平衡，造成能量不断在地－气系统累积，从而导致全球温度上升的现象。全球气候变化以全球变暖为主要特征。根据联合国政府间气候变化专门委员会（Intergovernmental Panel on Climate Change，IPCC）2007 年的报告，在过去 100 年间地球表面温度上升了（0.74 ± 0.18）℃，在未来的 100 年间还将继续上升（图 7-19）。

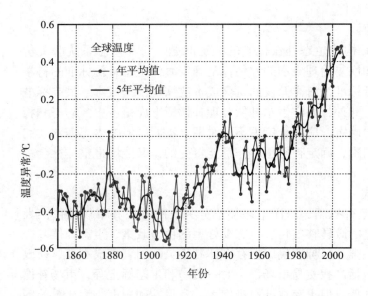

○ 图 7-19 全球温度变化
（来自 NASA GISS）

温室效应（greenhouse effect）是指来自太阳的可见光辐射穿过大气射向地面，而地面反射后的长波辐射被大气中的水蒸气、二氧化碳等物质所吸收，不能有效地穿透大气逸散到太空中，从而保持地球表面和大气温度的现象。温室效应是维持地球温度的机制，地球大气通过吸收太阳辐射实质上捕获热量，起到像温室玻璃一样的作用。

这些"能够吸收红外辐射从而将热量捕获并保持在大气中的气体"被称为温室气体。大气中主要的温室气体有水蒸气（H_2O）、二氧化碳（CO_2）、甲烷（CH_4）、一氧化二氮（N_2O）、臭氧（O_3）和氟利昂类物质（CFCs）等。其中，尽管水蒸气对温室效应的贡献最大，但千百万年来一直保持着平衡，目前主流观点认为，温室效应是由非冷凝性气体控制的，主要是 CO_2、CH_4、N_2O 等。

7.6.1.2 温室效应与全球变暖的关系

温室效应与全球变暖既有联系，又存在不同。温室效应是大气层中时刻存在的一种自然现象，而全球变暖则是指一种生态或气候破坏，属于有可能避免的大气环境问题。过去的长时间里，在温室效应的作用下，地球接受的太阳辐射热量和地球散失的长波辐射热量达到平衡，形成地球上的平衡温度，即地球的平均气温。自工

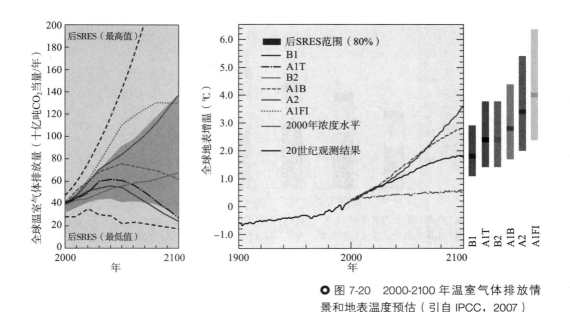

● 图 7-20　2000-2100 年温室气体排放情景和地表温度预估（引自 IPCC，2007）

业革命以来，人类的活动导致了更多的温室气体在大气层的积累，大气的温室效应也随之增强，进而造成了全球变暖（图 7-20）。自 IPCC 发布全球气候变化评估报告后，主要由人类活动引起的"温室效应"增强而导致"全球变暖"的问题逐渐受到了全世界的重视。

7.6.1.3　全球变暖的主要原因

1. 自然因素

影响全球变暖的自然因素很多，主要包括太阳活动、太阳辐射、温室气体、火山运动、地球轨道参数的改变等。近百年全球气温总体呈上升趋势，与温室气体的增加量呈正相关，但在不同的时间段温室效应异常对全球气候变化的影响程度有所差异。例如，1940-1970 年间火山活动频繁发生引起了气温下降，掩盖了温室效应增强对全球增温的影响，因此，此段时间火山活动是影响全球气候变化的主要因素（李国琛，2005）。总体而言，温室效应异常是推动的全球气候变化的主要因素。

2. 人为因素

影响全球变暖的人为因素主要包括两方面内容。一方面，化石燃料的大量使用，导致大量温室气体的排放。自工业革命以来，由于人类生产和生活导致全球温室气体排放增加，尤其是 CO_2 的大量排放，在 1970 年至 2004 年期间，CO_2 年排放量已经增加了大约 80%，从 210 亿 t 增加到 380 亿 t，在 2004 年已占到人为温室气体排放总量的 77%（图 7-21）；另一方面，森林砍伐和耕地减少等土地利用方式的改变间接改变了大气中温室气体的浓度，导致大气中温室气体含量增加。在气候变暖机制分析时，人为因素更倾向于作为温室效应增强主导因素。自然因素和人为因素的影响结果也截然不同，前者所引起的温室效应有一定的可逆性，气候系统的异常性经过一定时期的"振荡"，最终会回到原来的平衡点。而人为因素引起的气候变暖一般来说不可逆转，影响也更大。

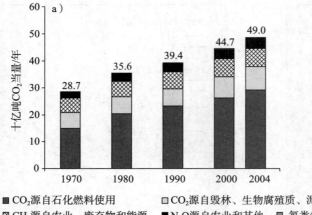

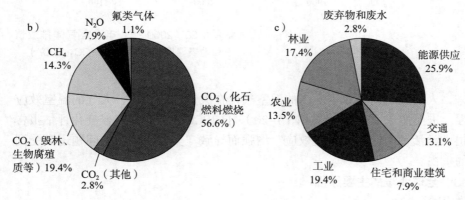

○ 图 7-21　全球人为温室气体排放量（引自 IPCC，2007）

在全球变暖的过程里，海洋一直扮演了关键的缓冲角色。温室效应增强导致的滞留热量，90% 以上被海洋吸收，海洋大幅缓和了全球气候暖化，但造成了海水暖化和海平面上升的后果。

7.6.1.4　全球变暖的海洋生态效应

1. 海洋环境发生变化

全球温度升高带来了包括海洋环流和上升流在内的一系列海洋环境的变化。海洋表面温度升高改变了海水的运动规律，引发大尺度的海洋环流变化，导致诸如加利福尼亚海流的平流减弱以及北大西洋环流系统改变等现象的发生。洋流是热能在海水中的传输方式，使得各海域之间的温度相互调节，从而使各海域之间的温度相差不会太大；同时，洋流携带了大量的营养物质，使得营养物质在各海域之间重新分配，由此决定了海洋生物的时空分布。此外，吴立新（2020）的研究发现，全球平均海洋环流的加速主要是一种长期的变化趋势，而温室气体持续排放在其中扮演了非常重要的角色。而就垂直方向而言，全球温度升高还引起了上升流的改变。海水表层温度升高能加强海洋中的温跃层，阻止营养盐在表层与底层之间的充分交流，导致表层营养盐浓度的变化，从而对该区域的初级生产力及渔业资源产生影响；另外，水温升高能增加上升流区水体的垂直稳定度，影响底层水的涌升。通常，海洋上层的有机物残渣会慢慢地下沉至海底，成为底栖生物的食物来源或者被海底微生物所分解成无机养分；同时，垂直上升的海流又会将海底的一些有机物残渣和无机营养物质带回上层水域提供给浮游植物，如此物质得以循环。但是，海水的垂直运动被阻碍后，海底营养物质向上的运输通道不再畅通，上层的浮游植物得不到足够的养分，生物量将受到严重的制约。浮游植物是整个海洋生态系统的基础，其生物量的减少对于海洋生态系统的影响是不言而喻的。

2. 改变海洋生物多样性的分布格局

由全球变暖所导致的海洋水温、洋流和盐度变化能明显影响海洋生物区系的移位并导致生态习性发生变化。研究表明，温度上升导致部分海洋生物物种发生了明显的极向移动。例如，在全球变暖条件下，浮游植物暖水种向两级扩张且分布范围扩大，而冷水种分布范围则缩小；大西洋西北部的暖水性浮游动物的分布范围向北移了大约 1 000 千米，而冷水性物种分布范围缩小（Hays 等，2005）；一些鱼类、海鸟和无脊椎动物也呈现北移趋势，而且这一趋势正逐年增强。比如，格陵兰自 20 世纪 20 年代以来的全球变暖，使许多鱼类的丰度和分布发生了变化，出现了如黑线鳕（*Melanogrammus aeglefinus*）等许多新记录种（Green 等，2003）。此外，我国南方沿海分布的红树林生态系统也受到了一定的影响。在全球变暖的影响下，我国红树植物可以生长的北界已由过去的福建省福鼎县到达浙江省温州乐青湾西门岛（龚婕 等，2009），随着温度升高 2℃后，红树植物的分布北界可能到达浙江嵊县。

3. 影响海洋生态系统的结构与功能

全球变暖所引发的海洋物理、化学因子的改变会直接或间接影响海洋生物的生理功能和行为，从而导致种群的结构、物候、性比、空间分布和季节丰度发生改变。这些改变同时也会导致物种间相互作用和生态系统物质能量流动的变动，最终影响到生态系统的结构和功能。

一般来说，海水温度的提高对生物的影响因种而异。就大多数浮游植物而言，在适温范围内，海水暖化会促进其生长，但不同浮游植物对温度变化的响应程度不同，因此全球暖化下浮游植物的生态位将发生改变（Hays 等，2005），同时也随之造成了海域内食物链和食物网的改变（Clarke 等，2007）；然而，对于大多数海洋动物，周围温度的增加将进一步增强其体内代谢活性、加快其能量的消耗，从而可能导致海洋生物自身生长与繁殖能力的下降。温度升高影响海洋生物后代性比。研究发现，太平洋地区温度上升导致海龟繁殖的后代雌性比例远高于雄性，从而威胁整个海龟种群的存活率。

在极地地区，海冰的融化会造成海鸟及一些海兽（如企鹅、北极熊等）的栖息地丧失，进而对其数量及分布造成影响，甚至灭绝。此外，温度升高使部分海洋生物的物候提前，如东海近海浮游动物温水性或暖温性群落向亚热带群落更替的时间已经提前，这在一定程度上对有害藻华的爆发、鱼类产卵场饵料变化等现象增加了更多的不确定性（徐兆礼，2011）。在欧洲，25 种鸟类孵化日期与春季气温密切相关，气温升高使孵化日期提前（Both 等，2004）。而对于沿海分布的红树林、珊瑚礁等典型生态系统也在全球变暖的影响下发生了改变。红树林在河口滩涂分布的潮差范围较小，因全球气候变化引起的海平面上升，淹水时间的增加使其有后退分布的趋势，同时又受坚固的海岸建筑堤坝约束，再加上当前各国存在的沿海城市地面沉降明显，红树林在潮间带的栖息地日渐萎缩，这也不断压缩了红树林生物的生存空间，对其生境产生影响（孙军等，2016）。如果海水温度升高 1℃，还会引发珊瑚发生严重的白化反应，同时使得整个珊瑚礁生态系统严重退化并对其造成不可逆的损伤，而如果对整个珊瑚礁系统进行修复则需要十分漫长的时间。

虽然海水温度的增加会直接造成海洋生物个体生理生化过程的变化，但也会进一步改变种群的大小、时空分布格局与营养级水平，并最终引起群落结构与功能的改变。近期我国科学家采用模型估算发现，1948-2007 年，全球气候变暖导致海洋水体层化加剧，使得北大西洋、北太平洋和印度洋初级生产力分别降低了 40%、24% 和 25%（Wang 等，2017）。所以，从海洋生态系统的层面上来看，全球变暖会改变海洋的初级生产力，进而影响了生态系统的稳定性。

7.6.2 臭氧空洞与紫外线辐射增强

7.6.2.1 太阳光谱和紫外线辐射

1. 太阳光谱组成

太阳光谱（solar source spectrum）是一段不同波长，连续的光谱，主要表示太阳光强度随波长的分布情况，主要分为可见光与不可见光（无线电波、微波、红外线、紫外线、X 射线、γ 射线等）两部分。其中可见光的波长为 400 ~ 760 nm，其能量占太阳辐射总能量的约 50%，散射后分为红、橙、黄、绿、青、蓝、紫，集中起来为白色；不可见光主要分为红外线和紫外线，其中红外线的波长为 760 ~ 1 000 000 nm，占太阳辐射总量的 43%，紫外线波长为 100 ~ 400 nm，占太阳总辐射总能量的 7%。由于只有波长大于 100 nm 的紫外线辐射（Ultraviolet radiation）才能在空气中传播，为了研究和应用之便，科学家们又根据波长把紫外线辐射划分为长波辐射（UVA，320 nm ~ 400 nm）、中波辐射（UVB，280 nm ~ 320 nm）和短波辐射（UVC，100 nm ~ 280 nm），其中全部的 UV–C 和 90% 左右地 UV–B 在透过大气层时被臭氧层吸收，而波长较长的 UV–A 受大气层的影响较小，大部分都可以到达地面。

2. 臭氧含量与紫外线辐射的关系

地球周围存在大气层，按其离地面高度不同，自下而上分为对流层、平流层、中间层、热成层、逸散层。在平流层中，离地面 20 ~ 35 km 处形成厚度约为 20 km 的臭氧层，含量约 50 ppm。在阳光穿过大气层过程中，臭氧层挡住了对生物有危害的短波紫外线和大部分中波紫外线，只剩下危害微小的长波紫外线和小部分中波紫外线到达地面。臭氧在大气中含量很小，但作用却很重要，紫外线通过臭氧层时相对于臭氧浓度和厚度成指数衰减，臭氧减少造成的直接后果是太阳紫外线辐射强度的增加。据估计，臭氧含量每减少 1%，到达地面的 UV–B 辐射量将增加 2%。虽然紫外线的增加也同时会在大气下层促使更多的氧分子转换为臭氧，但因为在下层的转换要比上层慢得多，所以总体来说臭氧层的破坏还是会造成地面紫外线的增加。此外，臭氧减少对许多动植物生长有不利影响，还将造成大气气温升高，引起气候变化。

7.6.2.2 臭氧空洞

臭氧空洞（ozone depletion）指地球大气上空平流层（臭氧层）的臭氧浓度严重降低，形成大面积臭氧稀薄区（臭氧浓度低于 220 DU、低值区范围超过百万平方千米、持续 2~4 个月）的现象。下面将分别从南极臭氧空洞的发现、北极地区的臭氧损耗以及高原的微型臭氧洞进行介绍。

1. 南极臭氧空洞的发现

1980 年 5 月 Joseph Farman 正式在《自然》杂志上报道了春季南极上空臭氧层空洞，由于他们观测的空洞比以前估计的要大得多，在科学界引起震惊。同时卫星测量也显示出同样的结果，实际卫星数据在 1976 年就已经观测到这个空洞，但当时的质量控制算法认为存在误差，认为结果是错误的，直到卫星在原地多次测定的数据被证实。南极臭氧空洞的发现引起了平流层研究和全球保护的热潮。实际上，从 1957 年开始，南极上空的臭氧就开始出现了大规模的耗损，20 世纪八十年代以后，南极臭氧洞几乎每年都季节性地发生。1987 年南极上空的浓度下降到了1957–1978 年间的一半，并且 O₃ 的减少不只限于极地区域，已显著地逐年向赤道方向扩展至南纬 20°。到 2006 年的时候，臭氧层空洞达到相当于两个南极大陆的面积，大约为 2 900 万 km^2，并且南极上空臭氧层损耗的态势仍处于恶化之中。

在人类社会采取了迅速及时的控制措施之后，科学家、政府决策者和公众都十分关注未来平流层的变化趋势，经过长期和大量的研究，目前对南极臭氧洞的形成机制和过程具有较系统的科学认识。但由于问题本身的复杂性和长期性，科学观测的结果显示南极春季发生的臭氧损耗依然严重，因此还没有充分的证据显示南极臭氧损耗程度已经达到或者已经通过了最严重的时期。地面和卫星观测表明，对流层和平流层的氯气含量正在下降，通过构建模型预测显示，臭氧将在 2050 年至 2070年之间恢复到 1980 年的水平（Douglass，2014）（图 7-22）。

2. 北极地区的臭氧损耗

不同于南极地区每年春季都会出现臭氧空洞，北极极少出现。但科学研究发现，近几年臭氧浓度在北半球上空，尤其北极地区也有急剧减少的现象。北极1999–2000 年冬季监测数据显示，上空臭氧层含量急剧减少，北极上空 18 km 处的O₃ 同温层里，含量累计减少了 60% 以上。北极臭氧损耗的现象没有南极严重，主要在于两地大气环流型和平流层气候不同。由于北半球地形大尺度变化，陆地、海洋温差大，经向风场使赤道与北极的空气混合较好，富含臭氧的空气从赤道向极地输送，从而不易形成类似南极那样与外部空气隔绝的"极地漩涡"，也达不到像南极那样的低温，低温冰晶的浓度比南极小，这样非均相反应释放易光解的含氯化合物的量也相应比南极少，所以不易生成像南极一样大的"臭氧空洞"。北半球即使形成臭氧洞，其规模和维持性都不如南半球，自 2011 年出现明显的臭氧洞后，直到 2020 年春季才形成典型的北极臭氧洞（图 7-23）。即使 2020 年春季的北极臭氧洞被认为是"史上最强大"的北极臭氧洞，其面积也仅仅约 100 万平方公里，而被

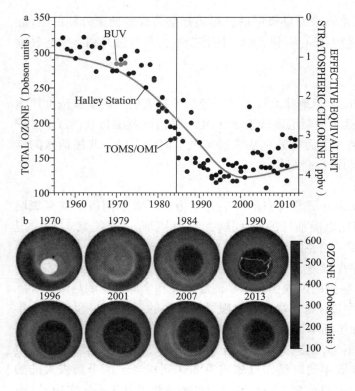

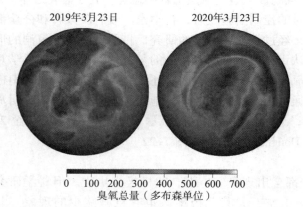

○ 图 7-22 南极地区臭氧层浓度变化（引自 Douglass，2014）

○ 图 7-23 2020 年北极臭氧空洞（引自 NASA，2020）

认为是"史上最小"的 2019 年南极臭氧洞，其面积也在 900 万平方公里以上。

3. 高原的微型臭氧洞

"臭氧低谷"指的是作为世界"第三极"的青藏高原上空的臭氧含量急速减少，每年夏季出现一个臭氧低值中心的现象。拉萨地区 6 月份的大气臭氧总量要比同纬度的日本九州上空低 11%。过去几十年里，国内外学者对夏季高原"臭氧低谷"的形成原因进行了大量研究。如周秀骥等（1995）指出青藏高原夏季旺盛的深对流活动可以将对流层内低浓度臭氧空气输送至下平流层，造成高原平流层下层"臭氧低谷"的形成；Ye 和 Xu（2003）指出高原的高海拔地形和夏季的强感热加热是造成高原"臭氧低谷"的主要原因；Tian 等（2008）发现夏季高原上空的南亚高压导致的大尺度等熵面抬升是形成夏季"臭氧低谷"的另一个重要因子，他们还指出化学过程在夏季高原"臭氧低谷"的形成过程中作用很小。国内一些气象观测者的观测结果显示，青藏高原上空的臭氧层正在以高达 1.7% 的速度逐年减少，已经成为了大气环境中的第三个臭氧空洞。

7.6.2.3　臭氧层破坏的诱因

臭氧层破坏是一种与太阳紫外线辐射、物理化学、大气化学、大气环流、气候环境等多种因素有关的、复杂的大气现象和过程。因此，衡量平流层臭氧的变化需要综合考虑。本文主要将其诱因划分为自然因素和人为因素两方面。

1. 自然因素

臭氧洞的形成是有空气动力学过程参与的非均相催化反应过程。不同于对流层存在的云、雾及降雨等天气现象，平流层干燥寒冷，空气稀薄。但南极地区冬季的温度极低，可以达到零下 80℃，这样极端的低温造成两种非常重要的过程：一是空气受冷下沉，形成一个强烈的西向环流，称为"极地涡旋"（Polar vortex），使南极空气与大气的其余部分隔离，从而使涡旋内部的大气成为一个巨大的反应器；另外，尽管南极空气十分干燥，极低的温度使该地区仍有成云过程，云滴主要成分为三水合硝酸（$NHO_3 \cdot 3H_2O$）和冰晶，叫做极地平流层云。

实际上，当氟氯昂（CFCs）和哈龙（Halons）进入平流层后，通常是以化学惰性的形态而存在，并无原子态的活性氯和溴的释放。南极的科学考察和实验室的研究都证明，化学惰性的 $ClONO_2$ 和 HCl 在平流层云表面会发生以下化学反应：

$$ClONO_2 + HCl \longrightarrow Cl_2 + HNO_3$$

$$ClONO_2 + H_2O \longrightarrow HOCl + HNO_3$$

生成的 HNO_3 被保留在云滴相中。当云滴积累到一定的程度后将会沉降到对流层，与此同时也使 HNO_3 从平流层去除，其结果是造成 Cl_2 和 HOCl 等组分的不断积累。Cl_2 和 HOCl 在紫外线照射下极易发生光解的，产生大量的原子氯，从而造成严重的臭氧损耗。氯原子的催化过程可以解释所观测到的南极臭氧破坏的约 70%，另外，氯原子和溴原子的协同机制可以解释大约 20%。随后更多的太阳光到达南极，南极地区的温度上升，气象条件发生变化，结果是南极涡旋逐渐消失，南极地区臭氧浓度极低的空气传输到地球的其他高纬度和中纬度地区，造成全球范围的臭氧浓度下降。

2. 人为因素

虽然自然因素可能对臭氧层造成一定的影响，但是目前大多数人为，人类过多使用消耗臭氧层物质是破坏臭氧层的主要原因，消耗臭氧层的物质主要包括：哈龙、四氯化碳，全氯氟烃，甲基氯仿，甲基溴以及含氢氯氟烃（CFCs）等。日常使用所产生的消耗臭氧的物质在理论上会在大气的对流层中稳定存在几十年甚至上百年，然而在极地大气环流以及赤道热气流上升等作用下这些物质会达到平流层，再随着平流层气流的流动这些物质会迁移到两极，从而在平流层内混合均匀。在平流层内，CFCs 和 Halons 等物质，受强烈紫外线的照射，CFCs 和 Halons 的分子发生分解，产生活性非常高的氯溴自由基，这些氯溴自由基是破坏臭氧层的主要物质：$Cl + O_3 \longrightarrow ClO + O_2$；$ClO + O \longrightarrow Cl + O_2$。据估算，在催化剂自由基失去活性之前，平均每个氯自由基可以破坏超过 1 万 ~ 10 万个臭氧分子。

7.6.2.4 紫外线辐射增强的海洋生态学效应

臭氧层削减及由此导致的太阳紫外线辐射增强是全球变化的重要方面之一，然而，相对于全球变暖和海洋酸化的研究，目前关于增强 UV-B 对海洋生态系统的影响研究相对较少。除了联合国环境规划署（UNEP）4 年 1 次的关于臭氧层削减的环境影响评估报告等外，国内外已有一些研究从不同方面对增强 UV-B 的生态效应进行了综述。总体来看，关于 UV-B 辐射增强的生态学效应主要集中在宏观层面：种群生长动态和生物群落结构发生变化，微观层面：分子、细胞和生理方面的研究为主，尚缺乏从生态系统水平上研究 UV-B 辐射的生态效应。

1. 对海洋环境的影响

增强 UV-B 辐射可以改变太阳光在水中的穿透能力，也改变了水中光波的组成。研究发现紫外线在相对浑浊的近岸或内湾水域的穿透能力较弱，在 1 m 水深处辐射强度可减至水面的 1%，但在清澈的外海或两极水域却有很强的穿透能力（Hader 等，1995）。在北冰洋的清澈水域，10% 的表面辐射率可到达 30 m 的水层。在南极 5 ~ 25 m 深处，紫外线辐射强度仍可达 10%。

UV-B 辐射可以通过光降解作用分解水体中的可溶性有机碳（DOC）和固体有机碳（POC），从而提高光在水中的穿透能力。穿透能力提高之后 UV-B 辐射又可以进一步降解 DOC。因此，整个海洋生态系统和海洋生物（尤其是浮游生物）暴露在紫外线辐射下的潜在危险性就不断增加。海洋中的多环芳香烃和多氯联苯等持久性有机污染物在 UV-B 辐射增强下会增强其毒性。紫外线的光化学作用可以从结构上把多环芳香烃降解成各种氧化物，增大芳香化合物对海洋环境的毒害作用，进而对海洋生物造成影响。此外，对淡水和海洋水域进行的持续研究进一步表明，UV-B 辐射使死亡的有机物质变成包括一氧化碳在内的溶解无机碳和变成更易于或不易于微生物食用的物质，这极大地改变了水体中微生物食物的组成。

2. 对海洋生物群落的潜在影响

增强 UV-B 辐射首先改变海洋生物原先的平衡环境，由于不同的生物对 UV-B 辐射的敏感性不同，不同生物对 UV-B 辐射造成的损伤的修复能力也不同，对紫外线辐射敏感的生物种群数量必然受到抑制，而不敏感的或修复能力强的生物的种间竞争会得到加强，最终导致海洋生物群落的结构发生变化，生态位等环境资源重新分配。

增强 UV-B 辐射的影响可继续通过食物链（网）扩大到整个群落及生态系统。如具有光保护色素饵料生物所占比例的增加则可能有利于视觉性捕食者的捕食。Mostajir 等（1999）在中尺度围隔装置中研究了不同 UV-B 辐射剂量（280 ~ 320 nnl）对浮游生物的影响。结果说明 UV-B 辐射量增大导致了细胞分裂的滞后，抑制了细胞的生产力，从而导致细胞个体的增大，增大的细胞个体极可能导致饵料质量的改变而造成纤毛虫饵料的匮乏。

尽管已有确凿的证据证明增强 UV-B 辐射对水生生态系统是有害的，但目前还对其潜在危害还很难估计。已有研究证实浮游植物群落与臭氧的变化直接相关。对臭氧洞范围内和臭氧洞以外地区的浮游植物生产力进行比较的结果表明，浮游植物生产力下降与臭氧减少造成的 UV-B 辐射增加直接有关（Mckenzie，2002）。浮游生物是海洋食物链的基础，浮游生物种类和数量的减少还会影响鱼类和贝类生物的产量。美国能源与环境研究所的报告表明，臭氧层厚度减少 25% 将导致海洋表层初级生产力下降 35%，透光层（生产力最高的水层）的初级生产力减少 10%。

3. 对海洋生态系统生物化学循环的影响

紫外线增强对水生生态系统中碳循环的影响主要体现于 UV-B 辐射对初级生产力的抑制。在几个地区的研究结果表明，现有 UV-B 辐射的减少可使初级生产力增加。据测算，浮游植物每减少 10% 的产量，相当于增加 5×10^{12}，化石燃料燃烧放出的 CO_2（Rail，1998），所以由 UV-B 辐射引起的海洋对 CO_2 气体的吸收能力降低，将导致温室效应的加剧。

除此之外，紫外线促进水中的溶解有机质（DOM）的降解，使得所吸收的紫外辐射被消耗，同时形成溶解无机碳（DIC）、CO 以及可进一步矿化的简单有机质等：增强 UV-B 辐射对水中的氮循环也有影响，不仅抑制硝化细菌的作用，而且可直接光降解像硝酸盐这样的简单无机物质。增强 UV-B 辐射对海洋中硫循环的影响可能会改变 COS 和二甲基硫（DMS）的海 - 气释放，这两种气体可分别在平流层和对流层中被降解为硫酸盐气溶胶。

综上，在全球变化下增强 UV-B 辐射对海洋生态系统造成的潜在结果包括：生物受损、生物量减少、物种组成及群落结构的变化、人类可用氮的减少、大气二氧化碳吸收能力的降低，进而加剧温室效应等。

7.6.3　海洋酸化

7.6.3.1　海洋酸化的定义

海洋酸化（ocean acidification）概念最早由 Caldeira 和 Wickett 于 2003 年在 *Nature* 杂志上提出的，海洋酸化是指由于海洋吸收释放到大气中过量 CO_2，导致海水酸度逐渐升高的过程。工业革命以来海洋吸收的 CO_2 约占人类活动排放量的三分之一以上，对缓解全球变暖起着重要的作用。然而随着溶入海洋中的 CO_2 量的不断增加，会造成表层海水 pH 下降和理化特性的改变，海洋生物适应的海洋化学环境也因此发生了变化。海洋酸化这一现象已经成为另一个对生物多样性与生态系统功能产生重要影响的全球变化因子。

7.6.3.2　引起海洋酸化的主要原因

由于矿石燃料的使用和植被破坏的不断加剧，使得大气中二氧化碳浓度不断升高。作为地球表面最大碳源，海洋溶解了人类排放二氧化碳总量的四分之一，海水中溶解二氧化碳的不断上升，引起表层海水 pH 值降低，导致海洋酸化。当 CO_2 进入海水时，增加了海水中溶解的 CO_2 浓度的同时与水结合形成碳酸（H_2CO_3），H_2CO_3 主要解离成碳酸氢盐（HCO_3^-）和 H^+，而 H^+ 则降低了海水的 pH 值。与此同时，H^+ 还会与海水中的碳酸盐（CO_3^{2-}）结合以形成更多的 HCO_3^-，这一过程则进一步降低了海水中 CO_3^{2-} 的浓度（图 7-24）。

自工业革命以来，表层海水的 CO_3^{2-} 浓度在近 100 年内已经下降了约 10%（Orr等，2005），目前的这种下降趋势仍然会持续下去。到 2100 年，与工业革命前相

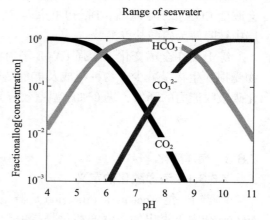

图 7-24　海洋酸化的成因

比，海水 pH 将下降 0.3 ~ 0.4 个单位，CO_3^{2-} 浓度将因此下降 45 %，$p(CO_2)$ 浓度将增加近 200 %，HCO_3^- 浓度增加 11 %，DIC 浓度增加 9 %（Gattuso 等，2015）。值得注意的是，受温度等相关因素的影响不同海域 CO_3^{2-} 浓度分布存在差异（两极海域仅为热带海域的 41 %）。因此大气 CO_2 浓度升高导致的海洋酸化将对不同海域产生不同的影响。海水中不同形式无机碳的浓度与 pH 值的关系如图 7–25 所示。

◯ 图 7-25　海水中不同形式无机碳（CO_2, HCO_3^-, CO_3^{2-}）浓度与 pH 值的关系（吴亚萍，2010）

7.6.3.3　海洋酸化的生态效应

海洋酸化的生态效应是一个复杂的过程，其对海洋生态系统中不同生物的影响具有显著差异，想了解海洋酸化的生态效应，可以分别从海洋酸化对钙化生物的影响和海洋酸化对光合固碳的影响两方面讨论。

1. 海洋酸化对钙化生物的影响

海洋钙化生物包括珊瑚（coral）、有壳翼足目（shelled pteropod）、有孔虫属（*foraminifera*）、颗石藻属（*coccolithophores*）、软体动物（mollusk）、棘皮动物（echinoderm）等能利用海水 CO_3^{2-} 生成钙质骨骼或保护壳的生物。在海洋酸化背景下，海洋钙化生物的钙化作用将受到抑制。研究表明，在两倍于现今大气 $p(CO_2)$ 条件下，海洋生物钙化总量将下降 20% ~ 40%（Riebesell 等，2004）。

（1）珊瑚礁生态系统

珊瑚礁生态系统是地球上生物多样性最高且经济效益较显著的生态系统，海洋酸化一方面会对珊瑚礁及其中其他钙化生物造成影响，同时还会间接影响依赖该系统生存的植物、动物。珊瑚礁碳酸钙层的主要贡献者包括造礁珊瑚、红壳珊瑚藻和绿钙藻。这些钙化生物为珊瑚礁中其他生物提供食物、栖息地和保护，具有重要的生态意义。围隔生态系统实验结果表明海洋酸化对珊瑚有抑制作用。pH 值的降低会导致珊瑚的生长率、钙化速率和生产力降低，使珊瑚白化和坏死加剧，并进一步改变珊瑚礁生态系统的群落结构（Smith 和 Price，2011）。

（2）浮游钙化生物

浮游钙化生物有壳翼足目、有孔虫（图 7-26）和颗石藻几乎贡献了所有从上层海洋向深海输出的 $CaCO_3$。其中，有壳翼足目是文石的主要浮游生产者，海水中文石饱和度对生物钙化有直接影响，在极地有很高密度，有壳翼足目生物利用文石形成骨骼，因而也是海洋酸化较早的受害者。在文石不饱和水体中，有壳翼足目动物不能维持壳的完整性，空壳降到文石饱和临界深度以下时会被腐蚀或部分溶解，活体翼足目壳在文石不饱和水体中也会迅速腐（Orr 等，2005）。单细胞的有孔虫是海洋中最小的钙化生物，它们钙化形成方解石外壳，是海洋生物钙化的重要组成部分，在维持生物碳泵中起着重要作用，它们是海洋食物链的底端环节，研究表明，有孔虫对环境中 CO_3^{2-} 浓度变化很敏感，其外壳总量与 CO_3^{2-} 浓度正相关。颗石藻是一类钙化藻，被认为是地球上生产力最高的钙化生物，同时它们是重要的初级生产者，在海洋碳循环中起着重要作用，多数颗石藻的生长实验表明 $p(CO_2)$ 上升导致钙化率显著下降，然而也有学者指出在不同光照条件下，圆石藻对 CO_2 加富的响应并不相同，颗石藻作为一种钙化藻，其钙化和生长在海洋酸化下的反应，较其他钙化生物要更为复杂（Gao，2011）。

翼足目、有孔虫和颗石藻 3 种浮游钙化生物在全球海洋有广泛的分布，在大洋和沿岸生态系统中都占有重要地位。在海洋酸化下的响应与生存的海域有很大关系，分布在高纬的浮游生物较易受到海洋酸化的威胁。在所有钙化生物中，珊瑚礁钙化生产力仅占全球生物钙化的小部分，而翼足目、有孔虫和颗石藻浮游钙化生物占全球生物钙化生产力的 80% 以上，它们在海洋酸化下的变化直接影响海洋的碳循环，进而对海洋生态系统造成重大影响（Riebesell 等，2000）。

（3）底栖无脊椎动物

软体动物和棘皮动物是典型具有 $CaCO_3$ 骨骼的底栖无脊椎动物，它们分泌文石、方解石等，很多底栖钙化动物是近岸生态系统中的主要物种，在经济和生态上

● 图 7-26　形态各异的有孔虫（引自 Holbourn，2013）

均具有重要地位。海洋酸化条件下，软体动物和棘皮动物等底栖钙化生物钙化率降低，生长受到抑制，且在幼体和胚胎阶段表现尤为敏感。比如，孙田力（2017）研究表明海洋酸化通过减缓紫贻贝的摄食、呼吸、排泄等代谢过程抑制了其生理代谢，使得紫贻贝生长速率降低、丰满度下降、死亡率大大增加。同时，CO_2 可穿透细胞膜进入细胞内部，对细胞器产生直接的损伤。

2. 海洋酸化对光合固碳的影响

（1）红树林和海草

红树林生态系统指生长在潮间带上半部的统称红树林的茂密耐盐常绿乔木或灌木，其兼具陆地和海洋生态特征，是重要的海岸生态系统类型。总体上，大气 CO_2 浓度升高有利于红树林生长发育，但相对于全球变暖和海平面上升这些全球环境变化事件，其直接影响并不显著。海草光合作用利用的 C 至少 50% 来源于海水中的 CO_2，自然界中的海草基本处于碳限制状态，大叶藻的短期 CO_2 富集实验显示叶光合效率和茎生产力的增加，同时伴随对光的需求降低，长期处于光限制的海草在大气 CO_2 浓度升高下受益更为明显，然而，实验室内的短期效应并不能代表长期的影响，海草场在长期缓慢的 CO_2 增加环境下受到的影响仍不明确（Palacios 和 Zimmerman，2007）。

（2）海藻

海藻具有增加羧化作用、针对气态 CO_2 的碳浓缩机制（CCM），这些海藻可以有效利用海水中的 HCO_3^-。大气 $p(CO_2)$ 加倍情况下，表层海水溶解的 CO_2 浓度加倍，但 HCO_3^- 浓度仅增加 6%，因此，依赖 CO_2 的浮游植物是主要受益者，而主要依赖 HCO_3^- 的浮游植物所受影响较小，但对于一些能同时利用 HCO_3^- 和 CO_2 的藻种，其在 CO_2 浓度增加时也可以通过减少主动碳吸收的能量消耗而获益（Rost et al.，2003）。与此同时，随大气 CO_2 浓度升高，海水 pH 下降可能会影响藻类的生理调节机制，从而对藻类生长产生抑制。例如，胡顺鑫（2017）研究表明，CO_2 升高导致的海水酸化影响了米氏凯伦藻的生长、光合作用（光反应和暗反应）、呼吸作用、无机碳浓缩机制以及营养盐的吸收，但是米氏凯伦藻对海洋酸化的响应最终取决于正效应和负效应的平衡。总之，海洋酸化对海藻的影响是正负效应的综合结果，且不同藻种对海洋酸化的响应具有特殊性，不能一概而论。

（3）钙化藻

本节已对钙化藻进行了介绍。其一方面通过光合作用固定 CO_2 促进 CO_2 由大气向海洋迁移；另一方面通过钙化作用形成 $CaCO_3$ 沉积，在海洋碳循环和关键地球化学过程中发挥作用。海洋酸化对钙化藻的影响，既包括钙化藻光合作用对海洋酸化的响应，又包括海洋酸化对钙化藻钙化作用的影响两方面，不同钙化藻对海洋酸化的响应存在较大差异。

第八章

海洋生态学与可持续发展

8.1 导论

8.1.1 可持续发展的概念与内涵

可持续发展是一个生态学概念，是从生态学提出来的一种新的社会经济发展模式 1987 年，由挪威首相 Gro Harlem Brundfland 夫人领导的联合国世界环境与发展委员会（The World Commission on Environment and Development），集中了全世界最优秀的环境与发展科学家，在历时三个月到世界各个国家进行实地考察的基础上，发表了《我们共同的未来》（Our Common Future）一书。该书是对全球环境与发展问题经过多年分析研究后的一份全面总结。该书从理论上阐述了可持续发展是人类解决环境与发展问题的根本原则，并在实践上提出了比较全面的具体建议。至此，一个比较系统的全球性的持续发展观和发展战略已基本形成。世界各国和研究机构也都把可持续发展作为经济发展研究和实践的指导思想。

另外，世界自然保护同盟（IUCN）、联合国环境规划署（UNEP）和世界自然基金会（WWF）在 1980 年发表的《世界自然保护战略：为了可持续发展的生存资源保护》（World Conservation Strategy for Sustainable Living）一书的基础上，经过进一步分析研究，于 1991 年又发表了《爱护地球：一项可持续生存的战略》（Caring for the Earth：A Strategy for Sustainable Living）一书（以下简称《爱护地球》）。该书着重强调了人类的经济活动必然会对自然环境和资源造成影响和冲击，如果超出了人类赖以生存的生态系统的自我调节机能，自然环境就会遭到破坏，从而对人类生存和社会经济发展造成限制。因此，人类的生存和经济发展必须限制在生态系统的承载能力之内，也就是说人类只有依靠自然界的利息来供养，而不是消耗自然界的资本。否则，最后的结果就是人类否定了自己。

该书对可持续发展做了比较详细的分析与论述，并提出以下原则：尊重和保护生物群落；保护地球的生存能力和多样性；把不可更新资源的消耗减少到最小；保持在地球的承载能力之内；改变人们的态度和习惯；促使社会关心他们的环境；为综合发展与保护提供国家的框架；创造一个全球联盟。另外，《爱护地球》更加注重发展与分配的问题，同时提出重视和提倡环境伦理观念，并认为单纯依赖技术方法，无论是用经济手段还是应用科学与工程手段都无法有效地解决环境问题。要有效地解决环境问题，必须尽量把这些措施与解决不平等问题结合起来。

环境与发展世界委员会指出：可持续发展概念是既满足当代人的需要，又不能危及后代满足他们需要的能力。当前，在世界范围内兴起的生态革命是涉及社会、经济、技术和文化等领域深层次的一场革命。它正由工业文明走向生态文明、由工业经济转向生态经济，人类社会也正由工业社会走向生态社会，并由传统经济发展模式转向生态发展模式。

可持续发展的主要内涵是社会文明的转变，其实质是生态观的建立。可持续发展思想在生态观上的重要性就在于它突出了人类社会与地球生态系统的整体性，特别是突出了人类经济活动造成的对生态系统依赖的紧密性。可持续发展的理论核心是社会—生态系统的整体观，是把当代人类生存的地球生物圈看成是由自然—社会—经济相互联系、相互作用、相互制约组成的一个复合生态系统。

从可持续发展的社会生态整体观来看，当前人类所面临的环境与发展问题绝不是某一国家或地区自身的问题，而是全球性的挑战。因此仅仅依靠某一国家或地区是解决不了的，而必须是由全人类共同来解决。

世界环境与发展委员会以社会生态整体观为理论核心，从满足当代人和后代人的需求出发，系统的研究了人类所面临的经济、社会和生态问题，提出了以坚持持续性、共同性和公正性为原则，把生态持续性、经济持续性和社会持续性统一起来的持续发展观。为统一全人类的认识和必须采取一致行动提供了思想基础，为当代人解决发展与环境问题，维护人类的共同利益和生物圈的安全提出了一条可行的途径。这要求全人类进行更加广泛的国际合作，以保护我们共同家园——地球，走人类与自然和谐共存，社会与经济协调发展的可持续发展的道路。

8.1.2 可持续发展的意义

可持续发展不是一个固定不变的稳定发展阶段，而是一个不断演变和向前迈进的动态过程。它是在一个相当长时期发展经济的同时，保持人类所追求的健康的周边生态环境平衡等目标。当然，它还受世界观和价值观的限制，不同国家、地区、决策人都在选择自己所需要的目标，这样在可持续发展方面取得进步时，也意味着维持和改善了人类生态系统的健康。两者是统一的。

数十年来，随着科学技术的进步，人类对环境的影响和改造能力也得到了极大提高。所以在社会经济发展中，无论是对自然资源的开发利用还是自然环境保护，都偏重于人类自身发展的需要，即重视生态系统的生产功能和生活功能，而相对轻视了自然生态系统的还原功能和自我调节机能，即自然资源的供给能力、自然环境的容纳能力和自然环境对人类活动干扰的缓冲能力。

海洋生物资源属于可更新的自然资源之一，在其更新能力的速率之内可以进行充分开发利用。但是，长时期以来我国的海洋渔业生产呈现出捕捞方式不断多样化、捕捞强度不断增强等特征，已经使渔业生物资源的开发利用长时期处于超负荷状态，破坏了渔业生物资源生产力的生物学基础。

目前，海洋渔业生物资源结构已发生了明显的改变，种类和数量变动频繁，传统经济种类的比例逐年降低，非经济种类在渔获物中的比例却日益增大。渔获物小型化日趋明显，致使我国海洋渔业资源结构处于由经济价值高的优质种类向质劣价值的劣质种转化的恶性循环状态。

据统计，20 世纪 50 年代中期，黄海、东海大黄鱼资源量不到 20 万吨左右，至 80 年代初期减少到 2～3 万吨，下降了约 90%；小黄鱼由 20 世纪 50 年代的 16 万吨降至 20 世纪 80 年代末的 2.5 万吨。舟山渔场冬季的带鱼汛已经消失，闽东渔场 80 年代末已捕不到大黄鱼，其他如虾类、蟹类和贝类资源亦已明显减少。渔民普遍反映，"出海的收获一次不如一次"。目前，市场上经常可以见到个体幼小的沙丁鱼、小黄鱼、带鱼和比目鱼。由于渔获物个体呈现小型化、经济效益极为低下。

诚然，人类为了生存与发展，就必然要向自然界索取。但是索取多少，如何索取是值得人类慎重考虑和安排的。人类在其活动中所产生的废弃物是否返回自然界和如何返回自然界的问题同样也要求人类予以正确对待与解决。包括中国在内，共有 183 个国家在 1992 年 6 月在巴西里约热内卢召开的联合国环境与发展大会上普遍地接受了可持续发展这一概念，并发表了对人类生存和社会经济持续发展具有非常重要意义的《里约环境与发展宣言》，提出了"人类要生存，地球要拯救，环境与发展必须协调"的口号，以及具体行动纲要——《21 世纪议程》。另外，联合国持续发展委员会（UN Commission on Sustainable Development）于 1992 年 10 月 30 日成立，以敦促和检查各国对《21 世纪议程》的执行，促进各国在经济发展与环境保护方面相互协调，帮助各国实现本国的可持续发展目标。《21 世纪议程》提出了保护资源和环境以及如何实现可持续发展的战略和方法，要求各国制订和组织实施本国相应的可持续发展战略、计划和政策。

当前，可持续发展、生物多样性保护和全球变化一起被确认为是当代生态学和环境科学的三大前沿领域。

8.2　生态足迹动态分析在可持续发展中的作用与重要意义

20 世纪 60 年代以后，随着科学技术的进步，社会经济取得了迅速发展。伴随着人口的增加、生活方式的改变和生活质量水平的提高，人类对自然资源的需求也在一定程度上随之增加。研究表明，20世纪60年代人类对自然资源的需求量只相当于地球再生能力的70%。人类为了生存与发展必然要向自然界索取，但索取多少，如何索取却是必须认真思考的问题。

统计数据显示，20世纪80年代初，人类对自然资源的需求与地球生态系统承载力之间尚处于"持平"的状态。而事实上，从1977年以后即开始出现赤字，到20世纪末（1999年）全球人类生态足迹就已经超出了地球再生能力的20%，即人类在12个月所消耗的自然资源，地球生物圈需要用15个月才能再生。至此，人类赖以生存的生命支持系统开始受到威胁，社会经济可持续发展受到制约。

早在20世纪50—60年代，在发达国家就出现了可持续和谐发展的呼声，至80年代，在中国也有人认识并提出了这一问题。随着《爱护地球》《二十一世纪议程》等书和文件的发表，各国也都为其社会经济实现可持续发展制定了相应政策。至此，在世界范围内兴起了一场涉及社会、经济、技术和文化等领域深层次的生态革命。

可持续发展是从生态学角度提出来的一种社会经济发展模式，因此它的设计必须以生态学理论为指导。可持续发展是一个概念，又是人类生存和社会经济发展的战略要求。在实现可持续发展过程中如何以一种可操作的定量方法予以分析，就成了生态经济领域中一个研究热点。为此，不少科学家试图从不同角度以建立计算分析模型以期解决这一问题。1992年，加拿大生态经济学家雷斯（W. Rees）和魏克内格（M. Wackernagel）共同提出了生态足迹（ecological footprint）这一概念，并以生物物理量来量度可持续发展状况。经过一段时间的应用实践生态足迹概念及其模型于1996年得到了进一步完善。目前已有不少国家接受并运用这一可操作的定量方法，对其生态足迹进行了量度。

8.2.1 生态足迹的基本概念与定义

自然生态系统是人类生存和社会经济发展的支持系统。土地、水、大气等都是自然界赋予包括人类在内所有生物生存发展的物质基础。

土地是万物的载体，是生物赖以生存的主体。在人类文明早期，由于所使用的工具极其简单，再加上当时人口数量稀少，所以对土地的影响甚微，对自然界的影响犹如襁褓中的婴儿对母亲的依赖，只是无助且微地索取。进入工业文明以后，人口的急剧增加和工业化的迅速发展对自然资源的需求就成为土地为养育人类的重大负荷。人口增加，生产力迅速提高，人类对自然资源的需求也在急剧增加。那么，这艘承载着人类及其营造的社会的巨人在地球表面大地上留下的脚印究竟有多深？还能走多远？这就是生态足迹的通俗含义。

关于生态足迹的具体定义，科学家们曾从不同角度予以叙述，如"一个国家范围内给定人口的消费负荷""用生产性土地面积来度量一个确定人口或经济规模的资源消费和废物吸收水平的账户工具""能够持续地提供资源和消纳废物的，具有生物生产力的地理空间"等等。我们认为生态足迹是指特定数量人群按照某一种生活方式所消费的自然生态系统提供的各种商品和服务功能以及在这一过程中所产生的废弃物所需的环境（生态系统）吸纳，并以生物生产性土地或水域面积来表示的一种可操作的定量方法。它的应用意义是通过生态足迹需求与自然生态系统的承载力（亦称生态足迹供给）进行比较，即可以定量的判断某一国家或地区目前可持续发展的状态，以便对未来人类生存和社会经济发展做出科学规划和建议。

8.2.2 生态足迹计算模型

基于人类生活中消费的各种自然资源和生活中产生的废弃物，可以进行数量确定并可以转换为相应的生物生产性土地（或水域）来表示。所以在计算特定数量人群的人均生态足迹时可用以下公式：

$$EF = N \cdot ef \qquad (8\text{–}1)$$

$$ef = \sum_{i=1}^{n} (aa_i) = \sum_{i=1}^{n} (c_i p_i) \qquad (8\text{–}2)$$

式中：i 为消费商品（资源）和投入的类型；p_i 为 i 种消费商品的平均生产能力；C_i 为 i 种商品的人均消费量；aa_i 为人均 i 种消费（交易）商品折算的生物生产性土地面积；N 为人口数量；ef 为人均生态足迹；EF 为计算中某一数量人类总的生态足迹。

由上式可知，生态足迹是特定数量人口和人均消费生活商品和能源的一个函数，就是消费各种商品和服务功能和吸纳净化人类在生产和生活中所产生的废弃物所需生物生产性土地或水域面积的总和。通过生态足迹的计算，可以得出某一地区特定数量人口按其某一生活方式所需要的生物生产性土地或水域的面积，如果将其与该区域所能提供的生物生产性土地（或水域）面积进行比较，即可以判断该地区人类生活消费是否处于当地生态系统承载力之内，进而确认该地区社会经济实现可持续发展状况。

8.2.3 生态系统服务功能与生态足迹模型中常用的土地或水域类型

自然生态系统服务功能与生态过程密切相关，而生物及其物种多样性在维持地球生命系统中起着非常重要的作用，正是在物种种群、生物群落动态中的物质循环，能量流动以及地球各不同生态系统的共同进化和发展过程中充满了各种生态过程，从而为人类提供了极其丰富的服务。其中部分既可以用货币表示又可以用生物生产性土地或水域来衡量。而某些服务功能不能在市场上买卖，但却具有重要价值。自然生态系统服务功能可以划分为四项：①供给性服务（产品）；②调节性服务；③文化性服务（非物质）；④支持性服务（提供其他生态系统服务可以必需的功能）。

另外，从全球各不同生态系统所提供的服务价值来看，约占地球表面积 71% 的海洋是地球上生物最大的栖息空间，种类繁多且生物多样性极高。所以海洋，尤其近岸浅海（包括部分湿地）所提供的服务价值约占全球生态系统服务总价值的 2/3。

目前，在生态足迹模型中通常使用的生物生产性土地或水域可分为化石能源土地、可耕地、草地、林地、建筑用土地和水域六类。由于各个国家或地区的自然环境特点和人民生活方式的不同，所消费的商品以及废弃物排放也各自不一，因此在具体计算分析时应予以充分注意。另外，由于各类型生物生产性土地或水域的生产力不同，各个国家或地区各种生物生产性土地或水域的产出差异也很大，所以在计算过程中应分别用均衡因子（equivalence factor）和产出因子（yield factor）予以调整，以便比较。

8.2.4　生态足迹的应用与评述

8.2.4.1　应用

生态足迹可以应用于不同尺度，如将全球、不同国家或地区关于人口、收入、资源应用和资源有效性汇总成为一个简单、通用的，可以进行之间比较的便利手段——一种账户工具。魏克内格曾对 53 个国家或地区 1993 年生态足迹进行了计算分析。结果表明：按照当时的生活方式与消费水平，北美洲人的生态足迹需求普遍较高，如加拿大生态足迹为 7 hm^2，人均生态系统承载力为 9.6 hm^2；美国人生态足迹为 10.3 hm^2，较加拿大人高出 30%，生态足迹供给只有 6.7 hm^2。在欧洲，意大利人均生态足迹为 4.2 hm^2，人均生态足迹供给只有 1.3 hm^2；瑞典人均生态足迹为 5.9 hm^2，人均生态足迹供为 7.0 hm^2。在亚洲，中国人均生态足迹为 1.12 hm^2，人均生态足迹供给只有 0.8 hm^2，孟加拉国人均生态足迹为当年最低，为 0.6 hm^2。

21 世纪以来，中国的生态经济学家亦已分别对江苏南京、苏州、扬州，甘肃张掖，河北新乐，安徽、河南、山东，新疆乌鲁木齐，广东广州，上海等地进行了不同年代人均生态足迹计算分析，结果表明人均生态足迹虽然有高低差距，但均高出人均生态足迹供给能力。

就全球范围来看，1993 年人均生态足迹为 2.8 hm^2，生态足迹供给人均只有 2.1 hm^2，出现 0.7 hm^2 赤字，处于不可持续发展状态。就所计算分析的 52 个国家，其中 35 个国家或地区（占总数量的 67%）处于人均生态足迹供给赤字状态。只有 17 个国家或地区人均生态足迹低于全球人均生态足迹供给量（2.1 hm^2）。但是 52 个国家或地区人均生态足迹均已超过了各自人均生态足迹供给量的 35%。

1997 年，全球人均生态足迹供人量为 2.5 hm^2。如果按照世界环境与发展委员会提出的建议，以当年人均生态足迹供给量的 12% 作为保护生物多样性用地面积，该年全球实际人均生态足迹供给量尚不足 2.0 hm^2，当年全球人均生态足迹却超过了人均生态足迹供给量的 30%。1999 年，尽管全球人均生态足迹有所下降（2.33 hm^2），但是人均生态足迹供给量也在下降（1.9 hm^2）仍表现为赤字状态（0.43 hm^2）；当年中国人均生态足迹为 1.32 hm^2，人均生态足迹供给量为 0.68 hm^2，赤字为 0.64 hm^2。

从粮食、奶类、植物油、肉类等主要生活用品的人均消费情况来看，2007 年，粮食（含小麦、大米以及黑麦和大麦等所有粗粮）的消费量（含酿酒用粮）为美国人 1 046 kg，这一数量约是印度人的 6 倍，中国人的 3 倍，欧盟的 2 倍（而 2003 年美国人均粮食消费量是 946 kg，增加速度是明显的）；液体奶的人均消费量为美国人

78 kg，印度人 38 kg，中国人 11 kg；植物油的人均消费量美国人 41 kg，印度人只有 11 kg；肉类的人均消费量中，其中牛肉，美国人 42.6 kg，印度人 1.6 kg，中国人 5.9 kg；禽肉，美国人 45.4 kg，印度人只有 1.9 kg。

原本人类的生存和社会经济发展应限制在生态系统的承载力之内，也就是说人类只能依靠自然界的利息来供养而不是消耗自然资本才能实现可持续发展。有学者认为养活人类只能依靠自然资产，而现在从全球来看，人类未来可持续发展的前景是不容乐观的。

8.2.4.2　评述

生态足迹是定量评价人类生存和社会经济实现可持续发展可能性的一种方法，是一种创新，首先应予以肯定。目前，依据生态足迹方法，已对一些国家或地区，甚至对个别生态系统（如旅游资源相关的生态系统）进行了生态系统承载力与生态足迹评价，给出了具有科学性和可对比的数据报告。尽管尚有需要改进之处，但毕竟是一份有关人类生存和社会经济是否能实现可持续发展的定量评价信息。对于不足之处，应及时提出，以利于在今后研究与应用过程中予以核实、修改和完善。

1. 模型中生产性土地或水域类型

应用于模型中的生物生产性土地或水域类型中的水域项，在统计计算过程中其面积数量差距很大，明显有误。在区分外海水域或区分近海海域时存在混乱，导致水域含义不清楚或不确切。若按"具有生态生产力（应为生物生产力）的海洋占海域 8%"计算，应该是指近岸浅海水域（10 米等深线以内海域），而面积亦明显有误。在生态足迹计算模型中已被使用的水域项应包括海洋（咸水水域）和河流湖泊等淡水水域，而在具体计算过程中应予以准确使用。

海洋是蓝色的国土，在生态系统提供的服务功能中具有重要作用。如果用货币表示，全球服务价值约 2.1×10^{12} 美元 /a，其中近岸海域为 12.6×10^{12} 美元 /a。按平均每年每公顷的价值计算，近岸海域为 4 052 美元，外海海域为 252 美元。在各不同类型生态系统中仅次于湿地和河流湖泊。

事实证明，海洋在调节气候、提供人类所需要蛋白质消费、全球水分平衡、营养元素和碳循环以及为保障人类健康提供医药资源和休闲文化等方面起着非常重要的作用。正是由于其理化环境的特点，海洋吸纳和稀释了大量污染物质，净化了环境，为人类提供了优越的娱乐场所和就业机会。仅海岸地区就供养了 2/3 的全球人口。所以，海洋尤其是近岸浅海水域生态系统所提供的服务功能在实现人类生存和社会经济可持续发展过程中是应予以重视，尤其是海洋性国家或地区。

2. 静态或动态分析

生态足迹概念的提出与模型的建立其目的是为定量评价与预测某一国家或地区社会经济可持续发展的可能性。短时间（1 年或 5 年或 10 年）的评价只能反映短暂时间内的当时状况，属于静态分析。不能预测未来发展变化趋势，更难以为实现可持续发展对人类活动和在科学管理上做出可行性建议。

当前，由于人类活动加剧，全球气候变化异常的情况下，我们建议每 2～3 年一次而且是不间断地进行分析为好。这样做属于动态性分析，又可以与《生命行星报告》每两年公布一次的全球生态足迹相配合，以做出更加科学的判断和建议。

3. 人类活动对生态系统为人类提供服务功能的影响在模型中受到的关注尚不够

在全球气候变化成因中，人类活动占据 90% 的份额（一种主流观点）。目前地球产生的温室气体比过去 1 万年中任何一段时间都高，大气中 CO_2 的含量比过去 65 年中任何时候都高，比工业革命前高 35%。温室效应使地球正在以前所未有的速度变暖。2007 年 2 月 2 日，政府间气候变化专门委员会（IPCC）在法国巴黎发布的第四次评估报告，第一工作组给出了关于"全球变暖的罪魁祸首究竟是自然界本身演化规律或是人类活动？"的报告结论。结论是否能为这个长时间争论不休的议题暂时画上了句号尚待进一步研究，但不可忽视的是，不同观点与呼声亦越来越强烈，这都需要进行更深入地研究与讨论。全球变暖对自然生态系统的影响是深远的。它直接或间接地影响着生态系统对人类生存和社会经济发展的服务功能。

关于世界环境与发展委员会在其发表的《我们共同的未来》报告中提出的建议及留出 12% 的生物生产土地面积，以保护地球生物多样性的措施是可行的。但一个国家或地区仅通过留有一定数量的生物生产性土地面积用以吸收 CO_2 以维持大气中 CO_2 的平衡是徒劳的，根本措施是减少 CO_2 等温室气体的排放，尤其是发达国家。

调查表明，几十年来随着人口剧增和对自然资源需求的增加，陆地资源日趋匮乏，这就加大了对海洋资源需求的压力，人们已采取各种手段向海洋索取更多的生活资源和能源。据统计，围（填）海造地再加上沿海工业和生活废弃物任意排入海洋，已导致沿海域面积急剧减少，污染日趋严重，质量与功能明显降低。目前中国有 80% 河流被污染，2 万多个自然湖泊中已有 75% 被污染，湖泊面积逐年下降；近岸海域超过 1/2 不清洁。这些数据都将会对生态足迹和生态系统服务功能质量带来一定影响。

尽管，生态足迹及其模型尚存在一些需要进一步充实和修正之处，但它毕竟是一种创新，已经得到广大生态经济学家的认可和应用。相信通过进一步研究和在应用过程中不断地充实修正和完善方法，将会为人类生存和社会经济未来发展中做出科学的、可对比的预测。

20 世纪后半叶以来，在海洋生态学工作中，特别重视海洋生态系统的概念和研究，并且广泛的采用各种数学模式和指标来辅助。这是海洋生态学深入发展的必然趋势，也是由于受目前人类所面临的一些重大问题，如人口急剧增加、环境严重污染和自然资源日趋匮乏等问题所促进的。

随着科学技术的发展与应用，生态学研究也开始进入了一个新的发展阶段，即系统生态学的兴起和发展。系统生态学是把自然生态系统作为一个复杂系统来进行研究。它吸收了系统工程学所发展出来的系统理论、系统分析方法和技术，结合生态系统的特点加以改进，用于探索生态系统的组成结构、功能发挥、发展规律和系统特性（如稳定性、塑性、恢复能力等）。系统分析工作主要有系统所占空间的确定（包括子系统的划分），组成部分的选择和组成成分间的关系的确定（确定状态变量和参数），进行数学模拟建立模型（制定数学方程、确定系数、建立方程组），编制计算机程序、验证模型和分析系统的系统特性。上述工作中最后一项是系统分析的核心，包括时间范畴分析（研究单一信号流通系统的时序和量度特征）、频数反应分析（系统对重复输入的削弱或扩大和相移的能力以及对反馈效应的评价）、稳定性分析、敏感性分析等。

不难看到，系统生态学是当前生态学发展的一个重要方向，它将自然调查、可控实验和理论分析有机地结合起来，对各个方面的生态学研究工作都具有重要的指导意义；在解决人类当前所面临的有关自然资源的开发利用、污染防治和环境保护、大规模改造和重建自然的规划等，系统生态学的研究有着重要意义，能够提供必不可少的基础知识。

但是，也必须指出，要真正达到系统生态学工作的要求并予以实际应用，也存在有许多困难。按照系统理论的观点，一个生态系统是一个一体的，占有一定空间的实体，由相互作用和相互依赖的生物性和非生物性的组分构成，这些组分能流和物质循环、生物性与非生物性组分之间的和各个生物组分之间的交换过程以及平衡控制联结起来。对于分析工作，把生物与它们的环境从概念上明确地区分开来是必要的。但在自然界中，生物与环境往往是紧密地相互关联，而不能准确细致地分开。同样，相邻的一些系统的分界线往往难于用客观的标准来定义，在实际工作中，它取决于系统的功能和结构特性、研究人员的出发点以及便利条件或所采用的研究方法。通过长期演化过程所形成的生态系统，即使是其中的一个很小范围的小系统，也是非常错综复杂、难于深刻理解的。再加上海洋生态系统的一些特点和海洋生态系统调查所面临的特殊困难，都使得海洋生态系统研究工作相对比较落后。但是，海洋生态系统的系统生态学研究无疑是生态学研究中非常重要的研究方向并已取得一定进展。

Kinne 在 1976 年 10 月国际赫果耳兰讨论会的"生态系统研究"专题讨论会的开幕词中，介绍他们新建的 MES（多能环境系统）实验室的工作重点计划时说："第一项计划集中培养具有重要生态学意义的北海生物。这一计划包括水质管理、发展优良饵料生物大规模培养技术；测定和控制培养系统中的重要的非生物和生物性参数；发展培养方法和控制培养的技术；测定北海生态系统典型动物代表的个体生态学数据资料。第二个计划集中于实验生态系统研究并包括建立模拟模型等方面的工作，包括机动的实验设计（即系统地选择需要攻坚的参数和课题），种群动力学实验，测定关键性的生态学数据（如繁殖率、生长率、摄食率和食物转化率），基本机能的系统性分析（如被捕食者—捕食者动力学、竞争和食物选择）。最后，研究计划还包括在记录和分析结果的工作中的现代的方法论方面的努力。"

显然，在海洋生态系统工作中，还有许多基本的，看来是比较初等的工作，尚需要努力完成。这又是我们面临的现实。相信通过努力并踏实的工作，最终可以实现海洋生态系统的系统分析工作，并据此解决保护和改进海洋乃至人类生存的环境。

参考文献 *e*

详见数字课程（http://abook.hep.com.cn/59932）。

英汉名词对照

abyssal zone　深渊带

abyssopelagic zone　深渊层

accessory pigment　辅助色素

Adelaide Island　阿德莱德岛

adenine　腺膘呤

age class　年龄组

age distribution　年龄分布

age structure　年龄结构

age specific life table　特定年龄生命表

aggregate　集合

agri-ecology　农业生态学

ahermatypic coral　非造礁石珊瑚

algal bed ecosystem　藻场生态统

Allee's low　阿利氏定律

allelic fixation index　等位基因固定指数

Allen curve method　艾伦曲线法

allogeneic plankton　外来浮游生物

allogenic process　自源过程

amnesia shellfish poisoning, ASP　健忘性贝毒

analytic model　分析模式

anguilliform　鳗型

animal ecology　动物生态学

Antarctic Circle　南极圈

Antarctic continent　南极大陆

Antarctic convergence　南极辐合带

Antarctic divergence　南极辐散带

Antarctic plankton　南极浮游生物

Antarctica　南极洲

anthropocentrism　人类中心论

antropic action　异质作用

aphotic layer　无光层

aquatic ecology　水生生态学

Arabina Sea　阿拉伯海

Arctic Circle　北极圈

Arctic Ocean　北冰洋

Arctic plankton　北极浮游生物

assimilation index　同化指数

asymptote　渐进值

Atlantic Ocean　大西洋

atolls　环礁

attract　相互吸引

aurora zone　极光带

aurora　极光

auto inhibitors　抑制物质

autogenetic plankton　自生浮游生物（本地浮游生物）

autogenic process　异源过程

autumn plankton　秋季浮游生物

autumn race　秋宗

avian ecology　鸟类生态学

back-reef　礁前坡

Baffin Island　巴芬岛

Baltic Sea　波罗的海

Banks Island　班克斯岛

Barents Sea　巴伦支海

barrier reef　堡礁

bathyal zone　深海带

bathypelagic plankton　深层浮游生物

bathypelagic zone　深层

Bay of Bengal　孟加拉湾

Bay of Fundy　芬地湾

bay　湾

benthic habitat quality（BHQ）index　海底生境质量指标

benthos　底栖生物

Bering Sea　白令海

bioaccumulation　生物富集

bioassay　生物测试

biodeposition　生物沉积

bioconcentration　生物浓缩

biogenic sedimentary structure　生物成因沉积构造

biogeochemical cycles　生物地球化学循环

biological effects of marine pollution　海洋污染的生物效应

biological invasion　生物入侵

biological monitoring for marine pollution　海洋污染监测

biological pump　生物泵

biological zero　生物学零度

biomagnification　生物放大

biomass　生物量

bioresus pension　生物再悬浮

biotic potential　生物潜能

biotope　生活小区

bioturbation structure　生物扰动构造

bioturbation　生物扰动

biotype　生物型

bipolar distribution　两极分布

bipolar specnes　两极同源种

bipolarity of phenomena　现象两级同源

bipolarity of relationship　关系两极同源

bipolarity　两极同源

Black Sea　黑海

black smoker　烟囱

Bohai Sea　渤海

boreal plankton　北方浮游生物

boring organism　钻蚀生物

bottom to up control　上行效应

brackish water　半咸水

bringalga　钻孔藻

Bristol Channel　布里斯托尔湾

Brooks Range　布鲁克斯岭

brown tide　褐潮

burrowing organism　穴居生物

carangiform　鲹型

carbon sink　碳汇

carnivore　食肉动物

carotenoid　类胡萝卜素

carrying capacity　承载力

Caudovirales　噬菌体目

Ceda Bey Lake　塞达波格湖

cell abundance　细胞丰度

central valley　中央谷

chelation　螯合作用

chemical ecology　化学生态学

China Sea Coastal Province　中国沿海区

chloroplast　色素体

Chukchi Range　楚科奇岭

Chukchi Sea　楚科奇海

city ecology　城市生态学

climax production　顶极生产量

climax stage　顶极阶段

closed　封闭的

clumped　成群分布

coastal zone color scan，CZCS　海岸带水色扫描仪

coccolithus　颗石藻

cohort life table　同生群生命表

cold-stenothermic　冷狭温性

colonizers　定居者

commensalism　共栖现象

community　生物群落

community ecology　群落生态学

community matrix　群落矩阵

community succession　群落演替

compartments　隔室

compensation depth　补偿深度

compensation light intensity　补偿光强度

compensation point 补偿点

competition coefficient 竞争系数

Connecticut 康涅狄格州

continental ice 大陆冰

continental shelf 大陆架

controlled ecosystem pollution experiment，
　　CEPEX 有控生态系统污染实验

controlled experimental ecosystem 有控实验生
　　态系统

coral reef ecosystem 珊瑚礁生态系统

coral rock 珊瑚礁岩

Coral Sea 珊瑚海

coupling models 耦合模型

coupling 耦合

critical depth 临界深度

crowding effect 拥挤效应

Cyanobacterium 蓝细菌

cycling of material 物质循环

cyclomorphosis 季节形态变异

cyclotella nana clones 水样培养

cytobuoy 细胞浮筒

dark portion 黑暗带

dead zones 死区

deep scattering layer 深散射层

deep-sea ecology 深海生态学

deme 同类群

denitrification 脱氮作用

denitrifying bacterium 脱氮细菌

density dependent 密度制约

density independent 非密度制约

dermocystidium 组织寄生物

desert ecology 沙漠生态学（荒漠生态学）

desertification 荒漠化

detritus feeder 食碎屑动物

detritus food chain 碎屑食物链

detritus 碎屑

diarrheic shellfish poisoning，DSP 腹泻性贝毒

diazocytes 固氮细胞

diffuse competition 分散竞争

dimethylsulfide，DMS 二甲基硫

discontinuous distribution 不连续分布

dispersal 散布

disphotic layer 弱光层

dissemiule 散布器官

distance-decay 距离 – 衰减模式

disturbance 干扰、扰动

diversity index 多样性指数

dominant species 优势种

domoic acid 多摩（蒙）酸毒素

dotulinum toxin 腐毒素

dry sand zone 干沙区

dwelling trail 居住痕迹

dynamic balance 动力平衡

dynamic life table 动态生命表

dynamic quantity 动态数量

dynamic systems 动态系统

East China Sea 东海

ecological balance 生态平衡

ecological birth rate 生态出生率

ecological effects of marine pollution 海洋污染生
　　态效应

ecological efficiency 生态效率

ecological longevity 生态寿命

ecological succession 生态演替

ecological valence 生态幅

ecological value 生态值

ecology of fishes 鱼类生态学

ecology of individuals 个体生态学

ecology of insects 昆虫生态学

ecology of population 种群生态学

ecology 生态学

economical ecology 经济生态学

economics 经济学

ecosystem 生态系统

ecosystem development 生态系统发育

ecosystem ecology 生态系统生态学

ecosystem service 生态系统服务

ectocrine 外分泌

eddy　旋涡

Eire/Ireland　爱尔兰

El Nino　厄尔尼诺

elasticity　弹性

emigration　迁出

enclosed experimental ecosystem　围隔式实验生
　态学

endemic specie　地方种

envelope　膜

ephemeral plankton　偶现浮游生物

epineuston　表上层漂浮生物或表漂浮生物

epipelagic zone　上层

estuarine ecosystem　河口生态系统

estuary　河口

eulimnoplankton　大湖浮游生物

euphotic layer　真光层 / 透光层

euplankton　真浮游生物

eurybathic　广深性

euryhaline　广盐性

eurythermic　广温动物

eutrophication　富营养化

evenness　均匀性

exchange pool　交换库

excited state energy　激发态能

exponential method　指数法

exponential way　指数方式

export production　输出生产

external metabolite　外代谢物质

exuvia　蜕皮

Falkland Islands　福克兰群岛

feeding web　摄食网

femto–plankton　超微微浮游生物

Fildes Peninsula　菲尔德斯半岛

filtering basket　滤食篮

finite rate of increase　周限增长率

fishery ecology　渔业生态学

flatfish　比目鱼

floats　浮体

flushing time　冲刷时间

food chain　食物链

food link　食物环节

food web　食物网

fore-reef　前礁

forest ecology　森林生态学

fouling organism　污损生物

frapped　陷积

freshwater ecosystem　淡水生态系统

freshwater ecology　淡水生态学

fringing reef　岸礁

functional unit　功能单元

fundamental niche　基础生态位

Galapagos Islands　加拉帕戈斯群岛

gaseous types　气体型循环

Gause's principle　格乌司原理

generation time method　世代时间法

genetic drift　遗传漂变

genetic effective size　遗传效应的大小

geographical scale　地理尺度

geography ecology　地理生态学

Gibraltar　直布罗陀

global change　全球变化

global ocean ecosystem dynamics，GLOBEC　全
　球海洋生态系统动力学

global warming　全球变暖

golden tide　金潮

goods　产品

Gorda Ridge　哥尔达海脊

granum　基粒

grassland ecology/rang ecology　草地生态学

grazing food chain　牧食食物链

Great Barrier Reef　大堡礁

Great Southern Ocean　南大洋

green tide　绿潮

greenhouse effect　温室效应

Greenland　格陵兰

Greenland Sea　格陵兰海

gross primary productivity　毛初级生产力

ground state energy　基态能

growth factor　生长因素

growth form　生长型

Gulf　海湾

Gulf of Alaska　阿拉斯加湾

Gulf of Bothnia　波的尼亚湾

Gulf of Finland　芬兰湾

Gulf of Guinea　几内亚湾

Gulf of Maine　缅因湾

Gulf of Mexico　墨西哥湾

hadal pelagic zone　超深渊层

hadal zone　超深渊带

haliplankton　咸水浮游生物

harbor ecosystem　内湾生态系统

Hardy-Weimberg law　哈迪－温伯格定律

harophyceae　轮藻纲

heavy metal　重金属

heleoplankton　池沼浮游生物

herbivores　食植动物

heterocysts　异型胞

heteroinhibitors　异体抑制物质

heterotrophic bacterioplanktonic secondary
　production　异养细菌二次生产

heterotrophic productivity　异养生产力

hierarchy of structures　结构上的等级制度

high-nitrate low-chlorophyll area, HNLC　高硝酸
　盐低叶绿素区

holistic　复合论

holoplankton　终生浮游生物

holothurine　海参素

homoiosmotic animals　等渗透压动物

homothermic　恒温动物

hosphorus　磷

hot spots　热点

hot-stenothermic species　热狭温性物种

Hudson Bay　哈得孙湾

human ecology　人类生态学

hydrated silica　硅的水化物

hyphalmyroplankton　半碱水浮游生物

hyponeuston　表下漂浮生物次漂浮生物

hypoxia　低氧

ice algae　冰藻

ice shelt　冰棚

immigration　迁入

in situ　原位

increment-summation method　累加法

Indian Ocean　印度洋

inorganic particles　无机颗粒

instantaneous growth rate method　瞬时增长率法

International Council for Exploration of the Sea　国
　际海洋考察理事会

intertidal ecology　潮间带生态学

intertidal zone　潮间带

intrinsic rate of increase　内禀增长率

Intergovernmental Panel on Climate Change, IPCC
　联合国政府间气候变化专门委员会

iron hypothesis　铁盐假说

Java Trench　爪哇海沟

joint global ocean flux study（JGOFS）　全球海洋
　通量

J-shaped growth form　J形增长型

Kattegat Strait　卡特加特海峡

kelp beds　藻场

kelp forest　海藻森林

keystone species　关键种

Kiel Bay　基尔湾

Kill the Winner　"杀死胜利者"理论

King George Island　乔治王岛

land-ocean interactions in the coast zone, LOICZ
　海岸带陆海相互作用

landscape ecology　景观生态学

large marine ecosystem　大海洋生态系统

law of entropy　熵律

lichens　地衣

Liebig'slaw of minimum　李比希最小定律

life expectancy　生命期望

life table　生命表

lighted portion　有光带

limiting factors　限制因子

limnoplankton　淡水浮游生物

linear method　线性法

living carbon　活有机碳量

local extinction　局域灭绝

local population　局域种群

local scale　局域尺度

logistic curve　逻辑斯谛曲线

logistic equation　逻辑斯谛方程

logistic　逻辑斯谛

lumen　类囊体腔

macroplankton　大型浮游生物

magnetic pole　磁极

major constituents　主要成分

Malacca Strait　马六甲海峡

mammalian ecology　哺乳动物生态学

manganese cluster　锰簇

mangrove　红树林

mangrove ecosystem　红树林生态系统

mangrove trees　红树植物

Mariana Trench　马里亚纳海沟

marine ecological disaster　海洋生态灾害

marine ecology　海洋生态学

marine ecosystem　海洋生态系统

marine environmental capacity　海洋环境容量

marine environmental self-purification　海洋环境自净

marine microbes　海洋微型生物

marine pollution　海洋污染

marine self-purification capacity　海洋自净能力

marine snow　海洋雪花

Marmara Sea　马尔马拉海

marsh plant　沼泽植物

mathematical ecology　数学生态学

maximum birth rate　最大出生率

maximum sustainable yield　最大持续渔获量

maximum temperature　最高温度

megaplankton　巨型浮游生物

mercenene　蛤素

meroplankton　阶段性浮游生物

mesopelagic zone　中层

mesoplankton　中型（层）浮游生物

metapopulation　集合种群

metapopulation scale　集合种群尺度

metazoan food web　后生动物食物网

microbial ecology　微型生物生态学

microbial food loop　微型生物食物环

microbial food web　微型生物食物网

microbial loop　微型生物食物环

microplankton　小型浮游生物

microplastics　微塑料

Mid-Indian Peninsula　中南半岛

migration　迁移

mineralization　矿化作用

minimum demographic value　最小数量值

minimum temperaure　最低温度

minor constituents　微量成分

mixed layer　表面混合层

mortal temperature　致死温度

mortality　死亡率

moss　苔藓

Monnt Erebus　埃里伯斯火山

Monnt Melbourne　墨尔本火山

multi-species population　混合种群

mutualism　共生或互惠共生

nano-plankton　微型浮游生物

Nantucket　南突克

Napoli　那不勒斯

natality　出生率

natural response time　自然反应时间

negative feedback　负反馈

negative thigmotaix　负趋触性

negative thigmotaxis　负趋触性

nekton　游泳动物

neritic plankton　近岸浮游生物（浅海浮游生物）

neritic　近海带

Nessler tube　奈氏管

net flux　净通量

net primary productivity　净初级生产力

net production　净生产量

neuston　漂浮生物

neutral polymorphism　中性多态现象

niche　生态位

Nimbus-7　云雨 7 号卫星

nitrification　硝化作用

nitrifying bacterium　硝化细菌

nitrogen-fixation　固氮作用

North Sea　北海

Nova Scotia　新斯科舍海域

Novaya Zemlya　新地岛

Nusa Tenggara Islands　努沙登加拉群岛

ocean acidification　海洋酸化

ocean ecosystem　大洋生态系统

ocean　洋

oceanic plankton　远洋性浮游生物

oceanic　大洋区

oikopleura　住囊虫

omnivores　杂食动物

open　开放的

optimum density　最适密度

optimum temperature　最适温度

Oresund Strait　厄勒海峡

osmoregulator　渗压调变生物

ostraoliform　箱鲀型

overcrowding　过密

oxidation reduction potential　氧化还原势差

ozone depletion　臭氧空洞

ozone layer　臭氧层

Pacific Ocean　太平洋

parasites　寄生动物

partiole size spectrum　粒经谱

patch　斑块

pattern　格局

paymentsfor environmental services　生态服务付费

pelagica plankton　上层浮游生物

penguin　企鹅

perennial plankton　周年浮游生物

periphyton　周丛生物

permanent thermocline　永久温跃层

Persian Gulf　波斯湾

persistence　延续

persistent organic pollutants，POPs　持久性有机污染物

pervalvar axis　贯壳轴

peterson index　彼得逊指数

petroleum hydrocarbon　石油烃

Philippine Islands　菲律宾群岛

phosphorus cycle　磷循环

photophosphorylation　光合磷酸化

photosynthetic picoeukaryotes　光合真核生物

photosynthetic zone　光合作用带

photosynthetically active radiation，PAR　光合有效的辐射

photosystem Ⅰ，PS Ⅰ　光合系统 Ⅰ

photosystem Ⅱ，PS Ⅱ　光合系统 Ⅱ

phycobilin　藻胆素

physical ecology　物理生态学

physiological longevity　生理寿命

physiological method　生理学方法

phytoplankton　浮游植物

pico plankton　微微型浮游生物

Piggyback-the-Winner　"搭乘胜利者"理论

pigment　色素

pioneer stage　初始阶段

plankton feeder　吃浮游生物的动物

plankton　浮游生物

plant ecology　植物生态学

plastocyanin　质体蓝素

plastoquinone　质体醌

plate environment　斑块环境

pleuston　水漂生物或浮表生物

pneumatocysts　气囊

poikilosmotic animal　变渗透压动物

poikilothermic animal　变温动物

polar front　南极锋面

pollution ecology　污染生态学

polysaccharide utilization loci　多糖利用位点

pool　库

pooled yieed model　综合模式

population density　种群密度

population ecology　种群生态学

population pressure　种群压力

population regulation　种群调节

population　种群

positive feedback　正反馈

postreproductive age　繁殖后年龄

potamoplankton　河川浮游生物

potential natality　潜在出生率

prereproductive age　繁殖前年龄

pressure　压力

primary productivity　初级生产力

process models　过程模型

process　过程

production rate　生产率

production　生产量

productivity index　生产力指数

productivity　生产力

propagule　繁殖体 / 扩散体

protective color　保护色

proton motive force　质子动力势

Puerto Rico Trench　波多黎各海沟

pulsed　脉冲式

pycnocline　密度跃层

pycnogonida　海蜘蛛

pyramid of biomass　生物量金字塔

pyramid of energy　能量金字塔

pyramid of numbers　数量金字塔

quantum yield　量子产额

race　族

random　随机分布

rare species　稀有种

rarefaction methodology　稀疏法

reaction time lag　反应时滞

realized natality　实际出生率

realized niche　现实生态位

recruitment time method　补充时间法

Red Sea　红海

red tide　赤潮

redox potential discontinuity（RPD）layer　氧化
　　还原不连续层

redox potential　氧化还原电势差

reductionist　简化论

reef crest　礁脊

reef flat　礁坪

reef-building coral　造礁石珊瑚

regular　规则分布

relative abundance　相对丰度

removal-summation method　差减法

repel　相互排斥

reproduction curve model　繁殖曲线模式

reproductive age　繁殖年龄

reproductive euerythermy　生殖广温性

reproductive stenothermy　生殖狭温性

rescue patch　救生斑块

reserve/stock　蕴藏量

reservoir pool　贮存库

resource ecology　资源生态学

respiration　呼吸

rhabdolith　钙质小棒

Rigen Island　律根岛

Rockall Trench　珞卡尔海沟

Ryukyu Islands　琉球群岛

Sander's rarefaction methodology　Sander 稀疏法

Sargasso Sea　马尾藻海

Scandinavia　斯堪的纳维亚半岛

scavenger　食尸动物

Sea of Azov　亚速海

Sea of Japan　日本海

sea shore ecosystem　沿岸生态系统

sea　海

seagrass bed　海草场

seagrasses　海草

seagrass　海草

seasonal thermocline　季节温跃层

secondary production　次极生产量

sediment profile images（SPI） 沉积物剖面图

sedimentary types 沉积型循环

seed-bank model "种质库"模型

semiendogenous resting spore 半内生休眠孢子

service 服务

sessile organisms 固着生物

Severn River 塞文河

sex ratio 性比

shallow sea ecology 浅海生态学

shallow water ecosystem 浅海生态系统

Shelford's Law of Tolerance 谢福德耐受定律

simulation 模拟

simulation model 模拟模式

single species population 单一种群

singlet state 单线态

size spectral composition 大小谱组成

Skagerrak 斯卡格拉克海峡

solar radiation 太阳辐射

solar source spectrum 太阳光谱

South China Sea 南海

south magnetic pole 南磁极

South Pole 南极点

Southern Ocean 南大洋

spatial heterogeneity 空间的异质性

spatial niche 空间生态位

species diversity 物种多样性

splash zone 激浪带

spring plankton 春季浮游生物

spring race 春宗

S–shaped growth form S形增长型

stable equilibrium density 稳定平衡密度

standing crop/standing stock 现存量

static life table 静态生命表

stenobathic 狭深性

stenohaline 狭盐性

stenothermic 狭温动物/狭温种

Dover Strait 多佛尔海峡

stratification vertical layering 垂直分层现象

stroma 基质

submarine hydrthermal systems 热液系统

subspecies 亚种

subtidal zone 潮下带

subtropical convergence 亚热带辐合区

subtropics 亚热带

succession 演替

summer plankton 夏季浮游生物

Sundsvall 松兹瓦尔

supratidal zone 潮上带

surf 激浪

symbiosis 共生

system analysis model 系统分析模式

systems ecology 系统生态学

Taiwan 台湾

tardy density conditioned pattern 延滞性密度调节型

temperate plankton 温带浮游生物

temperate zone 温带

temporal variance 瞬间变异

terrestrial ecology 陆地生态学

the San Francisco Bay 圣弗朗西斯科湾

the size frequency method 体长频度法

The World Commission on Environment and Development 世界环境和发展委员会

thermal constant 热常数

thermo-dynamic laws 热力学

thigmotaxis 趋触性

thigmotaxis thigmotropism 向趋性

thylakoid 类囊体

time lag 调节时滞

tolerance limit 耐受极限

top to down contrl 下行效应

total economicvalue 总经济价值概念

trace metal 微量金属

triplet state 三线态

trophic level 营养级

trophic structure 营养结构

tropical niche 营养生态位

tropical plankton 热带浮游生物

汉英名词对照

J 形增长型　J-shaped growth form

Sander 稀疏法　Sander's rarefaction methodology

S 形增长型　S-shaped growth form

Z 方案　Z-scheme

阿德莱德岛　Adelaide Island

阿拉伯海　Arabina Sea

阿拉斯加湾　Gulf of Alaska

阿利氏定律　Allee's low

埃里伯斯火山　Monnt Erebus

艾伦曲线法　Allen curve method

爱尔兰　Eire/Ireland

岸礁　fringing reef

螯合作用　chelation

巴芬岛　Baffin Island

巴伦支海　Barents Sea

白令海　Bering Sea

班克斯岛　Banks Island

斑块　patch

斑块环境　plate environment

半碱水浮游生物　hyphalmyroplankton

半内生休眠孢子　semiendogenous resting spore

半咸水　brackish water

保护色　protective color

堡礁　barrier reef

北冰洋　Arctic Ocean

北方浮游生物　boreal plankton

北海　North Sea

北极浮游生物　Arctic plankton

北极圈　Arctic Circle

比目鱼　flatfish

彼得逊指数　peterson index

变渗透压动物　poikilosmotic animal

变温动物　poikilothermic animal

表面混合层　mixed layer

表上层漂浮生物或表漂浮生物　epineuston

表下漂浮生物次漂浮生物　hyponeuston

冰棚　ice shelt

冰藻　ice algae

波的尼亚湾　Gulf of Bothnia

波多黎各海沟　Puerto Rico Trench

波罗的海　Baltic Sea

波斯湾　Persian Gulf

渤海　Bohai Sea

补偿点　compensation point

补偿光强度　compensation light intensity

补偿深度　compensation depth

补充时间法　recruitment time method

哺乳动物生态学　mammalian ecology

不连续分布　discontinuous distribution

布里斯托尔湾　Bristol Channel

布鲁克斯岭　Brooks Range

草地生态学　grassland ecology/rang ecology

差减法　removal-summation method

产品　good

超深渊层　hadal pelagic zone

超深渊带　hadal zone

超微微浮游生物　femto-plankton

超微型浮游生物　ultraplankton

潮间带　intertidal zone

潮间带生态学　intertidal ecology

潮上带　supratidal zone
潮下带　subtidal zone
沉积物剖面图　sediment profile images（SPI）
沉积型循环　sedimentary types
成群分布　clumped
承载力　carrying capacity
城市生态学　city ecology
吃浮游生物的动物　plankton feeder
池沼浮游生物　heleoplankton
持久性有机污染物　persistent organic pollutants，
　POPs
赤潮　red tide
冲刷时间　flushing time
臭氧层　ozone layer
臭氧空洞　ozone depletion
出生率　natality
初级生产力　primary productivity
初始阶段　pioneer stage
楚科奇海　Chukchi Sea
楚科奇岭　Chukchi Range
垂直分层现象　stratification vertical layering
春季浮游生物　spring plankton
春宗　spring race
磁极　magnetic pole
次极生产量　secondary production
"搭乘胜利者"理论　Piggyback-the-Winner
大堡礁　Great Barrier Reef
大海洋生态系统　large marine ecosystem
大湖浮游生物　eulimnoplankton
大陆冰　continental ice
大陆架　continental shelf
大西洋　Atlantic Ocean
大小谱组成　size spectral composition
大型浮游生物　macroplankton
大洋区　oceanic
大洋生态系统　ocean ecosystem
单线态　singlet state
单一种群　single species population
淡水浮游生物　limnoplankton

淡水生态系统　freshwater ecosystem
淡水生态学　freshwater ecology
弹性　elasticity
等渗透压动物　homoiosmotic animals
等位基因固定指数　allelic fixation index
低氧　hypoxia
底栖生物　benthos
地方种　endemic specie
地理尺度　geographical scale
地理生态学　geography ecology
地衣　lichens
调节时滞　time lag
顶极阶段　climax stage
顶极生产量　climax production
定居者　colonizers
东海　East China Sea
冬季浮游生物　winter plankton
动力平衡　dynamic balance
动态生命表　dynamic life table
动态数量　dynamic quantity
动态系统　dynamic systems
动物生态学　animal ecology
多佛尔海峡　Dover Strait
多摩（蒙）酸毒素　domoic acid
多糖利用位点　polysaccharide utilization loci
多样性指数　diversity index
厄尔尼诺　El Nino
厄勒海峡　Oresund Strait
二甲基硫　dimethylsulfide，DMS
繁殖后年龄　postreproductive age
繁殖年龄　reproductive age
繁殖前年龄　prereproductive age
繁殖曲线模式　reproduction curve model
繁殖体/扩散体　propagule
反应时滞　reaction time lag
范特霍夫方程　Van't Hoff equation
非密度制约　density independent
非造礁石珊瑚　ahermatypic coral
菲尔德斯半岛　Fildes Peninsula

菲律宾群岛　Philippine Islands

分散竞争　diffuse competition

分析模式　analytic model

芬地湾　Bay of Fundy

芬兰湾　Gulf of Finland

封闭的　closed

服务　service

浮体　floats

浮游动物　zooplankton

浮游生物　plankton

浮游植物　phytoplankton

福克兰群岛　Falkland Islands

辅助色素　accessory pigment

腐毒素　dotulinum toxin

负反馈　negative feedback

负趋触性　negative thigmotaix

负趋触性　negative thigmotaxis

复合论　holistic

富营养化　eutrophication

腹泻性贝毒　diarrheic shellfish poisoning，DSP

钙质小棒　rhabdolith

干扰、扰动　disturbance

干沙区　dry sand zone

高硝酸盐低叶绿素区　high-nitrate low-
　chlorophyll area，HNLC

哥尔达海脊　Gorda Ridge

格局　pattern

格陵兰　Greenland

格陵兰海　Greenland Sea

格乌司原理　Gause's principle

蛤素　mercenene

隔室　compartments

个体生态学　ecology of individuals

功能单元　functional unit

共栖现象　commensalism

共生　symbiosis

共生或互惠共生　mutualism

固氮细胞　diazocytes

固氮作用　nitrogen-fixation

固着生物　sessile organisms

关键种　keystone species

关系两极同源　bipolarity of relationship

管栖多毛类　tube-building polychaeta

贯壳轴　pervalvar axis

光合磷酸化　photophosphorylation

光合系统Ⅱ　photosystem Ⅱ，PS Ⅱ

光合系统Ⅰ　photosystem Ⅰ，PS Ⅰ

光合有效的辐射　photosynthetically active
　radiation，PAR

光合真核生物　photosynthetic picoeukaryotes

光合作用带　photosynthetic zone

广深性　eurybathic

广温动物　eurythermic

广盐性　euryhaline

规则分布　regular

硅的水化物　hydrated silica

国际海洋考察理事会　International Council for
　Exploration of the Sea

过程　process

过程模型　process models

过密　overcrowding

过疏　undercrowding

哈得孙湾　Hudson Bay

哈迪 - 温伯格定律　Hardy-Weimberg law

海　sea

海岸带陆海相互作用　land-ocean interactions in
　the coast zone，LOICZ

海岸带水色扫描仪　coastal zone color scan，
　CZCS

海参素　holothurine

海草　seagrass

海草　seagrasses

海草场　seagrass bed

海底生境质量指标　benthic habitat quality
　（BHQ）index

海湾　Gulf

海洋环境容量　marine environmental capacity

海洋环境自净　marine environmental self-purification

海洋生态系统 marine ecosystem	基粒 granum
海洋生态学 marine ecology	基态能 ground state energy
海洋生态灾害 marine ecological disaster	基质 stroma
海洋酸化 ocean acidification	激发态能 excited state energy
海洋微型生物 marine microbes	激浪 surf
海洋污染 marine pollution	激浪带 splash zone
海洋污染的生物效应 biological effects of marine pollution	极光 aurora
海洋污染监测 biological monitoring for marine pollution	极光带 aurora zone
	集合 aggregate
	集合种群 metapopulation
	集合种群尺度 metapopulation scale
海洋污染生态效应 ecological effects of marine pollution	几内亚湾 Gulf of Guinea
	季节温跃层 seasonal thermocline
海洋雪花 marine snow	季节形态变异 cyclomorphosis
海洋自净能力 marine self-purification capacity	寄生动物 parasites
海藻森林 kelp forest	加拉帕戈斯群岛 Galapagos Islands
海蜘蛛 pycnogonida	简化论 reductionist
河川浮游生物 potamoplankton	健忘性贝毒 amnesia shellfish poisoning，ASP
河口 estuary	渐进值 asymptote
河口生态系统 estuarine ecosystem	交换库 exchange pool
褐潮 brown tide	礁脊 reef crest
黑暗带 dark portion	礁坪 reef flat
黑海 Black Sea	礁前坡 back-reef
恒温动物 homothermic	阶段性浮游生物 meroplankton
红海 Red Sea	结构上的等级制度 hierarchy of structures
红树林 mangrove	金潮 golden tide
红树林生态系统 mangrove ecosystem	近岸浮游生物（浅海浮游生物） neritic plankton
红树植物 mangrove trees	近海带 neritic
后生动物食物网 metazoan food web	经济生态学 economical ecology
呼吸 respiration	经济学 economics
化学生态学 chemical ecology	景观生态学 landscape ecology
环礁 atolls	净初级生产力 net primary productivity
荒漠化 desertification	净生产量 net production
黄海 Yellow Sea	净通量 net flux
螅藻 zooxanthellae	竞争系数 competition coefficient
混合种群 multi-species population	静态生命表 static life table
活有机碳量 living carbon	救生斑块 rescue patch
基础生态位 fundamental niche	居住痕迹 dwelling trail
基尔湾 Kiel Bay	局域尺度 local scale

局域灭绝　local extinction
局域种群　local population
巨型浮游生物　megaplankton
距离－衰减模式　distance-decay
均匀分布　uniform
均匀性　evenness
卡特加特海峡　Kattegat Strait
开放的　open
康涅狄格州　Connecticut
颗石藻　coccolithus
空间的异质性　spatial heterogeneity
空间生态位　spatial niche
库　pool
矿化作用　mineralization
昆虫生态学　ecology of insects
蓝细菌　Cyanobacterium
类胡萝卜素　carotenoid
类囊体　thylakoid
类囊体腔　lumen
累加法　increment-summation method
冷狭温性　cold-stenothermic
李比希最小定律　Liebig's law of minimum
粒经谱　particle size spectrum
联合国持续发展委员会　UN Commission on
　　Sustainable Development
联合国政府间气候变化专门委员会
　　Intergovernmental Panel on Climate Change，
　　IPCC
两极分布　bipolar distribution
两极同源　bipolarity
两极同源种　bipolar specnes
量子产额　quantum yield
裂口　vent
临界深度　critical depth
磷　hosphorus
磷循环　phosphorus cycle
琉球群岛　Ryukyu Islands
陆地生态学　terrestrial ecology
滤食篮　filtering basket

律根岛　Rigen Island
绿潮　green tide
轮藻纲　harophyceae
逻辑斯谛　logistic
逻辑斯谛方程　logistic equation
逻辑斯谛曲线　logistic curve
珞卡尔海沟　Rockall Trench
马尔马拉海　Marmara Sea
马里亚纳海沟　Mariana Trench
马六甲海峡　Malacca Strait
马尾藻海　Sargasso Sea
脉冲式　pulsed
鳗型　anguilliform
毛初级生产力　gross primary productivity
锰簇　manganese cluster
孟加拉湾　Bay of Bengal
密度跃层　pycnocline
密度制约　density dependent
缅因湾　Gulf of Maine
模拟　simulation
模拟模式　simulation model
膜　envelope
墨尔本火山　Monnt Melbourne
墨西哥湾　Gulf of Mexico
牧食食物链　grazing food chain
那不勒斯　Napoli
奈氏管　Nessler tube
耐受极限　tolerance limit
南磁极　south magnetic pole
南大洋　Great Southern Ocean
南大洋　Southern Ocean
南海　South China Sea
南极大陆　Antarctic continent
南极点　South Pole
南极锋面　polar front
南极浮游生物　Antarctic plankton
南极辐合带　Antarctic convergence
南极辐散带　Antarctic divergence
南极圈　Antarctic Circle

鲹型　carangiform

渗压调变生物　osmoregulator

生产力　productivity

生产力指数　productivity index

生产量　production

生产率　production rate

生长型　growth form

生长因素　growth factor

生活小区　biotope

生理寿命　physiological longevity

生理学方法　physiological method

生命表　life table

生命期望　life expectancy

生态出生率　ecological birth rate

生态服务付费　paymentsfor environmental
　　services

生态幅　ecological valence

生态平衡　ecological balance

生态寿命　ecological longevity

生态位　niche

生态系统　ecosystem

生态系统发育　ecosystem development

生态系统服务　ecosystem service

生态系统生态学　ecosystem ecology

生态效率　ecological efficiency

生态学　ecology

生态演替　ecological succession

生态值　ecological value

生物泵　biological pump

生物测试　bioassay

生物沉积　biodeposition

生物成因沉积构造　biogenic sedimentary
　　structure

生物地球化学循环　biogeochemical cycles

生物放大　biomagnification

生物富集　bioaccumulation

生物量　biomass

生物量金字塔　pyramid of biomass

生物浓缩　bioconcentration

生物潜能　biotic potential

生物群落　community

生物扰动　bioturbation

生物扰动构造　bioturbation structure

生物入侵　biological invasion

生物型　biotype

生物学零度　biological zero

生物再悬浮　bioresus pension

生殖广温性　reproductive euerythermy

生殖狭温性　reproductive stenothermy

圣弗朗西斯科湾　the San Francisco Bay

石油烃　petroleum hydrocarbon

实际出生率　realized natality

食肉动物　carnivore

食尸动物　scavenger

食碎屑动物　detritus feeder

食物环节　food link

食物链　food chain

食物网　food web

食植动物　herbivores

世代时间法　generation time method

世界环境和发展委员会　The World Commission
　　on Environment and Development

噬菌体目　Caudovirales

输出生产　export production

数量金字塔　pyramid of numbers

数学生态学　mathematical ecology

水漂生物或浮表生物　pleuston

水生生态学　aquatic ecology

水样培养　cyclotella nana clones

瞬间变异　temporal variance

瞬时增长率法　instantaneous growth rate method

斯卡格拉克海峡　Skagerrak

斯堪的纳维亚半岛　Scandinavia

死区　dead zones

死亡率　mortality

松兹瓦尔　Sundsvall

随机分布　random

碎屑　detritus

碎屑食物链　detritus food chain
台湾　Taiwan
苔藓　moss
太平洋　Pacific Ocean
太阳辐射　solar radiation
太阳光谱　solar source spectrum
碳汇　carbon sink
特定年龄生命表　age specific life table
体长频度法　the size frequency method
铁盐假说　iron hypothesis
同化指数　assimilation index
同类群　deme
同生群生命表　cohort life table
蜕皮　exuvia
脱氮细菌　denitrifying bacterium
脱氮作用　denitrification
外代谢物质　external metabolite
外分泌　ectocrine
外来浮游生物　allogeneic plankton
湾　bay
微量成分　minor constituents
微量金属　trace metal
微塑料　microplastics
微微型浮游生物　pico plankton
微型浮游生物　nano–plankton
微型生物生态学　microbial ecology
微型生物食物环　microbial food loop
微型生物食物环　microbial loop
微型生物食物网　microbial food web
围隔式实验生态学　enclosed experimental
　ecosystem
维多利亚岛　Victoria Island
维哥　Vigo
温带　temperate zone
温带浮游生物　temperate plankton
温室效应　greenhouse effect
文森峰　Vinson Massif
稳定平衡密度　stable equilibrium density
污染生态学　pollution ecology

污损生物　fouling organism
无光层　aphotic layer
无机颗粒　inorganic particles
物理生态学　physical ecology
物质循环　cycling of material
物种多样性　species diversity
稀疏法　rarefaction methodology
稀有种　rare species
系统分析模式　system analysis model
系统生态学　systems ecology
细胞丰度　cell abundance
细胞浮筒　cytobuoy
狭深性　stenobathic
狭温动物 / 狭温种　stenothermic
狭盐性　stenohaline
下行效应　top to down contrl
夏季浮游生物　summer plankton
咸水浮游生物　haliplankton
现存量　standing crop/standing stock
现实生态位　realized niche
现象两级同源　bipolarity of phenomena
限制因子　limiting factors
线性法　linear method
陷积　frapped
腺膘呤　adenine
相对丰度　relative abundance
相互排斥　repel
相互吸引　attract
箱鲀型　ostraoliform
向趋性　thigmotaxis thigmotropism
硝化细菌　nitrifying bacterium
硝化作用　nitrification
小型浮游生物　microplankton
谢福德耐受定律　Shelford's Law of Tolerance
新地岛　Novaya Zemlya
新斯科舍海域　Nova Scotia
性比　sex ratio
旋涡　eddy
穴居生物　burrowing organism

压力　pressure

亚热带　subtropics

亚热带辐合区　subtropical convergence

亚速海　Sea of Azov

亚种　subspecies

烟囱　black smoker

延续　persistence

延滞性密度调节型　tardy density conditioned pattern

沿岸生态系统　sea shore ecosystem

演替　succession

洋　ocean

氧化还原不连续层　redox potential discontinuity （RPD）layer

氧化还原电势差　redox potential

氧化还原势差　oxidation reduction potential

遗传漂变　genetic drift

遗传效应的大小　genetic effective size

异体抑制物质　heteroinhibitors

异型胞　heterocysts

异养生产力　heterotrophic productivity

异养细菌二次生产　heterotrophic bacterioplanktonic secondary production

异源过程　autogenic process

异质作用　antropic action

抑制物质　auto inhibitors

印度洋　Indian Ocean

营养广温性　vegetative eurythermy

营养级　trophic level

营养结构　trophic structure

营养生态位　tropical niche

营养狭温性　vegetative stenothermy

拥挤效应　crowding effect

永久温跃层　permanent thermocline

优势种　dominant species

游泳动物　nekton

有光带　lighted portion

有控生态系统污染实验　controlled ecosystem pollution experiment，CEPEX

有控实验生态系统　controlled experimental ecosystem

鱼类生态学　ecology of fishes

渔业生态学　fishery ecology

原位　in situ

远洋性浮游生物　oceanic plankton

云雨 7 号卫星　Nimbus-7

蕴藏量　reserve/stock

杂食动物　omnivores

暂时性浮游生物　tychoplankton

藻场　kelp beds

藻场生态统　algal bed ecosystem

藻胆素　phycobilin

造礁石珊瑚　reef-building coral

沼泽植物　marsh plant

真浮游生物　euplankton

真光层 / 透光层　euphotic layer

正反馈　positive feedback

直布罗陀　Gibraltar

植物生态学　plant ecology

指数法　exponential method

指数方式　exponential way

质体醌　plastoquinone

质体蓝素　plastocyanin

质子动力势　proton motive force

致死温度　mortal temperature

中层　mesopelagic zone

中国沿海区　China Sea Coastal Province

中南半岛　Mid-Indian Peninsula

中型（层）浮游生物　mesoplankton

中性多态现象　neutral polymorphism

中央谷　central valley

终生浮游生物　holoplankton

种群　population

种群调节　population regulation

种群密度　population density

种群生态学　ecology of population

种群生态学　population ecology

种群压力　population pressure

"种质库"模型　seed-bank model

重金属　heavy metal

周丛生物　periphyton

周年浮游生物　perennial plankton

周限增长率　finite rate of increase

周转　turnover

周转率　turnover rate

周转平衡　turnover balance

周转时间　turnover time

主要成分　major constituents

住囊虫　oikopleura

贮存库　reservoir pool

爪哇海沟　Java Trench

资源生态学　resource ecology

自然反应时间　natural response time

自生浮游生物（本地浮游生物）　autogenetic plankton

自源过程　allogenic process

总经济价值概念　total economicvalue

综合模式　pooled yieed model

族　race

组织寄生物　dermocystidium

钻孔藻　bringalga

钻蚀生物　boring organism

最大持续渔获量　maximum sustainable yield

最大出生率　maximum birth rate

最低温度　minimum temperaure

最高温度　maximum temperature

最适密度　optimum density

最适温度　optimum temperature

最小数量值　minimum demographic value

第 2 版后记

首先对高等教育出版社林金安先生、吴雪梅女士、邹学英女士为《海洋生态学》（第 2 版）一书出版予以的支持与帮助表示衷心的谢意。

对该书以中文繁体字版在台湾出版予以支持的董水重先生、程一骏教授表示感谢。

无论学术专著或文学作品，一本成功并受读者欢迎的著作与责任编辑的责任心、学术水平和文字修养是分不开的。书稿正是经由他（她）们文字加工和润色以后才与读者见面，但他（她）们却往往被忽视，因为读者关心的只是书的内容和作者。作为作者，对他（她）们的辛勤劳动是应该铭记的。

在《海洋生态学》出版时，有幸结识了陈海柳女士，她是一位刚刚离开学校不久的年轻女孩，责任心强，有朝气，具一定专业学术水平。在书稿编辑过程中，我们一起讨论了不少问题，她提出的建议不少被我肯定并予以采纳。正是陈海柳的认真与努力使《海洋生态学》一书增辉不少。

当我看到通过第一遍加工审阅后的《海洋生态学》第 2 版书稿时，高新景先生在汉语文字上的严谨认真与责任心确实让我欣喜，作为一位年轻的责任编辑，其汉语文字修养实属可喜和让人敬佩。是他指出了书中不少同音而词意不同的用字并以谦虚的态度予以商榷，对书中一些学术的结构也提出了不少极为宝贵的建议。

相信通过他（她）们，通常被誉为为人作嫁衣的幕后主角——责任编辑的辛勤劳动，拙作定会更加出色并受到读者们的欢迎。

谢谢他（她）们！

范振刚

2010 年 3 月 6 日于青岛山花园

第 1 版后记

　　《海洋生态学》一书原是由中国生态学学会计划组织国内知名专家和海外学者共同编撰的"现代生态学丛书"中的一卷。宗旨是向从事生态学、环境科学及资源学研究、教学、规划与管理的工作者、工程技术人员以及高等院校师生系统地介绍生态学各主要分支学科的基本原理、方法以及反映国际生态学前沿动态和我国生态学研究进展。

　　中国海洋大学李冠国教授是著名海洋生态学家，数十年从事海洋生态学教学和科学研究，是一位受人尊重的学者。20 世纪 80 年代，自中国生态学学会成立以来，他一直予以热情支持，曾担任过副理事长、顾问和青岛分会理事长。

　　当时，我刚从西班牙阶段性完成地中海生态学国际合作研究和讲学回来，他立即邀我面谈《海洋生态学》一书编写事宜，委托我（时任中国生态学学会理事、青岛分会秘书长）写好编写提纲寄学会征求意见，并着手准备材料。那时，李冠国教授年事已高，又患病在身，但是对海洋生态学表现出的热情与关心，让我感触颇深！

　　在李冠国教授的热情支持与指导下，我决定在李先生原有讲义的基础上尽最大努力完成《海洋生态学》一书的编写。从那时起，每写好一章，我读他听，然后提出意见，进行补充修改，就这样，李先生带病坚持与我共同愉快地度过了一段时间。随后，李先生病情加重，数次住院治疗，在这种情况下，他仍坚持一边治疗，一边听我读稿，不时提出自己的意见，并不断地嘱托一定要坚持完成《海洋生态学》的编写。

　　最后，他还是走了。

　　今天，在生态学界各位老先生和朋友们的帮助下，尤其是在林金安先生的支持下，《海洋生态学》一书已经出版，我愿以此书告慰李冠国教授。

　　最后，还要将该书敬献给我的父亲和母亲。在父亲离开了我们以后，母亲更是将全部的爱给了我，是她教我首先如何做人、如何做事，教我在人生道路上受到挫折时要有男人的气魄和勇气面对现实，继续向前走下去，是她教我永远谦虚谨慎和尊老助弱，特别是在人生道路上顺利的时候。

　　母亲也离开了我，母亲，儿子永远想念您！

范振刚

2003 年 5 月 6 日于青岛